올림포스 고난도

수학(상)

정답과 풀이는 EBS*i* 사이트(www.ebs*i*.co.kr)에서 다운로드 받으실 수 있습니다.

교재 내용 문의 교재 및 강의 내용 문의는 EBS*i* 사이트 (www.ebs*i*.co.kr)의 학습 Q&A 서비스를 이용하시기 바랍니다.

교재 정오표 공지 발행 이후 발견된 정오 사항을 EBS*i* 사이트 정오표 코너에서 알려 드립니다. **교재 ▶ 교재 자료실 ▶ 교재 정오표**

교재 정정 신청 공지된 정오 내용 외에 발견된 정오 사항이 있다면 EBS*i* 사이트를 통해 알려 주세요. **교재 ▶ 교재 정정 신청**

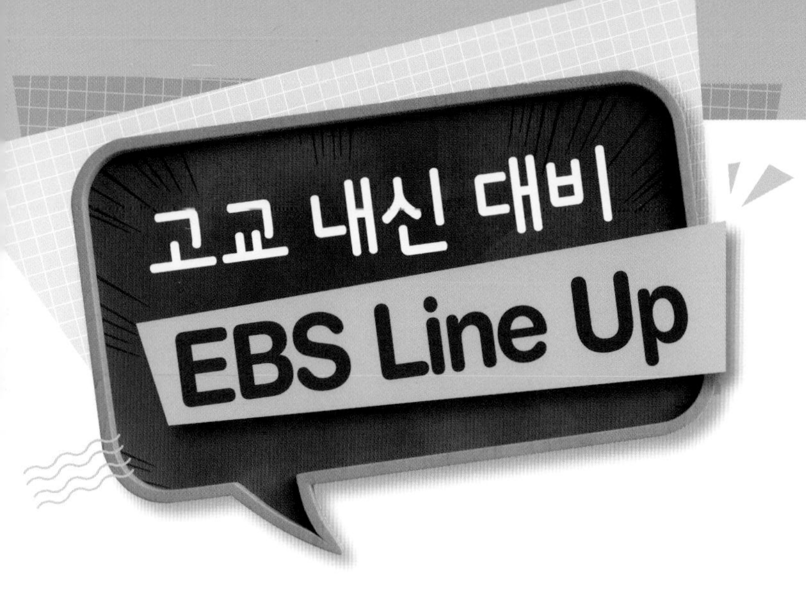

고등학교 0학년 필수 교재

고등예비과정

국어, 영어, 수학, 한국사, 사회, 과학 6책

모든 교과서를 한 권으로,
교육과정 필수 내용을 빠르고 쉽게!

국어 · 영어 · 수학 내신 + 수능 기본서

올림포스

국어, 영어, 수학 16책

내신과 수능의 기초를 다지는 기본서
학교 수업과 보충 수업용 선택 No.1

국어 · 영어 · 수학 개념+기출 기본서

올림포스 전국연합학력평가 기출문제집

국어, 영어, 수학 10책

개념과 기출을 동시에 잡는 신개념 기본서
최신 학력평가 기출문제 완벽 분석

한국사 · 사회 · 과학 개념 학습 기본서

개념완성

한국사, 사회, 과학 19책

한 권으로 완성하는 한국사, 탐구영역의 개념
부가 자료와 수행평가 학습자료 제공

수준에 따라 선택하는 영어 특화 기본서

영어 POWER 시리즈

Grammar POWER 3책
Reading POWER 4책
Listening POWER 2책
Voca POWER 2책

원리로 익히는 국어 특화 기본서

국어 독해의 원리

현대시, 현대 소설, 고전 시가, 고전 산문,
독서 5책

국어 문법의 원리

수능 국어 문법, 수능 국어 문법 180제 2책

유형별 문항 연습부터 고난도 문항까지

올림포스 유형편

수학(상), 수학(하), 수학 I, 수학 II,
확률과 통계, 미적분 6책

올림포스 고난도

수학(상), 수학(하), 수학 I, 수학 II,
확률과 통계, 미적분 6책

최다 문항 수록 수학 특화 기본서

수학의 왕도

수학(상), 수학(하), 수학 I, 수학 II,
확률과 통계, 미적분 6책

개념의 시각화 + 세분화된 문항 수록
기초에서 고난도 문항까지 계단식 학습

단기간에 끝내는 내신

단기 특강

국어, 영어, 수학 8책

얇지만 확실하게, 빠르지만 강하게!
내신을 완성시키는 문항 연습

올림포스 고난도

수학(상)

이 책의 **구성**

01 다항식의 연산

1 다항식의 덧셈에 대한 성질

세 다항식 A, B, C에 대하여

(1) 교환법칙: $A+B=B+A$

(2) 결합법칙: $(A+B)+C=A+(B+C)$

2 다항식의 곱셈에 대한 성질

세 다항식 A, B, C에 대하여

(1) 교환법칙: $AB=BA$

(2) 결합법칙: $(AB)C=A(BC)$

(3) 분배법칙: $A(B+C)=AB+AC$, $(A+B)C=AC+BC$

3 곱셈 공식

(1) $(x+a)(x+b)(x+c)$
$=x^3+(a+b+c)x^2+(ab+bc+ca)x+abc$

(2) $(a+b+c)^2=a^2+b^2+c^2+2ab+2bc+2ca$

(3) $(a+b)^3=a^3+3a^2b+3ab^2+b^3$,
$(a-b)^3=a^3-3a^2b+3ab^2-b^3$

(4) $(a+b)(a^2-ab+b^2)=a^3+b^3$,
$(a-b)(a^2+ab+b^2)=a^3-b^3$

4 곱셈 공식의 변형

(1) $a^2+b^2=(a+b)^2-2ab$
$=(a-b)^2+2ab$

(2) $a^3+b^3=(a+b)^3-3ab(a+b)$,
$a^3-b^3=(a-b)^3+3ab(a-b)$

(3) $a^2+b^2+c^2=(a+b+c)^2-2(ab+bc+ca)$

5 다항식의 나눗셈

다항식 A를 다항식 $B\,(B\neq0)$로 나누었을 때의 몫을 Q, 나머지를 R라고 하면

$A=BQ+R$ (단, R의 차수는 B의 차수보다 작다.)

특히, $R=0$일 때, A는 B로 나누어떨어진다고 한다.

빈틈 개념

■ 다항식의 덧셈에 대한 결합법칙
$(A+B)+C=A+(B+C)$
$=A+B+C$
와 같이 괄호를 사용하지 않고 나타낼 수 있다.

■ 지수법칙
m, n이 자연수일 때
(1) $a^m\times a^n=a^{m+n}$ (2) $(a^m)^n=a^{mn}$
(3) $(ab)^n=a^nb^n$ (4) $\left(\frac{a}{b}\right)^n=\frac{a^n}{b^n}$
(단, $b\neq0$)

■ 곱셈 공식
(1) $(a+b)^2=a^2+2ab+b^2$
(2) $(a-b)^2=a^2-2ab+b^2$
(3) $(a+b)(a-b)=a^2-b^2$
(4) $(x+a)(x+b)$
$=x^2+(a+b)x+ab$
(5) $(ax+b)(cx+d)$
$=acx^2+(ad+bc)x+bd$

1등급 note

■ 다항식의 연산
(1) 덧셈: 동류항끼리 모아서 동류항의 계수의 덧셈으로 계산한다.
(2) 뺄셈: 빼는 식의 각 항의 부호를 바꾸어 더한다.
(3) 곱셈: 지수법칙과 분배법칙을 이용하여 식을 전개한다.
(4) 나눗셈: 내림차순으로 정리한 후 정수의 나눗셈과 같은 방법으로 계산한다.

■ (1) $(a+b)^2=(a-b)^2+4ab$
(2) $(a-b)^2=(a+b)^2-4ab$
(3) a^3+b^3
$=(a+b)^3-3ab(a+b)$
$=(a+b)(a^2-ab+b^2)$
(4) a^3-b^3
$=(a-b)^3+3ab(a-b)$
$=(a-b)(a^2+ab+b^2)$

■ 나누는 식의 차수에 따른 나머지의 표현
$f(x)$를 $g(x)$로 나누었을 때의 몫을 $Q(x)$, 나머지를 $R(x)$라 하면
$f(x)=g(x)Q(x)+R(x)$
(($R(x)$의 차수)<($g(x)$의 차수))
(1) $g(x)$가 일차식이면 $R(x)=a$ (상수)
(2) $g(x)$가 이차식이면 $R(x)=ax+b$ (a, b는 상수)
(3) $g(x)$가 삼차식이면 $R(x)=ax^2+bx+c$ (a, b, c는 상수)

01 다항식의 연산 7

❶ 핵심 개념

핵심이 되는 중요 개념을 정리하였고, 꼭 기억해야 할 부분은 중요 표시를 하였다.

❷ 빈틈 개념

핵심 개념의 이해를 돕기 위해 필요한 사전 개념이나 보충 개념을 정리하였다.

❸ 1등급 note

실전 문항에 적용되는 비법이나 팁 등을 정리하여 제공하였다.

기출에서 찾은 **내신 필수 문제**

| 다항식의 덧셈과 뺄셈 | 23471-0001

01 세 다항식

출제율 99%

$A=x^2-2x+5$, $B=2x^2+3x-4$, $C=-3x^2+2x-1$
에 대하여 $2A-B+C$를 간단히 하면?

① $-3x^2-5x+13$ ② $-3x^2-5x+9$
③ $-3x^2-2x+13$ ④ $-3x^2+2x+1$
⑤ $-3x^2+4x-3$

| 다항식의 곱셈 | 23471-0004

04 다항식 $(x-1)(x-2)(x+2)(x+3)$을 전개한 것은?

출제율 95%

① $x^4-2x^3-7x^2-8x+12$
② $x^4+2x^3+7x^2+8x+12$
③ $x^4+2x^3+7x^2-8x+12$
④ $x^4+2x^3-7x^2+8x+12$
⑤ $x^4+2x^3-7x^2-8x+12$

기출에서 찾은 내신 필수 문제

학교 시험에서 출제 가능성이 높은 예상 문항들로 구성하여 실전에 대비할 수 있도록 하였다.

내신 고득점 도전 문제

개념 ① **다항식의 덧셈과 뺄셈**

23471-0012

12 세 다항식
$A=2x^3+ax^2+3x+1$
$B=x^3-x^2+4$
$C=-x^3+bx-4$
에 대하여 다항식 $A-\{2B+(3C-A)\}$의 전개식에서 x^2의 계수가 3, x의 계수가 4일 때, ab의 값은?
(단, a, b는 상수이다.)

① $\frac{1}{6}$ ② $\frac{1}{3}$ ③ $\frac{1}{2}$
④ $\frac{2}{3}$ ⑤ $\frac{5}{6}$

23471-0015

15 $a^2+4b^2+9c^2=44$, $2ab+6bc-3ca=-4$일 때, $|a-2b+3c|$의 값은?

① $2\sqrt{10}$ ② $2\sqrt{11}$ ③ $4\sqrt{3}$
④ $2\sqrt{13}$ ⑤ $2\sqrt{14}$

내신 고득점 도전 문제

상위 7% 수준의 문항을 개념별로 수록하여 내신 고득점을 대비할 수 있도록 하였다.

변별력을 만드는 **1등급 문제**

(신유형) 23471-0023

23 두 다항식 A, B에 대하여 $A▲B$를
$A▲B=A^2-AB-B^2$
라 할 때, 다항식 $(x^4+x+1)▲(3x^3+2x^2+x)$의 전개식에서 x의 계수와 x^2의 계수의 합은?

① -2 ② -1 ③ 0
④ 1 ⑤ 2

23471-0026

26 $a+b=4$, $ab=1$일 때,
$(a+a^2+a^3+a^4)-(b+b^2+b^3+b^4)$의 값을 구하시오.
(단, $a>b$)

변별력을 만드는 1등급 문제

상위 4% 수준의 문항을 통해 내신 1등급으로 실력을 높일 수 있도록 하였고, 신유형 문항을 수록하였다.

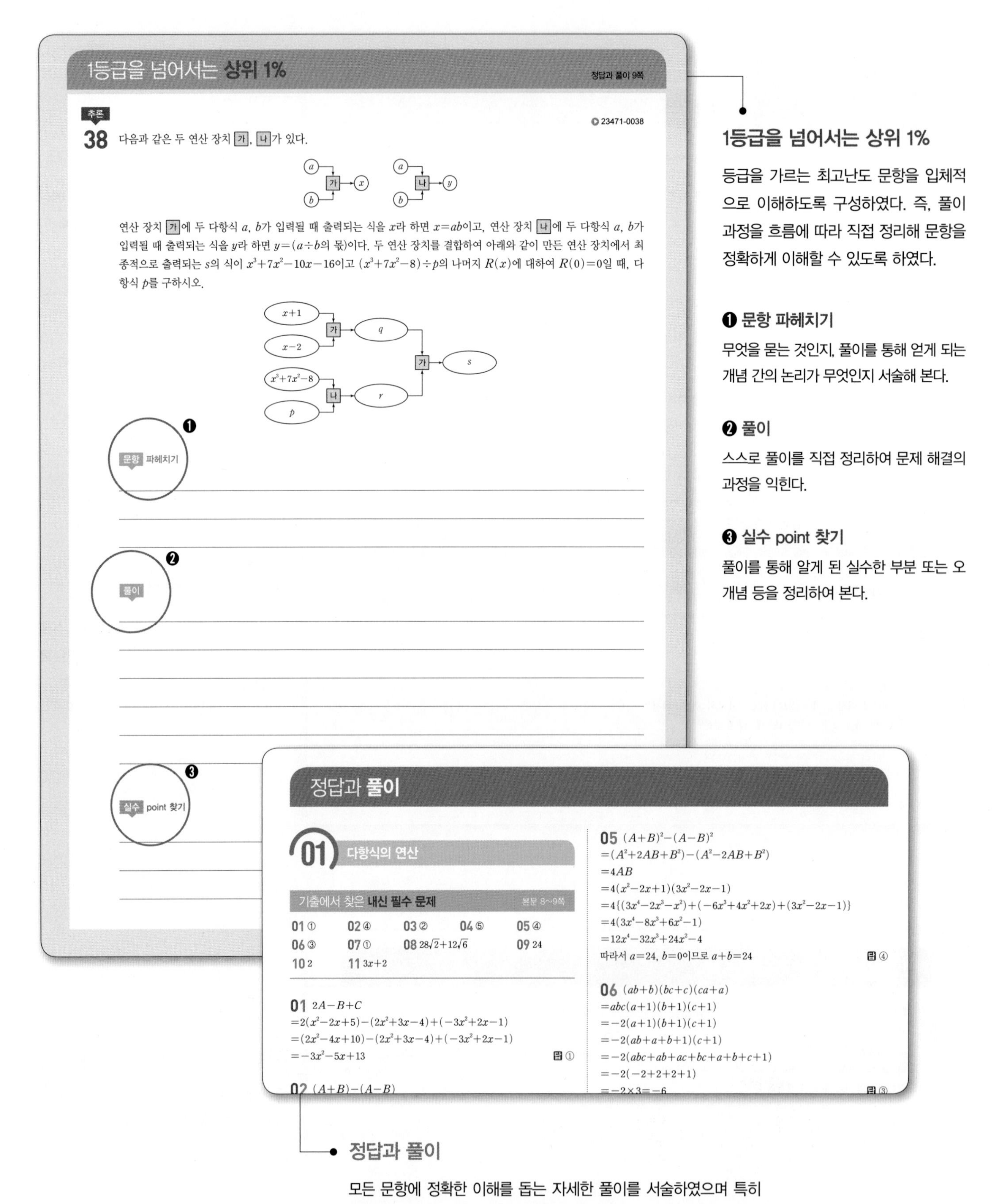

1등급을 넘어서는 **상위 1%**

정답과 풀이 9쪽

추론

38 다음과 같은 두 연산 장치 가, 나가 있다.

연산 장치 가에 두 다항식 a, b가 입력될 때 출력되는 식을 x라 하면 $x=ab$이고, 연산 장치 나에 두 다항식 a, b가 입력될 때 출력되는 식을 y라 하면 $y=(a\div b$의 몫)이다. 두 연산 장치를 결합하여 아래와 같이 만든 연산 장치에서 최종적으로 출력되는 s의 식이 $x^3+7x^2-10x-16$이고 $(x^3+7x^2-8)\div p$의 나머지 $R(x)$에 대하여 $R(0)=0$일 때, 다항식 p를 구하시오.

정답과 **풀이**

01 다항식의 연산

기출에서 찾은 **내신 필수 문제** 본문 8~9쪽

01 ①	02 ④	03 ②	04 ⑤	05 ④
06 ③	07 ①	08 $28\sqrt{2}+12\sqrt{6}$	09 24	
10 2	11 $3x+2$			

01 $2A-B+C$
$=2(x^2-2x+5)-(2x^2+3x-4)+(-3x^2+2x-1)$
$=(2x^2-\frac{4}{x}+10)-(2x^2+3x-4)+(-3x^2+2x-1)$
$=-3x^2-5x+13$ 답 ①

02 $(A+B)-(A-B)$

05 $(A+B)^2-(A-B)^2$
$=(A^2+2AB+B^2)-(A^2-2AB+B^2)$
$=4AB$
$=4(x^2-2x+1)(3x^2-2x-1)$
$=4\{(3x^4-2x^3-x^2)+(-6x^3+4x^2+2x)+(3x^2-2x-1)\}$
$=4(3x^4-8x^3+6x^2-1)$
$=12x^4-32x^3+24x^2-4$
따라서 $a=24$, $b=0$이므로 $a+b=24$ 답 ④

06 $(ab+b)(bc+c)(ca+a)$
$=abc(a+1)(b+1)(c+1)$
$=-2(a+1)(b+1)(c+1)$
$=-2(ab+a+b+1)(c+1)$
$=-2(abc+ab+ac+bc+a+b+c+1)$
$=-2(-2+2+2+1)$
$=-2\times3=-6$ 답 ③

1등급을 넘어서는 상위 1%

등급을 가르는 최고난도 문항을 입체적으로 이해하도록 구성하였다. 즉, 풀이 과정을 흐름에 따라 직접 정리해 문항을 정확하게 이해할 수 있도록 하였다.

❶ 문항 파헤치기

무엇을 묻는 것인지, 풀이를 통해 얻게 되는 개념 간의 논리가 무엇인지 서술해 본다.

❷ 풀이

스스로 풀이를 직접 정리하여 문제 해결의 과정을 익힌다.

❸ 실수 point 찾기

풀이를 통해 알게 된 실수한 부분 또는 오개념 등을 정리하여 본다.

정답과 풀이

모든 문항에 정확한 이해를 돕는 자세한 풀이를 서술하였으며 특히 [변별력을 만드는 1등급 문제]와 [1등급을 넘어서는 상위 1%]는 풀이에 문항을 함께 실어 자세하고 친절한 풀이를 제공하였다.

이 책의 **차례**

I 다항식

II 방정식과 부등식

III 도형의 방정식

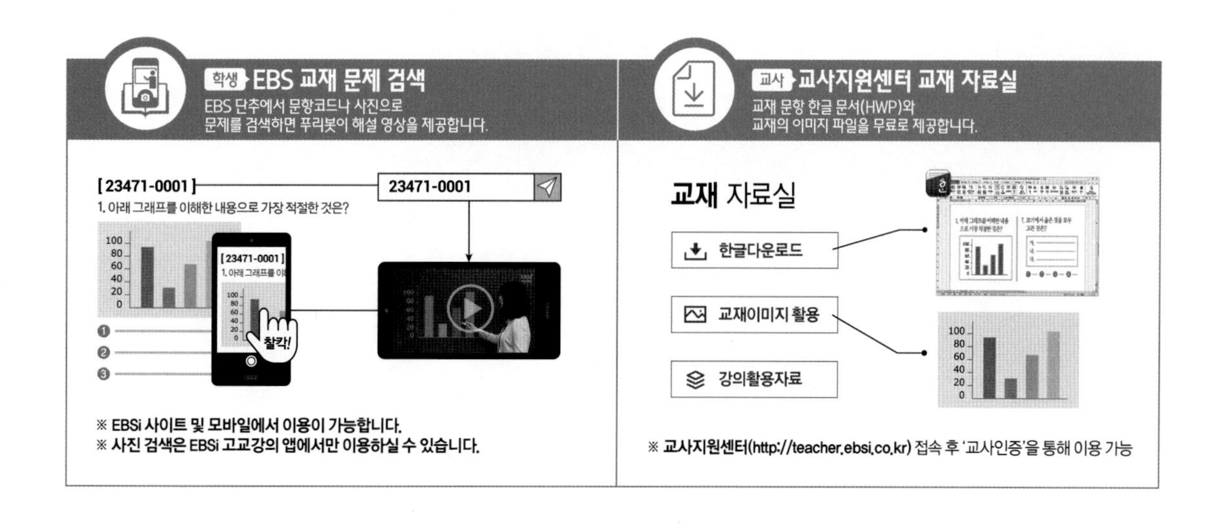

다항식

01 다항식의 연산

빈틈 개념

■ 다항식의 덧셈에 대한 결합법칙
$(A+B)+C=A+(B+C)$
$=A+B+C$
와 같이 괄호를 사용하지 않고 나타낼 수 있다.

■ 지수법칙
m, n이 자연수일 때
(1) $a^m \times a^n = a^{m+n}$
(2) $(a^m)^n = a^{mn}$
(3) $(ab)^n = a^n b^n$
(4) $\left(\frac{a}{b}\right)^n = \frac{a^n}{b^n}$ (단, $b \neq 0$)

■ 곱셈 공식
(1) $(a+b)^2=a^2+2ab+b^2$
(2) $(a-b)^2=a^2-2ab+b^2$
(3) $(a+b)(a-b)=a^2-b^2$
(4) $(x+a)(x+b)$
$=x^2+(a+b)x+ab$
(5) $(ax+b)(cx+d)$
$=acx^2+(ad+bc)x+bd$

1 다항식의 덧셈에 대한 성질

세 다항식 A, B, C에 대하여
(1) 교환법칙: $A+B=B+A$
(2) 결합법칙: $(A+B)+C=A+(B+C)$

2 다항식의 곱셈에 대한 성질

세 다항식 A, B, C에 대하여
(1) 교환법칙: $AB=BA$
(2) 결합법칙: $(AB)C=A(BC)$
(3) 분배법칙: $A(B+C)=AB+AC$,
$(A+B)C=AC+BC$

3 곱셈 공식

(1) $(x+a)(x+b)(x+c)$
$=x^3+(a+b+c)x^2+(ab+bc+ca)x+abc$
(2) $(a+b+c)^2=a^2+b^2+c^2+2ab+2bc+2ca$
(3) $(a+b)^3=a^3+3a^2b+3ab^2+b^3$,
$(a-b)^3=a^3-3a^2b+3ab^2-b^3$
(4) $(a+b)(a^2-ab+b^2)=a^3+b^3$,
$(a-b)(a^2+ab+b^2)=a^3-b^3$

4 곱셈 공식의 변형

(1) $a^2+b^2=(a+b)^2-2ab$
$=(a-b)^2+2ab$
(2) $a^3+b^3=(a+b)^3-3ab(a+b)$,
$a^3-b^3=(a-b)^3+3ab(a-b)$
(3) $a^2+b^2+c^2=(a+b+c)^2-2(ab+bc+ca)$

5 다항식의 나눗셈

다항식 A를 다항식 B $(B \neq 0)$로 나누었을 때의 몫을 Q, 나머지를 R라 하면

$A=BQ+R$ (단, R의 차수는 B의 차수보다 작다.)

특히, $R=0$일 때, A는 B로 나누어떨어진다고 한다.

1등급 note

■ 다항식의 연산
(1) 덧셈: 동류항끼리 모아서 동류항의 계수의 덧셈으로 계산한다.
(2) 뺄셈: 빼는 식의 각 항의 부호를 바꾸어 더한다.
(3) 곱셈: 지수법칙과 분배법칙을 이용하여 식을 전개한다.
(4) 나눗셈: 내림차순으로 정리한 후 정수의 나눗셈과 같은 방법으로 계산한다.

■ (1) $(a+b)^2=(a-b)^2+4ab$
(2) $(a-b)^2=(a+b)^2-4ab$
(3) a^3+b^3
$=(a+b)^3-3ab(a+b)$
$=(a+b)(a^2-ab+b^2)$
(4) a^3-b^3
$=(a-b)^3+3ab(a-b)$
$=(a-b)(a^2+ab+b^2)$

■ 나누는 식의 차수에 따른 나머지의 표현
$f(x)$를 $g(x)$로 나누었을 때의 몫을 $Q(x)$, 나머지를 $R(x)$라 하면
$f(x)=g(x)Q(x)+R(x)$
($(R(x)$의 차수$)<(g(x)$의 차수$)$)
(1) $g(x)$가 일차식이면
$R(x)=a$ (상수)
(2) $g(x)$가 이차식이면
$R(x)=ax+b$ (a, b는 상수)
(3) $g(x)$가 삼차식이면
$R(x)=ax^2+bx+c$
(a, b, c는 상수)

기출에서 찾은 **내신 필수 문제**

01 출제율 99%

| 다항식의 덧셈과 뺄셈 | 23471-0001

세 다항식

$A=x^2-2x+5$, $B=2x^2+3x-4$, $C=-3x^2+2x-1$

에 대하여 $2A-B+C$를 간단히 하면?

① $-3x^2-5x+13$
② $-3x^2-5x+9$
③ $-3x^2-2x+13$
④ $-3x^2+2x+1$
⑤ $-3x^2+4x-3$

02 출제율 95%

| 다항식의 덧셈과 뺄셈 | 23471-0002

두 다항식

$A=2x^2+xy-3y^2$, $B=y^2-3xy+4$

에 대하여 $(A+B)-(A-B)$를 간단히 하면?

① $2x^2+xy-3y^2$
② $4x^2+2xy-6y^2$
③ $y^2-3xy+4$
④ $2y^2-6xy+8$
⑤ $2x^2-2xy-3y^2+4$

03 출제율 90%

| 다항식의 덧셈과 뺄셈 | 23471-0003

두 다항식 A, B에 대하여

$A+B=x^2+2xy-y^2$

$A-B=2x^2-xy+3y^2$

일 때, 다항식 $2A+3B$의 전개식에서 xy의 계수는?

① 11
② $\frac{11}{2}$
③ 0
④ $-\frac{11}{2}$
⑤ -11

04 출제율 95%

| 다항식의 곱셈 | 23471-0004

다항식 $(x-1)(x-2)(x+2)(x+3)$을 전개하면?

① $x^4-2x^3-7x^2-8x+12$
② $x^4+2x^3+7x^2+8x+12$
③ $x^4+2x^3+7x^2-8x+12$
④ $x^4+2x^3-7x^2+8x+12$
⑤ $x^4+2x^3-7x^2-8x+12$

05 출제율 95%

| 다항식의 곱셈 | 23471-0005

두 다항식

$A=x^2-2x+1$, $B=3x^2-2x-1$

에 대하여 $(A+B)^2-(A-B)^2$의 전개식에서 x^2의 계수를 a, x의 계수를 b라 할 때, $a+b$의 값은?

① 21
② 22
③ 23
④ 24
⑤ 25

06 출제율 95%

| 다항식의 곱셈 | 23471-0006

$a+b+c=2$, $ab+bc+ca=2$, $abc=-2$일 때, $(ab+b)(bc+c)(ca+a)$의 값은?

① -2
② -4
③ -6
④ -8
⑤ -10

서술형 문제

| 다항식의 곱셈 공식 | 23471-0007

07 출제율 85%

$(a+1)(a^2-a+1)+(a-1)(a+1)(a^2+1)$을 간단히 하면?

① a^4+a^3 ② a^4-a^3 ③ a^4+a^3+2
④ a^4-a^3-2 ⑤ a^4-2a^3

| 다항식의 곱셈 공식의 변형 | 23471-0008

08 출제율 85%

$x=\sqrt{3}+\sqrt{2}+1$, $y=\sqrt{3}-\sqrt{2}+1$일 때, x^3-y^3의 값을 구하시오.

| 다항식의 나눗셈 | 23471-0009

09 출제율 85%

다음은 이차식 $4x^2-8x+7$을 일차식 $ax+b$로 나누는 과정을 나타낸 것이다. 세 상수 a, b, c에 대하여 abc의 값을 구하시오.

$$\begin{array}{r} 2x+\square \\ ax+b\overline{)\ 4x^2-8x+7} \\ \underline{\square x^2+2x\quad\ \ } \\ \square x+7 \\ \underline{\square x+\square} \\ c \end{array}$$

23471-0010

10 출제율 90%

그림과 같이 반지름의 길이가 $\sqrt{5}$인 사분원에 내접하는 직사각형 ABCD의 둘레의 길이가 6일 때, 직사각형 ABCD의 넓이를 구하시오.

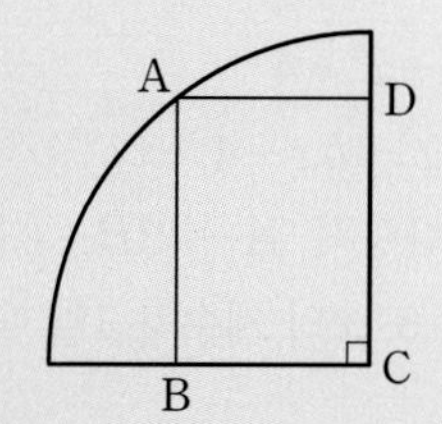

23471-0011

11 출제율 95%

다항식 A를 x^2-x+1로 나누었을 때의 몫이 $x+1$, 나머지가 $2x+1$일 때, 다항식 A를 x^2+x+1로 나누었을 때의 몫과 나머지의 합을 구하시오.

내신 고득점 도전 문제

개념 1 다항식의 덧셈과 뺄셈

▶ 23471-0012

12 세 다항식

$A=2x^3+ax^2+3x+1$
$B=x^3-x^2+4$
$C=-x^3+bx-4$

에 대하여 다항식 $A-\{2B+(3C-A)\}$의 전개식에서 x^2의 계수가 3, x의 계수가 4일 때, ab의 값은?

(단, a, b는 상수이다.)

① $\frac{1}{6}$ ② $\frac{1}{3}$ ③ $\frac{1}{2}$
④ $\frac{2}{3}$ ⑤ $\frac{5}{6}$

개념 2 다항식의 곱셈

▶ 23471-0013

13 다항식 $(x^2+x+1)(x^2-x+a)$의 전개식에서 상수항을 포함하지 않은 계수의 총합이 10일 때, x의 계수는?

(단, a는 상수이다.)

① 2 ② 3 ③ 4
④ 5 ⑤ 6

개념 3 다항식의 곱셈 공식

▶ 23471-0014

14 세 다항식

$A=x^3-2x+1$, $B=(x+1)^3$, $C=2-x$

에 대하여 다항식 $CA-BC$의 전개식에서 x^2의 계수를 a, x의 계수를 b라 할 때, ab의 값은?

① 6 ② 7 ③ 8
④ 9 ⑤ 10

▶ 23471-0015

15 $a^2+4b^2+9c^2=44$, $2ab+6bc-3ca=-4$일 때, $|a-2b+3c|$의 값은?

① $2\sqrt{10}$ ② $2\sqrt{11}$ ③ $4\sqrt{3}$
④ $2\sqrt{13}$ ⑤ $2\sqrt{14}$

개념 4 다항식의 곱셈 공식의 변형

▶ 23471-0016

16 $a+b+c=4$, $ab+bc+ca=1$, $abc=-6$일 때, $a^2b^2+b^2c^2+c^2a^2$의 값은?

① 46 ② 47 ③ 48
④ 49 ⑤ 50

▶ 23471-0017

17 $x+y=2$, $x^3+y^3=10$일 때, x^4+y^4의 값은?

① $\frac{64}{3}$ ② $\frac{193}{9}$ ③ $\frac{194}{9}$
④ $\frac{65}{3}$ ⑤ $\frac{196}{9}$

▶ 23471-0018

18 $(x+a)(x+b)(x+1)$의 전개식에서 x^2의 계수와 x의 계수가 모두 4일 때, a^5+b^5의 값은? (단, a, b는 상수이다.)

① 117 ② 119 ③ 121
④ 123 ⑤ 125

개념 5 다항식의 나눗셈

▶ 23471-0019

19 양수 x에 대하여 $x^2+x-4=0$일 때,
$x^4+x^3+x^2+x+1$의 값은?

① $23-4\sqrt{17}$ ② $23-2\sqrt{17}$ ③ 23
④ $23+2\sqrt{17}$ ⑤ $23+4\sqrt{17}$

▶ 23471-0020

20 다항식 $2x^3+4x^2+5x-10$을 $2x-1$로 나누었을 때의 몫을 $Q_1(x)$, 나머지를 R_1이라 하고, $x-\frac{1}{2}$로 나누었을 때의 몫을 $Q_2(x)$, 나머지를 R_2라 할 때,
$\frac{Q_2(x)}{Q_1(x)}+\frac{R_2}{R_1}$의 값은? (단, $Q_1(x)\neq 0$)

① 1 ② 2 ③ 3
④ 4 ⑤ 5

서술형 문제

▶ 23471-0021

21 $a+2b+2c=4$, $a^2+4b^2+4c^2=8$일 때,

$$2(a+2b)(b+c)+2(b+c)(2c+a)+(2c+a)(a+2b)$$

의 값을 구하시오.

▶ 23471-0022

22 다항식 $f(x)$를 $3x-1$로 나눈 몫이 $2x^2-x-1$, 나머지가 $4x+3$이다. 다항식 $f(x)$를 $x+\frac{1}{2}$로 나눈 몫과 나머지를 차례대로 구하시오.

신유형

23471-0023

23 두 다항식 A, B에 대하여 $A▲B$를

$$A▲B=A^2-AB-B^2$$

이라 할 때, 다항식 $(x^4+x+1)▲(3x^3+2x^2+x)$의 전개식에서 x^2의 계수와 x의 계수의 합을 구하시오.

23471-0024

24 $A=(102^2-98^2)(102^3-98^3)$은 n자리의 자연수이다. 자연수 A의 모든 자리의 숫자의 합을 S라 할 때, $n+S$의 값은?

① 32 ② 34 ③ 36 ④ 38 ⑤ 40

23471-0025

25 두 다항식

$$A=x(x+1)(x+2)(5-x)(6-x)(7-x)$$
$$B=x(5-x)$$

에 대하여 다항식 A가 세 다항식 B, $B+p$, $B+q$로 각각 나누어떨어질 때, pq의 값을 구하시오.

(단, p, q는 0이 아닌 서로 다른 상수이다.)

23471-0026

26 $a+b=4$, $ab=1$일 때,
$(a+a^2+a^3+a^4)-(b+b^2+b^3+b^4)$의 값을 구하시오.

(단, $a>b$)

신유형

23471-0027

27 그림과 같이 가로의 길이, 세로의 길이, 높이가 각각 x, $x+1$, $x+2$인 직육면체를 T_0, 이 직육면체의 가로의 길이, 세로의 길이, 높이를 각각 n만큼 늘린 직육면체 T_n의 부피를 V_n이라 하자. $V_1+V_2+V_3+\cdots+V_n$의 최고차항의 계수가 8일 때, x^2의 계수는? (단, n은 자연수이다.)

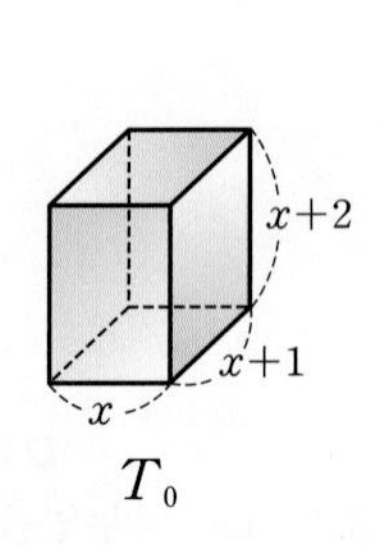

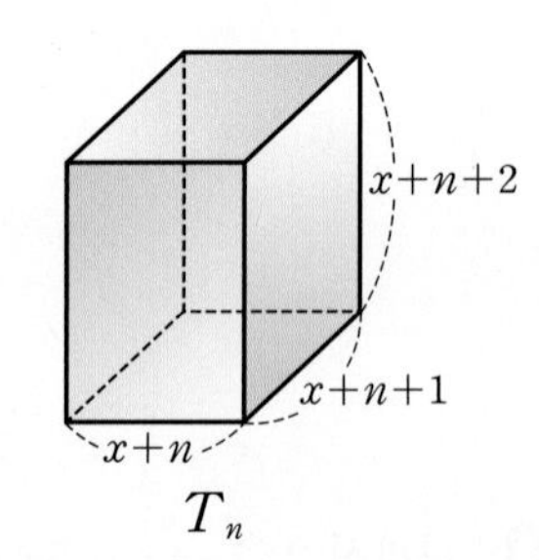

① 130 ② 132 ③ 134 ④ 136 ⑤ 138

23471-0028

28 넓이가 4인 직각이등변삼각형 ABC의 세 변의 길이 a, b, c가 등식

$$(a+b+c)(b-a-c)=(a+b-c)(a-b-c)$$

를 만족시킬 때, $\frac{ab}{c}$의 값을 구하시오.

23471-0029

29 $(x^4-x^3-x^2+x+1)(x^4+x^3+x^2+x+1)$을 전개했을 때, 상수항을 제외한 모든 짝수차 항의 계수들의 합을 a, 모든 홀수차 항의 계수들의 합을 b라 하자. $a-2b$의 값은?

① -2 ② -1 ③ 0
④ 1 ⑤ 2

23471-0030

30 그림과 같은 직육면체 ABCD$-$EFGH가 있다. 이 직육면체의 모든 모서리의 길이의 합이 24이고, 삼각형 AEG의 모든 변의 길이의 제곱의 합이 28일 때, 이 직육면체의 겉넓이를 구하시오.

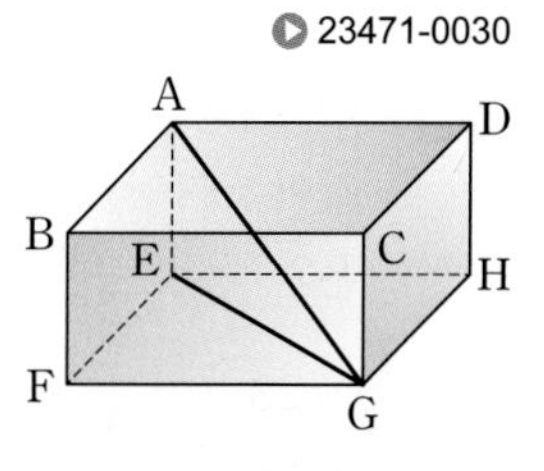

23471-0031

31 $a+b+c=0$, $a^2+b^2+c^2=4$일 때, $a^2b^2+b^2c^2+c^2a^2$의 값은?

① 1 ② 2 ③ 3
④ 4 ⑤ 5

23471-0032

32 밑면의 반지름의 길이가 $x+2$, 높이가 x^2-x-1인 원뿔의 부피를 $f(x)$, 이 원뿔의 반지름의 길이를 1만큼 줄이고, 높이는 3만큼 늘린 원뿔의 부피를 $g(x)$라 하자.
$\frac{6f(x)-3g(x)}{\pi}=x^4+ax^3+bx^2+cx-10$일 때, abc의 값은? (단, a, b, c는 상수이다.)

① 270 ② 275 ③ 280
④ 285 ⑤ 290

23471-0033

33 $(1-\sqrt{2})^5+(1-\sqrt{2})^4-2(1-\sqrt{2})^3+3(1-\sqrt{2})^2+10$의 값이 $m+n\sqrt{2}$일 때, 두 정수 m, n에 대하여 $m+n$의 값은?

① 23 ② 24 ③ 25
④ 26 ⑤ 27

23471-0034

34 자연수 n에 대하여 가로의 길이와 세로의 길이가 각각 n^2+4n+5, n^3+4n^2+4n+2인 직사각형 ABCD가 있다. 이 직사각형을 한 변의 길이가 $n+2$인 정사각형으로 조각낼 때, 정사각형의 최대 개수를 $f(n)$이라 하자. $f(3)+f(4)+f(5)$의 값을 구하시오.

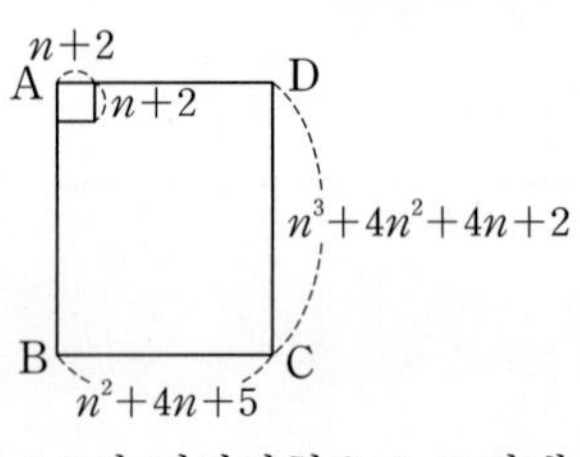

23471-0035

35 두 다항식 $A=x^3-x+1$, $B=x-1$에 대하여 다항식 A^3+B^3을 x^5으로 나누었을 때의 몫을 $Q(x)$, 나머지를 $R(x)$라 할 때, $Q(-1)+R(1)$의 값은?

① -6 ② -5 ③ -4
④ -3 ⑤ -2

신유형

23471-0036

36 다항식 $(x^3+1)^{40}$을 x^6+1로 나눈 나머지는?

① -2^{20} ② -2^{10} ③ -2
④ 2^{10} ⑤ 2^{20}

23471-0037

37 일차 이상의 두 다항식 $f(x)$, $g(x)$에 대하여 $f(x)$를 $g(x)$로 나누었을 때의 몫이 $Q(x)$, 나머지가 $R(x)$이고, $g(x)$를 $Q(x)$로 나누었을 때의 나머지도 $R(x)$일 때, <보기>에서 옳은 것만을 있는 대로 고른 것은?

보기

ㄱ. $f(x)$를 $Q(x)$로 나누었을 때의 나머지는 $R(x)$이다.
ㄴ. $f(x)+3g(x)$를 $Q(x)$로 나누었을 때의 나머지는 $4R(x)$이다.
ㄷ. $\{f(x)-1\}\{g(x)-1\}$을 $Q(x)$로 나누었을 때의 나머지는 $\{R(x)-1\}^2$이다.

① ㄱ ② ㄷ ③ ㄱ, ㄴ
④ ㄴ, ㄷ ⑤ ㄱ, ㄴ, ㄷ

추론

23471-0038

38 다음과 같은 두 연산 장치 [가], [나]가 있다.

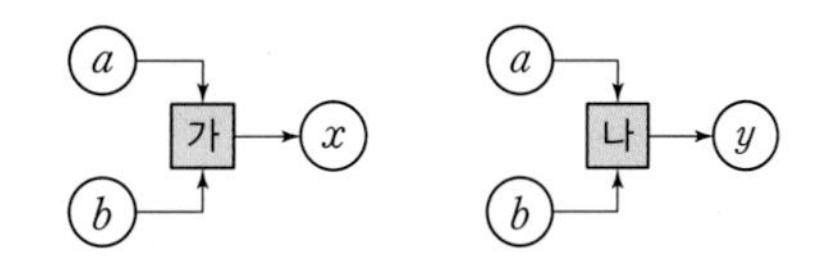

연산 장치 [가]에 두 다항식 a, b가 입력될 때 출력되는 식을 x라 하면 $x=ab$이고, 연산 장치 [나]에 두 다항식 a, b가 입력될 때 출력되는 식을 y라 하면 $y=(a\div b$의 몫$)$이다. 두 연산 장치를 결합하여 아래와 같이 만든 연산 장치에서 최종적으로 출력되는 s의 식이 $x^3+7x^2-10x-16$이고 $(x^3+7x^2-8)\div p$의 나머지 $R(x)$에 대하여 $R(0)=0$일 때, 다항식 p를 구하시오.

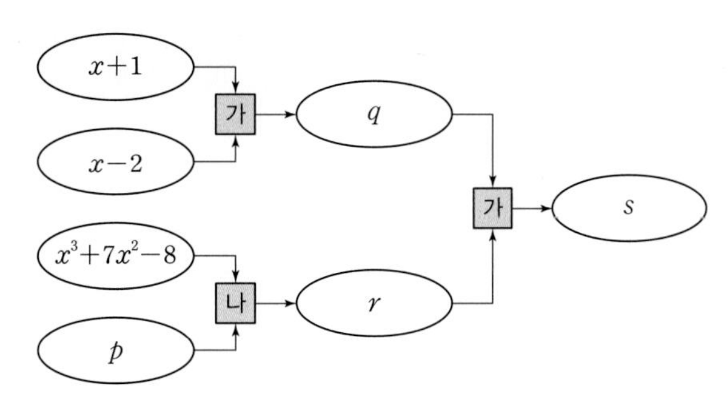

문항 파헤치기

풀이

실수 point 찾기

다항식

02 나머지정리

빈틈 개념

■ **방정식**
특정한 값에 대해서만 성립하는 등식을 방정식이라고 한다.

1 항등식

어떤 문자를 포함한 등식이 그 문자에 어떠한 값을 대입해도 성립할 때, 이 등식을 그 문자에 대한 항등식이라고 한다.

(1) 등식 $ax+b=a'x+b'$에 대하여 $a=a'$, $b=b'$이면 이 등식은 x에 대한 항등식이다. 거꾸로, 이 등식이 x에 대한 항등식이면 $a=a'$, $b=b'$이다.

(2) 등식 $ax^2+bx+c=a'x^2+b'x+c'$에 대하여 $a=a'$, $b=b'$, $c=c'$이면 이 등식은 x에 대한 항등식이다. 거꾸로, 이 등식이 x에 대한 항등식이면 $a=a'$, $b=b'$, $c=c'$이다.

1등급 note

■ **x에 대한 항등식과 같은 표현**
(1) 모든 x에 대하여
(2) 임의의 x에 대하여
(3) x의 값에 관계없이

■ 양변이 각각 3차 이상인 등식도 (1), (2)에서와 마찬가지로 양변의 모든 항의 계수가 서로 같으면 항등식이다. 거꾸로, 항등식이면 양변의 모든 항의 계수가 서로 같다.

2 미정계수법

주어진 항등식에서 미지의 계수와 상수항을 구하는 방법을 미정계수법이라고 한다.

(1) **수치대입법**: 항등식의 양변에 있는 문자(변수)에 적당한 값을 대입하는 방법

(2) **계수비교법**: 항등식의 양변에서 동류항의 계수를 비교하는 방법

■ **나머지정리**
나머지정리는 다항식을 일차식으로 나누는 경우에 나머지를 구할 때 편리하다.

3 나머지정리

다항식 $P(x)$를 일차식 $x-\alpha$로 나누었을 때의 나머지를 R라 하면 $R=P(\alpha)$이다.

■ 다항식 $P(x)$를 일차식 $ax+b$로 나누었을 때의 나머지를 R라 할 때,
$R=P\left(-\frac{b}{a}\right)$

■ **인수**
다항식을 몇 개의 다항식의 곱으로 나타낼 때, 그 다항식을 본래의 다항식의 인수라고 한다.

4 인수정리

다항식 $P(x)$가 $P(\alpha)=0$이면 다항식 $P(x)$는 $x-\alpha$를 인수로 갖는다. 거꾸로, 다항식 $P(x)$가 $x-\alpha$를 인수로 가지면 $P(\alpha)=0$이다.

■ (1) $P(\alpha)\neq0$이면 다항식 $P(x)$는 $x-\alpha$를 인수로 갖지 않는다.
(2) $P(\alpha)=P(\beta)=0$이면 다항식 $P(x)$는 $x-\alpha$와 $x-\beta$를 모두 인수로 갖는다.

■ 조립제법은 나머지정리와 마찬가지로 다항식을 일차식으로 나누는 경우에 편리하다.

5 조립제법

다항식을 일차식으로 나누었을 때의 몫과 나머지를 다항식의 계수를 이용하여 구하는 방법을 조립제법이라고 한다.

예 다항식 x^2+x+5를 $x-2$로 나누었을 때의 조립제법은 다음과 같다.

2	1	1	5
		2	6
	1	3	11

에서 몫은 $x+3$, 나머지는 11이므로
$x^2+x+5=(x-2)(x+3)+11$이다.

■ 조립제법을 이용할 때, 차수별로 모든 항의 계수를 빠짐없이 써야 한다. 특정 차수의 항이 없을 때에는 그 계수를 0으로 쓴다.

■ 다항식 x^3-x+1을 $x-2$로 나누었을 때의 조립제법은 다음과 같다.

2	1	0	−1	1
		2	4	6
	1	2	3	7

에서 몫은 x^2+2x+3, 나머지는 7이므로
$x^3-x+1=(x-2)(x^2+2x+3)+7$
이다.

기출에서 찾은 **내신 필수 문제**

01 출제율 100%

| 항등식 | ▶ 23471-0039

세 상수 a, b, c에 대하여 등식

$$(x-1)(ax+3)=4x^2+bx+c$$

가 x에 대한 항등식일 때, $a+b+c$의 값은?

① -2 ② -1 ③ 0 ④ 1 ⑤ 2

02 출제율 98%

| 미정계수법 | ▶ 23471-0040

등식 $2x^2+3x+3=a(x-1)^2+b(x-1)+c$가 x에 대한 항등식이 되도록 하는 세 상수 a, b, c에 대하여 abc의 값은?

① 104 ② 112 ③ 120 ④ 128 ⑤ 136

03 출제율 95%

| 미정계수법 | ▶ 23471-0041

다항식 $f(x)=x^3+x^2-ax+b$를 $(x+1)^2$으로 나누었을 때의 몫은 $x+2$이고 나머지는 1이다. 이때 $f(4)$의 값은? (단, a, b는 상수이다.)

① 52 ② 55 ③ 58 ④ 61 ⑤ 64

04 출제율 90%

| 나머지정리 | ▶ 23471-0042

다항식 $f(x)$를 $x+1$로 나누었을 때의 나머지가 2이고, $f(x)$를 $(x+1)(x-2)$로 나누었을 때의 나머지가 $ax+3$일 때, $f(x)$를 $x-2$로 나누었을 때의 나머지는? (단, a는 상수이다.)

① 1 ② 2 ③ 3 ④ 4 ⑤ 5

05 출제율 88%

| 나머지정리 | ▶ 23471-0043

다항식 $x^4+x^3+x^2+x+1$을 $x-2$로 나누었을 때의 나머지를 R_1, $4x-2$로 나누었을 때의 나머지를 R_2라 할 때, $\frac{R_1}{R_2}$의 값은?

① 16 ② 32 ③ 64 ④ 128 ⑤ 256

06 출제율 83%

| 인수정리 | ▶ 23471-0044

다항식 x^4+ax+b가 이차식 x^2-x-2로 나누어떨어질 때, 다항식 x^4+ax+b를 $x-3$으로 나누었을 때의 나머지는? (단, a, b는 상수이다.)

① 45 ② 50 ③ 55 ④ 60 ⑤ 65

서술형 문제

| 인수정리 |

23471-0045

07 출제율 99%

다항식 x^3+3x^2+ax+b를 $x-1$로 나눈 나머지가 5이고, $x+1$을 인수로 가질 때, $\frac{b}{a}$의 값은? (단, a, b는 상수이다.)

① $-\frac{1}{2}$ ② $-\frac{1}{3}$ ③ $-\frac{1}{4}$
④ $-\frac{1}{5}$ ⑤ $-\frac{1}{6}$

| 조립제법 |

23471-0046

08 출제율 99%

다항식 x^3-6x^2+2x+5를 $x-2$로 나눈 몫을 $Q(x)$, 나머지를 a라 할 때, $Q(x)$를 $x-a$로 나눈 나머지는?

① 71 ② 72 ③ 73
④ 74 ⑤ 75

| 조립제법 |

23471-0047

09 출제율 99%

다음과 같이 조립제법을 이용하여 다항식 x^3-x+2를 $x+2$로 나누었을 때의 몫과 나머지를 구하였다. 네 상수 a, b, c, d에 대하여 $abcd$의 값은?

$$\begin{array}{c|cccc} a & 1 & 0 & -1 & c \\ & & a & 4 & -6 \\ \hline & 1 & a & b & d \end{array}$$

① -48 ② -24 ③ 12
④ 24 ⑤ 48

23471-0048

10 출제율 87%

다항식 $P(x)$가 모든 실수 x에 대하여 등식

$$P(x^2+1)=x\{P(x)+1\}$$

을 만족시킬 때, $P(10)$의 값을 구하시오.

23471-0049

11 출제율 92%

두 다항식 $f(x)$, $g(x)$가 다음 조건을 만족시킨다.

(가) 다항식 $f(x)+2g(x)+2x$는 $x+1$로 나누어떨어진다.
(나) 다항식 $f(2x)+g(2x)-2x$는 $2x+1$로 나누어떨어진다.

다항식 $f(3x)+3g(3x)$를 $3x+1$로 나누었을 때의 나머지를 구하시오.

개념 1 항등식

▶ 23471-0050

12 x에 대한 항등식

$$(x+1)^6=ax^6+bx^5+cx^4+dx^3+ex^2+fx+g$$

에 대하여 $A=a+c+e+g$, $B=b+d+f$라 할 때, A^2B+AB^2의 값은?

(단, a, b, c, d, e, f, g는 상수이다.)

① 2^{14} ② 2^{15} ③ 2^{16}
④ 2^{17} ⑤ 2^{18}

▶ 23471-0051

13 등식 $a(x+2y+3)-b(x-2y+5)=x+y+c$가 x, y의 값에 관계없이 항상 성립할 때, $a+b+c$의 값은?

(단, a, b, c는 상수이다.)

① 1 ② 2 ③ 3
④ 4 ⑤ 5

개념 2 미정계수법

▶ 23471-0052

14 자연수 n에 대하여 다항식 $f(x)=x^n(x^2+ax+1)$이라 하자. 등식 $f(x+2)=x^4+6x^3+bx^2+12x+4$가 x의 값에 관계없이 항상 성립할 때, $n+a+b$의 값은?

(단, a, b는 상수이다.)

① 12 ② 13 ③ 14
④ 15 ⑤ 16

▶ 23471-0053

15 다항식 $f(x)$에 대하여 등식

$$(x-3)f(x)=x(x^2+kx+5)-6$$

이 x에 대한 항등식일 때, $f(k)$의 값은?

(단, k는 상수이다.)

① 22 ② 23 ③ 24
④ 25 ⑤ 26

개념 3 나머지정리

▶ 23471-0054

16 다항식 $f(x)$를 $x-1$로 나누었을 때의 나머지가 2, 다항식 $g(x)$를 $x+2$로 나누었을 때의 나머지가 3일 때, 다항식 $f(3x-5)+f(x-1)\times g(2x-6)$을 $x-2$로 나눈 나머지는?

① 2 ② 4 ③ 6
④ 8 ⑤ 10

▶ 23471-0055

17 다항식 $f(x)$를 $x-2$로 나누었을 때의 나머지가 -2이고, 다항식 $f(x)$를 $x+2$로 나누었을 때의 나머지가 2일 때, 다항식 $f(x)$를 x^2-4로 나누었을 때의 나머지는?

① $-2x+1$ ② $-x$ ③ $x-1$
④ $2x-1$ ⑤ $2x+1$

개념 4 인수정리

23471-0056

18 다항식 $x^4+x^3-ax^2+bx-6$이 x^2-x+1을 인수로 가지고, 다항식 x^3+ax^2+bx+c는 $x+1$을 인수로 가질 때, $a+b+c$의 값은? (단, a, b, c는 상수이다.)

① 13 ② 14 ③ 15
④ 16 ⑤ 17

23471-0057

19 삼차식 $f(x)$의 인수 중 일차식인 인수가 $x-1$과 $x-2$뿐이고 $xf(x)$를 $x-5$로 나누었을 때의 나머지가 5일 때, $f(x)$를 $x-3$으로 나누었을 때의 나머지의 최댓값은?

① $\frac{1}{12}$ ② $\frac{1}{14}$ ③ $\frac{1}{16}$
④ $\frac{1}{18}$ ⑤ $\frac{1}{20}$

개념 5 조립제법

23471-0058

20 다음과 같이 조립제법을 이용하여 다항식 $P(x)$를 $x-a$로 나누었을 때의 몫 $Q(x)$와 나머지 47을 구하였다. 다항식 $Q(x)$를 $x+a$로 나누었을 때의 몫과 나머지의 합은? (단, a는 상수이다.)

3	2	0	0	−40	5
		6	18	54	42
	2	6	18	14	47

① $-2x^2-22$ ② $-2x^2+22$ ③ $-2x^2$
④ $2x^2-22$ ⑤ $2x^2+22$

23471-0059

21 등식

$$(x+1)^4 = a+bx+cx(x-1)+dx(x-1)(x-2) + ex(x-1)(x-2)(x-3)$$

이 x에 대한 항등식일 때, $a-b+c-d+e$의 값을 구하시오. (단, a, b, c, d, e는 상수이다.)

23471-0060

22 다항식 $f(x)$를 $x-3$으로 나누었을 때의 몫이 x^2+4x+3이고 나머지가 a일 때, 다항식 $xf(x)+2x-1$을 $x+1$로 나누었을 때의 나머지와 $x+3$으로 나누었을 때의 나머지의 곱은 176이다. $f(x)$를 $x-a$로 나누었을 때의 나머지를 구하시오.
(단, a는 자연수이다.)

▶ 23471-0061

23 $x+y=2$를 만족시키는 모든 실수 x, y에 대하여 등식
$(a^2-21)x^2+(ab+2b^2-1)x+y^2+cy-b^2xy+2c=0$
이 성립할 때, $(ac+bc)^2$의 값은?
(단, a, b, c는 상수이다.)

① 24 ② 25 ③ 26
④ 27 ⑤ 28

신유형
▶ 23471-0062

24 자연수 n에 대하여 n차식 $f_n(x)$를

$$f_n(x)=(x-2)(x-4)(x-6)\cdots(x-2n)$$

이라 하자. 모든 실수 x에 대하여 등식

$$\{f_n(x)\}^2-8x^3+64=af_1(x)+bf_2(x)+cf_4(x)$$

가 성립할 때, $c-a+b$의 값은? (단, a, b, c는 상수이다.)

① 136 ② 137 ③ 138
④ 139 ⑤ 140

▶ 23471-0063

25 x에 대한 다항식 $x^n(x^2+ax+b)$를 $(x-3)^2$으로 나누었을 때의 나머지가 $3^n(x-3)$일 때, 두 상수 a, b에 대하여 $a+b$의 값을 구하시오. (단, n은 자연수이다.)

▶ 23471-0064

26 최고차항의 계수가 3인 삼차식 $f(x)$와 최고차항의 계수가 2인 이차식 $g(x)$가 다음 조건을 만족시킨다.

(가) 모든 실수 x에 대하여 $f(-x)+f(x)=0$이다.
(나) 모든 실수 x에 대하여 $g(-x)=g(x)$이다.
(다) 다항식 $f(x)+g(x)$는 $x-2$로 나누어떨어진다.

$f(4)+2g(2)$의 값을 구하시오.

▶ 23471-0065

27 일차식 $f(x)$에 대하여 등식

$$f(x)+f(kx)=f(2x)+4$$

가 x의 값에 관계없이 항상 성립할 때, $f(0)+k$의 값은?
(단, k는 상수이다.)

① 1 ② 3 ③ 5
④ 7 ⑤ 9

신유형

23471-0066

28 최고차항의 계수가 1인 사차식 $f(x)$를 $(x-2)^3$으로 나누었을 때의 몫 $Q(x)$, 나머지 $R(x)$가 다음 조건을 만족시킨다.

(가) $R(x)$의 차수는 $Q(x)$의 차수보다 크지 않다.
(나) $R(3)=R(4)$

다항식 $f(x)$를 $x-2$로 나누었을 때의 몫 $g(x)$를 $x-3$으로 나눈 나머지가 5일 때, $f(0)-R(0)$의 값은?

① -16　② -14　③ -12
④ -10　⑤ -8

23471-0067

29 삼차식 $f(x)$를 $2x-4$로 나누었을 때의 몫을 $Q(x)$, 나머지를 R라 하고, 다항식 $f(x)$를 $4Q(x)-2$로 나누었을 때의 몫과 나머지의 합을 $g(x)$라 할 때, 다항식 $g(x)-R$를 $x-10$으로 나누었을 때의 나머지를 구하시오.

23471-0068

30 다항식 $f(x)$를 $(x-1)^4$으로 나누었을 때의 나머지가 $2x^3-x+4$이고, 다항식 $f(x)$를 $(x-1)^2$으로 나누었을 때의 나머지를 $R(x)$라 할 때, $R(x)$를 $x-2$로 나누었을 때의 나머지를 구하시오.

23471-0069

31 다항식 $f(x)$를 $(x-1)(x-2)$로 나누었을 때의 나머지가 $2x+1$이고, $(x-2)(x-3)$으로 나누었을 때의 나머지가 $3x-1$이다. 다항식 $f(x)$를 $(x-1)(x-2)(x-3)$으로 나누었을 때의 나머지를 $R(x)$라 할 때, $R(x)$를 $x-4$로 나누었을 때의 나머지는?

① 10　② 12　③ 14
④ 16　⑤ 18

23471-0070

32 자연수 n에 대하여 두 다항식 $f(x)$, $g(x)$가

$$f(x)=x^3+(2n+3)x^2+5x-2(n^2+n-1)$$
$$g(x)=x^2+3x-n$$

이고 $f(x)$와 $g(x)$가 모두 $x-a$로 나누어떨어질 때, a^2+3a+n의 값은? (단, a는 상수이다.)

① 1　② 2　③ 3
④ 4　⑤ 5

23471-0071

33 다항식 $f(x)$가 x로 나누어떨어지고 그 때의 몫을 $g(x)$라 하자. 다항식 $g(x)$가 $x-1$로 나누어떨어지고 그 때의 몫을 $i(x)$, 다항식 $h(x)$가 x로 나누어떨어지고 그 때의 몫도 $i(x)$라 하자. 다항식 $g(x)$를 x로 나누었을 때의 나머지가 -4, 다항식 $h(x)$를 $x-1$로 나누었을 때의 나머지가 2이다. 다항식 $f(x)$의 차수가 최소일 때, $f(x)$를 $x-4$로 나눈 나머지는? (단, $i(x)$는 상수가 아니다.)

① -16 ② -24 ③ -32
④ -40 ⑤ -48

23471-0072

34 다항식 $f(x)=2x^3+ax^2+bx-3$이 $(x+1)^2$으로 나누어떨어질 때, 다항식 $f(x)$를 $-x+a+b$로 나누었을 때의 나머지는? (단, a, b는 상수이다.)

① -36 ② -32 ③ -28
④ -24 ⑤ -20

23471-0073

35 두 다항식 x^3+2x^2+ax-2와 x^3-2x^2+bx+2가 모두 일차항의 계수가 1이고 상수항이 0이 아닌 두 일차식 $f(x)$, $g(x)$를 인수로 가질 때, 두 상수 a, b에 대하여 a^2+b^2의 값은? (단, $f(x)\neq g(x)$)

① 1 ② 2 ③ 3
④ 4 ⑤ 5

23471-0074

36 다음은 다항식 ax^3+bx^2+cx+d를 $(x-1)(x-2)$로 나누었을 때의 몫 $Q(x)$와 나머지 $R(x)$를 구하기 위해 조립제법을 2번 이용하는 과정이다. $Q(b)+R(c)$의 값을 구하시오. (단, a, b, c, d는 상수이다.)

1	a	b	c	d
		□	□	□
2	3	□	□	-2
		□	□	
	3	-1	5	

23471-0075

37 구차식 $f(x)$가 1부터 10까지의 모든 자연수 n에 대하여 $f(n)=\dfrac{n+1}{n}$을 만족시키고 $f(11)=1$일 때, $f(-1)+f(12)=\dfrac{q}{p}$이다. $p+q$의 값을 구하시오.

(단, p와 q는 서로소인 자연수이다.)

정답과 풀이 18쪽

추론

23471-0076

38 두 다항식 $F(x)=x^4+x^3+x^2+x+1$, $G(x)=x^3-x^2-x+1$에 대하여 $F(x)$를 $G(x)$로 나눈 나머지를 $R_1(x)$, $G(x)$를 $R_1(x)$로 나눈 나머지를 $R_2(x)$라 하자. $\alpha^5=1$을 만족시키는 1이 아닌 α에 대하여 $G(\alpha)(2\alpha^2+\alpha+2)$의 값은?

① 1 ② 2 ③ 3
④ 4 ⑤ 5

문항 파헤치기

풀이

실수 point 찾기

다항식

01. 다항식의 연산

02. 나머지정리

03. 인수분해

03 인수분해

빈틈 개념

■ 하나의 다항식을 2개 이상의 다항식의 곱으로 나타내는 것을 인수분해한다고 한다. 다항식을 몇 개의 다항식의 곱으로 나타낼 때, 그 다항식을 본래의 다항식의 인수라고 한다.

■ **인수분해**

(1) $a^2+2ab+b^2=(a+b)^2$

(2) $a^2-2ab+b^2=(a-b)^2$

(3) $a^2-b^2=(a+b)(a-b)$

(4) $x^2+(a+b)x+ab$
$=(x+a)(x+b)$

(5) $acx^2+(ad+bc)x+bd$
$=(ax+b)(cx+d)$

■ **인수정리**

다항식 $P(x)$가 $P(a)=0$이면 다항식 $P(x)$는 $x-a$를 인수로 갖는다. 거꾸로, 다항식 $P(x)$가 $x-a$를 인수로 가지면 $P(a)=0$이다.

1 공식을 이용한 인수분해

(1) $a^2+b^2+c^2+2ab+2bc+2ca=(a+b+c)^2$

(2) $a^3+3a^2b+3ab^2+b^3=(a+b)^3$

$a^3-3a^2b+3ab^2-b^3=(a-b)^3$

(3) $a^3+b^3=(a+b)(a^2-ab+b^2)$

$a^3-b^3=(a-b)(a^2+ab+b^2)$

2 치환을 이용한 인수분해

(1) 공통부분이 있는 식은 공통부분을 다른 문자로 치환한 후 인수분해한다.

(2) ax^4+bx^2+c 꼴의 인수분해

① $x^2=X$로 치환하여 X에 대한 이차식을 인수분해한다.

② 적당한 식을 더하고 빼서 A^2-B^2의 꼴로 변형하여 인수분해한다.

(3) 문자가 여러 개인 식은 차수가 작은 문자에 대하여 정리한 후 인수분해한다.

3 인수정리와 조립제법을 이용한 인수분해

삼차 이상의 다항식 $P(x)$의 인수분해는 다음과 같은 순서로 한다.

(1) $P(\alpha)=0$인 α를 찾는다.
이때 인수정리에 의해 $P(x)$는 $x-\alpha$를 인수로 갖는다.

(2) 조립제법을 이용하여 $P(x)$를 $x-\alpha$로 나누었을 때의 몫 $Q(x)$를 구한 다음, $P(x)=(x-\alpha)Q(x)$의 꼴로 인수분해한다.

(3) 몫 $Q(x)$가 삼차 이상이면 (1), (2)의 과정을 반복하여 인수분해한다.

1등급 note

■ 인수분해는 다항식을 전개하는 과정과 반대이므로 곱셈 공식을 거꾸로 생각하면 된다.

■ (1) a^3+b^3
$=(a+b)^3-3ab(a+b)$
$=(a+b)(a^2-ab+b^2)$

(2) a^3-b^3
$=(a-b)^3+3ab(a-b)$
$=(a-b)(a^2+ab+b^2)$

■ $a^3+b^3+c^3-3abc$
$=(a+b+c)(a^2+b^2+c^2-ab-bc-ca)$
$=\frac{1}{2}(a+b+c)\{(a-b)^2+(b-c)^2+(c-a)^2\}$

■ 계수가 정수인 다항식 $P(x)$에 대하여 $P(\alpha)=0$인 α는 $P(x)$의 최고차항의 계수를 a, 상수항을 b라 할 때,
$\pm\frac{(|b|\text{의 양의 약수})}{(|a|\text{의 양의 약수})}$
중에서 찾는다.

기출에서 찾은 내신 필수 문제

| 공식을 이용한 인수분해 | ▶ 23471-0077

01 출제율 99%

등식 $4x^2+y^2+9z^2+4xy-6yz-12zx=(P-3z)^2$이 항상 성립하도록 하는 다항식 P에 대하여 다항식 P^2의 모든 항의 계수의 합은?

① 6 ② 7 ③ 8
④ 9 ⑤ 10

| 공식을 이용한 인수분해 | ▶ 23471-0078

02 출제율 97%

다항식 $8x^3-36x^2y+54xy^2-27y^3$을 인수분해한 것이 $(ax+by)^3$일 때, 두 상수 a, b에 대하여 ab의 값은?

① -6 ② -3 ③ -2
④ 3 ⑤ 6

| 공식을 이용한 인수분해 | ▶ 23471-0079

03 출제율 99%

다음 중 다항식 x^4y+8xy를 인수분해한 것은?

① $xy(x+2)(x^2-2x+4)$
② $xy(x+2)(x^2+2x+4)$
③ $xy(x-2)(x^2-2x+4)$
④ $xy(x-2)(x^2-2x-4)$
⑤ $xy(x-2)(x^2+2x-4)$

| 치환을 이용한 인수분해 | ▶ 23471-0080

04 출제율 97%

다항식 $(x^2+4x+2)(x^2+4x-11)-14$를 인수분해한 것이 $(x+a)(x+b)(x+c)(x+d)$일 때, 서로 다른 네 실수 a, b, c, d에 대하여 $abc-d$의 최댓값은?

① 14 ② 16 ③ 18
④ 20 ⑤ 22

| 치환을 이용한 인수분해 | ▶ 23471-0081

05 출제율 99%

다항식 $f(x)=(x+1)(x+2)(x+3)(x+4)+a$가 이차의 완전제곱식의 꼴로 인수분해될 때, 다항식 $f(x)$를 $x-2$로 나누었을 때의 나머지는?

(단, a는 상수이다.)

① 361 ② 363 ③ 365
④ 367 ⑤ 369

| 치환을 이용한 인수분해 | ▶ 23471-0082

06 출제율 91%

다음 중 다항식 x^4+5x^2+9의 인수인 것은?

① x^2+x-3 ② x^2+x+3
③ x^2-x-3 ④ x^2+2x-3
⑤ x^2+2x+3

서술형 문제

| 인수정리와 조립제법을 이용한 인수분해 | 23471-0083

07 출제율 92%

다항식 $x^3+8x^2+11x+k$의 서로 다른 세 인수가 $x-1$, $x+a$, $x+b$일 때, 세 상수 k, a, b에 대하여 $k+a+b$의 값은?

① -15 ② -13 ③ -11
④ -9 ⑤ -7

| 인수정리와 조립제법을 이용한 인수분해 | 23471-0084

08 출제율 90%

높이가 $x+2$, 부피가 $2x^3+7x^2+7x+2$인 직육면체의 밑면의 넓이를 $f(x)$라 할 때, 다음 중 $f(x)$의 인수인 것은?

① $2x-1$ ② $2x+1$ ③ $x-1$
④ $x+2$ ⑤ $x+3$

| 인수정리와 조립제법을 이용한 인수분해 | 23471-0085

09 출제율 83%

다항식 $2x^4-x^3-14x^2-5x+6$이 일차항의 계수가 모두 자연수이고 상수항이 정수인 네 일차식 A, B, C, D의 곱으로 인수분해될 때, $A+B+C+D$는?

① $5x-5$ ② $5x-4$ ③ $5x-3$
④ $5x-2$ ⑤ $5x-1$

23471-0086

10 출제율 95%

a, b, c가 삼각형의 세 변의 길이를 나타낼 때,

$$a^3b-a^3c-b^4+b^3c=0$$

을 만족시키는 삼각형의 모양을 구하시오

23471-0087

11 출제율 88%

다항식 $x^3+(k+5)x^2+(5k+6)x+6k$를 인수분해 한 것이 $(x+a)^2(x+b)$의 꼴이 되도록 하는 모든 상수 k의 값의 합을 구하시오. (단, a, b는 상수이다.)

내신 고득점 도전 문제

개념 1 공식을 이용한 인수분해

23471-0088

12 $a(b+c-a)+b(c+a-b)+c(a+b-c)-4bc$를 인수분해하시오.

23471-0089

13 두 실수 a, b에 대하여

$$f(a,\ b)=ab(a-b)$$

라 할 때, $f(x,\ y)+f(y,\ z)+f(z,\ x)$를 인수분해한 것은? (단, x, y, z는 실수이다.)

① $(x-y)(y-z)(z-x)$
② $(x-y)(y-z)(z+x)$
③ $(x-y)(y-z)(x-z)$
④ $(x-y)(y+z)(z-x)$
⑤ $(x+y)(y-z)(z-x)$

23471-0090

14 다음 중 $99(100^2+100+1)+199(200^2+200+1)+2$의 값과 같은 것은?

① 300×30000 ② 30×30000
③ 3×30000 ④ 900×30000
⑤ 90×30000

개념 2 치환을 이용한 인수분해

23471-0091

15 다항식

$$(x+n)(x+n+1)(x+n+2)(x+n+3)+k$$

가 x에 대한 이차의 완전제곱식의 꼴로 인수분해될 때, 상수 k의 값은? (단, n은 실수이다.)

① 1 ② 2 ③ 3
④ 4 ⑤ 5

23471-0092

16 $2x^2(x+3)^2+5x^2+15x+2$가 두 일차식 $f(x)$, $g(x)$와 이차식 $h(x)$의 곱으로 인수분해될 때, $h(x)-f(x)g(x)$는? (단, 세 다항식 $f(x)$, $g(x)$, $h(x)$의 모든 항의 계수는 자연수이다.)

① x^2+3x-3 ② x^2+3x-2 ③ x^2+3x-1
④ x^2+3x ⑤ x^2+3x+1

23471-0093

17 다항식 $27\left(x+\frac{2}{3}\right)^3+9\left(x+\frac{2}{3}\right)^2+\left(x+\frac{2}{3}\right)+\frac{1}{27}$을 인수분해한 것은?

① $\left(3x+\frac{5}{3}\right)^3$ ② $(3x+2)^3$
③ $\left(3x+\frac{7}{3}\right)^3$ ④ $\left(3x+\frac{8}{3}\right)^3$
⑤ $27(x+1)^3$

개념 3 인수정리와 조립제법을 이용한 인수분해

▶ 23471-0094

18 다항식 $Q(x)$에 대하여 다항식 x^4+ax+b가 $(x-3)^2Q(x)$로 인수분해될 때, $a+b$의 값은? (단, a, b는 상수이다.)

① 131 ② 132 ③ 133
④ 134 ⑤ 135

▶ 23471-0095

19 다항식 $f(x)=x^4+ax^3-bx-1$이 $x+1$을 인수로 가질 때, 다음 중 항상 성립하는 것은? (단, a, b는 상수이다.)

① $f(-2)=0$ ② $f(1)=0$ ③ $f(2)=0$
④ $f(3)=0$ ⑤ $f(4)=0$

▶ 23471-0096

20 세 다항식 $f(x)$, $g(x)$, $h(x)$가 모든 실수 x에 대하여
$h(x)=\{f(x)+g(x)\}^3+\{f(x)-g(x)\}^3$
을 만족시키고 $h(x)$가 $(x-\alpha)^2$을 인수로 가질 때, 〈보기〉에서 옳은 것만을 있는 대로 고른 것은? (단, α는 실수이고, $f(x)$, $g(x)$는 계수가 모두 실수인 일차 이상의 다항식이다.)

보기
ㄱ. $h(x)$는 $f(x)$를 인수로 갖는다.
ㄴ. $f(\alpha)=0$
ㄷ. $g(\alpha)=0$

① ㄱ ② ㄷ ③ ㄱ, ㄴ
④ ㄴ, ㄷ ⑤ ㄱ, ㄴ, ㄷ

서술형 문제

▶ 23471-0097

21 서로 다른 두 실수 a, b에 대하여 $x+a$, $x+b$가 다항식 $(x+99)(x+100)(x+101)(x+102)-24$의 인수일 때, $a+b$의 값을 구하시오.

▶ 23471-0098

22 직육면체의 가로의 길이, 세로의 길이, 높이가 모두 최고차항의 계수가 1인 x에 대한 일차식일 때, 직육면체의 부피는 $x^3+7x^2+14x+8$이고 겉넓이는 $6x^2+ax+b$이다. 두 상수 a, b에 대하여 $a+b$의 값을 구하시오.

23471-0099

23 1보다 큰 자연수 n에 대하여 $\dfrac{3^{48}-2^{48}}{3^{32}+6^{16}+2^{32}}$은 n의 배수이다. n의 최솟값을 구하시오.

23471-0100

24 $x+y=a$, $2(x-y)=b$일 때, $\dfrac{2x^3+6xy^2}{8a^3+b^3}=\dfrac{q}{p}$이다. 서로소인 두 자연수 p, q에 대하여 $p+q$의 값을 구하시오.

(단, $8a^3+b^3 \neq 0$)

신유형

23471-0101

25 999936을 소인수분해하면 $a^s \times b^t \times c \times d$로 나타낼 수 있다. s, t는 1보다 큰 정수이고 $a<b<c<d$라 할 때, $s-t$의 값은?

① 6 ② 7 ③ 8 ④ 9 ⑤ 10

23471-0102

26 $a+b=3$, $b+c=5$일 때,

$$ac^3-3a^2c^2+3a^3c-a^4+bc^3-3abc^2+3a^2bc-a^3b$$

의 값은?

① 22 ② 24 ③ 26 ④ 28 ⑤ 30

23471-0103

27 자연수 n에 대하여 그림과 같이 가로의 길이가 n^2+3n+2, 세로의 길이가 n^3+2n^2-1, 높이가 $2n^3+5n^2+n-2$인 직육면체 모양의 상자에 한 모서리의 길이가 $f(n)$인 정육면체 모양의 상자를 빈틈없이 넣는다고 할 때, 필요한 정육면체의 개수를 $g(n)$이라 하자. $g(n)$을 $f(n)-3$으로 나누었을 때의 나머지를 구하시오.

(단, 상자의 두께는 생각하지 않고, $f(n)$은 일차식이다.)

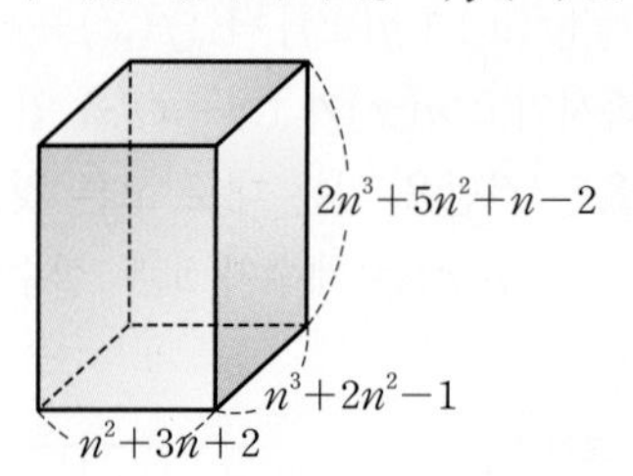

23471-0104

28 삼각형의 세 변의 길이 a, b, c에 대하여 등식

$$a^3-b^3+c^3=ab(a-b)+bc(b-c)+ca(c+a)$$

가 성립하고, 이 삼각형의 넓이가 36일 때, ab의 값은?

① 18 ② 36 ③ 54
④ 72 ⑤ 90

23471-0105

29 $m>n$인 두 자연수 m, n에 대하여 $x^{2^m}-1$은 $x^{2^n}+1$을 인수로 가짐을 증명하시오.

23471-0106

30 $a\le b\le c$인 삼각형의 세 변의 길이 a, b, c가 모두 자연수이고, 등식

$$a^3+(3b-4)a^2+(3b^2-8b)a+b^3-4b^2=0$$

이 성립할 때, bc의 최댓값을 구하시오.

23471-0107

31 두 다항식 $f(x)$, $g(x)$에 대하여 $f(x)+g(x)$를 x^2+x+1로 나누었을 때의 나머지가 9이고, $f(x)-g(x)$를 x^2+x+1로 나누었을 때의 나머지가 -3이다. 이때 $f(x)+kg(x)$가 x^2+x+1을 인수로 갖도록 하는 상수 k의 값은?

① -1 ② $-\frac{1}{2}$ ③ 0
④ $\frac{1}{2}$ ⑤ 1

23471-0108

32 $x^2+y^2-5-a(xy-2)$가 x, y에 대한 서로 다른 두 일차식의 곱으로 인수분해되도록 하는 모든 상수 a의 값의 곱은?

① -10 ② -9 ③ -8
④ -7 ⑤ -6

23471-0109

33 다항식 $f(x)=x^4+2x^3-4x^2-2x+3$을 $x+a$로 나누었을 때의 몫을 $Q(x)$라 하자. 실수 a에 대하여 다항식 $f(x)$가 $x+a$로 나누어떨어질 때, $Q(2a)$의 최댓값과 최솟값의 합을 구하시오.

23471-0110

34 $14^3+13\times14^2+39\times14+27$은 1보다 크고 서로 다른 네 자연수 a, b, c, d의 곱 $abcd$와 같다. $a+b+c+d$의 값은?

① 40 ② 42 ③ 44
④ 46 ⑤ 48

23471-0111

35 다항식 x^4+ax가 두 다항식 x^2+x+1과 $P(x)$의 곱으로 인수분해될 때, 다항식 x^8-ax^4+1을 $P(x)$로 나누었을 때의 나머지는? (단, a는 상수이다.)

① $2x$ ② $2x+1$ ③ $2x+2$
④ $2x+3$ ⑤ $2x+4$

23471-0112

36 $x^4+x^2+1+2xy-y^2$을 인수분해하시오.

신유형

23471-0113

37 두 양의 상수 a, b에 대하여 다항식 $f(x)=x^4-ax^3+bx^2-ax+1$을 인수분해하면 $(x-c)g(x)$이다. 〈보기〉에서 옳은 것만을 있는 대로 고른 것은? (단, c는 실수이다.)

보기

ㄱ. $c>0$

ㄴ. $g(x)$는 $x-\frac{1}{c}$을 인수로 갖는다.

ㄷ. $c=1$이면 $f(x)$는 $(x-1)^2$을 인수로 갖는다.

① ㄱ ② ㄴ ③ ㄱ, ㄴ
④ ㄴ, ㄷ ⑤ ㄱ, ㄴ, ㄷ

23471-0114

38 그림과 같이 한 모서리의 길이가 1인 정육면체 모양의 나무블록을 쌓아 만든 다섯 개의 입체 A, B, C, D, E가 있다. 입체 A, B, C, D는 한 모서리의 길이가 각각 33, 12, 11, 10인 정육면체이고, 입체 E는 직육면체이며 입체 A에 사용된 나무블록의 개수가 네 입체 B, C, D, E에 사용된 나무블록의 개수의 합과 같다. 입체 E의 부피가 $69a$일 때, 상수 a의 값을 구하시오.

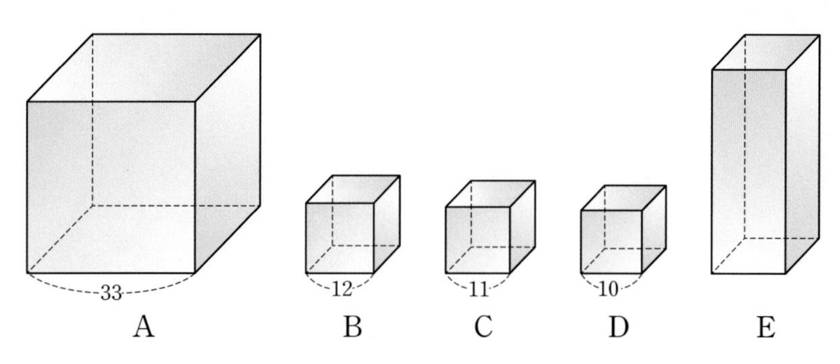

문항 파헤치기

풀이

실수 point 찾기

방정식과 부등식

04 복소수와 이차방정식

빈틈 개념

■ 복소수 $a+bi$에서
(1) a를 실수부분, b를 허수부분이라고 한다.
(2) $\overline{a+bi}=a-bi$

1 복소수의 뜻과 사칙연산

(1) 복소수: 제곱하여 -1이 되는 수 중 하나를 i라 하고 $\sqrt{-1}$로 나타낸다. 이때 i를 허수단위라 하고, 두 실수 a, b에 대하여 $a+bi$의 꼴로 나타내어지는 수를 복소수라고 한다.

(2) 켤레복소수: 복소수 $a+bi$ (a, b는 실수)에 대하여 $a-bi$를 $a+bi$의 켤레복소수라고 하며 기호 $\overline{a+bi}$로 나타낸다.

(3) 복소수가 서로 같을 조건: 두 복소수 $a+bi$, $c+di$ (a, b, c, d는 실수)에 대하여 $a=c$, $b=d$일 때, 두 복소수는 서로 같다고 하고 $a+bi=c+di$로 나타낸다.

(4) 복소수의 사칙연산

a, b, c, d가 실수일 때

① $(a+bi)+(c+di)=(a+c)+(b+d)i$

② $(a+bi)-(c+di)=(a-c)+(b-d)i$

③ $(a+bi)(c+di)=(ac-bd)+(ad+bc)i$

④ $\dfrac{a+bi}{c+di}=\dfrac{ac+bd}{c^2+d^2}+\dfrac{bc-ad}{c^2+d^2}i$

1등급 note

■ i의 거듭제곱
자연수 n에 대하여
$i^{4n-3}=i$, $i^{4n-2}=-1$,
$i^{4n-1}=-i$, $i^{4n}=1$

■ 두 복소수 z_1, z_2에 대하여
(1) $\overline{(\overline{z_1})}=z_1$
(2) $\overline{z_1+z_2}=\overline{z_1}+\overline{z_2}$
(3) $\overline{z_1-z_2}=\overline{z_1}-\overline{z_2}$
(4) $\overline{z_1z_2}=\overline{z_1}\,\overline{z_2}$
(5) $\overline{\left(\dfrac{z_1}{z_2}\right)}=\dfrac{\overline{z_1}}{\overline{z_2}}$

■ (1) $a\le0$, $b\le0$이면
$\sqrt{a}\sqrt{b}=-\sqrt{ab}$
(2) $a\ge0$, $b<0$이면 $\dfrac{\sqrt{a}}{\sqrt{b}}=-\sqrt{\dfrac{a}{b}}$

■ 켤레복소수의 연산
복소수 $z=a+bi$ (a, b는 실수)에 대하여
(1) $z+\overline{z}=2a$
(2) $z\overline{z}=a^2+b^2$

■ 양수 a에 대하여
(1) $(\sqrt{a}i)^2=ai^2=-a$
(2) $(-\sqrt{a}i)^2=ai^2=-a$

■ $a>0$일 때, $\sqrt{-a}$가 포함된 식의 계산은 $\sqrt{-a}=\sqrt{a}i$로 나타낸 후 계산한다.

2 음수의 제곱근

$a>0$에 대하여 음수 $-a$의 제곱근은 $\pm\sqrt{a}i$이다.
이때 $\sqrt{a}i$를 $\sqrt{-a}$와 같이 나타낸다. 즉, $\sqrt{-a}=\sqrt{a}i$이다.

■ 이차방정식 $ax^2+bx+c=0$의 근은 $x=\dfrac{-b\pm\sqrt{b^2-4ac}}{2a}$이고, 이차방정식 $ax^2+2b'x+c=0$의 근은
$x=\dfrac{-b'\pm\sqrt{b'^2-ac}}{a}$이다.

■ 이차방정식의 근 중에서 실수인 것을 실근, 허수인 것을 허근이라고 한다.

3 이차방정식의 근의 판별

계수가 실수인 이차방정식 $ax^2+bx+c=0$에서 $D=b^2-4ac$를 판별식이라고 한다.

(1) $D>0$이면 서로 다른 두 실근을 갖고,
서로 다른 두 실근을 가지면 $D>0$이다.

(2) $D=0$이면 중근을 갖고, 중근을 가지면 $D=0$이다.

(3) $D<0$이면 서로 다른 두 허근을 갖고, 서로 다른 두 허근을 가지면 $D<0$이다.

■ 이차방정식 $ax^2+bx+c=0$이 실근을 가질 조건은 $D\ge0$이다.

■ 이차방정식 $ax^2+2b'x+c=0$의 근은 $\dfrac{D}{4}=b'^2-ac$의 값으로 판별할 수 있다.

4 이차방정식의 근과 계수의 관계

(1) 이차방정식 $ax^2+bx+c=0$의 두 근을 α, β라 하면
$\alpha+\beta=-\dfrac{b}{a}$, $\alpha\beta=\dfrac{c}{a}$이다.

(2) 두 수 α, β를 근으로 하고, x^2의 계수가 1인 이차방정식은
$(x-\alpha)(x-\beta)=0$, 즉 $x^2-(\alpha+\beta)x+\alpha\beta=0$이다.

■ 두 수 α, β를 근으로 하고 x^2의 계수가 $a\,(a\ne0)$인 이차방정식은
$a(x-\alpha)(x-\beta)=0$
즉, $a\{x^2-(\alpha+\beta)x+\alpha\beta\}=0$

5 이차방정식의 근과 켤레복소수

계수가 실수인 이차방정식 $ax^2+bx+c=0$의 한 근이 $p+qi$ (p, q는 실수)이면 다른 한 근은 $p-qi$이다.

■ 계수가 유리수인 이차방정식의 한 근이
$p+\sqrt{q}$ (p는 유리수, $\sqrt{q}$는 무리수)이면 다른 한 근은 $p-\sqrt{q}$이다.

기출에서 찾은 **내신 필수 문제**

| 복소수의 뜻과 사칙연산 | ▶ 23471-0115

01 출제율 98%

다음 수 중 실수의 개수를 a, 허수의 개수를 b, 복소수의 개수를 c라 할 때, abc의 값은?

$$\sqrt{2},\ i,\ 1+i,\ 0,\ \sqrt{3}-i^2,\ i^3$$

① 30　② 36　③ 42　④ 48　⑤ 54

| 복소수가 서로 같을 조건 | ▶ 23471-0116

02 출제율 95%

서로 다른 두 실수 a, b에 대하여

$$(a^2+b^2-a+b)+(3-ab)i=a+3b+3i$$

가 성립할 때, a^3+b^3의 값은?

① 2　② 4　③ 6　④ 8　⑤ 10

| 복소수의 뜻과 사칙연산 | ▶ 23471-0117

03 출제율 99%

$z_1=1+2i$, $z_2=2-i$라 할 때,

$z_1+z_2-\dfrac{5z_1}{z_2}+z_1z_2$의 값은?

① $6-i$　② $7-i$　③ $8-i$　④ $9-i$　⑤ $10-i$

| 복소수의 뜻과 사칙연산 | ▶ 23471-0118

04 출제율 89%

등식 $(1+i)(1+2i)(1+3i)(1+4i)=a+bi$를 만족시키는 두 실수 a, b에 대하여 $a-b$의 값은?

① -50　② -30　③ -10　④ 10　⑤ 30

| 복소수의 뜻과 사칙연산 | ▶ 23471-0119

05 출제율 100%

$1+i+i^2+i^3+\cdots+i^{10}$의 값은?

① $1+i$　② i　③ 1　④ $-i$　⑤ 0

| 복소수의 뜻과 사칙연산 | ▶ 23471-0120

06 출제율 92%

복소수 $z=\dfrac{4-2ai}{3+ai}$에 대하여 z^2이 음의 실수가 되도록 하는 모든 실수 a의 값의 곱은?

① -12　② $-6\sqrt{2}$　③ -6　④ 6　⑤ $6\sqrt{2}$

| 복소수의 뜻과 사칙연산 | 23471-0121

07 출제율 90%

$(2+i)^3-(2+i)^2(2-i)+(2+i)(2-i)^2-(2-i)^3$ 의 값은?

① $11i$ ② $12i$ ③ $13i$ ④ $14i$ ⑤ $15i$

| 음수의 제곱근 | 23471-0122

08 출제율 89%

등식 $\frac{a}{1+i}+\frac{b}{1-i}=-5-3i$를 만족시키는 두 실수 a, b에 대하여 $\sqrt{a}\sqrt{b}$의 값은?

① -4 ② -2 ③ -1 ④ 2 ⑤ 4

| 음수의 제곱근 | 23471-0123

09 출제율 90%

$\sqrt{(-2)^3}+\sqrt{-2}\sqrt{-8}+\frac{\sqrt{-16}}{\sqrt{-4}}$을 간단히 하면?

① $-2+2\sqrt{2}i$ ② $-2+\sqrt{2}i$ ③ $2\sqrt{2}i$ ④ $1+2\sqrt{2}i$ ⑤ $2+2\sqrt{2}i$

| 이차방정식의 근의 판별 | 23471-0124

10 출제율 100%

이차방정식 $x^2+2x+k-4=0$이 서로 다른 두 실근을 갖도록 하는 자연수 k의 최댓값은?

① 1 ② 2 ③ 3 ④ 4 ⑤ 5

| 이차방정식의 근의 판별 | 23471-0125

11 출제율 87%

이차식 $x^2+4ax-8a-4$가 완전제곱식이 되도록 하는 실수 a의 값은?

① -2 ② -1 ③ 0 ④ 1 ⑤ 2

| 이차방정식의 근의 판별 | 23471-0126

12 출제율 88%

x에 대한 이차방정식

$$x^2-2(k+a)x+k^2-10k+ab+2a=0$$

이 실수 k의 값에 관계없이 항상 중근을 가질 때, 두 상수 a, b에 대하여 ab의 값은?

① 15 ② 20 ③ 25 ④ 30 ⑤ 35

| 이차방정식의 근의 판별 | 23471-0127

13 출제율 95%

이차방정식 $x^2-4x+2k-6=0$이 서로 다른 두 실근을 가지지 않을 때, 정수 k의 최솟값은?

① 4 ② 5 ③ 6
④ 7 ⑤ 8

| 이차방정식의 근의 판별 | 23471-0128

14 출제율 86%

x에 대한 이차방정식 $x^2-2kx+k^2-4k+8=0$은 실근을 갖고, 이차방정식 $x^2-5x-k+10=0$은 허근을 갖도록 하는 정수 k의 개수는?

① 2 ② 3 ③ 4
④ 5 ⑤ 6

| 이차방정식의 근과 계수의 관계 | 23471-0129

15 출제율 100%

이차방정식 $x^2-2x-4=0$의 두 근을 α, β라 할 때, $(\alpha-\beta)^2$의 값은?

① 16 ② 17 ③ 18
④ 19 ⑤ 20

| 이차방정식의 근과 계수의 관계 | 23471-0130

16 출제율 89%

이차방정식 $x^2+2x-10=0$의 두 근을 α, β라 할 때, $(\alpha^2+3\alpha-1)(\beta^2+3\beta-1)$의 값은?

① 50 ② 51 ③ 52
④ 53 ⑤ 54

| 이차방정식의 근과 계수의 관계 | 23471-0131

17 출제율 94%

이차방정식 $x^2-3x-5=0$의 두 근을 α, β라 할 때, 두 수 $\alpha+\beta$, $\alpha\beta$를 근으로 하고 이차항의 계수가 1인 이차방정식은 $x^2+ax+b=0$이다. 두 상수 a, b에 대하여 ab의 값은?

① -30 ② -25 ③ -20
④ -15 ⑤ -10

| 이차방정식을 이용한 이차식의 인수분해 | 23471-0132

18 출제율 90%

이차식 $2x^2+x+3$을 복소수의 범위에서 인수분해할 때, 다음 중 인수인 것은?

① $4x-1-\sqrt{23}i$ ② $4x-2-\sqrt{23}i$
③ $4x-3-\sqrt{23}i$ ④ $4x+1-\sqrt{23}i$
⑤ $4x+2-\sqrt{23}i$

서술형 문제

| 이차방정식의 근과 계수의 관계 |

23471-0133

19

출제율 86%

x에 대한 이차방정식 $(k^2+2)x^2+(2k-1)x+1=0$의 두 근이 모두 허수이고, 두 근의 합이 양의 실수가 되도록 하는 정수 k의 개수는?

① 1　② 2　③ 3
④ 4　⑤ 5

| 이차방정식의 근과 계수의 관계의 활용 |

23471-0134

20

출제율 95%

이차방정식 $x^2+ax+b=0$의 한 근이 $1-\sqrt{2}$이고 이차방정식 $x^2+2abx+a+b=0$의 두 근을 α, β라 할 때, $\frac{\alpha}{\beta}+\frac{\beta}{\alpha}$의 값은? (단, a, b는 유리수이다.)

① -7　② $-\frac{22}{3}$　③ $-\frac{23}{3}$
④ -8　⑤ $-\frac{25}{3}$

| 이차방정식의 근과 계수의 관계의 활용 |

23471-0135

21

출제율 95%

이차방정식 $x^2+ax+b=0$의 한 근이 $\frac{2}{1+i}$일 때, 다른 한 근을 α라 하자. $\alpha+ab$의 값은?

(단, a, b는 실수이다.)

① $-1+i$　② $-2+i$　③ $-3+i$
④ $-4+i$　⑤ $-5+i$

23471-0136

22

출제율 91%

복소수 z와 그 켤레복소수 $\overline{z}$에 대하여 등식

$$2iz+(1+3i)\overline{z}=6(1+i)$$

이 성립할 때, $(z+\overline{z})^4(z-\overline{z})^4=2^k$이다. 실수 k의 값을 구하시오.

23471-0137

23

출제율 89%

이차방정식 $x^2+ax+b=0$의 한 허근이 $2-i$일 때, 두 수 $a+b$, ab를 근으로 하고 최고차항의 계수가 2인 이차방정식은 $2x^2+cx+d=0$이다. $c-d$의 값을 구하시오. (단, a, b, c, d는 실수이다.)

내신 고득점 도전 문제

개념 1 복소수의 뜻과 사칙연산

▶ 23471-0138

24 복소수 $z_1=\frac{-1-\sqrt{3}i}{2}$에 대하여 $z_2=\frac{z_1+1}{z_1-1}$일 때, $z_2\overline{z_2}+\frac{1}{z_1\overline{z_1}}$의 값은? (단, $\overline{z}$는 z의 켤레복소수이다.)

① $\frac{1}{3}$ ② $\frac{2}{3}$ ③ 1
④ $\frac{4}{3}$ ⑤ $\frac{5}{3}$

▶ 23471-0139

25 두 복소수 z_1, z_2에 대하여

$$\overline{z_1+z_2}=-2-5i,\ \overline{z_1z_2}=-5-6i$$

일 때, $(2z_1+3)(2z_2+3)=a+bi$이다. 두 실수 a, b에 대하여 $a+b$의 값은? (단, $\overline{z}$는 z의 켤레복소수이다.)

① 30 ② 31 ③ 32
④ 33 ⑤ 34

▶ 23471-0140

26 $z_1=x+2i$, $z_2=-2+xi$에 대하여 $z_1z_2-\overline{z_1}\times\overline{z_2}$가 실수일 때, x의 최댓값을 M, 최솟값을 m이라 하자. $M-m$의 값은? (단, x는 실수이다.)

① 1 ② 2 ③ 3
④ 4 ⑤ 5

▶ 23471-0141

27 자연수 n에 대하여 $f(n)=i^n+(-i)^{n+1}$이라 할 때, $f(1)+f(2)+f(3)+\cdots+f(10)$의 값은?

① $-2+2i$ ② $-1+i$ ③ 0
④ $1+i$ ⑤ $2+2i$

▶ 23471-0142

28 복소수 $z=\frac{1-i}{1+i}$에 대하여 $z+2z^2+3z^3+\cdots+100z^{100}$의 값은?

① $50+50i$ ② $25+25i$ ③ 0
④ $25-25i$ ⑤ $50-50i$

▶ 23471-0143

29 자연수 n에 대하여 $P_n=\left(\frac{1+i}{\sqrt{2}}\right)^{n+1}$이라 할 때, 서로 다른 모든 P_n의 값의 곱을 구하시오.

개념 2 음수의 제곱근

▶ 23471-0144

30 복소수

$$z=\sqrt{-2}\sqrt{-18}+\frac{\sqrt{-36}}{\sqrt{-4}}-\sqrt{-3^2}-\sqrt{(-3)^2}+ai+a$$

에 대하여 z^2이 실수가 되도록 하는 모든 실수 a의 값의 곱은?

① 6 ② 9 ③ 12
④ 15 ⑤ 18

▶ 23471-0145

31 등식 $\sqrt{a+2}\sqrt{a-3}=-\sqrt{a^2-a-6}$, $\frac{\sqrt{a+4}}{\sqrt{a}}=-\sqrt{\frac{a+4}{a}}$를 만족시키는 모든 정수 a의 값의 합은?

① -6 ② -7 ③ -8
④ -9 ⑤ -10

개념 3 이차방정식의 근의 판별

▶ 23471-0146

32 등식 $a^3+a^2b=b^3+ab^2$을 만족시키는 두 양수 a, b에 대하여 이차방정식 $x^2-ax+b=0$이 중근을 가질 때, $a+b$의 값은?

① 6 ② 7 ③ 8
④ 9 ⑤ 10

▶ 23471-0147

33 이차방정식 $(6-k)x^2+2x-3=0$이 실근을 갖도록 하는 모든 자연수 k의 값의 합은?

① 3 ② 6 ③ 10
④ 15 ⑤ 21

▶ 23471-0148

34 a, b, c가 넓이가 $16\sqrt{3}$인 삼각형의 세 변의 길이이고 x에 대한 이차방정식 $3x^2+2(a+b+c)x+ab+bc+ca=0$이 중근을 가질 때, abc의 값은?

① 32 ② 64 ③ 128
④ 256 ⑤ 512

▶ 23471-0149

35 두 이차방정식

$$x^2+4x-k-4=0,\ kx^2+(2k+1)x+k-2=0$$

중에서 적어도 한 방정식이 허근을 갖도록 하는 정수 k의 최댓값은?

① -1 ② -3 ③ -5
④ -7 ⑤ -9

23471-0150

36 100 이하의 자연수 n에 대하여 x에 대한 이차방정식이 다음과 같다.

$$x^2-2(n+1)x+n^2+1=0$$

이 이차방정식의 근에 대한 설명 중 〈보기〉에서 옳은 것만을 있는 대로 고른 것은?

보기
ㄱ. $n=2$이면 모든 근은 자연수이다.
ㄴ. 두 근은 항상 서로 다른 실근이다.
ㄷ. 두 근이 모두 정수가 되도록 하는 n의 개수는 10이다.

① ㄱ ② ㄷ ③ ㄱ, ㄴ
④ ㄴ, ㄷ ⑤ ㄱ, ㄴ, ㄷ

23471-0151

37 서로 다른 2개의 주사위를 던져 나온 두 눈의 수를 각각 a, b라고 하자. 이차방정식 $x^2-2\sqrt{a}x+b+2=0$은 중근을 갖고, 이차방정식 $x^2+(a+b)x+5=0$은 허근을 가질 때, $a+b$의 값은?

① 4 ② 6 ③ 8
④ 10 ⑤ 12

개념 4 이차방정식의 근과 계수의 관계

23471-0152

38 x에 대한 이차방정식 $x^2-(m-1)x+2m-1=0$의 두 근을 α, β라 할 때,

$\dfrac{\alpha^3-1}{\alpha^2-m\alpha+2m}+\dfrac{\beta^3-1}{\beta^2-m\beta+2m}=-10$이다. 양수 m의 값은?

① 5 ② 6 ③ 7
④ 8 ⑤ 9

23471-0153

39 이차방정식 $f(x)=0$의 두 근을 α, β라 하자. $\alpha+\beta=10$, $\alpha\beta=5$일 때, 방정식 $f(2x-6)=0$의 모든 근의 곱은?

① 25 ② $\dfrac{101}{4}$ ③ $\dfrac{51}{2}$
④ $\dfrac{103}{4}$ ⑤ 26

23471-0154

40 이차방정식 $x^2-(k+1)x+2k=0$의 두 근이 연속된 두 정수가 되도록 하는 모든 실수 k의 값의 합은?

① 3 ② 4 ③ 5
④ 6 ⑤ 7

23471-0155

41 x에 대한 이차방정식 $x^2-4(m+1)x-8=0$의 두 실근의 절댓값의 비가 2 : 1이고 두 실근의 합이 음수일 때, m의 값은? (단, m은 상수이다.)

① $-\dfrac{1}{2}$ ② -1 ③ $-\dfrac{3}{2}$
④ -2 ⑤ $-\dfrac{5}{2}$

42 ▶ 23471-0156

그림과 같이 빗변 AC의 길이가 10이고 넓이가 16인 직각삼각형 ABC가 있다. 두 변 AB, BC의 길이를 근으로 하고 이차항의 계수가 1인 이차방정식이 $x^2+px+q=0$일 때, 두 상수 p, q에 대하여 q^2-p^2의 값은?

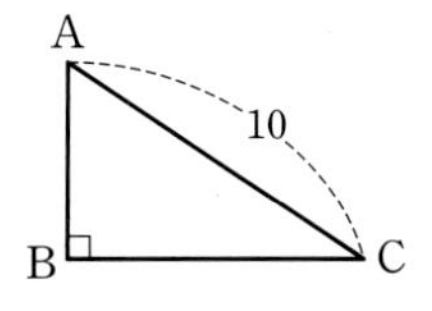

① 800 ② 820 ③ 840
④ 860 ⑤ 880

개념 5 이차방정식의 근과 켤레복소수

43 ▶ 23471-0157

이차방정식 $x^2+ax+b=0$의 한 근이 $1+\sqrt{2}i$일 때, $a+\sqrt{b}$가 이차방정식 $x^2+cx+d=0$의 한 근이다. 네 유리수 a, b, c, d에 대하여 $ad-bc$의 값은?

① -11 ② -12 ③ -13
④ -14 ⑤ -15

44 ▶ 23471-0158

이차방정식 $x^2-3x+k=0$의 한 허근을 α라 하고, $z=\alpha^2+1$이라 할 때, $z\times\overline{z}=18$이다. 실수 k의 값은?

① 3 ② 4 ③ 5
④ 6 ⑤ 7

서술형 문제

45 ▶ 23471-0159

$x=\dfrac{3-i}{1+i}$일 때, $x^4-2x^3+6x^2-2x+8$의 값을 구하시오.

46 ▶ 23471-0160

10 이하의 자연수 k에 대하여 이차방정식 $x^2+ax-k=0$의 두 근의 절댓값의 비가 1 : 2가 되도록 하는 모든 정수 a의 값의 곱을 구하시오.

23471-0161

47 $-1<a<\frac{1}{3}$일 때, 복소수

$z=\frac{3+i}{\sqrt{a^2+2a+1}+\sqrt{9a^2-6a+1}i}$가 실수가 되도록 하는 a의 값을 구하시오.

23471-0162

48 두 복소수 α, β에 대하여 $\overline{\alpha}+2\beta=i^{2018}+2i^{2019}+3i^{2020}$일 때, $\overline{\alpha}\alpha+2\overline{\alpha\beta}+2\alpha\beta+4\beta\overline{\beta}$의 값은?

(단, $\overline{z}$는 z의 켤레복소수이다.)

① 6 ② 7 ③ 8
④ 9 ⑤ 10

23471-0163

49 등식 $\left(\frac{2}{1+i}\right)^{2n}+\left(\frac{2}{1-i}\right)^{2n}=2^{n+1}$이 성립하도록 하는 100 이하의 자연수 n의 개수를 구하시오.

신유형

23471-0164

50 두 자연수 a, b에 대하여 $(a+bi)^3=-16+16i$가 성립할 때, $\frac{i}{a+bi}-\frac{1+5i}{4}$를 간단히 하면?

① $-2i$ ② $-i$ ③ 0
④ i ⑤ $2i$

23471-0165

51 0이 아닌 복소수 z가 $zi=\overline{z}$, $\frac{(\overline{z})^2}{z}=\overline{z}-2$를 만족시킬 때, $\frac{z^{100}}{-2}=2^n$이다. 자연수 n의 값은?

(단, $\overline{z}$는 z의 켤레복소수이다.)

① 43 ② 45 ③ 47
④ 49 ⑤ 51

23471-0166

52 자연수 n과 실수부분이 0이 아닌 복소수 z에 대하여 $f(n)=\left\{\dfrac{(z-\overline{z})i^3-(z+\overline{z})i}{2z}\right\}^n$이라 할 때, $f(3)+f(6)+f(9)+f(12)+\cdots+f(30)$의 실수부분을 a, 허수부분을 b라 하자. $a-b$의 값은?

(단, $\overline{z}$는 z의 켤레복소수이다.)

① -2　② -1　③ 0　④ 1　⑤ 2

23471-0167

53 임의의 복소수 z와 그 켤레복소수 $\overline{z}$에 대하여 〈보기〉에서 항상 실수인 것만을 있는 대로 고른 것은?

| 보기 |

ㄱ. $z^2+(\overline{z})^2$　ㄴ. $z^3-(\overline{z})^3$

ㄷ. $z^4-(\overline{z})^4$

① ㄱ　② ㄷ　③ ㄱ, ㄴ　④ ㄱ, ㄷ　⑤ ㄴ, ㄷ

23471-0168

54 다음 조건을 만족시키는 소수 p의 개수를 구하시오.

(가) a는 11의 배수인 두 자리의 자연수이다.
(나) 이차방정식 $x^2-ax+2p=0$의 두 근은 서로 다른 자연수이다.

신유형

23471-0169

55 이차식 $f(x)=x^2+4x+5$를 $x-a$로 나눈 나머지가 b이고, 방정식 $f(x-2a)+a^2+20-b=0$이 서로 다른 두 허근을 가질 때, $a+b$의 최댓값을 M, 최솟값을 m이라 하자. $M-m$의 값은? (단, a, b는 자연수이다.)

① 16　② 17　③ 18　④ 19　⑤ 20

23471-0170

56 실수가 아닌 복소수 z와 최고차항의 계수가 1이고 모든 계수가 실수인 이차식 $f(x)$가 다음 조건을 만족시킨다.

(가) $z-i$는 방정식 $f(x)=4$의 한 실근이다.
(나) $2z+1$은 방정식 $f(x)=0$의 한 허근이다.

방정식 $f(x)=0$의 모든 근의 합은?

① -2　② -1　③ 0　④ 1　⑤ 2

23471-0171

57 이차방정식 $ax^2+2bx+2c=bx^2+4cx+a$에 대한 설명으로 〈보기〉에서 옳은 것만을 있는 대로 고른 것은?

(단, $a\neq b$이고 a, b, c는 실수이다.)

보기

ㄱ. $2c<b<a$이면 서로 다른 두 실근을 갖는다.
ㄴ. $b=2c$이면 중근을 갖는다.
ㄷ. $a<b<c$이면 서로 다른 두 허근을 갖는다.

① ㄱ ② ㄴ ③ ㄱ, ㄴ
④ ㄱ, ㄷ ⑤ ㄴ, ㄷ

23471-0172

58 두 학생 A, B가 이차방정식 $ax^2+bx+c=0$의 근을 구하였다. 학생 A가 일차항의 계수 b만을 잘못 보고 구한 두 근이 $1\pm\sqrt{2}$이고, 학생 B가 상수항 c만을 잘못 보고 구한 두 근이 $\frac{3\pm\sqrt{33}}{4}$이다. 이차방정식 $ax^2+bx+c=0$의 두 근을 α, β라 할 때, $4(\alpha-\beta)^2$의 값을 구하시오.

(단, $a\neq 0$이고 a, b, c는 실수이다.)

23471-0173

59 이차방정식 $x^2-6x+1=0$의 두 근을 α, β라 할 때,

$$\left(\sqrt{\alpha^4-12\alpha^3+36\alpha^2+6\alpha}+\sqrt{\beta^4-12\beta^3+36\beta^2+6\beta}\right)^2$$

의 값을 구하시오.

23471-0174

60 x, y에 대한 이차식

$$x^2+2xy+\frac{3}{4}y^2+3x+ky-\frac{7}{4}$$

이 x, y에 대한 두 일차식의 곱으로 인수분해되도록 하는 모든 실수 k의 값의 합은?

① 2 ② 4 ③ 6
④ 8 ⑤ 10

23471-0175

61 자연수 n에 대하여

$$f(n)=n\times(i+i^2+i^3+\cdots+i^n)$$
$$\times\left(\frac{1}{i}+\frac{1}{i^2}+\frac{1}{i^3}+\cdots+\frac{1}{i^n}\right)$$

이라 하자. $f(k)+f(k+2)=116$이 성립하도록 하는 모든 자연수 k의 값의 합을 구하시오.

추론

23471-0176

62 다항식 $f(x)=x^3+ax+b$를 $x+20$으로 나누면 나누어떨어지고 그 때의 몫은 $g(x)$, 다항식 $h(x)=x^3+cx^2+d$를 $x+21$로 나누면 나누어떨어지고 그 때의 몫은 $i(x)$이다. 두 방정식 $g(x)=0$, $i(x)=0$이 모두 $m+\sqrt{n}i$를 근으로 갖는다고 할 때, 두 자연수 m, n의 합 $m+n$의 값은? (단, a, b, c, d는 실수이고, $\sqrt{n}$은 무리수이다.)

① 290 ② 300 ③ 310
④ 320 ⑤ 330

문항 파헤치기

풀이

실수 point 찾기

방정식과 부등식

05 이차방정식과 이차함수

빈틈 개념

■ 이차함수 $y=ax^2+bx+c$의 그래프와 x축의 교점의 x좌표를 α, β라 하면 이차방정식 $ax^2+bx+c=0$의 실근은 α, β이다.

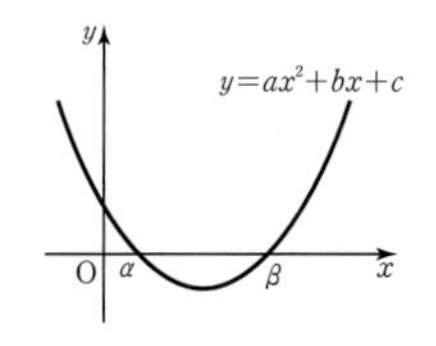

1등급 note

❶ 이차방정식과 이차함수의 그래프의 관계

(1) 이차함수 $y=ax^2+bx+c$의 그래프와 x축의 교점의 x좌표는 이차방정식 $ax^2+bx+c=0$의 실근과 같다.

(2) 이차방정식 $ax^2+bx+c=0$의 실근은 이차함수 $y=ax^2+bx+c$의 그래프와 x축의 교점의 x좌표와 같다.

❷ 이차함수의 그래프와 x축의 위치 관계

이차방정식 $ax^2+bx+c=0$의 판별식을 D라고 할 때, 이차함수 $y=ax^2+bx+c$의 그래프와 x축의 위치 관계는 다음과 같다.

D의 부호	이차방정식 $ax^2+bx+c=0$의 근	이차함수 $y=ax^2+bx+c$의 그래프 ($a>0$)	이차함수 $y=ax^2+bx+c$의 그래프 ($a<0$)	이차함수 $y=ax^2+bx+c$의 그래프와 x축의 위치 관계
$D>0$	서로 다른 두 실근 α, β $(\alpha<\beta)$			서로 다른 두 점에서 만난다.
$D=0$	중근 α			한 점에서 만난다. (접한다.)
$D<0$	서로 다른 두 허근			만나지 않는다.

■ $D\geq0$이면 이차함수의 그래프와 x축은 만난다.

■ 이차함수 $y=ax^2+bx+c$의 그래프와 직선 $y=mx+n$이 만나는 점의 개수는 이차방정식 $ax^2+bx+c=mx+n$, 즉 $ax^2+(b-m)x+c-n=0$의 판별식 D의 부호에 따라 파악할 수 있다.

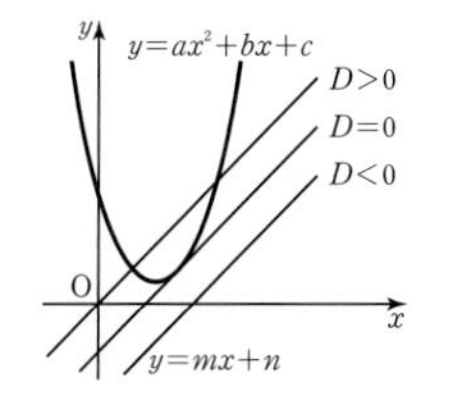

❸ 이차함수의 그래프와 직선의 위치 관계

이차함수 $y=ax^2+bx+c$의 그래프와 직선 $y=mx+n$의 위치 관계는 이차방정식 $ax^2+(b-m)x+c-n=0$의 판별식을 D라고 할 때, 다음과 같다.

(1) 서로 다른 두 점에서 만나면 $D>0$이고, $D>0$이면 서로 다른 두 점에서 만난다.

(2) 한 점에서 만나면(접하면) $D=0$이고, $D=0$이면 한 점에서 만난다.(접한다.)

(3) 만나지 않으면 $D<0$이고, $D<0$이면 만나지 않는다.

■ 이차방정식 $ax^2+bx+c=mx+n$의 실근은 이차함수 $y=ax^2+bx+c$의 그래프와 직선 $y=mx+n$의 교점의 x좌표와 같다.

■ 이차함수 $f(x)=ax^2+bx+c$의 그래프와 직선 $y=mx+n$이 두 점 $(\alpha,\ f(\alpha))$, $(\beta,\ f(\beta))$와 만나고 이차함수 $y=f(x)$의 그래프와 직선 $y=mx+l$이 점 $(\gamma,\ f(\gamma))$에서 접하면 $\gamma=\frac{\alpha+\beta}{2}$이다.

❹ 이차함수의 최댓값과 최솟값

(1) x가 모든 실수의 값을 가질 때의 이차함수 $y=a(x-p)^2+q$의 최댓값과 최솟값은 다음과 같다.

① $a>0$이면 $x=p$에서 최솟값 q를 갖고, 최댓값은 없다.

② $a<0$이면 $x=p$에서 최댓값 q를 갖고, 최솟값은 없다.

(2) x의 값이 제한된 범위일 때의 이차함수 $y=a(x-p)^2+q$의 최댓값과 최솟값은 이차함수 $y=a(x-p)^2+q$의 그래프를 그려 경계점에서의 함숫값, 꼭짓점의 y좌표 등을 살펴 최댓값과 최솟값을 구한다.

■ x의 값의 범위가 $\alpha\leq x\leq\beta$와 같이 제한된 범위이면 이차함수는 반드시 최댓값과 최솟값을 갖는다.

기출에서 찾은 **내신 필수 문제**

| 이차방정식과 이차함수의 그래프의 관계 | ▶ 23471-0177

01 출제율 100%

상수 a에 대하여 이차함수 $y=x^2+x+a$의 그래프가 x축과 만나는 두 점의 좌표가 $(-3,\ 0)$, $(b,\ 0)$일 때, $a+b$의 값은?

① -1　② -2　③ -3
④ -4　⑤ -5

| 이차방정식과 이차함수의 그래프의 관계 | ▶ 23471-0178

02 출제율 90%

이차함수 $y=x^2+ax+b$의 그래프가 x축과 두 점 A$(1,\ 0)$, B$(3,\ 0)$에서 만날 때, 이차방정식 $x^2+bx+a=0$의 근을 구하시오. (단, a, b는 상수이다.)

| 이차방정식과 이차함수의 그래프의 관계 | ▶ 23471-0179

03 출제율 93%

이차방정식 $ax^2+bx+c=0$의 두 근이 1, 5이다. 이차함수 $y=ax^2+cx+b$의 그래프와 x축이 두 점 A, B에서 만날 때, 선분 AB의 길이는? (단, a, b, c는 상수이다.)

① 3　② 4　③ 5
④ 6　⑤ 7

| 이차방정식과 이차함수의 그래프의 관계 | ▶ 23471-0180

04 출제율 88%

그림과 같이 이차함수 $y=ax^2+bx+c$의 그래프가 직선 $x=3$에 대하여 대칭이다. 이차방정식 $ax^2+bx+c=0$의 서로 다른 두 실근을 α, β라고 할 때, $\alpha+\beta$의 값은? (단, a, b, c는 상수이다.)

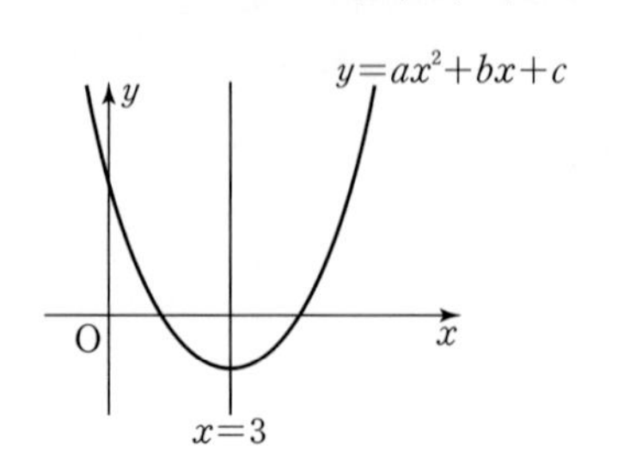

① 2　② 3　③ 4
④ 5　⑤ 6

| 이차함수의 그래프와 x축의 위치 관계 | ▶ 23471-0181

05 출제율 95%

이차함수 $y=x^2-2ax+a^2-3a-6$의 그래프가 x축과 서로 다른 두 점에서 만나도록 하는 정수 a의 최솟값은?

① -2　② -1　③ 0
④ 1　⑤ 2

| 이차함수의 그래프와 x축의 위치 관계 | ▶ 23471-0182

06 출제율 91%

이차함수 $y=x^2+4(a-k)x+4k^2-3k+b$의 그래프가 실수 k의 값에 관계없이 항상 x축과 한 점에서만 만날 때, 두 상수 a, b에 대하여 $a+b$의 값은?

① $\frac{3}{4}$　② $\frac{13}{16}$　③ $\frac{7}{8}$
④ $\frac{15}{16}$　⑤ 1

| 이차함수의 그래프와 x축의 위치 관계 | 23471-0183

07
출제율 99%

이차함수 $y=x^2-2kx+k^2+2k$의 그래프는 x축과 서로 다른 두 점에서 만나고, 이차함수 $y=x^2+2kx+k^2+5k+35$의 그래프는 x축과 만나지 않도록 하는 정수 k의 개수는?

① 2 ② 4 ③ 6
④ 8 ⑤ 10

| 이차함수의 그래프와 직선의 위치 관계 | 23471-0184

08
출제율 100%

이차함수 $y=x^2+2x+a^2+a-2$의 그래프와 직선 $y=-2ax+2$가 만나지 않도록 하는 정수 a의 최댓값은?

① -6 ② -7 ③ -8
④ -9 ⑤ -10

| 이차함수의 그래프와 직선의 위치 관계 | 23471-0185

09
출제율 90%

함수 $y=x^2+ax+b$의 그래프와 직선 $y=x+c$가 점 $\mathrm{A}(1+2\sqrt{2},\ 3+2\sqrt{2})$에서 만날 때, abc의 값은?
(단, a, b는 유리수이다.)

① 10 ② 12 ③ 14
④ 16 ⑤ 18

| 이차함수의 그래프와 직선의 위치 관계 | 23471-0186

10
출제율 95%

이차함수 $y=x^2-2x-1$의 그래프와 직선 $y=x-2$가 서로 다른 두 점 $\mathrm{A}(a,\ b)$, $\mathrm{B}(c,\ d)$에서 만날 때, $ad+bc$의 값은?

① -4 ② -2 ③ 0
④ 2 ⑤ 4

| 이차함수의 그래프와 직선의 위치 관계 | 23471-0187

11
출제율 83%

이차함수 $y=x^2+3$의 그래프가 직선 $y=kx$보다 항상 위쪽에 존재하도록 하는 정수 k의 개수는?

① 3 ② 5 ③ 7
④ 9 ⑤ 11

| 이차함수의 그래프와 직선의 위치 관계 | 23471-0188

12
출제율 90%

이차함수 $y=x^2-x+4$의 그래프와 접하면서 원점을 지나는 직선의 기울기는 양수이고 이 직선이 점 $(a,\ 2)$를 지날 때, a의 값은?

① $\frac{1}{3}$ ② $\frac{2}{3}$ ③ 1
④ $\frac{4}{3}$ ⑤ $\frac{5}{3}$

| 이차함수의 그래프와 직선의 위치 관계 | 23471-0189

13 출제율 90%

곡선 $y=|x^2-6x|$와 직선 $y=a$가 서로 다른 네 점에서 만나도록 하는 모든 정수 a의 값의 합은?

① 32 ② 34 ③ 36
④ 38 ⑤ 40

| 이차함수의 그래프와 직선의 위치 관계 | 23471-0190

14 출제율 90%

이차함수 $y=f(x)$의 그래프와 직선 $y=g(x)$가 그림과 같이 x좌표가 -1, 2인 두 점에서 만날 때, 이차방정식 $f\left(\frac{x-1}{2}\right)=g\left(\frac{x-1}{2}\right)$의 모든 근의 합은?

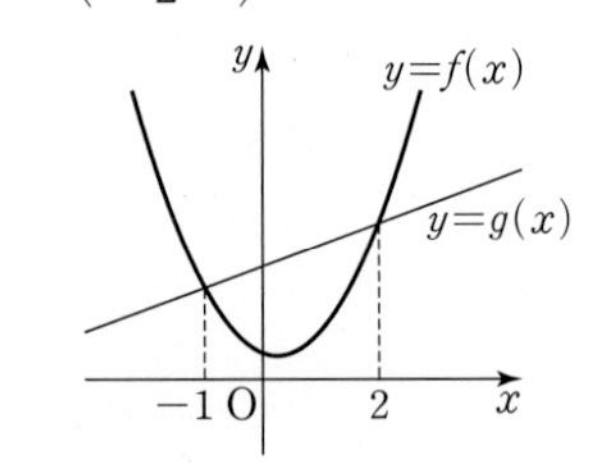

① 1 ② 2 ③ 3
④ 4 ⑤ 5

| 이차함수의 최댓값과 최솟값 | 23471-0191

15 출제율 100%

이차함수 $y=-x^2+ax-b$가 $x=2$에서 최댓값 6을 가질 때, ab의 값은? (단, a, b는 상수이다.)

① -2 ② -4 ③ -6
④ -8 ⑤ -10

| 이차함수의 최댓값과 최솟값 | 23471-0192

16 출제율 90%

이차함수 $y=x^2+2x+a$의 최솟값이 $-1\le x\le 1$에서 이차함수 $y=x^2-4x$의 최댓값의 두 배일 때, 상수 a의 값은?

① 11 ② 12 ③ 13
④ 14 ⑤ 15

| 이차함수의 최댓값과 최솟값 | 23471-0193

17 출제율 90%

함수 $y=x^2(x-2)^2-4x(x-2)$의 최솟값은?

① -1 ② -2 ③ -3
④ -4 ⑤ -5

| 이차함수의 최댓값과 최솟값 | 23471-0194

18 출제율 90%

$x\ge 0$, $y\ge 0$이고 $x+y=2$일 때, x^2+2y^2의 최댓값을 M, 최솟값을 m이라 하자. $M+m$의 값은?

① $\frac{31}{3}$ ② $\frac{32}{3}$ ③ 11
④ $\frac{34}{3}$ ⑤ $\frac{35}{3}$

서술형 문제

| 이차함수의 최댓값과 최솟값 |

23471-0195

19 출제율 86%

이차함수 $y=x^2+2kx+k^2-5k+1$의 그래프의 꼭짓점이 직선 $y=2x-29$ 위에 있을 때, 이차함수 $y=x^2+2kx+k^2-5k+1$의 최솟값은? (단, k는 상수이다.)

① -49　② -50　③ -51
④ -52　⑤ -53

| 이차함수의 최댓값과 최솟값 |

23471-0196

20 출제율 80%

자연수 전체의 집합을 정의역으로 하는 함수 $f(x)=2x^2-11x+10$의 최솟값은?

① -4　② -5　③ -6
④ -7　⑤ -8

| 이차함수의 최댓값과 최솟값 |

23471-0197

21 출제율 90%

지면으로부터 15 m 높이의 위치에 있는 공을 초속 12 m로 똑바로 쏘아 올릴 때, t초 후의 지면으로부터 공의 높이 $f(t)$는 $f(t)=-5t^2+12t+15$이다. 공을 쏘아 올린 후 $1\le t\le 2$일 때, 지면으로부터 공의 높이가 가장 높을 때와 가장 낮을 때의 높이의 차는?

① 3.1 m　② 3.2 m　③ 3.3 m
④ 3.4 m　⑤ 3.5 m

23471-0198

22 출제율 93%

이차함수 $y=-x^2+4x+k$의 그래프가 x축과 만나고, 직선 $y=x+3$과는 만나지 않도록 하는 모든 정수 k의 값의 합을 구하시오.

23471-0199

23 출제율 88%

최고차항의 계수가 1인 이차함수 $y=f(x)$의 그래프가 x축과 한 점에서 만나고, $f(6)-f(5)=7$일 때, 함수 $y=f(x)+f(x+2)$의 최솟값을 구하시오.

내신 고득점 도전 문제

개념 1 이차방정식과 이차함수의 그래프의 관계

23471-0200

24 이차함수 $y=x^2-nx+2n-5$의 그래프와 x축이 만나는 두 점의 x좌표가 α, β $(\alpha<\beta)$일 때, 부등식 $(1-\alpha)(1-\beta)<0$을 만족시키는 자연수 n의 최댓값은?

① 2 ② 3 ③ 4
④ 5 ⑤ 6

23471-0201

25 이차방정식 $x^2+nx-3n-21=0$의 한 근은 -2보다 작고, 다른 한 근은 4보다 크도록 하는 모든 정수 n의 값의 합은?

① -4 ② -2 ③ 0
④ 2 ⑤ 4

23471-0202

26 이차방정식 $ax^2+ax+2a-18=0$의 한 근이 이차방정식 $x^2-3x+2=0$의 두 근 사이에 존재하도록 하는 모든 자연수 a의 값의 합은?

① 3 ② 5 ③ 7
④ 9 ⑤ 11

23471-0203

27 이차함수 $y=ax^2+x-1$의 그래프와 x축이 만나는 두 점의 x좌표가 α, β이다. 자연수 n에 대하여 $|\alpha-\beta|=n$을 만족시키는 양수 a의 값을 a_n이라 할 때, a_1+a_4의 값은?

① $\frac{17+6\sqrt{5}}{8}$ ② $\frac{17+7\sqrt{5}}{8}$ ③ $\frac{17+8\sqrt{5}}{8}$
④ $\frac{17+9\sqrt{5}}{8}$ ⑤ $\frac{17+10\sqrt{5}}{8}$

23471-0204

28 이차항의 계수가 1인 이차함수 $y=f(x)$의 그래프와 이차항의 계수가 음수인 이차함수 $y=g(x)$의 그래프가 그림과 같다. 함수 $f(x)$의 최솟값과 함수 $g(x)$의 최댓값의 합이 0이고, 방정식 $f(x)=g(x)$의 모든 실근의 합이 10일 때, 양수 α의 값은?

(단, $f(\alpha)=f(\alpha+3)=g(\alpha+1)=g(\alpha+4)=0$)

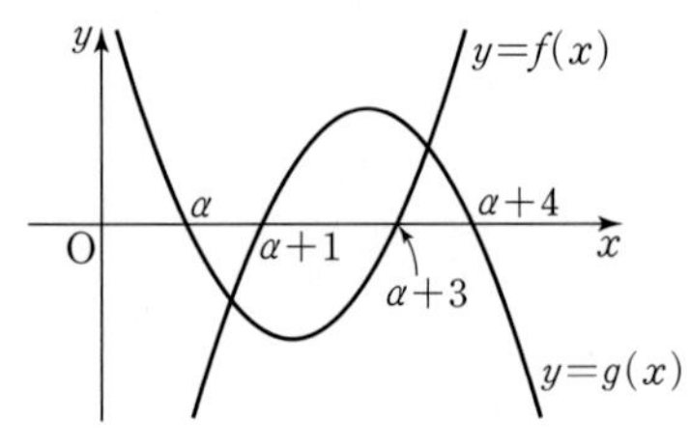

① 1 ② 2 ③ 3
④ 4 ⑤ 5

23471-0205

29 이차함수 $y=f(x)$의 그래프가 그림과 같이 두 점 $(-3, 0)$, $(6, 0)$을 지날 때, 이차방정식 $f(2x-p)=0$의 두 근의 합을 S, 이차방정식 $f(4x-p)=0$의 두 근의 합을 T라 하자. $S-T=\frac{5}{4}$일 때, 상수 p의 값은?

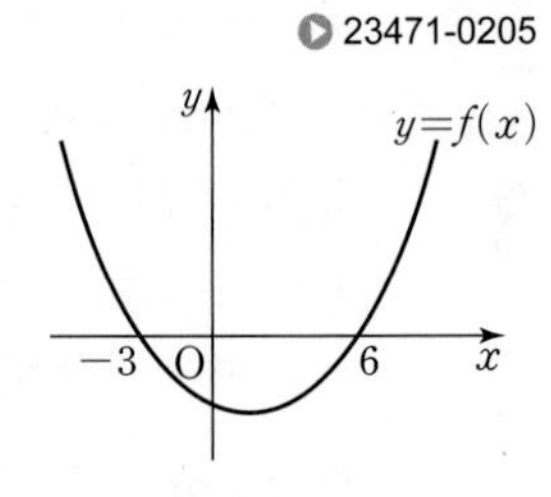

① $\frac{1}{4}$ ② $\frac{1}{2}$ ③ $\frac{3}{4}$
④ 1 ⑤ $\frac{5}{4}$

개념 ② 이차함수의 그래프와 x축의 위치 관계

▶ 23471-0206

30 이차함수 $y=x^2+2ax-b^2+2a-4b-5$의 그래프가 x축과 점 A에서 접하고, y축과 점 B에서 만날 때, 삼각형 OAB의 넓이는? (단, O는 원점이고, a, b는 상수이다.)

① $\frac{1}{4}$ ② $\frac{1}{2}$ ③ $\frac{3}{4}$
④ 1 ⑤ $\frac{5}{4}$

▶ 23471-0207

31 이차함수 $y=x^2-6x+k$의 그래프가 x축과 서로 다른 두 점에서 만나고, 이 두 점의 x좌표가 모두 1보다 크도록 하는 모든 정수 k의 값의 합은?

① 17 ② 19 ③ 21
④ 23 ⑤ 25

▶ 23471-0208

32 이차함수 $y=x^2-2ax+2b$의 그래프와 x축이 만나지 않도록 하는 한 자리의 자연수 a, b의 모든 순서쌍 (a, b)의 개수는?

① 21 ② 22 ③ 23
④ 24 ⑤ 25

개념 ③ 이차함수의 그래프와 직선의 위치 관계

▶ 23471-0209

33 두 유리수 a, b에 대하여 이차함수 $y=2x^2+ax+3$의 그래프와 직선 $y=x+b$가 서로 다른 두 점 A, B에서 만난다. 점 A의 x좌표가 $1-\sqrt{3}$일 때, a^2+b^2의 값은?

① 50 ② 52 ③ 54
④ 56 ⑤ 58

▶ 23471-0210

34 이차함수 $y=x^2-kx$의 그래프와 직선 $y=-x-1$이 서로 다른 두 점 $\mathrm{A}(a, b)$, $\mathrm{B}(c, d)$에서 만난다.
$c-a=2\sqrt{3}$일 때, $b+d$의 최댓값은? (단, k는 실수이다.)

① -4 ② -2 ③ 0
④ 2 ⑤ 4

▶ 23471-0211

35 직선 $y=mx+n$이 두 이차함수

$$y=x^2+4x+5,\ y=x^2-2x+5$$

의 그래프와 모두 접할 때, 두 상수 m, n에 대하여 $m+n$의 값은?

① 3 ② $\frac{13}{4}$ ③ $\frac{7}{2}$
④ $\frac{15}{4}$ ⑤ 4

23471-0212

36 이차방정식 $x^2+(a+1)x+b=0$의 두 근은 -4, 2이다. 이차함수 $y=\frac{1}{4}x^2+\frac{a}{2}x+b$의 그래프와 직선 $y=-\frac{1}{2}x$가 서로 다른 두 점 A, B에서 만날 때, 두 점 A, B의 x좌표의 합은? (단, a, b는 상수이다.)

① -4　② -2　③ 0　④ 2　⑤ 4

23471-0213

37 그림과 같이 이차함수 $y=x^2-6x+a$의 그래프는 x축과 서로 다른 두 점 A, B에서 만나고, 기울기가 양수인 직선 $y=bx+c$와 서로 다른 두 점 A, C에서 만난다. $\overline{AB}=4$이고 삼각형 ABC의 넓이가 10일 때, abc의 값은? (단, a, b, c는 상수이고, 점 A의 x좌표는 점 B의 x좌표보다 작다.)

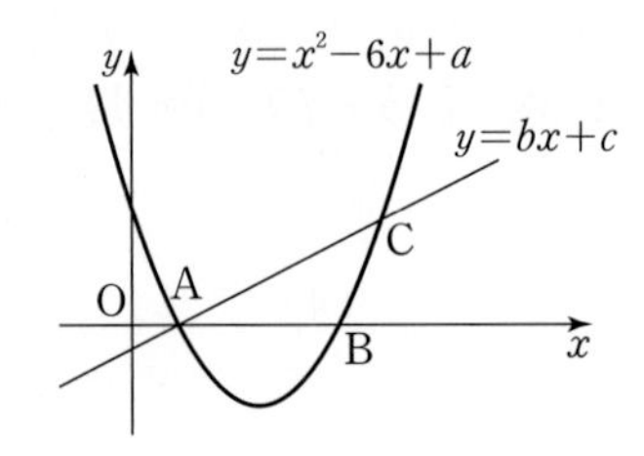

① -1　② -3　③ -5　④ -7　⑤ -9

23471-0214

38 함수 $f(x)=\begin{cases} a(x-1)(x-3)+1 & (x<3) \\ b(x-3)(x-7)+1 & (x\geq 3) \end{cases}$에 대하여 함수 $y=f(x)$의 그래프와 직선 $y=m$이 만나는 서로 다른 점의 개수를 $g(m)$이라 하면 함수 $g(m)$이 다음 조건을 만족시킨다.

> (가) $1<m<3$일 때, $g(m)=4$
> (나) $m>3$일 때, $g(m)=0$

$g(ab)+g(3)$의 값은? (단, a, b는 상수이다.)

① 3　② 4　③ 5　④ 6　⑤ 7

개념 4 이차함수의 최댓값과 최솟값

23471-0215

39 $-2\leq x\leq 4$에서 함수 $y=x^2-6|x|+10$의 최댓값과 최솟값을 각각 M, m이라 할 때, $M+m$의 값은?

① 11　② 12　③ 13　④ 14　⑤ 15

23471-0216

40 x에 대한 이차방정식 $x^2-2ax+a^2-4a+10=0$이 서로 다른 두 실근 α, β를 가질 때, $\alpha^2+\beta^2-3\alpha\beta$의 최댓값은? (단, a는 상수이다.)

① 40　② 50　③ 60　④ 70　⑤ 80

23471-0217

41 두 점 O(0, 0), A(4, 0)과 제1사분면 위의 점 B를 꼭짓점으로 하는 정삼각형 OAB가 있다. 점 P(a, b)가 선분 AB 위의 점일 때, a^2+b^2의 최댓값과 최솟값을 각각 M, m이라 하자. $M+m$의 값은?

① 20　② 22　③ 24　④ 26　⑤ 28

23471-0218

42 함수 $f(x)=x^2-|x^2-4x-2|+2$에 대하여 $-1\le x\le 3$에서 함수 $y=\{f(x)\}^2+2f(x)+2$의 최댓값과 최솟값을 각각 M, m이라 하자. $M+m$의 값은?

① 50 ② 51 ③ 52 ④ 53 ⑤ 54

23471-0219

43 $-2\le x\le 2$에서 함수

$$y=(x^2-2x+1)(x^2-2x-4)-5(x^2-2x)+1$$

의 최댓값과 최솟값을 각각 M, m이라 할 때, $M-m$의 값은?

① 21 ② 23 ③ 25 ④ 27 ⑤ 29

23471-0220

44 그림과 같이 두 변 AB, BC의 길이가 각각 10, 20이고 ∠ABC가 직각인 직각삼각형 ABC의 빗변 AC 위의 한 점 P에서 두 변 AB, BC에 내린 수선의 발을 각각 Q, R라 하자. 직사각형 PQBR의 넓이가 최대일 때, 직사각형 PQBR의 둘레의 길이는?

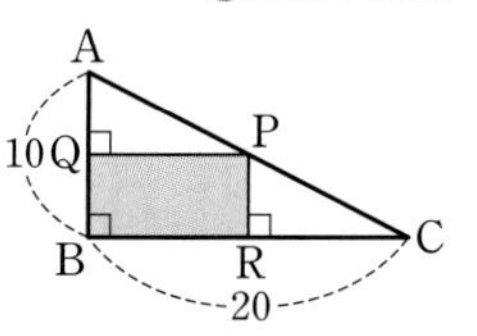

① 20 ② 25 ③ 30 ④ 35 ⑤ 40

23471-0221

45 세 실수 a, b, c에 대하여 $a+b+c=0$일 때, 이차함수 $y=ax^2+2bx+c$의 그래프와 x축이 서로 다른 두 점에서 만나는 것을 보이시오.

23471-0222

46 직선 $y=x+1$과 이차함수 $y=x^2+mx+4$의 그래프가 서로 다른 두 점 A, B에서 만날 때, 두 점 $(-2,\ -1)$, $(-1,\ 0)$이 선분 AB 위에 있도록 하는 실수 m의 값의 범위를 구하시오.

23471-0223

47 $x\ge 2$에서 함수 $f(x)=x^2-4kx+6$의 최솟값이 -30이 되도록 하는 상수 k의 값을 구하시오.

23471-0224

48 이차방정식 $x^2-ax+4=0$이 서로 다른 두 실근 α, β $(\alpha<\beta)$를 가질 때, 〈보기〉에서 옳은 것만을 있는 대로 고른 것은?

보기

ㄱ. $\alpha^2+\beta^2>8$

ㄴ. $|\alpha+\beta|=|\alpha|+|\beta|$

ㄷ. $f(x)=x^2-ax+4$라 하면 $\dfrac{f(\beta+3)}{\beta-\alpha+3}+\dfrac{f(\alpha-2)}{\alpha-\beta-2}>0$이다.

① ㄱ ② ㄷ ③ ㄱ, ㄴ
④ ㄴ, ㄷ ⑤ ㄱ, ㄴ, ㄷ

23471-0225

49 이차함수 $f(x)$와 이차항의 계수가 1인 이차함수 $g(x)$가 다음 조건을 만족시킨다.

(가) 방정식 $f(x)=0$ 또는 방정식 $g(x)=0$을 만족시키는 모든 x의 값은 1, 2, 3이다.
(나) $f(1)=0$

$g(4)>5$일 때, 함수 $g(x)$의 최솟값은?

① -1 ② $-\frac{1}{2}$ ③ $-\frac{1}{3}$
④ $-\frac{1}{4}$ ⑤ $-\frac{1}{5}$

신유형

23471-0226

50 최고차항의 계수가 1인 이차함수 $f(x)$와 최고차항의 계수가 음수인 이차함수 $g(x)$가 다음 조건을 만족시킨다.

(가) $f(n)=f(n+1)=g(n+1)=g(n+2)=0$
(단, n은 자연수)
(나) 모든 실수 x에 대하여 $f(x)\geq g(x)$이다.
(다) $f(0)-g(0)=18$

$f(-1)-g(-1)$의 값은?

① 30 ② 32 ③ 34
④ 36 ⑤ 38

23471-0227

51 이차함수 $f(x)=x^2+ax+b$가 모든 실수 x에 대하여 $f(x)=f(n-x)$를 만족시킬 때, 〈보기〉에서 옳은 것만을 있는 대로 고른 것은?
(단, a, b는 실수이고 n은 양수이다.)

보기

ㄱ. 이차함수 $y=f(x)$의 그래프의 축은 직선 $x=\frac{n}{2}$이다.

ㄴ. $b\leq\frac{n^2}{4}$이면 이차함수 $y=f(x)$의 그래프가 x축과 만난다.

ㄷ. $-n\leq x\leq n$에서 함수 $f(x)$의 최댓값과 최솟값의 차는 $\frac{n^2}{4}$이다.

① ㄱ ② ㄷ ③ ㄱ, ㄴ
④ ㄴ, ㄷ ⑤ ㄱ, ㄴ, ㄷ

23471-0228

52 이차함수 $y=\frac{1}{4k}(x+k)^2$의 그래프는 실수 $k(k\neq0)$의 값에 관계없이 항상 서로 다른 두 직선 l, m과 접한다. 두 직선 l, m과 직선 $x=10$으로 둘러싸인 부분의 넓이는?

① 10 ② 20 ③ 30
④ 40 ⑤ 50

23471-0229

53 그림과 같이 이차함수 $y=\frac{1}{2}x^2$의 그래프와 직선 $y=\frac{3}{2}x+k$가 서로 다른 두 점 A, B에서 만난다. 두 직선 OA, OB의 기울기의 곱이 -1일 때, 삼각형 AOB의 넓이는? (단, O는 원점이고, 점 A의 x좌표는 음수이다.)

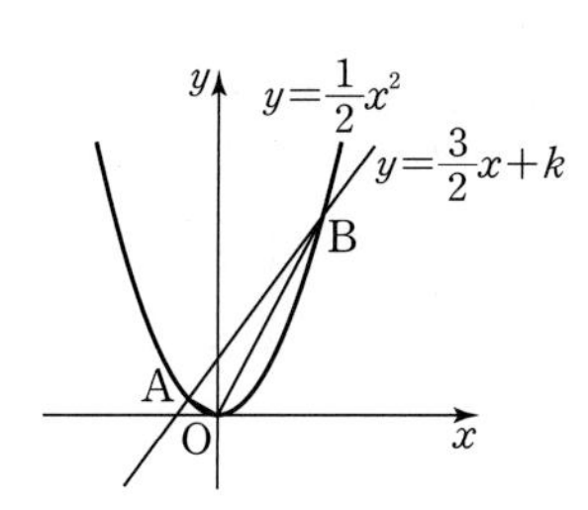

① 4 ② $\frac{9}{2}$ ③ 5
④ $\frac{11}{2}$ ⑤ 6

23471-0230

54 함수 $f(x)=\begin{cases} x^2+4x+3 & (x<0) \\ x^2-2x+3 & (x\geq0) \end{cases}$에 대하여 함수 $g(x)$를 $g(x)=\{f(x)\}^2+f(x)$라 하자. $-3\leq x\leq1$에서 함수 $g(x)$가 $x=\alpha$일 때 최댓값 $g(\alpha)$를 가질 때, $\alpha+g(\alpha)$의 값을 구하시오.

23471-0231

55 실수 t와 이차함수 $f(x)=-x^2+4x-2$에 대하여 $t\leq x\leq t+2$에서 $f(x)$의 최댓값과 최솟값의 합을 $g(t)$라 하자. $-1\leq t\leq3$에서 $g(t)$의 최댓값과 최솟값이 각각 M, m일 때, $M-m$의 값은?

① 9 ② $\frac{19}{2}$ ③ 10
④ $\frac{21}{2}$ ⑤ 11

23471-0232

56 두 함수 $f(x)$, $g(x)$가 모든 실수 x에 대하여 두 등식

$$2f(x)+f(-x)=3x^2-4x+27$$
$$f(x)+g(x-1)=0$$

을 만족시킨다. 방정식 $f(x)-g(x)=k$가 실근을 갖도록 하는 실수 k의 최솟값은?

① $\frac{19}{2}$ ② 10 ③ $\frac{21}{2}$
④ 11 ⑤ $\frac{23}{2}$

신유형

23471-0233

57 두 함수

$$f(x)=\frac{1}{2}x^2,\ g(x)=-x^2+8x-\frac{51}{4}$$

과 기울기가 m, y절편이 k인 직선 l이 있다. 실수 k의 값에 관계없이 직선 l이 곡선 $y=f(x)$ 또는 곡선 $y=g(x)$와 만나는 서로 다른 점의 개수가 항상 2가 되도록 하는 모든 실수 m의 값의 합은?

① 5 ② $\frac{16}{3}$ ③ $\frac{17}{3}$
④ 6 ⑤ $\frac{19}{3}$

23471-0234

58 그림과 같이 직사각형의 모양의 종이를 네 귀퉁이에서 직각을 낀 두 변의 길이가 각각 3, 4인 직각삼각형 모양으로 잘랐다. 남은 부분의 둘레의 길이가 36일 때, 남은 부분의 넓이의 최댓값을 구하시오. (단, 직사각형의 가로의 길이, 세로의 길이는 모두 7보다 크다.)

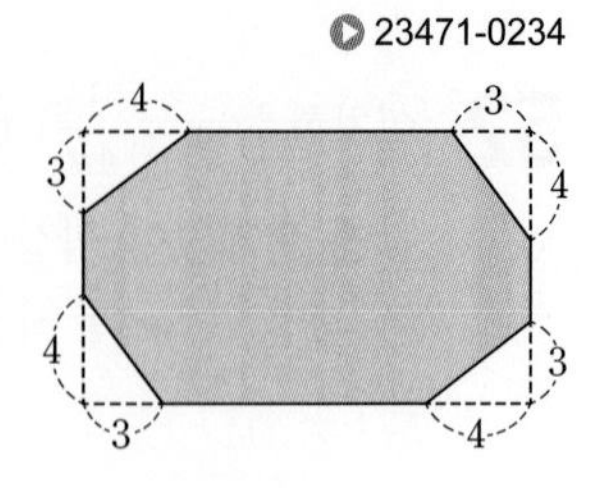

23471-0235

59 그림과 같이 가로, 세로의 길이가 각각 12, 8인 직사각형 ABCD가 있다. 네 점 P, Q, R, S가 각각 네 점 A, B, C, D를 출발하여 직사각형 ABCD의 네 변 위를 시계 반대 방향으로 움직인다. 네 점 P, Q, R, S가 각각 매초 2, 2, 2, 4의 일정한 속력으로 움직일 때, 출발한 지 t초 후에 네 점 P, Q, R, S로 이루어진 사각형 PQRS의 넓이를 $S(t)$라 하자. $0\le t\le 4$에서 $S(t)$는 $t=\alpha$일 때, 최솟값 $S(\alpha)$를 갖는다. $\alpha\times S(\alpha)$의 값을 구하시오.

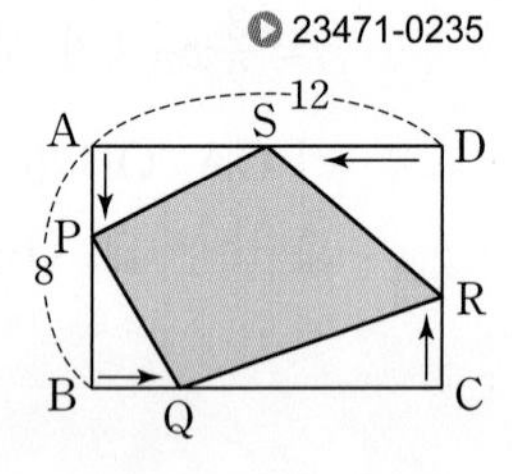

60 $-\frac{1}{2} \le x-a \le \frac{1}{2}$에서 이차함수 $y=x^2-2x+3$의 최댓값과 최솟값의 차가 2가 되도록 하는 모든 실수 a의 값의 합은?

23471-0236

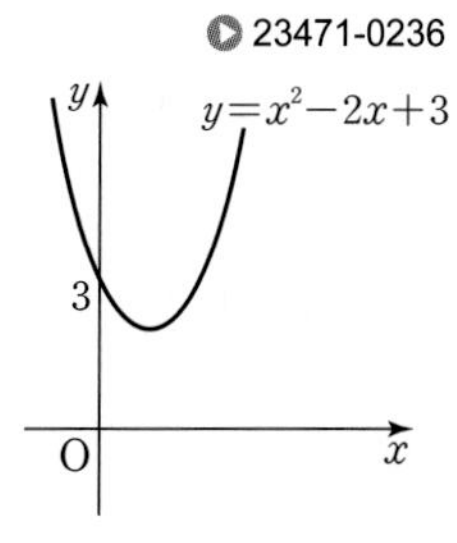

① 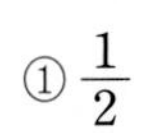 $\frac{1}{2}$ ② 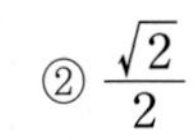 $\frac{\sqrt{2}}{2}$ ③ 1
④ $\sqrt{2}$ ⑤ 2

문항 파헤치기

풀이

실수 point 찾기

방정식과 부등식

06 여러 가지 방정식과 부등식

빈틈 개념

■ 삼차방정식의 근을 구할 때 자주 이용되는 인수분해 공식

(1) $a^3+3a^2b+3ab^2+b^3=(a+b)^3$

(2) $a^3-3a^2b+3ab^2-b^3=(a-b)^3$

(3) $a^3+b^3=(a+b)(a^2-ab+b^2)$

(4) $a^3-b^3=(a-b)(a^2+ab+b^2)$

1 삼차방정식과 사차방정식

(1) 다항식 $f(x)$가 x에 대한 삼차식, 사차식일 때, 방정식 $f(x)=0$을 각각 x에 대한 삼차방정식, 사차방정식이라고 한다.

(2) 방정식 $f(x)=0$이 삼차방정식 또는 사차방정식일 때, 이 방정식의 근은 다항식 $f(x)$를 인수분해 공식을 이용하거나 공통인수로 묶어 인수분해하거나, 인수정리와 조립제법을 이용하여 인수분해한 후 구한다.

2 연립이차방정식

(1) 연립이차방정식 $\begin{cases}\text{(일차방정식)}\\\text{(이차방정식)}\end{cases}$의 풀이

일차방정식을 한 미지수에 대하여 정리한 후, 이 식을 이차방정식에 대입하여 푼다.

(2) 연립이차방정식 $\begin{cases}\text{(이차방정식)}\\\text{(이차방정식)}\end{cases}$의 풀이

인수분해가 쉽게 되는 이차식을 인수분해하여 얻은 일차방정식을 다른 이차방정식에 대입하여 푼다.

■ 부등식의 기본 성질

임의의 세 실수 a, b, c에 대하여

(1) $a>b$, $b>c$이면 $a>c$이다.

(2) $a>b$이면 $a+c>b+c$, $a-c>b-c$이다.

(3) $a>b$, $c>0$이면 $ac>bc$, $\frac{a}{c}>\frac{b}{c}$이고, $a>b$, $c<0$이면 $ac<bc$, $\frac{a}{c}<\frac{b}{c}$이다.

3 연립일차부등식

두 개 이상의 부등식을 한 쌍으로 묶어서 나타낸 것을 연립부등식이라 하며, 각각의 부등식이 일차부등식인 연립부등식을 연립일차부등식이라고 한다. 연립부등식의 해를 구할 때에는 각 부등식의 해를 구하여 그 공통범위를 구한다.

1등급 note

■ $A<B<C$의 꼴의 부등식은 $\begin{cases}A<B\\B<C\end{cases}$의 꼴로 고쳐서 푼다.

4 절댓값 기호를 포함한 일차부등식

$a>0$일 때, 부등식 $|x|<a$의 해는 $-a<x<a$이고,
부등식 $|x|>a$의 해는 $x<-a$ 또는 $x>a$이다.

■ 절댓값 기호를 포함한 식은 미지수의 범위에 따라 절댓값 기호를 포함하지 않은 식으로 고쳐서 푼다.

■ 이차부등식 $ax^2+bx+c>0$에서 $a<0$인 경우에는 부등식의 양변에 -1을 곱하여 이차항의 계수가 양수가 되도록 바꾼 후, 이차부등식을 푼다.

5 이차부등식

이차방정식 $ax^2+bx+c=0$의 판별식을 D, 두 근을 α, β라고 하면 이차함수 $y=ax^2+bx+c$ $(a>0)$의 그래프와 이차부등식의 해 사이의 관계는 다음과 같다.

	$D>0$	$D=0$	$D<0$
$y=ax^2+bx+c$의 그래프	(α, β, x)	($\alpha=\beta$, x)	(x)
$ax^2+bx+c>0$의 해	$x<\alpha$ 또는 $x>\beta$	$x\neq\alpha$인 모든 실수	모든 실수
$ax^2+bx+c<0$의 해	$\alpha<x<\beta$	해가 없다.	해가 없다.

■ 두 실수 α, β $(\alpha<\beta)$에 대하여

(1) 해가 $\alpha<x<\beta$이고 이차항의 계수가 1인 이차부등식은 $(x-\alpha)(x-\beta)<0$이다.

(2) 해가 $x<\alpha$ 또는 $x>\beta$이고 이차항의 계수가 1인 이차부등식은 $(x-\alpha)(x-\beta)>0$이다.

6 연립이차부등식

연립부등식에서 차수가 가장 큰 부등식이 이차부등식일 때, 이 연립부등식을 연립이차부등식이라고 한다.

기출에서 찾은 **내신 필수 문제**

| 삼차방정식과 사차방정식 | 23471-0237

01 출제율 91%

삼차방정식 $x^3-8=0$의 두 허근을 α, β라 할 때, $(\alpha^2+2\alpha+6)(\beta^2+2\beta+7)$의 값은?

① 2 ② 4 ③ 6
④ 8 ⑤ 10

| 삼차방정식과 사차방정식 | 23471-0238

02 출제율 99%

삼차방정식 $ax^3-x^2+3x-4=0$의 한 근이 1일 때, 나머지 두 근의 곱은? (단, a는 상수이다.)

① -2 ② -1 ③ 0
④ 1 ⑤ 2

| 삼차방정식과 사차방정식 | 23471-0239

03 출제율 99%

삼차방정식 $x^3-1=0$의 한 허근을 w라 할 때, $(w\overline{w})^3(w+1)(\overline{w}+1)$의 값은?

(단, $\overline{w}$는 w의 켤레복소수이다.)

① -2 ② -1 ③ 0
④ 1 ⑤ 2

| 삼차방정식과 사차방정식 | 23471-0240

04 출제율 99%

삼차방정식 $x^3-7x^2+(a+6)x-a=0$의 서로 다른 실근의 개수가 2가 되도록 하는 모든 실수 a의 값의 합은?

① 10 ② 12 ③ 14
④ 16 ⑤ 18

| 삼차방정식과 사차방정식 | 23471-0241

05 출제율 99%

사차방정식 $(x+1)(x+3)(x+5)(x+7)=20$의 네 근 중 두 실근을 α, β, 두 허근을 γ, δ라 할 때, $\alpha\beta(\gamma+\delta)$의 값은?

① -40 ② -50 ③ -60
④ -70 ⑤ -80

| 삼차방정식과 사차방정식 | 23471-0242

06 출제율 91%

사차방정식 $(4x^2+2x+1)(4x^2-2x+1)=0$의 서로 다른 네 근을 α, β, γ, δ라 할 때, $\alpha^6+\beta^6+\gamma^6+\delta^6$의 값은?

① $\frac{1}{64}$ ② $\frac{1}{32}$ ③ $\frac{1}{16}$
④ $\frac{1}{8}$ ⑤ $\frac{1}{4}$

| 연립이차방정식 | ▶ 23471-0243

07 출제율 99%

연립이차방정식 $\begin{cases} x+y=1 \\ x^2+2y^2=6 \end{cases}$의 해를 $x=\alpha$, $y=\beta$라 할 때, $\alpha\beta$의 최댓값과 최솟값을 각각 M, m이라 하자. $M-m$의 값은?

① $\frac{7}{9}$　② $\frac{8}{9}$　③ 1
④ $\frac{10}{9}$　⑤ $\frac{11}{9}$

| 연립이차방정식 | ▶ 23471-0244

08 출제율 96%

연립이차방정식 $\begin{cases} x^2-3xy+2y^2=0 \\ x^2+3y^2=7 \end{cases}$의 해를 $x=\alpha$, $y=\beta$라 할 때, $\alpha+\beta$의 최솟값은?

① $-\sqrt{15}$　② $-\sqrt{13}$　③ $-\sqrt{11}$
④ -3　⑤ $-\sqrt{7}$

| 연립이차방정식 | ▶ 23471-0245

09 출제율 83%

정육각형과 정삼각형이 한 개씩 있다. 두 도형의 둘레의 길이의 합이 30이고, 넓이의 합이 $25\sqrt{3}$일 때, 두 도형의 넓이의 차는?

① $20\sqrt{3}$　② $21\sqrt{3}$　③ $22\sqrt{3}$
④ $23\sqrt{3}$　⑤ $24\sqrt{3}$

| 연립일차부등식 | ▶ 23471-0246

10 출제율 99%

연립일차부등식 $\begin{cases} 3x<x+10 \\ x+5\leq 4x+8 \end{cases}$을 만족시키는 모든 정수 x의 값의 합은?

① 5　② 6　③ 7
④ 8　⑤ 9

| 연립일차부등식 | ▶ 23471-0247

11 출제율 99%

연립일차부등식 $\begin{cases} 3x+9\geq x+k \\ 4x-3\leq x \end{cases}$를 만족시키는 정수 x의 개수가 3이 되도록 하는 정수 k의 개수는?

① 1　② 2　③ 3
④ 4　⑤ 5

| 연립일차부등식 | ▶ 23471-0248

12 출제율 99%

연립일차부등식 $x-3<2x+k<-3x+23$을 만족시키는 정수 x의 개수를 $f(k)$라 할 때, $f(1)+f(3)$의 값은?

① 11　② 13　③ 15
④ 17　⑤ 19

| 절댓값을 포함한 일차부등식 | ▶ 23471-0249

13 출제율 92%

부등식 $|x-2|\le a$를 만족시키는 정수 x의 개수가 23이 되도록 하는 자연수 a의 값은?

① 8 ② 9 ③ 10
④ 11 ⑤ 12

| 절댓값을 포함한 일차부등식 | ▶ 23471-0250

14 출제율 99%

10보다 큰 정수 k에 대하여 부등식 $|10-3x|\le k-2x$를 만족시키는 모든 정수 x의 값의 합이 0이 되도록 하는 모든 k의 값의 합은?

① 27 ② 29 ③ 31
④ 33 ⑤ 35

| 절댓값을 포함한 일차부등식 | ▶ 23471-0251

15 출제율 87%

부등식 $|x|+|x-2|\le 10$의 해가 $\alpha\le x\le\beta$일 때, $\alpha+\beta$의 값은?

① -4 ② -2 ③ 0
④ 2 ⑤ 4

| 이차부등식 | ▶ 23471-0252

16 출제율 99%

이차부등식 $ax^2+bx+c<0$의 해가 $-1<x<3$이고, $abc=162$일 때, $a+b+c$의 값은?

(단, a, b, c는 상수이다.)

① -12 ② -14 ③ -16
④ -18 ⑤ -20

| 이차부등식 | ▶ 23471-0253

17 출제율 82%

모든 실수 x에 대하여 이차식 $-x^2+2(n-7)x$의 값이 5보다 작도록 하는 자연수 n의 개수는?

① 3 ② 5 ③ 7
④ 9 ⑤ 11

| 이차부등식 | ▶ 23471-0254

18 출제율 88%

연립이차방정식 $\begin{cases} x+y=k \\ x^2+y^2=4 \end{cases}$를 만족시키는 두 실수 x, y가 존재하도록 하는 정수 k의 개수는?

① 3 ② 4 ③ 5
④ 6 ⑤ 7

| 연립이차부등식 |

23471-0255

19

출제율 99%

연립이차부등식 $\begin{cases} x^2-3x-4<0 \\ 2x^2+3x-2\geq 0 \end{cases}$의 해가 $\alpha\leq x<\beta$일 때, $\alpha\beta$의 값은?

① $\frac{1}{2}$ ② 1 ③ 2
④ 4 ⑤ 8

| 연립이차부등식 |

23471-0256

20

출제율 94%

이차방정식 $x^2-2kx+5k-4=0$은 실근을 갖고, 이차방정식 $x^2+2kx+2k+3=0$은 허근을 갖도록 하는 정수 k의 개수는?

① 1 ② 2 ③ 3
④ 4 ⑤ 5

| 연립이차부등식 |

23471-0257

21

출제율 99%

연립이차부등식 $\begin{cases} 2x^2+5x+5\geq 0 \\ 2x^2-6x+k<0 \end{cases}$의 해가 존재하지 않도록 하는 모든 한 자리 자연수 k의 값의 합은?

① 20 ② 25 ③ 30
④ 35 ⑤ 40

서술형 문제

23471-0258

22

출제율 95%

삼차방정식 $x^3+x^2-x+2=0$의 두 허근을 α, β라 할 때, $\alpha^n+\beta^n=-1$을 만족시키는 두 자리 자연수 n의 개수를 구하시오.

23471-0259

23

출제율 99%

연립이차방정식 $\begin{cases} x^2+y^2=10 \\ 2x^2+5xy-3y^2=0 \end{cases}$의 해를 $x=\alpha$, $y=\beta$라 하자. $\alpha\beta$의 최댓값과 최솟값을 각각 M, m이라 할 때, $M-m$의 값을 구하시오.

23471-0260

24

출제율 90%

이차부등식 $ax^2+bx+c>0$의 해가 $2<x<6$일 때, 이차부등식 $ax^2-cx-4b>0$을 만족시키는 모든 정수 x의 값의 곱을 구하시오.

(단, a, b, c는 상수이다.)

개념 1 삼차방정식과 사차방정식

▶ 23471-0261

25 삼차방정식 $2x^3+ax^2+bx+6=0$의 서로 다른 세 실근이 1, -2, α일 때, $\dfrac{|a-b|}{\alpha}$의 값은?

(단, a, b는 상수이다.)

① 3 ② 4 ③ 5 ④ 6 ⑤ 7

▶ 23471-0262

26 삼차방정식 $x^3+5x^2+kx+10=0$의 세 근을 α, β, γ라 할 때, $(\alpha+\beta)(\beta+\gamma)(\gamma+\alpha)=5\alpha\beta\gamma$가 성립한다. 상수 k의 값은?

① 11 ② 12 ③ 13 ④ 14 ⑤ 15

▶ 23471-0263

27 사차방정식 $x^4-5x^2+ax+b=0$의 한 허근이 $1+i$일 때, 이 사차방정식의 서로 다른 두 실근 α, β와 두 실수 a, b에 대하여 $\alpha+\beta+a+b$의 값은?

① 1 ② 2 ③ 3 ④ 4 ⑤ 5

▶ 23471-0264

28 삼차식 $f(x)=(k-5)x^3+7x^2-3x$에 대하여 $x=k$가 삼차방정식 $f(x)=0$의 한 근이고 $f(2)>0$일 때, $f(1)$의 값은?

① 1 ② 2 ③ 3 ④ 4 ⑤ 5

▶ 23471-0265

29 유리수 a와 서로 다른 두 무리수 b, c에 대하여 다항식 x^3-x^2-3x+4를 세 일차식 $x-a$, $x-b$, $x-c$로 나누었을 때의 몫은 각각 $Q_1(x)$, $Q_2(x)$, $Q_3(x)$이고, 나머지는 모두 2이다. $a+Q_1(b+c)$의 값은? (단, $b<c$)

① -2 ② -1 ③ 0 ④ 1 ⑤ 2

▶ 23471-0266

30 삼차식 $f(x)$에 대하여 삼차방정식 $f(2x-5)=0$의 서로 다른 세 근의 합이 12일 때, 삼차방정식 $f(3x-1)=0$의 서로 다른 세 근의 합은?

① 4 ② 6 ③ 8 ④ 10 ⑤ 12

개념 ② 연립이차방정식

▶ 23471-0267

31 연립이차방정식 $\begin{cases} (x+y)^2=x^2 \\ x^2+xy+y^2=9 \end{cases}$의 해를 $x=\alpha$, $y=\beta$라 할 때, $\alpha^3+\beta^3$의 최댓값은?

① $18\sqrt{3}$ ② $19\sqrt{3}$ ③ $20\sqrt{3}$
④ $21\sqrt{3}$ ⑤ $22\sqrt{3}$

▶ 23471-0268

32 두 연립이차방정식

$\begin{cases} x^2+(y+a)^2=13 \\ x-y=2 \end{cases}$, $\begin{cases} x^2+y^2=10 \\ x+y=b \end{cases}$

의 공통인 해가 존재할 때, ab의 최댓값과 최솟값을 각각 M, m이라 하자. $M-m$의 값은? (단, a, b는 실수이다.)

① $4(1+\sqrt{3})$ ② $4(2+\sqrt{3})$ ③ $8(1+\sqrt{3})$
④ $8(2+\sqrt{3})$ ⑤ $16(1+\sqrt{3})$

▶ 23471-0269

33 직각삼각형 ABC가 다음 조건을 만족시킨다.

> (가) 세 변의 길이의 제곱의 합은 100이다.
> (나) 넓이는 $\frac{7}{2}$이다.

삼각형 ABC에 내접하는 원의 반지름의 길이는?

① $\frac{8-\sqrt{2}}{2}$ ② $4-\sqrt{2}$ ③ $\frac{8-3\sqrt{2}}{2}$
④ $4-2\sqrt{2}$ ⑤ $\frac{8-5\sqrt{2}}{2}$

개념 ③ 연립일차부등식

▶ 23471-0270

34 연립일차부등식 $\begin{cases} \frac{x}{2}+\frac{a}{3}\ge x-\frac{1}{6} \\ 4x+3>2x+9 \end{cases}$를 만족시키는 자연수 x가 존재하도록 하는 정수 a의 최솟값은?

① 5 ② 6 ③ 7
④ 8 ⑤ 9

▶ 23471-0271

35 연립일차부등식 $ax-1\le -x+2<bx+3$의 해가 $-\frac{1}{2}<x\le\frac{3}{7}$일 때, 두 상수 a, b에 대하여 $a+b$의 값은?

① 5 ② 7 ③ 9
④ 11 ⑤ 13

▶ 23471-0272

36 농도가 12 %인 소금물 300 g과 농도가 20 %인 소금물 a g을 섞어서 농도가 15 % 이상 16 % 이하의 소금물을 만들려고 한다. 양수 a의 최댓값과 최솟값의 합은?

① 300 ② 360 ③ 420
④ 480 ⑤ 540

개념 4 절댓값을 포함한 일차부등식

23471-0273

37 부등식 $|x+1|-\sqrt{x^2+6x+9}\le 3x-1$의 해는?

① $x\ge -\frac{1}{3}$　② $x>-\frac{1}{3}$　③ $x\le \frac{1}{3}$
④ $x<\frac{1}{3}$　⑤ $-\frac{1}{3}\le x\le \frac{1}{3}$

23471-0274

38 부등식 $|x|+|3x-6|\le 2x+4$를 만족시키는 모든 정수 x의 값의 합은?

① 11　② 13　③ 15
④ 17　⑤ 19

23471-0275

39 $0\le a\le 2$인 정수 a와 정수 b에 대하여 x에 대한 두 부등식 $|x-2|\le 10$, $|2x-b|\le a$를 모두 만족시키는 x의 값이 존재하도록 하는 a, b의 모든 순서쌍 (a, b)의 개수는?

① 125　② 126　③ 127
④ 128　⑤ 129

개념 5 이차부등식

23471-0276

40 일차함수 $f(x)$와 최고차항의 계수가 양수인 이차함수 $g(x)$에 대하여 방정식 $f(x)=g(x)$의 해가 -2, 7일 때, x에 대한 이차부등식 $f(nx)\ge g(nx)$를 만족시키는 정수 x의 개수가 1이 되도록 하는 자연수 n의 최솟값은?

① 2　② 4　③ 6
④ 8　⑤ 10

23471-0277

41 부등식 $|x^2-3x+2|-|x-3|\ge \frac{1}{2}x^2-1$의 해와 이차부등식 $x^2+ax+b\ge 0$의 해가 일치할 때, $a+b$의 값은?
(단, a, b는 상수이다.)

① -12　② -6　③ 0
④ 6　⑤ 12

23471-0278

42 어느 김밥 전문점에서 김밥 한 줄의 가격이 3,000원이면 하루에 400줄이 판매되고, 김밥 한 줄의 가격을 100원씩 내릴 때마다 하루 판매량이 40줄씩 늘어난다고 한다. 하루 동안의 김밥 판매액이 1,584,000원 이상이 되기 위한 김밥 한 줄의 가격의 최댓값은?

① 2,000원　② 2,100원　③ 2,200원
④ 2,300원　⑤ 2,400원

개념 6 연립이차부등식

▶ 23471-0279

43 연립이차부등식 $\begin{cases} x^2-2x-3\ge0 \\ x^2+(2-a)x-2a<0 \end{cases}$을 만족시키는 정수 x의 개수가 3이 되도록 하는 실수 a의 최댓값과 최솟값을 각각 M, m이라 할 때, $M-m$의 값은?

① 8 ② 9 ③ 10 ④ 11 ⑤ 12

▶ 23471-0280

44 $0<a<b<c$인 세 실수 a, b, c에 대하여 연립이차부등식 $\begin{cases} x^2-(a+b)x+ab>0 \\ x^2-3cx+2c^2>0 \end{cases}$의 해가 $x<1$ 또는 $3<x<4$ 또는 $x>8$일 때, 부등식 $ax^2-cx+b\le0$을 만족시키는 모든 정수 x의 값의 합은?

① 3 ② 6 ③ 9 ④ 12 ⑤ 15

▶ 23471-0281

45 연립부등식 $\begin{cases} |2x+a|\ge4-b \\ -x^2+\frac{8}{3}x\le a \end{cases}$의 해가 모든 실수일 때, 두 정수 a, b에 대하여 $a+b$의 최솟값은?

① 2 ② 4 ③ 6 ④ 8 ⑤ 10

▶ 23471-0282

46 그림과 같이 $\overline{AB}=\overline{BC}$, $\overline{CD}=4$이고 $\angle ABC=\angle BAD=90°$인 사다리꼴 ABCD가 있다. 사다리꼴 ABCD의 둘레의 길이가 $13+\sqrt{7}$, 넓이가 $9+\frac{3\sqrt{7}}{2}$일 때, 선분 AC의 길이를 구하시오.

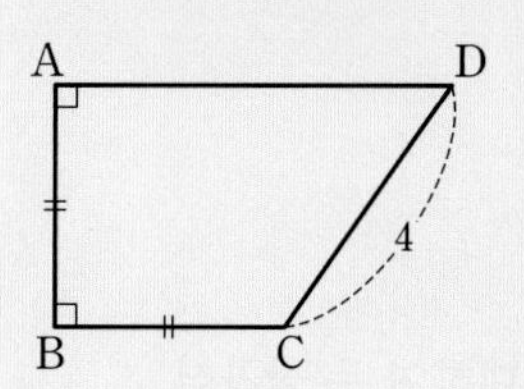

▶ 23471-0283

47 연립일차부등식 $\begin{cases} x+5>9 \\ ax+1<61 \end{cases}$을 만족시키는 모든 정수 x의 값의 합이 11이 되도록 하는 정수 a의 값을 구하시오.

▶ 23471-0284

48 연립이차부등식 $\begin{cases} x^2+ax-4\le0 \\ x^2+bx+c\ge0 \end{cases}$의 해가 $p\le x\le p+3$ 또는 $x=p+4$일 때, $p(a+b+c)$의 값을 구하시오.

(단, a, b, c, p는 상수이다.)

▶ 23471-0285

49 삼차방정식 $x^3-x+2=0$의 서로 다른 세 근을 α, β, γ라 할 때, $\alpha^6+\beta^6+\gamma^6$의 값을 구하시오.

(신유형) ▶ 23471-0286

50 정수 a에 대하여 두 삼차식
$f(x)=(x-a)(x-2a)(x-a+3)$, $g(x)$가 다음 조건을 만족시킨다.

> (가) 삼차식 $g(x)$는 최고차항의 계수가 1이다.
> (나) 방정식 $g(x)=0$의 서로 다른 실근의 개수는 2이다.
> (다) 방정식 $f(x)g(x)=0$이 서로 다른 세 실근을 갖고, 이 세 실근의 합은 -5이다.

가능한 서로 다른 삼차식 $g(x)$의 개수는?

① 4　② 6　③ 8
④ 10　⑤ 12

▶ 23471-0287

51 두 이차식 $f(x)=x^2-ax-b^2$, $g(x)=x^2-bx-a^2$에 대하여 사차방정식 $f(x)g(x)=0$의 근에 대한 설명 중 〈보기〉에서 옳은 것만을 있는 대로 고른 것은?
(단, a, b는 실수이다.)

> 보기
> ㄱ. $a=b=0$일 때 서로 다른 실근의 개수는 1이다.
> ㄴ. $ab\neq0$일 때 서로 다른 실근의 개수는 4이다.
> ㄷ. $a\neq b$일 때 서로 다른 실근의 개수는 4이다.

① ㄱ　② ㄴ　③ ㄱ, ㄷ
④ ㄴ, ㄷ　⑤ ㄱ, ㄴ, ㄷ

▶ 23471-0288

52 삼차방정식 $7x^3+ax^2+bx+c=0$의 세 근을 α, β, γ라 하면 $\alpha+1$, $\beta+1$, $\gamma+1$을 세 근으로 하고 최고차항의 계수가 1인 삼차방정식은 $x^3+2x^2+3x+4=0$이다. 세 상수 a, b, c에 대하여 $a+b+c$의 값을 구하시오.

▶ 23471-0289

53 사차방정식 $x^4-4x+2=0$의 서로 다른 네 근 α, β, γ, δ에 대하여

$$(\alpha^8+\beta^8+\gamma^8+\delta^8)-16(\alpha^2+\beta^2+\gamma^2+\delta^2)$$
$$=k+(\alpha+\beta+\gamma+\delta)$$

를 만족시키는 자연수 k의 모든 양의 약수의 곱은 2^n이다. 자연수 n의 값을 구하시오.

(신유형) ▶ 23471-0290

54 삼차식 $f(x)=ax^3-7x^2+bx+4$가 다음 조건을 만족시킨다.

> (가) 삼차식 $f(x)$를 $x-1$로 나누었을 때의 나머지는 1이다.
> (나) 삼차식 $f(x)$를 $x-2$로 나누었을 때의 나머지는 2이다.

삼차방정식 $f(x)=0$의 세 근을 α, β, γ라 할 때,
$\dfrac{(\alpha^2-2)(\beta^2-2)(\gamma^2-2)}{(\alpha^2-1)(\beta^2-1)(\gamma^2-1)}$의 값은?
(단, a, b는 상수이다.)

① $-\dfrac{1}{7}$　② $-\dfrac{2}{7}$　③ $-\dfrac{3}{7}$
④ $-\dfrac{4}{7}$　⑤ $-\dfrac{5}{7}$

▶ 23471-0291

55

직육면체 ABCD$-$EFGH가 다음 조건을 만족시킨다.

(가) 모든 모서리의 길이의 합은 20이다.
(나) 겉넓이는 16이다.
(다) 부피는 4이다.

직육면체 ABCD$-$EFGH의 서로 다른 두 꼭짓점 사이의 거리의 최댓값과 최솟값을 각각 M, m이라 할 때, Mm의 값은?

① 2　② $2\sqrt{2}$　③ 3
④ 4　⑤ $3\sqrt{2}$

▶ 23471-0292

56

자연수 n에 대하여 다항식 $x^n+x^{n+2}+x^{n+4}+x^{n+6}$을 x^2+x+1로 나누었을 때의 나머지를 $R_n(x)$라 하자. $R_n(x)=1$을 만족시키는 두 자리 자연수 n의 개수를 구하시오.

▶ 23471-0293

57

두 실수 x, y에 대하여 $x\triangle y$를 $x\triangle y=\begin{cases} x & (x\geq y) \\ y & (x<y) \end{cases}$라 하자. 연립이차방정식 $\begin{cases} xy-2x-2y+6=x\triangle y \\ x+2y=2x\triangle 4 \end{cases}$의 해가 $x=\alpha$, $y=\beta$일 때, $\alpha+\beta$의 최댓값을 구하시오.

▶ 23471-0294

58

그림과 같이 대각선의 길이가 $\sqrt{23}$인 직사각형이 있다. 가로의 길이를 $\sqrt{2}$만큼 줄이고, 세로의 길이를 $\sqrt{5}$만큼 늘이면 대각선의 길이가 $\sqrt{28}$인 직사각형이 될 때, 처음 직사각형의 넓이는?

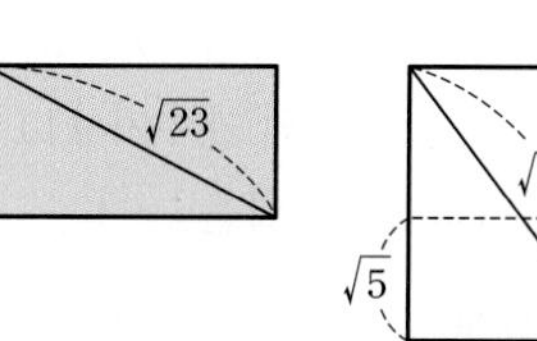

① $2\sqrt{10}$　② $3\sqrt{10}$　③ $4\sqrt{10}$
④ $5\sqrt{10}$　⑤ $6\sqrt{10}$

▶ 23471-0295

59

음이 아닌 정수 a에 대하여 연립이차방정식 $\begin{cases} 3x+4y=a \\ x^2+y^2=a \end{cases}$의 실수인 해가 존재하지 않도록 하는 a의 최솟값을 p, 오직 한 쌍의 해만 갖도록 하는 a의 최솟값을 q, 서로 다른 두 쌍의 실수인 해를 갖도록 하는 a의 최솟값을 r라 할 때, $p+q+r$의 값을 구하시오.

▶ 23471-0296

60

양수 x에 대하여 x를 소수점 아래 둘째 자리에서 반올림한 값을 $f(x)$라 하자. 예를 들어 $f(2.21)=2.2$, $f(3.09)=3.1$이다. 연립부등식 $\begin{cases} f\left(\frac{2x}{5}-1\right)\geq 2 \\ f(|2x+1|)<20 \end{cases}$의 해가 $\alpha\leq x<\beta$일 때, $10(\beta-\alpha)$의 값을 구하시오.

23471-0297

61 x에 대한 부등식 $(n-5)(x-n)(x-n^2)\le 0$을 만족시키는 정수 x의 개수가 111 이하가 되도록 하는 모든 자연수 n의 값의 합은?

① 50 ② 51 ③ 52
④ 53 ⑤ 54

23471-0298

62 한 자리 자연수 n에 대하여 세 변의 길이가 n, $2n+3$, $3n$인 삼각형의 개수는 a이다. 이 a개의 삼각형 중에서 이등변삼각형의 개수는 b, 둔각삼각형의 개수는 c일 때, $a+b+c$의 값을 구하시오.

23471-0299

63 부등식 $|x-1|\le|x-2|<-x+3$을 만족시키는 실수 x의 최댓값을 구하시오.

23471-0300

64 이차함수 $y=f(x)$의 그래프가 그림과 같이 두 점 $(-3,\ 0)$, $(5,\ 0)$을 지난다. 상수 k에 대하여 부등식 $f\left(\frac{k-x}{2}\right)\le 0$의 해가 $k^2-4k-6\le x\le k^2+6$일 때, 부등식 $f(kx-3)>0$의 해는 $x<\alpha$ 또는 $x>\beta$이다. $\alpha+\beta$의 값은?

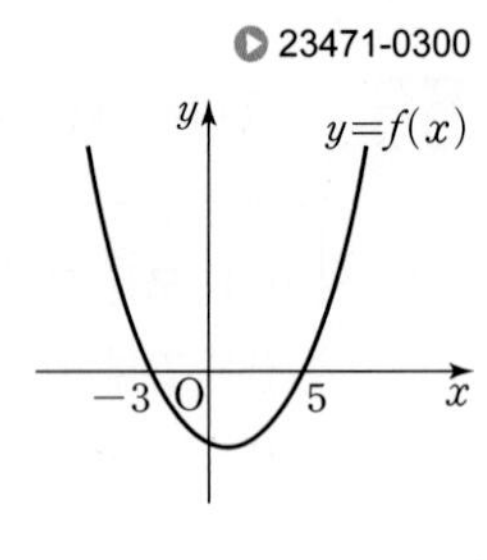

① 6 ② 7 ③ 8
④ 9 ⑤ 10

23471-0301

65 두 이차함수

$$f(x)=2x^2-4x+1,\ g(x)=-2x^2+12x-15$$

와 일차함수 $h(x)$에 대하여 두 방정식 $f(x)=h(x)$, $g(x)=h(x)$의 근이 일치할 때, 직선 $y=h(x)$와 x축 및 y축으로 둘러싸인 부분의 넓이는?

① $\frac{47}{8}$ ② 6 ③ $\frac{49}{8}$
④ $\frac{25}{4}$ ⑤ $\frac{51}{8}$

23471-0302

66 두 이차함수

$$f(x)=2x^2+ax+b,\ g(x)=3x^2-3bx-5a+3$$

에 대하여 연립부등식 $\begin{cases} f(x)\le 0 \\ g(x)<0 \end{cases}$의 해가 $3<x\le 5$이다.

부등식 $g(x)-f(x)<-3$을 만족시키는 모든 정수 x의 개수를 구하시오. (단, a, b는 상수이다.)

이해

23471-0303

67 x에 대한 삼차방정식 $x^3+3kpx^2-4k^3=0$은 중근 α와 나머지 다른 한 근 $\beta\,(\alpha>\beta)$를 갖는다. $\alpha^2+\beta^2=20$일 때, 연립부등식 $\begin{cases} kp(x-\alpha)(x-\beta)\geq 0 \\ x^2-2(n+2)x+n^2+4n+3\geq 0 \end{cases}$을 만족시키는 정수해의 개수가 6이 되도록 하는 모든 자연수 n의 값의 합을 구하시오. (단, k, p는 실수이다.)

문항 파헤치기

풀이

실수 point 찾기

도형의 방정식

평면좌표와 직선의 방정식

빈틈 개념

■ **원점 O(0, 0)과 점 $A(x_1, y_1)$ 사이의 거리**
$\overline{OA}=\sqrt{x_1^2+y_1^2}$

■ 수직선 위의 선분 AB의 중점 M은 선분 AB를 1 : 1로 내분하는 점이므로 점 M의 좌표는 $\left(\frac{x_1+x_2}{2}\right)$이다.
좌표평면 위의 선분 AB의 중점 M은 선분 AB를 1 : 1로 내분하는 점이므로 점 M의 좌표는
$\left(\frac{x_1+x_2}{2}, \frac{y_1+y_2}{2}\right)$이다.

■ x절편이 a, y절편이 b인 직선의 방정식은 $\frac{x}{a}+\frac{y}{b}=1$ (단, $a\neq0$, $b\neq0$)이다.

■ 원점 O(0, 0)과 직선 $ax+by+c=0$ 사이의 거리를 d라 하면 $d=\frac{|c|}{\sqrt{a^2+b^2}}$이다.

1 두 점 사이의 거리

(1) 수직선 위의 두 점 $A(x_1)$, $B(x_2)$ 사이의 거리 $\overline{AB}$는
$$\overline{AB}=|x_2-x_1|$$
(2) 좌표평면 위의 두 점 $A(x_1, y_1)$, $B(x_2, y_2)$ 사이의 거리 $\overline{AB}$는
$$\overline{AB}=\sqrt{(x_2-x_1)^2+(y_2-y_1)^2}$$

2 선분의 내분점과 외분점

(1) 수직선 위의 두 점 $A(x_1)$, $B(x_2)$에 대하여 선분 AB를 $m:n$ $(m>0, n>0)$으로 내분하는 점 P와 외분하는 점 Q는 각각
$$P\left(\frac{mx_2+nx_1}{m+n}\right), Q\left(\frac{mx_2-nx_1}{m-n}\right) \text{ (단, } m\neq n)$$
(2) 좌표평면 위의 두 점 $A(x_1, y_1)$, $B(x_2, y_2)$에 대하여 선분 AB를 $m:n$ $(m>0, n>0)$으로 내분하는 점 P와 외분하는 점 Q는 각각
$$P\left(\frac{mx_2+nx_1}{m+n}, \frac{my_2+ny_1}{m+n}\right), Q\left(\frac{mx_2-nx_1}{m-n}, \frac{my_2-ny_1}{m-n}\right) \text{ (단, } m\neq n)$$

1등급 note

■ **삼각형의 무게중심의 좌표**
좌표평면 위의 세 점 $A(x_1, y_1)$, $B(x_2, y_2)$, $C(x_3, y_3)$을 꼭짓점으로 하는 삼각형 ABC의 무게중심 G의 좌표는
$\left(\frac{x_1+x_2+x_3}{3}, \frac{y_1+y_2+y_3}{3}\right)$
이다.

3 직선의 방정식

(1) 좌표평면에서 한 점 $A(x_1, y_1)$을 지나고 기울기가 m인 직선의 방정식은 $y-y_1=m(x-x_1)$
(2) 좌표평면에서 두 점 $A(x_1, y_1)$, $B(x_2, y_2)$를 지나는 직선의 방정식은
① $x_1\neq x_2$일 때, $y-y_1=\frac{y_2-y_1}{x_2-x_1}(x-x_1)$
② $x_1=x_2$일 때, $x=x_1$
(3) 좌표평면 위의 직선의 방정식은 항상 x, y에 대한 일차방정식 $ax+by+c=0$ ($a\neq0$ 또는 $b\neq0$)의 꼴로 나타낼 수 있고, 거꾸로 이 일차방정식이 나타내는 그래프는 직선이다.

■ 두 직선 $ax+by+c=0$, $a'x+b'y+c'=0$의 교점을 지나는 직선의 방정식은
$k(ax+by+c)+a'x+b'y+c'=0$
또는
$ax+by+c+k(a'x+b'y+c')=0$
(단, k는 실수)
이다.

4 두 직선의 위치 관계

두 직선 $y=mx+n$, $y=m'x+n'$에 대하여
(1) 두 직선이 서로 평행하면 $m=m'$, $n\neq n'$이다.
(2) 두 직선이 수직이면 $mm'=-1$이다.

5 점과 직선 사이의 거리

좌표평면에서 점 $A(x_1, y_1)$과 직선 $ax+by+c=0$ 사이의 거리를 d라 하면 $d=\frac{|ax_1+by_1+c|}{\sqrt{a^2+b^2}}$

| 두 점 사이의 거리 | 23471-0304

01

출제율 99%

수직선 위의 세 점 $A(-4)$, $B(5)$, $C(a)$에 대하여 $\overline{AC}=2\overline{BC}$를 만족시키는 모든 a의 값의 합은?

① 10 ② 12 ③ 14 ④ 16 ⑤ 18

| 두 점 사이의 거리 | 23471-0305

02

출제율 99%

세 점 $A(-3, 2)$, $B(2, 2)$, $C(a, 5)$에 대하여 두 점 A, B 사이의 거리와 두 점 B, C 사이의 거리가 같을 때, 선분 OC의 길이의 최댓값은? (단, O는 원점이다.)

① $2\sqrt{15}$ ② $\sqrt{61}$ ③ $\sqrt{62}$ ④ $3\sqrt{7}$ ⑤ 8

| 두 점 사이의 거리 | 23471-0306

03

출제율 99%

두 점 $A(2, 4)$, $B(3, 5)$와 직선 $y=x+1$ 위의 점 $P(a, b)$에 대하여 삼각형 ABP가 이등변삼각형이 되도록 하는 모든 a의 값의 합은?

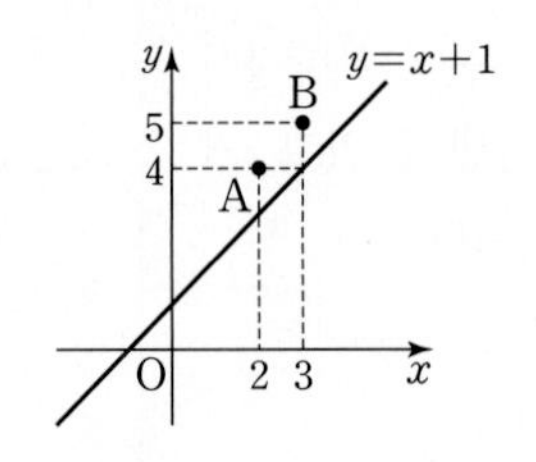

① 11 ② 12 ③ 13 ④ 14 ⑤ 15

| 두 점 사이의 거리 | 23471-0307

04

출제율 92%

세 점 $A(3, 1)$, $B(5, -2)$, $C(6, 3)$을 꼭짓점으로 하는 삼각형 ABC는 어떤 삼각형인가?

① $\angle B=90^\circ$인 직각삼각형
② $\angle C=90^\circ$인 직각삼각형
③ $\overline{AB}=\overline{AC}$인 직각이등변삼각형
④ $\overline{AC}=\overline{BC}$인 이등변삼각형
⑤ 정삼각형

| 두 점 사이의 거리 | 23471-0308

05

출제율 99%

두 점 $A(1, 4)$, $B(6, 6)$과 x축 위의 한 점 P에 대하여 $\overline{AP}^2+\overline{BP}^2$의 값이 최소가 되도록 하는 점 P는 직선 $y=-2x+k$ 위의 점이다. 상수 k의 값은?

① 1 ② 3 ③ 5 ④ 7 ⑤ 9

| 선분의 내분점과 외분점 | 23471-0309

06

출제율 97%

수직선 위의 두 점 A, B에 대하여 선분 AB를 $2:1$로 내분하는 점이 $P(4)$이고, $2:1$로 외분하는 점이 $Q(16)$일 때, 선분 AB의 길이는?

① 9 ② 8 ③ 7 ④ 6 ⑤ 5

07 출제율 99%

| 선분의 내분점과 외분점 | 23471-0310

네 점 A$(3,\ -1)$, B$(a,\ b)$, C$(c,\ d)$, G$(1,\ 1)$이 다음 조건을 만족시킨다.

> (가) 삼각형 ABC의 무게중심은 점 G이다.
> (나) 삼각형 ABG의 무게중심은 점 $(2,\ 1)$이다.

선분 BC의 길이는?

① 4　② $\sqrt{17}$　③ $3\sqrt{2}$　④ $\sqrt{19}$　⑤ $2\sqrt{5}$

08 출제율 88%

| 선분의 내분점과 외분점 | 23471-0311

두 점 A$(-4,\ -1)$, B$(3,\ 4)$에 대하여 선분 AB를 $t : (1-t)$로 내분하는 점 P가 제2사분면에 존재하도록 하는 실수 t의 값의 범위는 $\alpha<t<\beta$이다. $\alpha+\beta$의 값은? (단, $0<t<1$)

① $\frac{5}{7}$　② $\frac{26}{35}$　③ $\frac{27}{35}$　④ $\frac{4}{5}$　⑤ $\frac{29}{35}$

09 출제율 90%

| 선분의 내분점과 외분점 | 23471-0312

세 점 A$(1,\ 1)$, B$(5,\ 4)$, C$(1,\ 5)$를 꼭짓점으로 하는 삼각형 ABC에서 $\angle$BAC를 이등분하는 직선이 변 BC와 만나는 점을 D라 할 때, 점 D의 x좌표와 y좌표의 합은?

① $\frac{22}{3}$　② $\frac{67}{9}$　③ $\frac{68}{9}$　④ $\frac{23}{3}$　⑤ $\frac{70}{9}$

10 출제율 92%

| 직선의 방정식 | 23471-0313

그림과 같이 두 직사각형이 있다. 두 직사각형의 넓이를 모두 이등분하는 직선의 x절편과 y절편의 곱은?

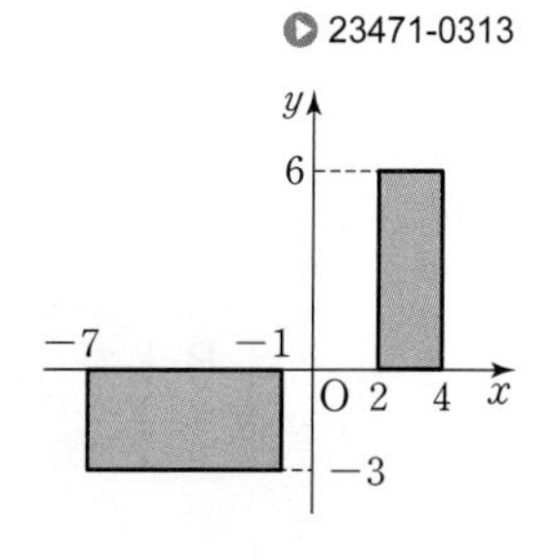

① $-\frac{37}{21}$　② $-\frac{25}{14}$　③ $-\frac{38}{21}$　④ $-\frac{11}{6}$

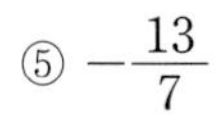

⑤ $-\frac{13}{7}$

11 출제율 99%

| 직선의 방정식 | 23471-0314

두 점 A$(-4,\ 1)$, B$(-2,\ 3)$에 대하여 선분 AB를 $4 : 1$로 외분하는 점을 C라 하고, 점 C를 지나고 기울기가 1인 직선을 l이라 하자. 직선 l과 x축 및 y축으로 둘러싸인 도형의 둘레의 길이는?

① 10　② $5(1+\sqrt{2})$　③ $5(2+\sqrt{2})$　④ $5(3+\sqrt{2})$　⑤ $5(4+\sqrt{2})$

12 출제율 99%

| 직선의 방정식 | 23471-0315

네 점 O$(0,\ 0)$, A$(2,\ 0)$, B$(3,\ 1)$, C$(1,\ 3)$을 꼭짓점으로 하는 사각형 OABC와 직선 $y=\frac{1}{3}(x+k)$가 만나는 서로 다른 두 점을 D, E라 하자. 두 점 D, E의 x좌표의 합을 $f(k)$라 할 때, 방정식 $\{2f(k)-5\}\{2f(k)-7\}=0$을 만족시키는 모든 실수 k의 값의 합은? (단, $-2<k<8$이고 점 D의 x좌표는 점 E의 x좌표보다 작다.)

① 0　② 1　③ 2　④ 3　⑤ 4

| 직선의 방정식 | ▶ 23471-0316

13 출제율 99%

자연수 n에 대하여 직선 $\frac{x}{n}+\frac{y}{n+1}=1$이 x축과 만나는 점을 A, 직선 $\frac{x}{n+2}+\frac{y}{n+3}=1$이 y축과 만나는 점을 B라 하자. 선분 AB의 길이가 $3\sqrt{5}$일 때, n의 값은?

① 1 ② 2 ③ 3
④ 4 ⑤ 5

| 직선의 방정식 | ▶ 23471-0317

14 출제율 99%

세 점 A$(a, 1)$, B$(3, a)$, C$(5, -7)$에 대하여 〈보기〉에서 옳은 것만을 있는 대로 고른 것은?

(단, O는 원점이다.)

보기

ㄱ. a의 값에 관계없이 $\overline{OA}<\overline{OB}$이다.
ㄴ. $a=1$일 때, 삼각형 ABC의 넓이는 8이다.
ㄷ. 세 점 A, B, C가 한 직선 위에 있도록 하는 모든 a의 값의 합은 -2이다.

① ㄱ ② ㄷ ③ ㄱ, ㄴ
④ ㄴ, ㄷ ⑤ ㄱ, ㄴ, ㄷ

| 두 직선의 위치 관계 | ▶ 23471-0318

15 출제율 87%

그림과 같이 네 점 A$(2, 6)$, B, C$(a, 0)$, D를 꼭짓점으로 하는 마름모 ABCD에 대하여 선분 AC의 길이가 $6\sqrt{2}$일 때, 직선 BD의 y절편은?

(단, $a<0$)

① 1 ② $\sqrt{2}$ ③ 2
④ $2\sqrt{2}$ ⑤ 4

| 두 직선의 위치 관계 | ▶ 23471-0319

16 출제율 99%

실수 a에 대하여 두 직선

$l : 4x+3ay+2a+4=0$
$m : ax+(a+1)y+4=0$

이 있다. 두 직선 l, m이 만나는 점의 개수가 무수히 많도록 하는 a의 값을 a_1, 존재하지 않도록 하는 a의 값을 a_2라 할 때, a_1-a_2의 값은?

① 2 ② $\frac{7}{3}$ ③ $\frac{8}{3}$
④ 3 ⑤ $\frac{10}{3}$

| 두 직선의 위치 관계 | ▶ 23471-0320

17 출제율 82%

두 직선 $x+y-1=0$, $x-2y+2=0$의 교점을 지나고 직선 $4x-2y+3=0$에 평행한 직선의 방정식은 $ax+by+1=0$이다. 두 상수 a, b에 대하여 $a-b$의 값은?

① 1 ② 2 ③ 3
④ 4 ⑤ 5

| 두 직선의 위치 관계 | ▶ 23471-0321

18 출제율 95%

점 A$(1, 1)$에서 직선 $y=2x+1$에 내린 수선의 발의 좌표가 (a, b)일 때, $a+b$의 값은?

① 1 ② $\frac{6}{5}$ ③ $\frac{7}{5}$
④ $\frac{8}{5}$ ⑤ $\frac{9}{5}$

| 점과 직선 사이의 거리 | ▶ 23471-0322

19 출제율 99%

세 점 $A(-1, 3)$, $B(5, -5)$, $C(4, a)$에 대하여 삼각형 ABC의 넓이가 20이 되도록 하는 모든 a의 값의 곱은?

① -32 ② -31 ③ -30
④ -29 ⑤ -28

| 점과 직선 사이의 거리 | ▶ 23471-0323

20 출제율 99%

두 직선

$l : x+3y+1=0$

$m : x+3y+16=0$

과 중심이 $(1, 1)$이고 반지름의 길이가 r인 원 C가 다음 조건을 만족시킬 때, 모든 자연수 r의 값의 합은?

(가) 원 C와 직선 l은 만난다.
(나) 원 C와 직선 m은 만나지 않는다.

① 20 ② 21 ③ 22
④ 23 ⑤ 24

| 점과 직선 사이의 거리 | ▶ 23471-0324

21 출제율 80%

점 $(1, -1)$과 직선 $x-y+1+k(x+y)=0$ 사이의 거리의 최댓값은? (단, k는 실수이다.)

① $\sqrt{2}$ ② $\frac{3\sqrt{2}}{2}$ ③ $2\sqrt{2}$
④ $\frac{5\sqrt{2}}{2}$ ⑤ $3\sqrt{2}$

▶ 23471-0325

22 출제율 95%

직사각형 ABCD와 같은 평면 위에 있는 임의의 점 P에 대하여 등식

$$\overline{PA}^2+\overline{PC}^2=\overline{PB}^2+\overline{PD}^2$$

이 성립함을 보이시오.

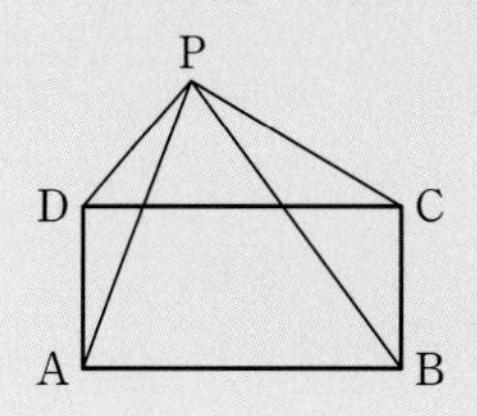

▶ 23471-0326

23 출제율 92%

직선 $ax+by+c=0$이 그림과 같을 때, 제1, 2, 3, 4 사분면 중에서 직선 $cx+ay+b=0$이 지나는 사분면을 모두 나열하시오. (단, a, b, c는 상수이다.)

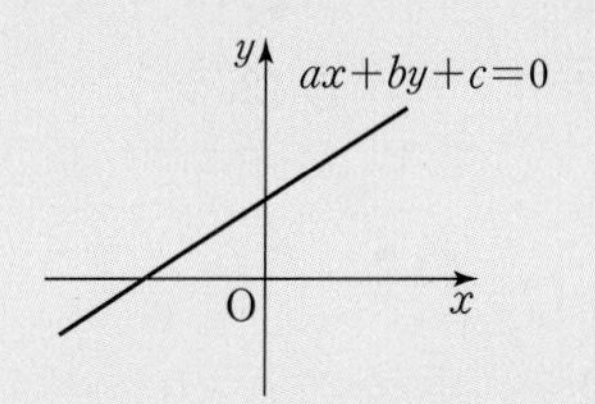

▶ 23471-0327

24 출제율 99%

세 점 $A(-1, 0)$, $B(3, -2)$, $C(a, b)$에 대하여 삼각형 ABC의 넓이가 5일 때, $|a+2b|$의 최댓값과 최솟값을 각각 M, m이라 하자. $M-m$의 값을 구하시오.

내신 고득점 도전 문제

개념 1 두 점 사이의 거리

23471-0328

25 두 점 $P(3, -4)$, $Q(3, 14)$에 대하여 선분 PQ 위의 한 점을 A라 하자. 직선 $y=5$ 위의 서로 다른 두 점 B, C에 대하여 $\overline{AB}=\overline{AC}=10$일 때, 두 점 B, C의 x좌표의 합은?

① 2 ② 3 ③ 4
④ 5 ⑤ 6

23471-0329

26 네 점 $A(-2, -2)$, B, $C(3, 3)$, $D(a, 2)$를 꼭짓점으로 하는 사각형이 $\overline{AB}<\overline{BD}<\overline{AC}$인 마름모일 때, 이 마름모의 둘레의 길이는?

① $4\sqrt{14}$ ② $4\sqrt{15}$ ③ 16
④ $4\sqrt{17}$ ⑤ $12\sqrt{2}$

23471-0330

27 세 점 $A(1, 2)$, $B(3, 4)$, $C(a, b)$를 꼭짓점으로 하는 삼각형 ABC가 정삼각형일 때, $\overline{OC}^2$의 최댓값과 최솟값을 각각 M, m이라 하자. $M-m$의 값은?
(단, O는 원점이다.)

① $4\sqrt{3}$ ② 7 ③ $5\sqrt{2}$
④ $\sqrt{51}$ ⑤ $2\sqrt{13}$

23471-0331

28 그림과 같이 두 점 $A(-10, 10)$, $B(30, 0)$에 대하여 선분 AB를 10등분한 점을 각각 P_1, P_2, P_3, $\cdots$, P_9라 하자. 선분 OP_1, OP_2, OP_3, $\cdots$, OP_9 중 가장 짧은 선분의 길이를 a, 가장 긴 선분의 길이를 b라 할 때, a^2+b^2의 값은? (단, O는 원점이다.)

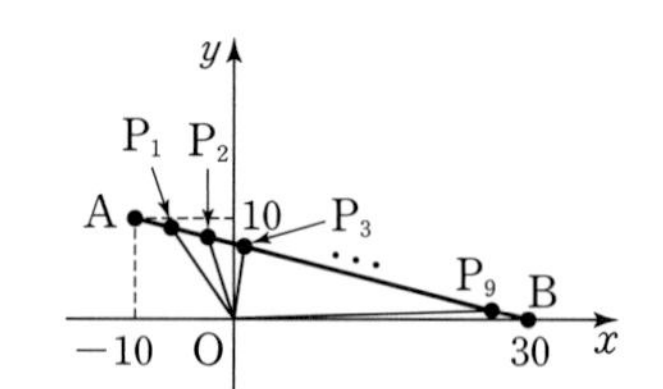

① 700 ② 710 ③ 720
④ 730 ⑤ 740

23471-0332

29 그림과 같이 O지점에서 수직으로 만나는 두 길이 있다. 지점 O에서 동쪽으로 10 km 떨어진 지점에 A가 있고, 지점 O에서 북쪽으로 8 km 떨어진 지점에 B가 있다. A는 시속 4 km로 서쪽을 향해 움직이고, B는 시속 2 km로 남쪽을 향해 움직인다. A, B가 동시에 출발한 지 t분 후에 A, B 사이의 거리가 최소가 될 때, t의 값은?

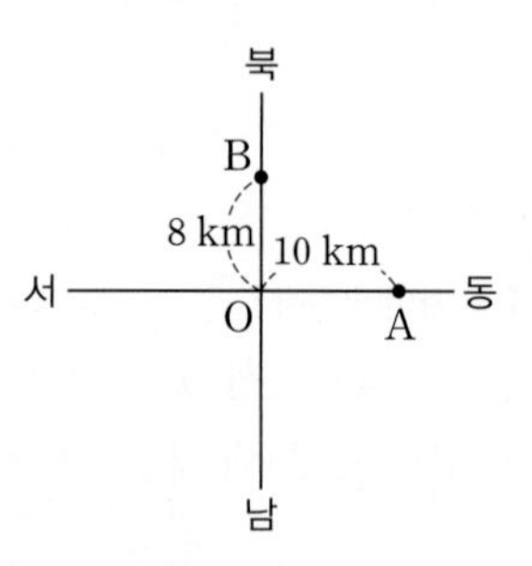

① 160 ② 162 ③ 164
④ 166 ⑤ 168

개념 2 선분의 내분점과 외분점

▶ 23471-0333

30 두 점 A$(-3,\ 1)$, B$(3,\ 4)$에 대하여 점 C$(a,\ b)$가 다음 조건을 만족시킨다.

> (가) 점 C는 선분 AB 위의 점이다.
> (나) $3|\overline{AC}-\overline{BC}|=\overline{AB}$

ab의 최댓값과 최솟값을 각각 M, m이라 할 때, $M+m$의 값은?

① 1 ② 2 ③ 3
④ 4 ⑤ 5

▶ 23471-0334

31 정삼각형 ABC의 변 BC 위의 한 점 P에 대하여 $\overline{PA}^2+\overline{PB}^2$의 값이 최소가 되도록 하는 점 P는 선분 BC를 $m : n$으로 내분하는 점이다. 서로소인 두 자연수 m, n에 대하여 mn의 값은?

① 2 ② 3 ③ 4
④ 5 ⑤ 6

▶ 23471-0335

32 세 점 A$(4,\ 2)$, B$(a,\ b)$, C$(c,\ d)$를 꼭짓점으로 하는 삼각형 ABC가 다음 조건을 만족시킨다.

> (가) 삼각형 ABC는 정삼각형이다.
> (나) 삼각형 ABC의 무게중심은 원점 O이다.

$ac-bd$의 값은? (단, $a<c$)

① 4 ② 8 ③ 12
④ 16 ⑤ 20

개념 3 직선의 방정식

▶ 23471-0336

33 좌표평면 위의 한 점 P와 네 점 A$(4,\ 3)$, B$(0,\ 3)$, C$(-2,\ 0)$, D$(8,\ -1)$에 대하여 $\overline{PA}+\overline{PB}+\overline{PC}+\overline{PD}$의 최솟값은?

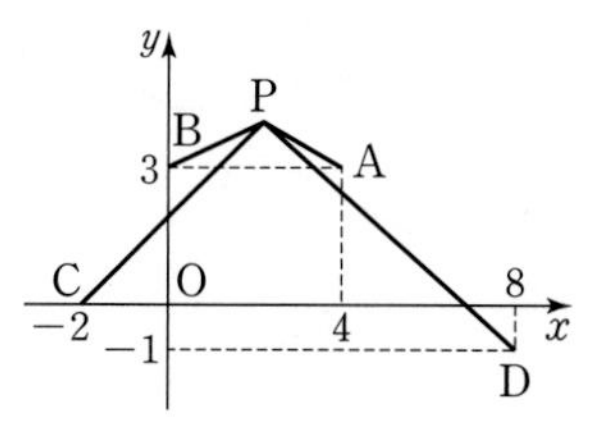

① $5\sqrt{5}$ ② $6\sqrt{5}$ ③ $7\sqrt{5}$
④ $8\sqrt{5}$ ⑤ $9\sqrt{5}$

▶ 23471-0337

34 좌표평면 위의 세 점 O$(0,\ 0)$, A$(7,\ 7)$, B$(-1,\ 3)$과 직선 OB 위에 존재하는 제2사분면 위의 점 C에 대하여 두 삼각형 OAB, OAC의 넓이를 각각 S_1, S_2라 하자. $S_2=3S_1$일 때, 직선 $x+y-6=0$에 의해 삼각형 OAC의 넓이가 $m : n$으로 나누어진다. $m+n$의 값은?
(단, m과 n은 서로소인 자연수이다.)

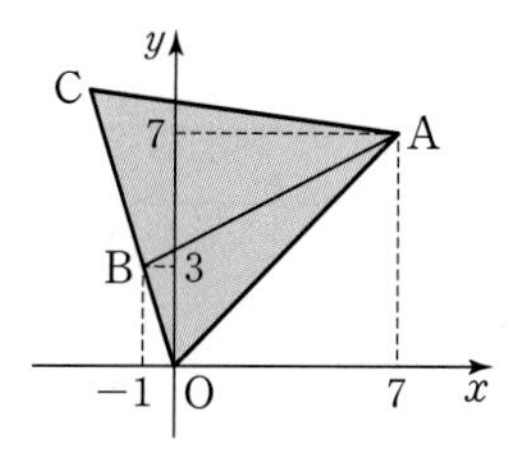

① 3 ② 4 ③ 5
④ 6 ⑤ 7

23471-0338

35 점 A$(-2,\ -1)$과 직선 $x-2y-6=0$ 위의 임의의 점 P에 대하여 점 Q$(a,\ b)$는 선분 AP를 $2:1$로 외분하는 점이다. $a+b=3$일 때, $a-b$의 값은?

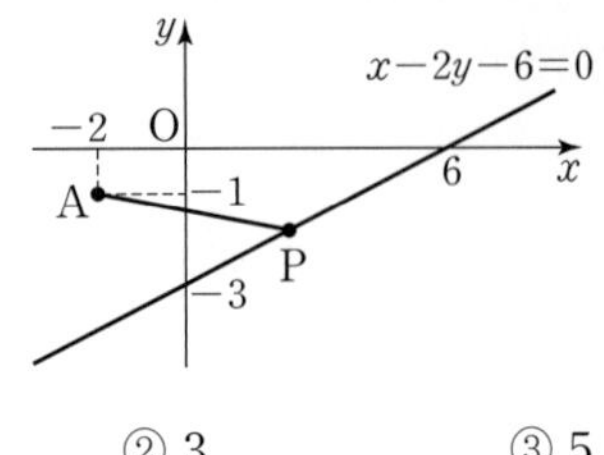

① 1 ② 3 ③ 5
④ 7 ⑤ 9

23471-0339

36 그림과 같이 세 점 A$(-2,\ 1)$, B$(2,\ -1)$, C$(2,\ 1)$을 꼭짓점으로 하는 삼각형 ABC가 있다. 함수

$$f(x)=\begin{cases} 0 & (x<k) \\ m(x-k) & (x\ge k) \end{cases}$$

에 대하여 삼각형 ABC의 넓이는 함수 $y=f(x)$의 그래프에 의하여 이등분되고 $m(1+k)=\frac{3}{2}$일 때, $m+k$의 값은? (단, m, k는 $m>0$, $k<1$인 상수이다.)

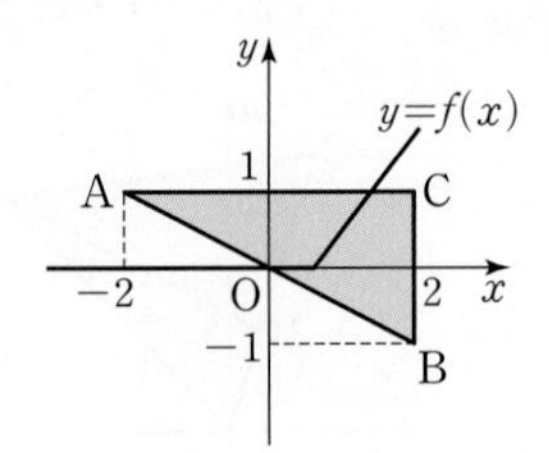

① 1 ② $\frac{3}{2}$ ③ 2
④ $\frac{5}{2}$ ⑤ 3

개념 4 두 직선의 위치 관계

23471-0340

37 세 점 A$(a,\ b)$, B$(-1,\ 1)$, C$(3,\ -5)$에 대하여 선분 BC의 수직이등분선이 삼각형 ABC의 무게중심을 지나고 $2a+2b=3$일 때, $a-b$의 값은?

① $\frac{5}{2}$ ② 3 ③ $\frac{7}{2}$
④ 4 ⑤ $\frac{9}{2}$

23471-0341

38 세 직선

l : $ax+y-3a-1=0$
m : $2x+3y+1=0$
n : $x-3y+2=0$

에 대하여 직선 l이 직선 m 또는 직선 n과 만나는 서로 다른 점의 개수를 $f(a)$라 할 때, 방정식 $f(a)=1$을 만족시키는 모든 실수 a의 값의 합은?

① $-\frac{1}{3}$ ② $-\frac{1}{6}$ ③ 0
④ $\frac{1}{6}$ ⑤ $\frac{1}{3}$

23471-0342

39 직선 $(1-k)x-(1+k)y+1-3k=0$에 대하여 〈보기〉에서 옳은 것만을 있는 대로 고른 것은? (단, k는 상수이다.)

보기
ㄱ. $k=1$이면 기울기가 0인 직선이다.
ㄴ. $k=5$이면 이 직선은 직선 $3x-2y+8=0$과 수직이다.
ㄷ. $k=\frac{1}{3}$이면 이 직선은 직선 $\frac{x}{10}+\frac{y}{15}=1$과 x축 및 y축으로 둘러싸인 삼각형의 넓이를 $1:4$로 나눈다.

① ㄱ ② ㄷ ③ ㄱ, ㄴ
④ ㄴ, ㄷ ⑤ ㄱ, ㄴ, ㄷ

개념 5 점과 직선 사이의 거리

▶ 23471-0343

40 두 점 A$(0,\ -4)$, B$(2,\ 0)$과
곡선 $y=x^2+1$ $(-1\le x\le 2)$ 위의 점 P에 대하여 삼각형 PAB의 넓이의 최댓값과 최솟값을 각각 M, m이라 하자. $M+m$의 값은?

① 11 ② 12 ③ 13
④ 14 ⑤ 15

▶ 23471-0344

41 두 직선 $x-y+1=0$, $x-2y+3=0$의 교점을 지나는 직선 중에서 원점에서의 거리가 1인 서로 다른 두 직선을 l, m이라 하자. 두 직선 l, m과 x축으로 둘러싸인 삼각형의 넓이는?

① 2 ② $\frac{7}{3}$ ③ $\frac{8}{3}$
④ 3 ⑤ $\frac{10}{3}$

▶ 23471-0345

42 그림과 같이 두 직선 $y=x$, $y=\frac{1}{7}x$가 이루는 각을 이등분하는 서로 다른 두 직선을 l, m이라 하자. 세 직선 l, m, $y=-\frac{1}{3}x+\frac{5}{3}$로 둘러싸인 부분의 넓이는?

(단, 직선 l의 기울기는 양수이다.)

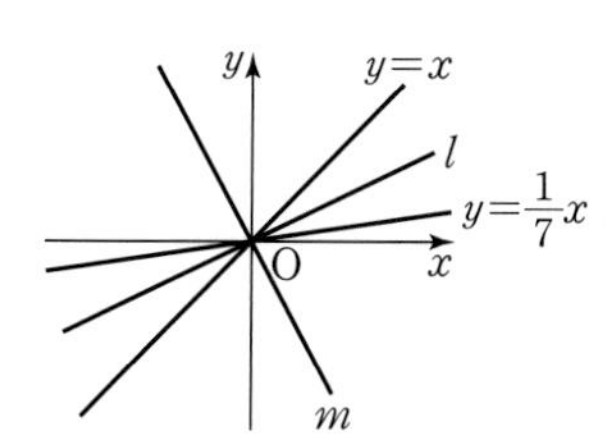

① $\frac{1}{2}$ ② 1 ③ $\frac{3}{2}$
④ 2 ⑤ $\frac{5}{2}$

▶ 23471-0346

43 서로 다른 두 자연수 x, y에 대하여
$\sqrt{x^2+y^2-6x-4y+13}+\sqrt{x^2+y^2+2x+1}$의 값은 $x=a$, $y=b$일 때, 최솟값 m을 갖는다. $a+b+m^2$의 값을 구하시오. (단, m은 실수이다.)

▶ 23471-0347

44 그림과 같이 삼각형 ABC의 세 변 AB, BC, CA를 $m:n$으로 내분하는 점을 각각 P, Q, R라 하고, $m:n$으로 외분하는 점을 각각 L, M, N이라 하자. 삼각형 ABC의 무게중심을 G라 할 때, 두 삼각형 PQR, LMN의 무게중심도 G임을 보이시오.

(단, $m\ne n$이고 $m>0$, $n>0$이다.)

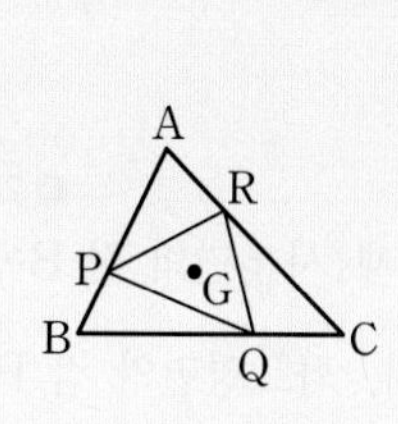

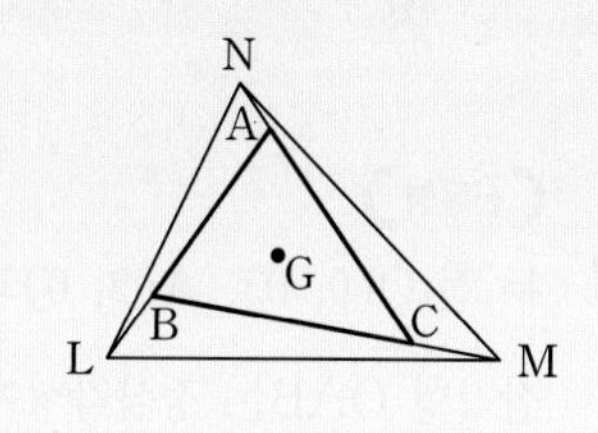

23471-0348

45 점 A(2, 4)와 x축 위의 서로 다른 두 점 B, C와 y축 위의 서로 다른 두 점 D, E에 대하여
$\overline{AB}=\overline{AC}=\overline{AD}=\overline{AE}=5$일 때, 네 점 B, C, D, E를 꼭짓점으로 하는 사각형의 넓이는?

① $12\sqrt{5}$ ② $6\sqrt{21}$ ③ $6\sqrt{22}$
④ $6\sqrt{23}$ ⑤ $12\sqrt{6}$

23471-0349

46 좌표평면 위의 세 점 A(5, 7), B(−2, 0), C(−1, −1)을 꼭짓점으로 하는 삼각형 ABC의 외심을 점 O(a, b)라 하자. 직선 OB가 삼각형 ABC에 외접하는 원과 만나는 점 중 점 B가 아닌 점을 점 P라 하고 삼각형 PAB의 넓이를 S라 할 때, $ab+S$를 구하시오.

(신유형) 23471-0350

47 두 점 O(0, 0), A(2, 0)과 제1사분면의 점 B에 대하여 삼각형 OAB는 정삼각형이다. 좌표평면의 점 $P\left(\frac{1}{3}, a\right)$에 대하여 세 선분 PO, PA, PB의 길이의 합은 $a=k$일 때 최솟값을 갖는다. 상수 k의 값은?

① $\frac{\sqrt{3}}{9}$ ② $\frac{2}{9}\sqrt{3}$ ③ $\frac{\sqrt{3}}{3}$
④ $\frac{4}{9}\sqrt{3}$ ⑤ $\frac{5}{9}\sqrt{3}$

23471-0351

48 두 점 A(2, 1), B(4, 5)와 직선 $y=-1$ 위의 점 P에 대하여 $|\overline{PA}-\overline{PB}|^2$의 최댓값을 구하시오.

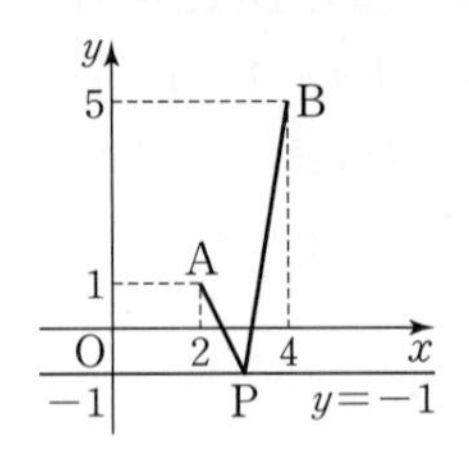

23471-0352

49 수직선 위의 임의의 두 점 P, Q에 대하여 선분 PQ의 중점을 P☆Q, 선분 PQ를 1 : 2로 내분하는 점을 P□Q, 선분 PQ를 1 : 3으로 외분하는 점을 P◆Q라 하자. 수직선 위의 서로 다른 세 점 A, B, C에 대하여 〈보기〉에서 옳은 것만을 있는 대로 고른 것은?

| 보기 |
ㄱ. A□B=(A☆B)□A
ㄴ. (A□B)☆(A◆B)=A☆B
ㄷ. B◆C=B□A이면
C☆(A◆B)=(A☆B)☆(B□A)이다.

① ㄱ ② ㄴ ③ ㄱ, ㄷ
④ ㄴ, ㄷ ⑤ ㄱ, ㄴ, ㄷ

23471-0353

50 두 점 O(0, 0), A(4, 2)와 제1사분면의 점 B(a, b)에 대하여 삼각형 OAB의 외심과 내심이 일치할 때, $(a-2b)^2$의 값은?

① 55 ② 60 ③ 65
④ 70 ⑤ 75

23471-0354

51 그림과 같이 점 A(3, -4)를 지나는 직선이 이차함수 $y=2x^2$의 그래프와 서로 다른 두 점 P, Q에서 만난다. 원점 O에 대하여 $\angle POQ=90°$일 때, 삼각형 POQ의 넓이를 S라 하자. $64S$의 값을 구하시오.

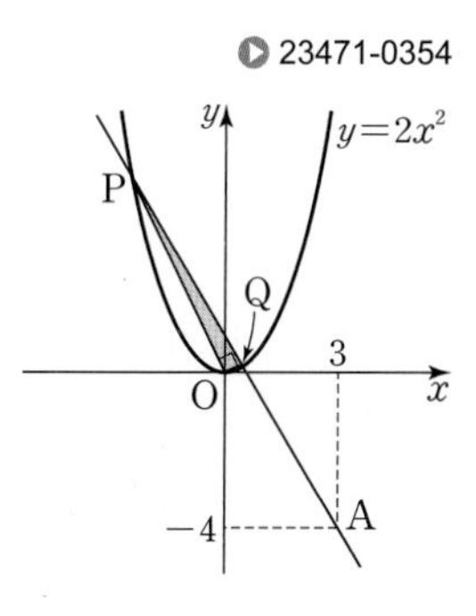

23471-0355

52 그림과 같이 한 변의 길이가 4인 정삼각형 ABC에 대하여 세 점 D, E, F는 세 변 BC, CA, AB의 중점이고 세 점 G, H, I는 세 선분 BD, DE, CE의 중점일 때, 다음은 세 직선 AH, EG, FI가 한 점 O(a, b)에서 만나는 것을 보이는 과정이다.

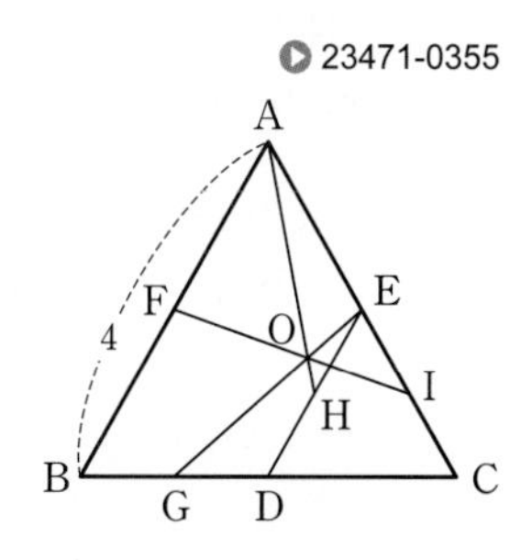

> 그림과 같이 점 D를 원점, 직선 BC를 x축, 직선 AD를 y축으로 하여 삼각형 ABC를 좌표평면 위에 나타내면 세 꼭짓점 A, B, C의 좌표는 A(0, $2\sqrt{3}$), B(-2, 0), C(2, 0)이다.
>
> 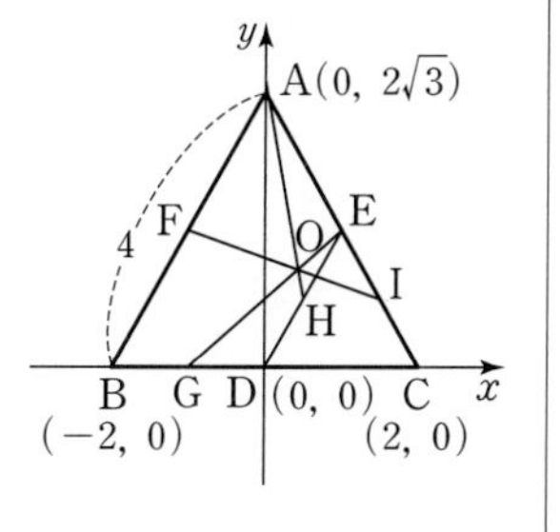
>
>
> 이때 직선 AH를 나타내는 방정식은
>
> $y=$ (가) ...... ㉠
>
> 직선 EG를 나타내는 방정식은
>
> $y=$ (나) ...... ㉡
>
> 직선 FI를 나타내는 방정식은
>
> $y=$ (다) ...... ㉢
>
> 두 직선 ㉠, ㉡의 교점 O(a, b)는 직선 ㉢도 지난다.
> 따라서 세 직선 AH, EG, FI는 한 점 O(a, b)에서 만난다.

위의 (가), (나), (다)에 알맞은 식을 각각 $f(x)$, $g(x)$, $h(x)$라 할 때, $abf(0)g(0)h(0)$의 값을 구하시오.

23471-0356

53 그림과 같이 제1사분면 위의 점 P에서 만나고 기울기가 음수인 서로 다른 두 직선 l, m이 있다. 직선 l이 x축, y축과 만나는 점을 각각 A, B라 하고, 직선 m이 x축, y축과 만나는 점을 각각 C, D라고 하자.

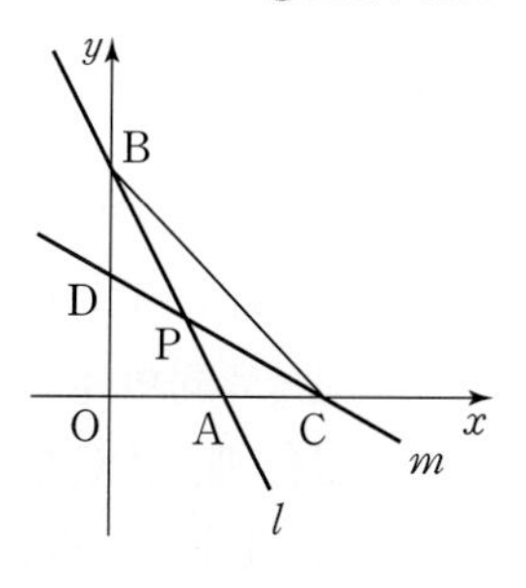

다음 조건을 만족시키는 점 P의 x좌표와 y좌표의 곱을 구하시오. (단, O는 원점이다.)

> (가) 사각형 PDOA의 넓이와 삼각형 PCB의 넓이가 모두 4이다.
> (나) 직선 l의 기울기는 -2이다.
> (다) $\overline{OC}=2\overline{OA}$

23471-0357

54 그림과 같이 $\overline{OA}=2$, $\overline{OB}=1$이고 $\angle BOA=90°$인 직각삼각형 OAB에 대하여 세 변 OA, AB, BO를 t : $(1-t)$로 내분하는 점을 각각 P, Q, R라 하자. 삼각형 PQR의 넓이가 최소일 때, $\overline{PQ}^2+\overline{QR}^2+\overline{RP}^2$의 값은?

(단, $0<t<1$)

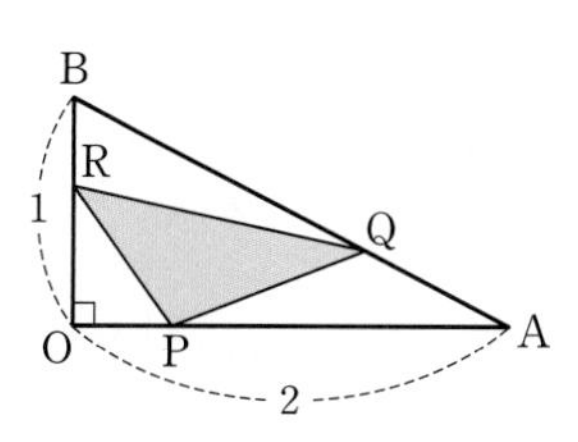

① $\frac{1}{2}$　② 1　③ $\frac{3}{2}$
④ 2　⑤ $\frac{5}{2}$

23471-0358

55 그림과 같이 $\overline{AB}=6$, $\overline{AD}=8$ 인 직사각형 ABCD가 있다. 두 변 BC, CD의 중점을 각각 M, N이라 하고 직선 MN을 접는 선으로 하여 삼각형 MCN을 접었을 때, 점 C가 접히는 점을 P라 하자. 두 직선 MP, CD의 교점을 Q라 할 때, 선분 DQ의 길이를 구하시오.

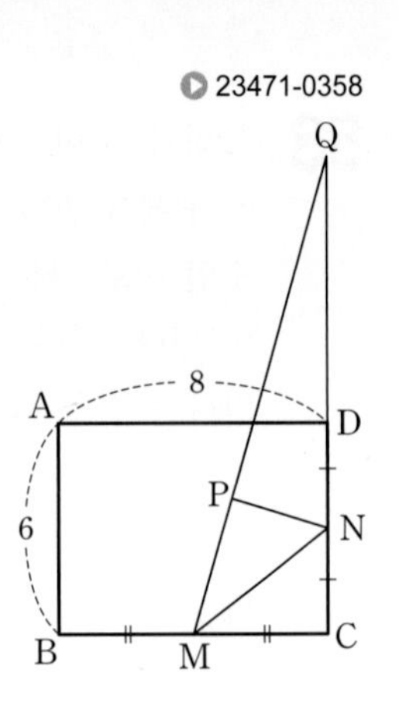

23471-0359

56 그림과 같이 한 변의 길이가 10인 정사각형 ABCD의 내부의 한 점 E에서 네 변 AB, BC, CD, DA에 내린 수선의 발을 각각 P, Q, R, S라 하자. 두 선분 EP, EQ의 길이의 합이 5로 일정할 때, 세 선분 ER, ES, ED의 길이의 합의 최솟값은?

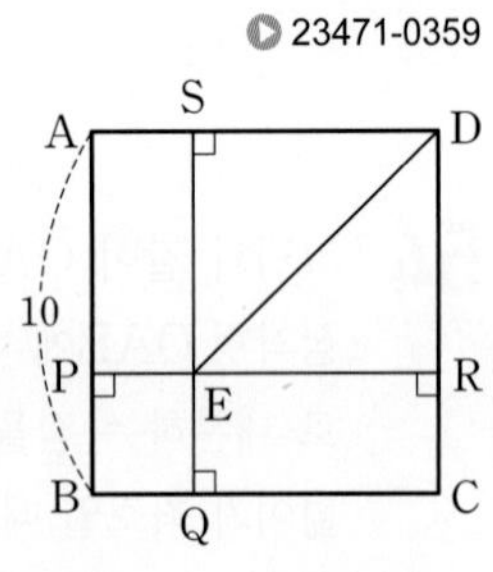

① $11+\frac{11\sqrt{2}}{2}$　② $12+6\sqrt{2}$　③ $13+\frac{13\sqrt{2}}{2}$
④ $14+7\sqrt{2}$　⑤ $15+\frac{15\sqrt{2}}{2}$

신유형

23471-0360

57 1보다 큰 자연수 m에 대하여 기울기가 m인 두 직선 l_1, l_2가 다음 조건을 만족시킨다.

(가) 세 직선 l_1, $y=x$, $y=0$으로 둘러싸인 도형의 넓이는 2이다.
(나) 세 직선 l_2, $y=x$, $y=0$으로 둘러싸인 도형의 넓이는 2이다.
(다) 두 직선 l_1, l_2 사이의 거리는 $\frac{4}{5}\sqrt{10}$이다.

세 직선 l_1, $x=0$, $y=0$으로 둘러싸인 도형의 둘레의 길이는? (단, 직선 l_1의 y절편은 양수, 직선 l_2의 y절편은 음수이다.)

① $\sqrt{2}(1+\sqrt{5})$　② $\sqrt{2}(2+\sqrt{5})$　③ $\sqrt{2}(3+\sqrt{5})$
④ $\sqrt{2}(4+\sqrt{5})$　⑤ $\sqrt{2}(5+\sqrt{5})$

정답과 풀이 91쪽

23471-0361

58 그림과 같이 삼각형 ABC의 세 변 AB, BC, CA의 중점을 각각 N, L, M이라 하고 세 선분 AL, BM, CN의 교점을 점 G라 할 때, $\dfrac{\overline{AB}^2+\overline{BC}^2+\overline{CA}^2}{\overline{GL}^2+\overline{GM}^2+\overline{GN}^2}=12$임을 보이시오.

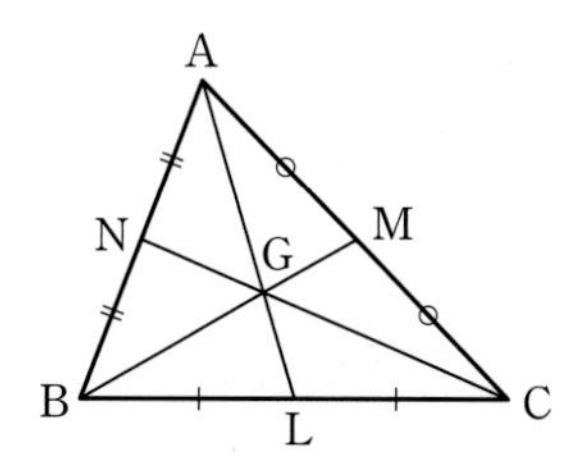

문항 파헤치기

풀이

실수 point 찾기

도형의 방정식

08 원의 방정식

빈틈 개념

■ 원의 정의

평면에서 한 정점으로부터 일정한 거리에 있는 점의 자취를 원이라고 한다. 이때 이 정점을 원의 중심, 중심과 원 위의 점을 잇는 선분을 반지름이라고 한다.

■ 원의 방정식 $x^2+y^2+Ax+By+C=0$의 특징

(1) x^2, y^2의 계수가 서로 같다.

(2) xy항이 없다.

(3) $A^2+B^2-4C>0$

1 원의 방정식

(1) 원의 방정식

중심이 점 $(a,\ b)$이고 반지름의 길이가 r인 원의 방정식은

$$(x-a)^2+(y-b)^2=r^2$$

(2) 이차방정식 $x^2+y^2+Ax+By+C=0$이 나타내는 도형

방정식 $x^2+y^2+Ax+By+C=0\,(A^2+B^2-4C>0)$은 중심이 점 $\left(-\dfrac{A}{2},\ -\dfrac{B}{2}\right)$, 반지름의 길이가 $\dfrac{\sqrt{A^2+B^2-4C}}{2}$인 원을 나타낸다.

(3) 두 점 A, B를 지름의 양 끝 점으로 하는 원의 방정식

① 원의 중심: 선분 AB의 중점

② 반지름의 길이: $\dfrac{1}{2}\overline{\mathrm{AB}}$

2 좌표축에 접하는 원의 방정식

(1) 중심이 점 $(a,\ b)$이고 x축에 접하는 원의 방정식은

$$(x-a)^2+(y-b)^2=b^2$$

(2) 중심이 점 $(a,\ b)$이고 y축에 접하는 원의 방정식은

$$(x-a)^2+(y-b)^2=a^2$$

(3) x축, y축에 동시에 접하고 반지름의 길이가 r인 원의 방정식은

① 중심이 제1사분면에 있을 때: $(x-r)^2+(y-r)^2=r^2$

② 중심이 제2사분면에 있을 때: $(x+r)^2+(y-r)^2=r^2$

③ 중심이 제3사분면에 있을 때: $(x+r)^2+(y+r)^2=r^2$

④ 중심이 제4사분면에 있을 때: $(x-r)^2+(y+r)^2=r^2$

3 원과 직선의 위치 관계

(1) 원의 방정식과 직선의 방정식에서 한 문자를 소거하여 얻은 이차방정식의 판별식을 D라 하면

① $D>0 \Longleftrightarrow$ 서로 다른 두 점에서 만난다.

② $D=0 \Longleftrightarrow$ 한 점에서 만난다.(접한다.)

③ $D<0 \Longleftrightarrow$ 만나지 않는다.

(2) 원의 중심과 직선 사이의 거리를 d, 원의 반지름의 길이를 r라 하면

① $d<r \Longleftrightarrow$ 서로 다른 두 점에서 만난다.

② $d=r \Longleftrightarrow$ 한 점에서 만난다.(접한다.)

③ $d>r \Longleftrightarrow$ 만나지 않는다.

4 원의 접선의 방정식

(1) 원 $x^2+y^2=r^2\ (r>0)$에 접하고 기울기가 m인 직선의 방정식은 $y=mx\pm r\sqrt{m^2+1}$

(2) 원 $x^2+y^2=r^2$ 위의 점 $(x_1,\ y_1)$에서의 접선의 방정식은

$$x_1x+y_1y=r^2$$

1등급 note

■ 아폴로니우스의 원

좌표평면 위의 두 점 A, B에 대하여

$\overline{\mathrm{AP}}:\overline{\mathrm{BP}}=m:n$

$(m>0,\ n>0,\ m\neq n)$

을 만족시키는 점 P가 나타내는 도형은 선분 AB를 $m:n$으로 내분하는 점과 외분하는 점을 지름의 양 끝 점으로 하는 원이다. 이 원을 아폴로니우스의 원이라고 한다.

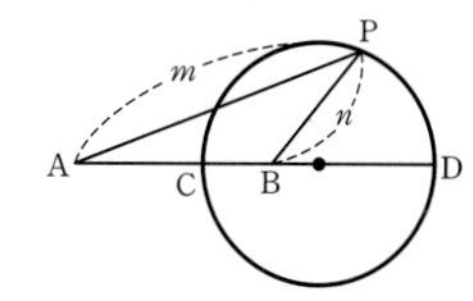

■ 두 점에서 만나는 두 원의 교점을 지나는 원의 방정식

두 원 $x^2+y^2+Ax+By+C=0$, $x^2+y^2+A'x+B'y+C'=0$이 두 점에서 만날 때, 교점을 지나는 원의 방정식은

$(x^2+y^2+Ax+By+C)$
$+k(x^2+y^2+A'x+B'y+C')=0$

(단, $k\neq-1$)

위의 방정식에서 $k=-1$이면 두 원의 교점을 지나는 직선, 즉 공통현의 방정식이 된다. ($k=-1$이면 두 원의 방정식에서 이차항이 소거된다.)

기출에서 찾은 **내신 필수 문제**

| 원의 방정식 | ▶ 23471-0362

01 출제율 95%

두 점 A$(-2,\ 0)$, B$(4,\ 6)$을 지름의 양 끝 점으로 하는 원의 방정식이 $(x-a)^2+(y-b)^2=r^2$일 때, abr^2의 값을 구하시오. (단, a, b, r는 상수이다.)

| 원의 방정식 | ▶ 23471-0363

02 출제율 99%

반지름의 길이가 같은 두 원

C_1: $(x-1)^2+(y+2)^2=9$

C_2: $x^2+y^2+ax+by+c=0$

의 중심을 각각 A, B라 하자. 선분 AB를 $1:2$로 내분하는 점이 원점일 때, $|a|+|b|+|c|$의 값은?

(단, a, b, c는 상수이다.)

① 21 ② 22 ③ 23
④ 24 ⑤ 25

| 원의 방정식 | ▶ 23471-0364

03 출제율 87%

세 점 O$(0,\ 0)$, A$(4,\ 2)$, B$(1,\ 3)$을 지나는 원의 반지름의 길이는?

① 2 ② $\sqrt{5}$ ③ $\sqrt{6}$
④ $\sqrt{7}$ ⑤ $2\sqrt{2}$

| 좌표축에 접하는 원의 방정식 | ▶ 23471-0365

04 출제율 99%

중심이 A인 원 C가 다음 조건을 만족시킨다.

> (가) 점 A는 제1사분면 위의 점이다.
> (나) 점 A는 중심이 $(5,\ 1)$이고, 넓이가 8π인 원 위의 점이다.
> (다) 원 C는 x축과 y축에 동시에 접한다.

원 C의 넓이는?

① 6π ② 7π ③ 8π
④ 9π ⑤ 10π

| 교점을 지나는 도형의 방정식 | ▶ 23471-0366

05 출제율 99%

두 원

$x^2+y^2=r^2$

$(x+2)^2+(y+2)^2=8$

이 두 점 A, B에서 만난다. 직선 AB가 점 $(2,\ -3)$을 지날 때, 선분 AB의 길이는?

(단, $r>0$이고 점 A의 x좌표는 음수이다.)

① $\sqrt{11}$ ② $2\sqrt{3}$ ③ $\sqrt{13}$
④ $\sqrt{14}$ ⑤ $\sqrt{15}$

| 교점을 지나는 도형의 방정식 | ▶ 23471-0367

06 출제율 88%

두 원 $x^2+y^2+2ay+a^2-4=0$, $x^2+y^2+2x-8=0$의 두 교점을 지나는 직선이 직선 $y=3x$와 평행하도록 하는 상수 a의 값은? (단, $0<a^2<24$)

① 1 ② $\frac{1}{2}$ ③ $\frac{1}{3}$
④ $\frac{1}{4}$ ⑤ $\frac{1}{5}$

서술형 문제

| 원과 직선의 위치 관계 |

23471-0368

07 출제율 99%

원 $(x-3)^2+(y+2)^2=2$ 위의 점 P와 직선 $y=x+1$ 사이의 거리의 최댓값과 최솟값을 각각 M, m이라 할 때, Mm의 값은?

① 4 ② $4\sqrt{2}$ ③ 8
④ $8\sqrt{2}$ ⑤ 16

| 원의 접선의 방정식 |

23471-0369

08 출제율 99%

점 $(-1, 0)$에서 원 $x^2+y^2+2x-4y+3=0$에 그은 두 접선의 접점을 각각 A, B라 할 때, 삼각형 OAB의 넓이는? (단, O는 원점이고, 점 A의 x좌표는 음수이다.)

① $\frac{1}{2}$ ② $\frac{1}{\sqrt{2}}$ ③ 1
④ $\sqrt{2}$ ⑤ 2

| 원의 접선의 방정식 |

23471-0370

09 출제율 83%

원 $x^2+y^2=25$ 위의 점 A$(3, -4)$에서의 접선이 원 $x^2+y^2-4ax+2y+1=0$과 접할 때, 양수 a의 값은?

① $\frac{19}{16}$ ② $\frac{21}{16}$ ③ $\frac{23}{16}$
④ $\frac{25}{16}$ ⑤ $\frac{27}{16}$

23471-0371

10 출제율 99%

방정식
$x^2+y^2-2(k+2)x+2(k-5)y+k^2-4k+29=0$
이 중심이 제1사분면에 있는 원을 나타내도록 하는 모든 정수 k의 값의 합을 구하시오.

23471-0372

11 출제율 82%

두 원 $x^2+y^2+2y-4=0$, $x^2+y^2+4x-2y+4=0$의 교점과 점 $(1, 0)$을 지나는 원의 지름의 길이를 k라 할 때, k^2의 값을 구하시오.

23471-0373

12 출제율 93%

점 A$(3, 2)$에서 원 $x^2+(y+2)^2=9$에 그은 접선의 한 접점을 B라 할 때, 선분 AB의 길이를 구하시오.

내신 고득점 도전 문제

개념 1 원의 방정식

▶ 23471-0374

13 원 $x^2+y^2-6x-4y+7=0$ 위의 점 P에 대하여 선분 OP의 길이의 최댓값을 M, 최솟값을 m이라 할 때, Mm의 값은? (단, O는 원점이다.)

① 1 ② 3 ③ 5
④ 7 ⑤ 9

▶ 23471-0375

14 두 원

C_1: $x^2+y^2+2x-10y=0$

C_2: $x^2+y^2-10x+ay=0$

이 모두 직선 $bx+y-3=0$에 의하여 이등분될 때, $a+b$의 값은? (단, a, b는 상수이다.)

① 12 ② 14 ③ 16
④ 18 ⑤ 20

▶ 23471-0376

15 두 점 A(1, 1), B(5, −3)을 지름의 양 끝 점으로 하는 원에 대하여 〈보기〉에서 옳은 것만을 있는 대로 고른 것은?

| 보기 |

ㄱ. 반지름의 길이는 $2\sqrt{2}$이다.
ㄴ. 원의 방정식은 $x^2+y^2-8x+2y+9=0$이다.
ㄷ. 직선 $x+y-4=0$과 서로 다른 두 점에서 만난다.

① ㄱ ② ㄱ, ㄴ ③ ㄱ, ㄷ
④ ㄴ, ㄷ ⑤ ㄱ, ㄴ, ㄷ

▶ 23471-0377

16 x축 위의 점 P와 y축 위의 점 Q를 이은 선분 PQ가 있다. 두 점 P, Q가 각각 x축, y축 위에서 $\overline{PQ}=6$을 유지하면서 움직일 때, 선분 PQ의 중점이 나타내는 도형의 둘레의 길이는?

① 2π ② 4π ③ 6π
④ 8π ⑤ 10π

개념 2 좌표축에 접하는 원의 방정식

▶ 23471-0378

17 원 $x^2+y^2=8$과 한 점에서만 만나고 x축과 y축에 동시에 접하는 모든 원의 개수는 n이다. 이 n개의 원을 C_1, C_2, C_3, $\cdots$, C_n이라 하고 각각의 원의 반지름의 길이를 r_1, r_2, r_3, $\cdots$, r_n $(r_1\le r_2\le r_3\le\cdots\le r_n)$이라 하자. 〈보기〉에서 옳은 것만을 있는 대로 고른 것은?

| 보기 |

ㄱ. $n=8$
ㄴ. $r_2+r_6=8$
ㄷ. $m<n$인 자연수 m에 대하여
$r_m<r_{m+1}$이면 $\dfrac{r_{m+1}-r_m}{m}=\sqrt{2}$이다.

① ㄱ ② ㄷ ③ ㄱ, ㄴ
④ ㄴ, ㄷ ⑤ ㄱ, ㄴ, ㄷ

개념 3 교점을 지나는 도형의 방정식

▶ 23471-0379

18 두 원 $(x-3)^2+(y-2)^2=1$, $(x-4)^2+(y-3)^2=3$이 두 점 A, B에서 만난다. 점 C(5, 1)에 대하여 세 점 A, B, C를 지나는 원의 반지름의 길이는?

① $\sqrt{5}$ ② $\sqrt{6}$ ③ $\sqrt{7}$
④ $2\sqrt{2}$ ⑤ 3

개념 4 원과 직선의 위치 관계

23471-0380

19 양수 k에 대하여 원 $(x-5)^2+(y-3)^2=9$와 직선 $2x+ky-8=0$이 서로 다른 두 점 A, B에서 만난다. $\overline{AB}=4$일 때, 세 점 O, A, B를 꼭짓점으로 하는 삼각형의 무게중심의 x좌표는? (단, O는 원점이다.)

① 2 ② 3 ③ 4 ④ 5 ⑤ 6

23471-0381

20 좌표평면에서 직선 $y=m(x-3)$이 원 $x^2+y^2=1$과 만나지 않고 원 $x^2+y^2=8$과 만나도록 하는 양수 m의 값의 범위는 $\alpha<m\le\beta$이다. $\alpha+\beta$의 값은?

① $\frac{5\sqrt{2}}{4}$ ② $\frac{3\sqrt{2}}{2}$ ③ $\frac{7\sqrt{2}}{4}$ ④ $2\sqrt{2}$ ⑤ $\frac{9\sqrt{2}}{4}$

개념 5 원의 접선의 방정식

23471-0382

21 원 $x^2+y^2=25$ 위의 제1사분면의 점 P(a, b)에서의 접선이 x축, y축과 만나는 점을 각각 A, B라 하자. 삼각형 OAB의 둘레의 길이가 25일 때, $(a-1)(b-1)$의 값은?

① 2 ② 4 ③ 6 ④ 8 ⑤ 10

서술형 문제

23471-0383

22 두 점 A$(-3, 0)$, B$(2, 0)$으로부터 거리의 비가 $3:2$인 점 P에 대하여 삼각형 PAB의 넓이의 최댓값을 구하시오.

23471-0384

23 원 C: $x^2+y^2+ax+by+c=0$이 다음 조건을 만족시킨다.

> (가) 원 C의 중심은 직선 $y=2x-6$ 위에 있다.
> (나) 원 C의 반지름의 길이는 2이다.
> (다) 원 C는 x축 또는 y축과 접한다.

$a+b+c$의 최댓값과 최솟값을 각각 M, m이라 하자. $M-m$의 값을 구하시오.

23471-0385

24 그림과 같이 원 밖의 한 점 A에서 원 $(x-5)^2+(y-4)^2=9$에 그은 두 접선의 접점을 각각 B, C라 하자. $\overline{BC}=2\sqrt{6}$일 때, 삼각형 ABC의 넓이는 S이다. S^2의 값을 구하시오.

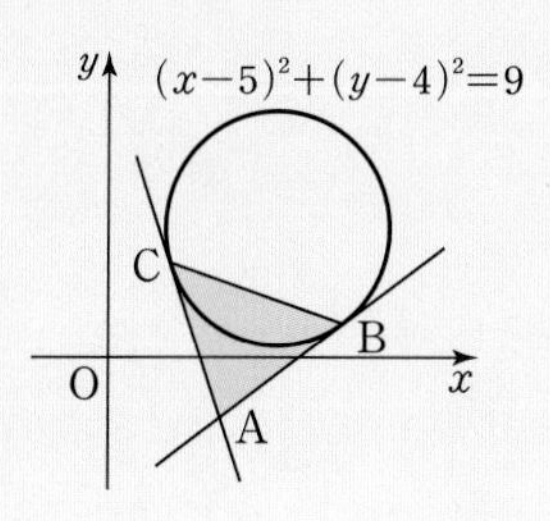

23471-0386

25 자연수 n에 대하여 두 원

C_1: $(x-4)^2+(y-3)^2=9$

C_2: $x^2+y^2=n$

이 있다. 두 원 C_1, C_2가 만나는 서로 다른 점의 개수를 $f(n)$이라 할 때, 방정식 $f(n)=1$을 만족시키는 n의 개수를 a, 방정식 $f(n)=2$를 만족시키는 n의 개수를 b라 하자. ab의 값은?

① 116 ② 118 ③ 120 ④ 122 ⑤ 124

23471-0387

26 원 $x^2+(y-2)^2=\frac{7}{16}$ 위의 점 P와 이차함수 $y=x^2$의 그래프 위의 점 Q에 대하여 선분 PQ의 길이의 최솟값은?

① $\frac{\sqrt{7}}{8}$ ② $\frac{\sqrt{7}}{4}$ ③ $\frac{3\sqrt{7}}{8}$ ④ $\frac{\sqrt{7}}{2}$ ⑤ $\frac{5\sqrt{7}}{8}$

23471-0388

27 그림과 같이 원 C: $(x-4)^2+y^2=16$ 위에 점 A(4, 4)가 있다. 원 C 위의 제4사분면에 있는 점 P에 대하여 삼각형 PAO의 넓이가 최대가 되도록 하는 점 P의 x좌표가 $a+b\sqrt{2}$일 때, $a+b$의 값을 구하시오. (단, O는 원점이고 a, b는 유리수이다.)

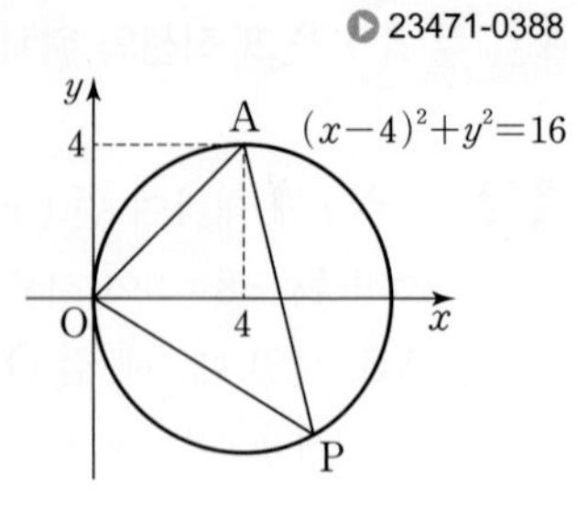

23471-0389

28 $r>1$인 상수 r에 대하여 두 원

C_1: $(x-1)^2+(y-1)^2=1$

C_2: $(x-r)^2+(y-r)^2=r^2$

이 오직 한 점에서만 만날 때, 두 원 C_1, C_2와 x축으로 둘러싸인 부분의 넓이를 S_1, 두 원 C_1, C_2와 y축으로 둘러싸인 부분의 넓이를 S_2라 하자.

$6r-(S_1+S_2)=2+\pi(a+b\sqrt{2})$일 때, $a+b$의 값을 구하시오. (단 a, b는 유리수이다.)

23471-0390

29 두 원

$$C_1: x^2+y^2=31,\quad C_2: x^2+y^2+2ax+2by=1$$

이 다음 조건을 만족시킨다.

(가) 원 C_1은 원 C_2의 둘레를 이등분한다.
(나) 두 원 C_1, C_2의 공통현의 길이는 8이다.

원 C_2의 중심을 C라 할 때, 선분 OC의 길이는?
(단, O는 원점이고 a, b는 상수이다.)

① $2\sqrt{3}$　② $\sqrt{13}$　③ $\sqrt{14}$
④ $\sqrt{15}$　⑤ 4

23471-0391

30 그림과 같이 중심이 곡선 $y=x^2-x-2$ 위에 있고 x축과 y축에 동시에 접하는 원은 4개 있다. 이 네 원의 중심을 각각 A, B, C, D라 할 때, 사각형 ABCD의 넓이는?

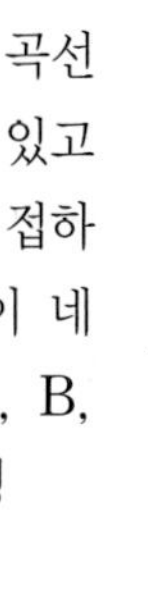

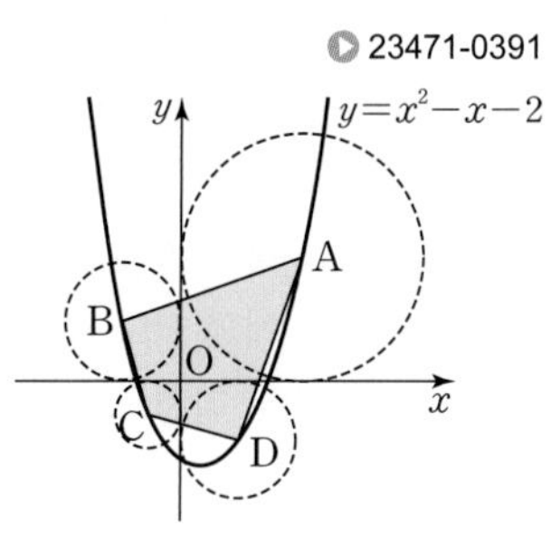

① $\sqrt{6}$　② $2\sqrt{6}$　③ $3\sqrt{6}$
④ $4\sqrt{6}$　⑤ $5\sqrt{6}$

23471-0392

31 점 $(4, k)$에서 거리가 $2\sqrt{2}$인 점들이 나타내는 도형을 C라 하자. 도형 C가 다음 조건을 만족시키도록 하는 정수 k의 값은?

(가) 도형 C는 직선 $x+y-2=0$과 만난다.
(나) 도형 C는 직선 $x-y-5=0$과 만나지 않는다.

① -6　② -5　③ -4
④ -3　⑤ -2

신유형

23471-0393

32 두 원

$$C_1: (x+3)^2+y^2=4$$
$$C_2: (x-7)^2+y^2=9$$

에 동시에 접하는 네 직선을 l_1, l_2, l_3, l_4라 하자. 네 직선 l_1, l_2, l_3, l_4의 기울기가 각각 m_1, m_2, m_3, m_4 $(m_1<m_2<m_3<m_4)$일 때, 두 직선 l_1, l_4와 y축으로 둘러싸인 부분의 넓이는?

① 1　② $\frac{\sqrt{2}}{2}$　③ $\frac{\sqrt{3}}{3}$
④ $\frac{1}{2}$　⑤ $\frac{\sqrt{5}}{5}$

23471-0394

33 그림과 같이 원
$C: (x-a)^2+(y-4)^2=r^2$
$(r>4)$와 x축이 만나서 생기는 현의 길이를 l_1이라 하고 원 C와 직선 $y=\frac{4}{3}x$가 만나서 생기는 현의 길이를 l_2라 하자.

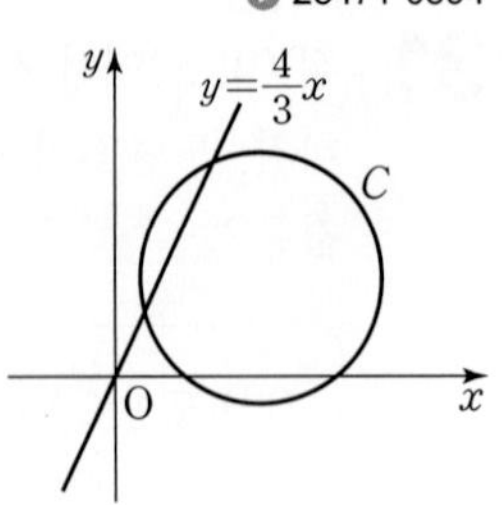

$l_1=l_2$일 때, 원 C의 중심 A에 대하여 $\overline{OA}^2$의 값을 구하시오. (단, O는 원점이고 a는 양수이다.)

23471-0395

34 정수 n에 대하여 두 원

$C_1: x^2+(y-n)^2=16$

$C_2: x^2+y^2=81$

과 직선 $l: y=\frac{3}{4}x$가 있다. 원 C_1이 원 C_2 또는 직선 l과 만나는 서로 다른 점의 개수가 2가 되도록 하는 모든 n의 개수는?

① 21 ② 23 ③ 25 ④ 27 ⑤ 29

23471-0396

35 두 원

$C_1: x^2+y^2=r^2$, $C_2: x^2+y^2=4r^2$

이 다음 조건을 만족시킨다.

> 원 C_1 위의 점 P에서의 접선이 원 C_2와 만나는 두 점을 각각 A, B라 할 때, 삼각형 OAB의 넓이가 $4\sqrt{3}$이다.

점 $(6, 0)$에서 원 C_2에 그은 기울기가 음수인 접선의 y절편은? (단, O는 원점이고 $r>0$이다.)

① $\frac{6\sqrt{5}}{5}$ ② $\frac{8\sqrt{5}}{5}$ ③ $2\sqrt{5}$ ④ $\frac{12\sqrt{5}}{5}$ ⑤ $\frac{14\sqrt{5}}{5}$

신유형

23471-0397

36 두 직선 l, m과 중심이 각각 O_1, O_2, O_3, O_4이고 반지름의 길이가 모두 r인 서로 다른 네 원 C_1, C_2, C_3, C_4가 다음 조건을 만족시킨다.

> (가) 네 원 C_1, C_2, C_3, C_4가 모두 두 직선 l, m에 동시에 접한다.
> (나) 두 직선 l, m이 이루는 예각의 크기는 $60°$이다.

네 점 O_1, O_2, O_3, O_4를 꼭짓점으로 하는 사각형의 넓이가 $72\sqrt{3}$일 때, r의 값은?

① $2\sqrt{6}$ ② $3\sqrt{3}$ ③ $\sqrt{30}$ ④ $\sqrt{33}$ ⑤ 6

정답과 풀이 102쪽

23471-0398

37 원 C: $x^2+y^2-4x-4y+4=0$ 위의 점 P에 대하여 좌표평면 위의 점 Q가 다음 조건을 만족시킨다.

(가) $\overline{\mathrm{OQ}}=\dfrac{6}{\overline{\mathrm{OP}}}$

(나) 직선 OQ의 기울기는 직선 OP의 기울기와 같다.

점 C(2, 2)에 대하여 선분 CQ의 길이의 최댓값을 M, 최솟값을 m이라 할 때, $M+m$의 값은? (단, O는 원점이다.)

① $6+\sqrt{2}$ ② $6+2\sqrt{2}$ ③ $6+3\sqrt{2}$
④ $6+4\sqrt{2}$ ⑤ $6+5\sqrt{2}$

문항 파헤치기

풀이

실수 point 찾기

Ⅲ 도형의 방정식

09 도형의 이동

빈틈 개념

■ **평행이동**
한 도형을 일정한 방향으로 일정한 거리만큼 옮기는 것을 평행이동이라고 한다.

■ 일반적으로 $f(x, y)=0$은 좌표평면 위의 도형을 나타내는 방정식이다.

■ 점과 도형의 이동에서 부호에 유의한다.

■ 어떤 도형을 한 점 또는 한 직선에 대하여 대칭인 도형으로 옮기는 것을 각각 점 또는 직선에 대한 대칭이동이라고 한다.

❶ 평행이동

(1) 점의 평행이동

좌표평면 위의 점 $\mathrm{P}(x, y)$를 x축의 방향으로 a만큼, y축의 방향으로 b만큼 평행이동한 점을 P'이라 하면

$\mathrm{P}'(x+a, y+b)$

(2) 도형의 평행이동

방정식 $f(x, y)=0$이 나타내는 도형을 x축의 방향으로 a만큼, y축의 방향으로 b만큼 평행이동한 도형의 방정식은

$f(x-a, y-b)=0$

❷ 대칭이동

(1) 점의 대칭이동

① x축에 대하여 대칭이동

$(x, y) \longrightarrow (x, -y)$

② y축에 대하여 대칭이동

$(x, y) \longrightarrow (-x, y)$

③ 원점에 대하여 대칭이동

$(x, y) \longrightarrow (-x, -y)$

④ 직선 $y=x$에 대하여 대칭이동

$(x, y) \longrightarrow (y, x)$

(2) 도형의 대칭이동

① x축에 대하여 대칭이동

$f(x, y)=0 \longrightarrow f(x, -y)=0$

② y축에 대하여 대칭이동

$f(x, y)=0 \longrightarrow f(-x, y)=0$

③ 원점에 대하여 대칭이동

$f(x, y)=0 \longrightarrow f(-x, -y)=0$

④ 직선 $y=x$에 대하여 대칭이동

$f(x, y)=0 \longrightarrow f(y, x)=0$

(3) 직선에 대한 대칭이동

점 $\mathrm{A}(a, b)$를 직선 $l: y=mx+n$에 대하여 대칭이동한 점 $\mathrm{B}(c, d)$는 다음과 같이 구한다.

① 선분 AB의 중점은 직선 l 위의 점이므로

$$\frac{b+d}{2}=m\times\frac{a+c}{2}+n$$

② 선분 AB는 직선 l과 수직이므로

$$\frac{d-b}{c-a}\times m=-1$$

1등급 note

■ **점 (a, b)에 대한 대칭이동**
점 $\mathrm{P}(x, y)$를 점 (a, b)에 대하여 대칭이동한 점을 $\mathrm{P}'(x', y')$이라 하면 점 (a, b)는 선분 PP'의 중점이다. 즉,
$\left(\frac{x+x'}{2}, \frac{y+y'}{2}\right)=(a, b)$

■ **직선 $y=-x$에 대한 대칭이동**
$f(x, y)=0$
$\longrightarrow f(-y, -x)=0$

■ **직선 $x=a$, $y=b$에 대한 대칭이동**
방정식 $f(x, y)=0$이 나타내는 도형을
(1) 직선 $x=a$에 대하여 대칭이동한 도형의 방정식은
$f(2a-x, y)=0$
(2) 직선 $y=b$에 대하여 대칭이동한 도형의 방정식은
$f(x, 2b-y)=0$
(3) 점 (a, b)에 대하여 대칭이동한 도형의 방정식은
$f(2a-x, 2b-y)=0$

| 점의 평행이동 | 23471-0399

01
출제율 99%

점 A$(1, a)$를 x축의 방향으로 4만큼, y축의 방향으로 -3만큼 평행이동한 점의 좌표를 A$'$이라 하자. 선분 OA$'$의 길이가 13이 되도록 하는 모든 a의 값의 합은?
(단, O는 원점이다.)

① 3 ② 6 ③ 9
④ 12 ⑤ 15

| 점의 평행이동 | 23471-0400

02
출제율 90%

점 (a, b)를 x축의 방향으로 2만큼, y축의 방향으로 -1만큼 평행이동하였더니 원 $x^2+y^2-4x+4y+1=0$의 중심과 일치하였다. $a+b$의 값은?

① -2 ② -1 ③ 0
④ 1 ⑤ 2

| 도형의 평행이동 | 23471-0401

03
출제율 99%

직선 $4x-y+3=0$이 평행이동
$f : (x, y) \longrightarrow (x-m, y+3m)$
에 의하여 직선 $y=4x-11$로 옮겨질 때, 상수 m의 값은?

① -2 ② -1 ③ 0
④ 1 ⑤ 2

| 점의 대칭이동 | 23471-0402

04
출제율 80%

점 $(-3, k)$를 점 $(2, 1)$에 대하여 대칭이동한 점이 곡선 $y=3(x-5)^2$ 위에 있을 때, 실수 k의 값은?

① -2 ② -4 ③ -6
④ -8 ⑤ -10

| 도형의 대칭이동 | 23471-0403

05
출제율 87%

직선 $l : 2x-y+6=0$을 직선 $y=x$에 대하여 대칭이동한 직선을 m, 직선 l을 x축에 대하여 대칭이동한 직선을 n이라 하자. 두 직선 l, m의 교점을 A, 두 직선 l, n의 교점을 B라 할 때, 삼각형 OAB의 넓이는?
(단, O는 원점이다.)

① 1 ② 3 ③ 5
④ 7 ⑤ 9

| 도형의 대칭이동 | 23471-0404

06
출제율 99%

이차함수 $y=ax^2+bx+c$의 그래프를 x축의 방향으로 -1만큼, y축의 방향으로 3만큼 평행이동한 후, 다시 y축에 대하여 대칭이동한 함수의 그래프를 나타내는 식이 $y=2x^2-6x+10$이다. 이차함수 $y=ax^2+bx+c$의 최솟값은? (단, a, b, c는 상수이다.)

① $\frac{1}{2}$ ② 1 ③ $\frac{3}{2}$
④ 2 ⑤ $\frac{5}{2}$

| 도형의 대칭이동 |

23471-0405

07 출제율 91%

원 $(x+a)^2+(y+b)^2=16$을 y축에 대하여 대칭이동한 후, y축의 방향으로 3만큼 평행이동한 원이 x축과 y축에 동시에 접할 때, $a+b$의 값은? (단, a, b는 양수이다.)

① 5 ② 7 ③ 9
④ 11 ⑤ 13

| 도형의 대칭이동 |

23471-0406

08 출제율 99%

반지름의 길이가 1인 원
$ax^2+(a^2+2a)y^2+bx-8y+c=0$이 직선 $y=-x$에 대하여 대칭일 때, $a+b+c$의 값은? (단, a, b, c는 상수이다.)

① -20 ② -22 ③ -24
④ -26 ⑤ -28

| 점의 대칭이동 |

23471-0407

09 출제율 99%

그림과 같이 좌표평면 위에 두 점 A(3, 5), B(5, 1)이 있다. x축 위의 점 P와 y축 위의 점 Q에 대하여 $\overline{\text{AQ}}+\overline{\text{QP}}+\overline{\text{PB}}$의 최솟값은?

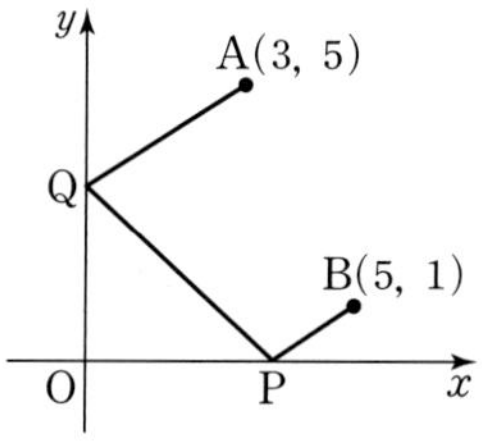

y, A(3, 5), Q, B(5, 1), O, P, x

① 7 ② 8 ③ 9
④ 10 ⑤ 11

서술형 문제

23471-0408

10 출제율 90%

직선 $y=-2x+4$를 x축의 방향으로 a만큼 평행이동하여 원 $x^2+y^2=4$와 서로 다른 두 점에서 만나도록 하는 모든 정수 a의 개수를 구하시오.

23471-0409

11 출제율 99%

세 직선

l_1: $x-3y-2=0$
l_2: $x-3y+10=0$
l_3: $x-3y+k=0$

이 다음 조건을 만족시킨다.

(가) 두 직선 l_1, l_3 사이의 거리와 두 직선 l_2, l_3 사이의 거리가 같다.
(나) 직선 l_1을 x축의 방향으로 m만큼, y축의 방향으로 m만큼 평행이동하면 직선 l_3과 일치한다.

$m+k$의 값을 구하시오. (단, m, k는 상수이다.)

23471-0410

12 출제율 84%

원 $(x-1)^2+y^2=4$를 직선 $y=ax+b$에 대하여 대칭이동하였더니 원 $x^2+y^2+6x-4y+9=0$이 되었다. ab의 값을 구하시오. (단, a, b는 상수이다.)

내신 고득점 도전 문제

개념 1 점의 평행이동

23471-0411

13 점 $(1, -2)$를 점 $(2, -5)$로 옮기는 평행이동에 의하여 점 (a, b)가 점 $(b, 2a)$로 옮겨질 때, ab의 값은?

① 1 ② 2 ③ 3
④ 4 ⑤ 5

개념 2 도형의 평행이동

23471-0412

14 두 자연수 m, n에 대하여 원 $(x-2)^2+(y-3)^2=\frac{16}{25}$을 x축의 방향으로 m만큼, y축의 방향으로 n만큼 평행이동한 원이 직선 $y=\frac{4}{3}x-1$에 접할 때, mn의 최솟값은?

① 4 ② 8 ③ 12
④ 16 ⑤ 20

23471-0413

15 그림과 같이 양수 n에 대하여 두 반원

C_1: $(x-n)^2+y^2=n^2$ $(y\geq 0)$

C_2: $(x-n)^2+(y-n)^2=n^2$ $(y\geq n)$

과 직선 $x=2n$ 및 y축으로 둘러싸인 도형의 넓이가 6일 때, n의 값은?

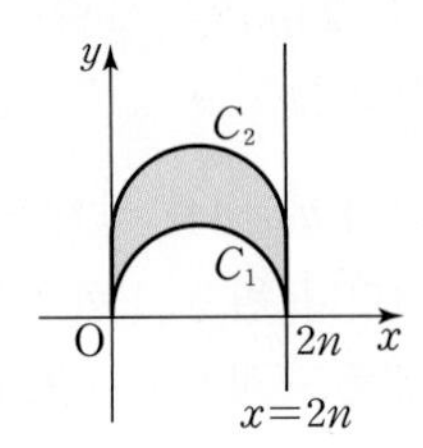

① 1 ② $\sqrt{2}$ ③ $\sqrt{3}$
④ 2 ⑤ $\sqrt{5}$

개념 3 점의 대칭이동

23471-0414

16 두 점 A(5, 0), B(7, 2)와 직선 $y=5x-12$ 위의 점 P에 대하여 삼각형 ABP의 둘레의 길이의 최솟값은?

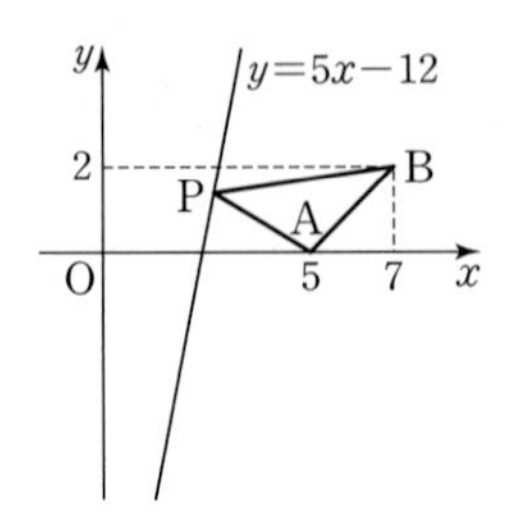

① $4\sqrt{2}$ ② $5\sqrt{2}$ ③ $6\sqrt{2}$
④ $7\sqrt{2}$ ⑤ $8\sqrt{2}$

23471-0415

17 다음은 점 P$(a-2, b)$를 직선 $y=2x+4$에 대하여 대칭이동한 점 Q의 좌표를 구하는 과정이다.

> 점 P$(a-2, b)$를 x축의 방향으로 2만큼 평행이동한 점의 좌표는 $P_1(a, b)$이고, 직선 $y=2x+4$를 x축의 방향으로 2만큼 평행이동한 직선의 방정식은
>
> $y=$ (가)
>
> 점 P_1을 직선 $y=$ (가) 에 대하여 대칭이동한 점의 좌표를 $P_2(c, d)$라 하면
>
> 선분 P_1P_2의 중점은 $\left(\frac{a+c}{2}, \frac{b+d}{2}\right)$이므로
>
> $b+d=$ (나) $\times(a+c)$ …… ㉠
>
> 직선 P_1P_2의 기울기는 $\frac{d-b}{c-a}$이므로
>
> $2d-2b=-c+a$ …… ㉡
>
> ㉠, ㉡에서 $P_2\left(-\frac{3}{5}a+\frac{4}{5}b,\ \text{(다)}\times a+\frac{3}{5}b\right)$
>
> 점 P_2를 x축의 방향으로 -2만큼 평행이동하면
>
> $Q\left(-\frac{3}{5}a+\frac{4}{5}b-2,\ \text{(다)}\times a+\frac{3}{5}b\right)$

위의 (가)에 알맞은 식을 $f(x)$라 하고, (나), (다)에 알맞은 수를 각각 p, q라 할 때, $f\left(\frac{p}{q}\right)$의 값을 구하시오.

개념 4 도형의 대칭이동

23471-0416

18 곡선 $y=x^2-3x+2\ \left(x\ge\frac{3}{2}\right)$을 x축의 방향으로 a만큼 평행이동한 곡선을 $y=f_1(x)$라 하고, 곡선 $y=f_1(x)$를 직선 $y=x$에 대하여 대칭이동한 곡선을 $y=f_2(x)$라 하자. 두 곡선 $y=f_1(x)$, $y=f_2(x)$가 서로 만나지 않도록 하는 정수 a의 최댓값은?

① -3　② -1　③ 1
④ 3　⑤ 5

23471-0417

19 원 C: $x^2+(y-4)^2=2$를 직선 $y=x$에 대하여 대칭이동한 후, x축의 방향으로 4만큼 평행이동한 원을 C'이라 하자. 두 원 C, C'이 직선 $y=ax+b$에 대하여 대칭일 때, $a-b$의 값은? (단, a, b는 상수이다.)

① 2　② 4　③ 6
④ 8　⑤ 10

23471-0418

20 방정식 $f(x, y)=0$이 나타내는 도형이 오른쪽 그림과 같을 때, 다음 중 방정식 $f(-y, x)=0$이 나타내는 도형은?

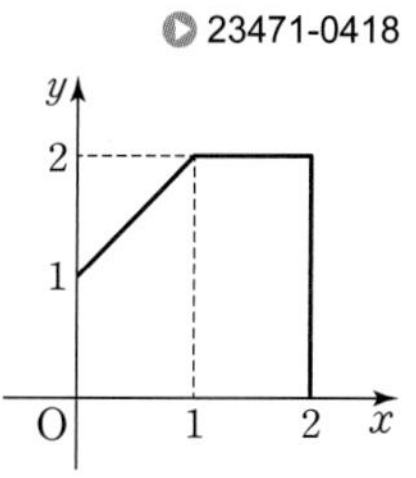

①

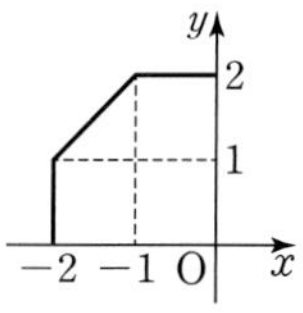

②

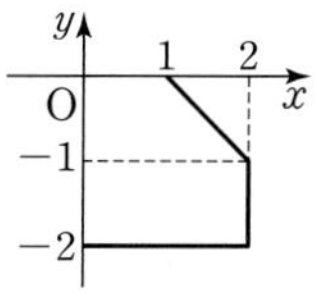

③

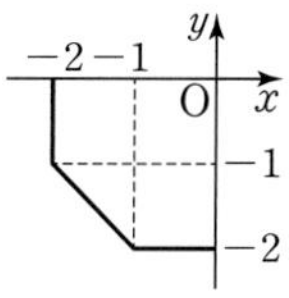

④

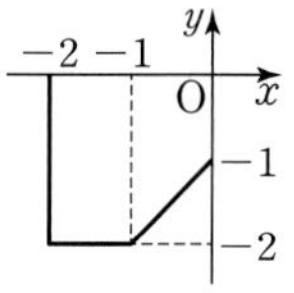

⑤

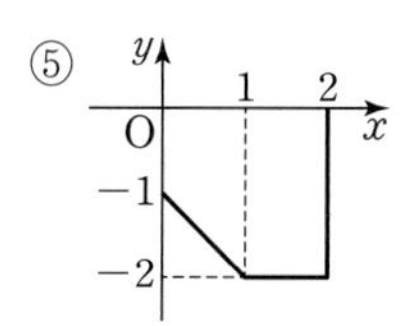

23471-0419

21 원 $(x-1)^2+(y+2)^2=1$을 x축의 방향으로 m만큼, y축의 방향으로 $2m$만큼 평행이동한 원이 직선 $y=3x+2$에 의하여 넓이가 이등분된다. m^2의 값을 구하시오. (단, m은 상수이다.)

23471-0420

22 원 C: $(x+3)^2+(y-1)^2=r^2$을 x축의 방향으로 1만큼, y축의 방향으로 2만큼 평행이동한 후, 직선 $y=x$에 대하여 대칭이동한 원을 C_1이라 하자. 원 C_1이 직선 $y=2x-3$과 만나고, 직선 $y=2x+2$와는 만나지 않도록 하는 모든 자연수 r의 값의 합을 구하시오.

23471-0421

23 두 점 A$(-1, 2)$, B$(5, 4)$와 x축 위의 점 P에 대하여 $\overline{\text{AP}}+\overline{\text{BP}}$의 값이 최소가 되는 점 P의 x좌표를 구하시오.

▶ 23471-0422

24 좌표평면에서 x축 위의 점 A와 y축 위의 점 B를 x축의 방향으로 m만큼, y축의 방향으로 3만큼 평행이동한 점을 각각 A′, B′이라 하자. 두 점 A′, B′이 다음 조건을 만족시킬 때, 상수 m의 값은?

> (가) 선분 A′B′의 중점의 좌표는 $(2,\ 5)$이다.
> (나) 직선 A′B′의 방정식은 $y=-2x+9$이다.

① 1 ② 2 ③ 3
④ 4 ⑤ 5

▶ 23471-0423

25 중심이 $(-2,\ 1)$이고 반지름의 길이가 5인 원을 x축의 방향으로 a만큼, y축의 방향으로 b만큼 평행이동한 원을 C라 하자. 원 C가 x축과 y축에 동시에 접할 때, ab의 최댓값과 최솟값을 각각 M, m이라 하자. $M-m$의 값은?
(단, a, b는 실수이다.)

① 55 ② 60 ③ 65
④ 70 ⑤ 75

▶ 23471-0424

26 그림과 같이 $0\le x\le 3$, $0\le y\le 3$에 곡선 C가 있다. 곡선 C를 x축에 대하여 대칭이동한 도형을 C_1이라 하고, 곡선 C를 x축의 방향으로 3만큼, y축의 방향으로 -6만큼 평행이동한 도형을 C_2, 곡선 C_1을 x축의 방향으로 3만큼, y축의 방향으로 6만큼 평행이동한 도형을 C_3이라 하자. 네 곡선 C, C_1, C_2, C_3과 두 직선 $x=0$, $x=6$으로 둘러싸인 부분의 넓이는?
(단, 곡선 C는 두 점 $(0,\ 3)$, $(3,\ 3)$을 지난다.)

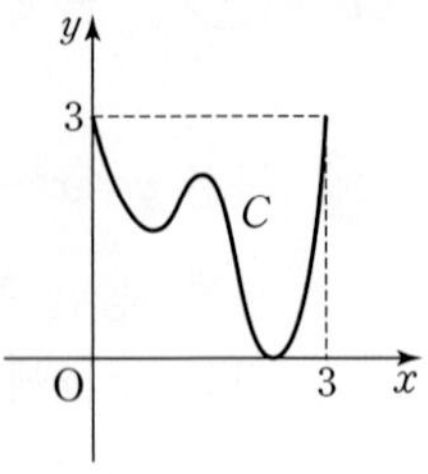

① 24 ② 28 ③ 32
④ 36 ⑤ 40

신유형

▶ 23471-0425

27 그림과 같이 세 점 O$(0,\ 0)$, A$(6,\ 0)$, B$(6,\ 6)$에 대하여 세 선분 OA, AB, BO로 이루어진 삼각형 C가 있다. 삼각형 C를 원점에 대하여 대칭이동한 후, x축의 방향으로 m만큼, y축의 방향으로 n만큼 평행이동한 도형을 C_1이라 하자. 두 도형 C, C_1이 만나는 점의 개수가 6이 되도록 하는 자연수 m, n의 모든 순서쌍 $(m,\ n)$의 개수는?

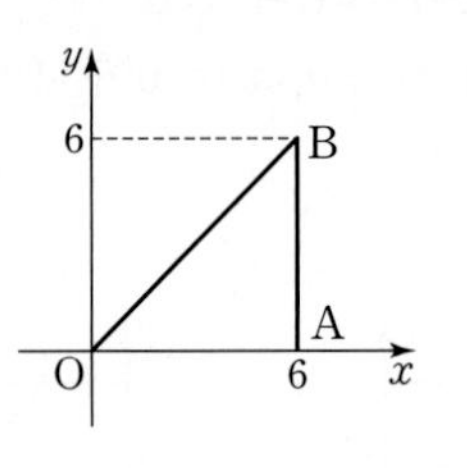

① 8 ② 9 ③ 10
④ 11 ⑤ 12

23471-0426

28 좌표평면 위의 점 $P(x, y)$가 다음과 같은 규칙에 따라 이동한다.

(가) $y \geq 2x$이면 직선 $y=x$에 대하여 대칭이동한다.
(나) $y<2x$이면 x축의 방향으로 -1만큼, y축의 방향으로 3만큼 평행이동한다.

점 P가 점 $(1, 1)$에서 출발하여 위의 규칙을 따라 10번 이동한 후의 점의 좌표는 (a, b)이다. $a+b$의 값을 구하시오.

23471-0427

29 두 점 $A(4, 2)$, $B(0, t)$를 직선 $y=x$에 대하여 대칭이동한 점을 각각 A', B'이라 하자. 두 삼각형 OAB, $OA'B'$이 만나는 점의 개수가 무수히 많을 때, 두 삼각형 OAB, $OA'B'$의 공통부분의 넓이는?

(단, $t \neq 0$이고, O는 원점이다.)

① $2\sqrt{6}$ ② $2\sqrt{7}$ ③ $4\sqrt{2}$
④ 6 ⑤ $2\sqrt{10}$

23471-0428

30 그림과 같이 세 점 $O(0, 0)$, $A(0, 3)$, $B(-4, 0)$을 꼭짓점으로 하는 삼각형 OAB가 있다. 삼각형 OAB를 x축의 방향으로 m만큼, y축의 방향으로 n만큼 평행이동한 삼각형을 C라 하고, 삼각형 C의 외심과 내심을 각각 (a, b), (c, d)라 하자. $a+b+c+d=10$일 때, $m+n$의 값은?

(단, m, n은 실수이다.)

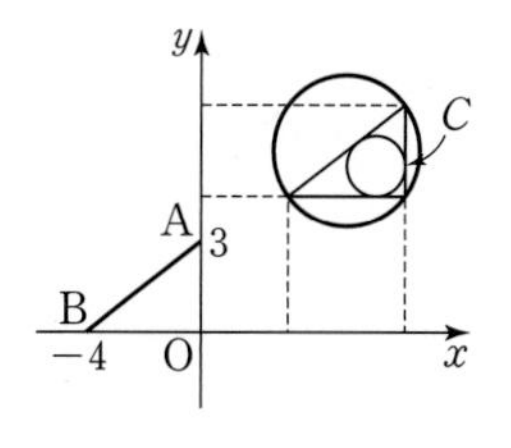

① 5 ② $\frac{21}{4}$ ③ $\frac{11}{2}$
④ $\frac{23}{4}$ ⑤ 6

23471-0429

31 그림과 같이 좌표평면 위의 점 $A(-3, 4)$와 제1사분면 위의 점 P에 대하여 삼각형 PAO가 다음 조건을 만족시킨다.

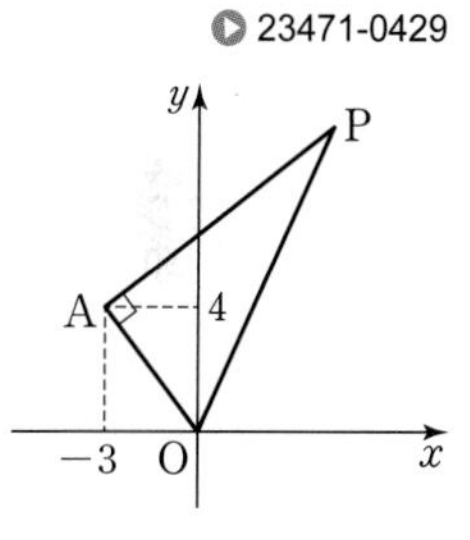

(가) $\angle PAO=90°$
(나) $\overline{PA}=2\overline{OA}$

점 A를 직선 OP에 대하여 대칭이동한 점의 x좌표는?

(단, O는 원점이다.)

① 2 ② 3 ③ 4
④ 5 ⑤ 6

23471-0430

32 정수 m, n에 대하여 원 C: $(x-4)^2+(y+1)^2=1$을 x축의 방향으로 m만큼, y축의 방향으로 5만큼 평행이동한 원을 C_1이라 하고, 원 C를 x축의 방향으로 -7만큼, y축의 방향으로 n만큼 평행이동한 원을 C_2라 하자. 두 원 C_1, C_2가 직선 $y=-x+1$에 대하여 대칭일 때, mn의 최댓값은?

① -2 ② -1 ③ 0
④ 1 ⑤ 2

(신유형) 23471-0431

33 자연수 r에 대하여 원 C: $(x-2\sqrt{2})^2+y^2=r$를 직선 $y=x$에 대하여 대칭이동한 원을 C_1, 직선 $y=-x$에 대하여 대칭이동한 원을 C_2라 하자. 원 C가 원 C_1 또는 원 C_2와 만나는 서로 다른 점의 개수를 $f(r)$라 할 때, $f(1)+f(2)+f(3)+\cdots+f(10)$의 값은?

① 21 ② 23 ③ 25
④ 27 ⑤ 29

23471-0432

34 두 방정식 $f(x,\ y)=0$, $g(x,\ y)=0$이 나타내는 도형이 각각 그림과 같은 반원일 때, 〈보기〉에서 옳은 것만을 있는 대로 고른 것은?

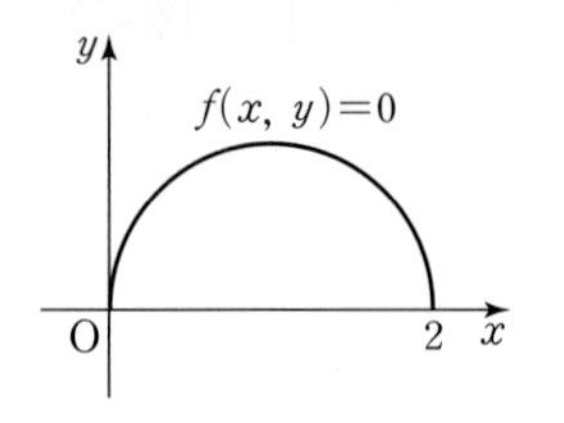

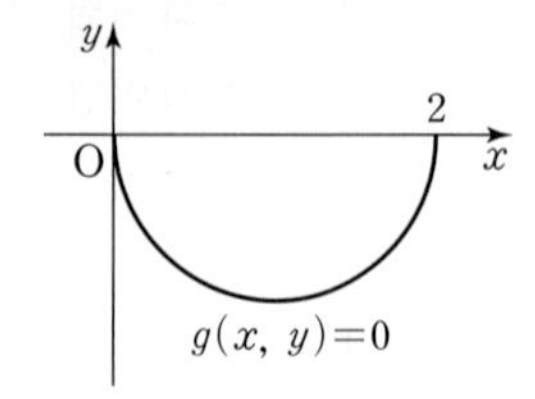

보기

ㄱ. $g(x,\ y)=f(x,\ -y)$
ㄴ. $g(x,\ y)=f(-x,\ y-2)$
ㄷ. $g(x,\ y)=f(2-x,\ -y)$

① ㄱ ② ㄱ, ㄴ ③ ㄱ, ㄷ
④ ㄴ, ㄷ ⑤ ㄱ, ㄴ, ㄷ

23471-0433

35 그림과 같이 좌표평면 위에 두 점 A(3, 2), B(3, -1)이 있다. 직선 $y=x$ 위의 점 P와 직선 $y=-x$ 위의 점 Q에 대하여 사각형 APQB의 둘레의 길이의 최솟값은? (단, 두 점 P, Q의 x좌표는 양수이다.)

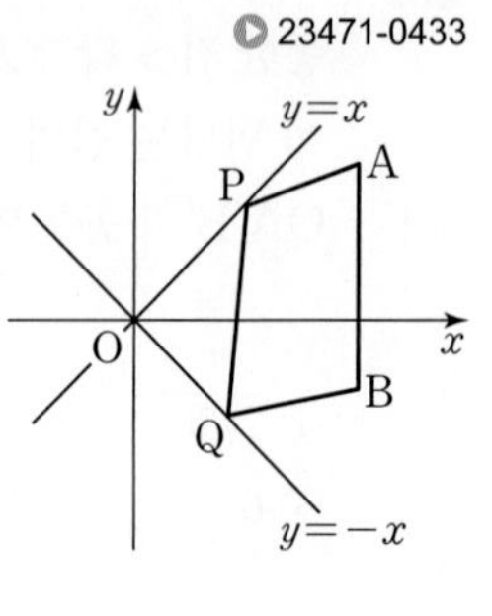

① $3+\sqrt{31}$ ② $3+\sqrt{33}$ ③ $3+\sqrt{35}$
④ $3+\sqrt{37}$ ⑤ $3+\sqrt{39}$

정답과 풀이 112쪽

23471-0434

36 그림과 같이 가로의 길이가 6, 세로의 길이가 3인 직사각형의 네 변에 각각 한 점을 잡고 A, B, C, D라 하자. 직사각형의 내부의 한 점 P에 대하여 도형 PABCD의 둘레의 길이의 최솟값은? (단, 네 점 A, B, C, D는 서로 다른 점이다.)

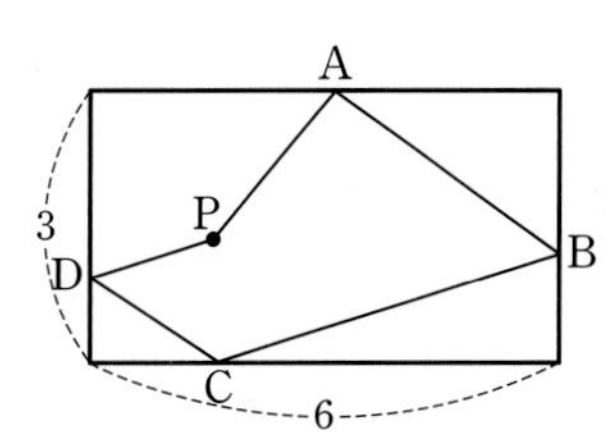

① $2\sqrt{30}$ ② $2\sqrt{35}$ ③ $4\sqrt{10}$
④ $6\sqrt{5}$ ⑤ $10\sqrt{2}$

문항 파헤치기

풀이

실수 point 찾기

MEMO

진짜 상위권 도약을 위한

올림포스 고난도

수학(상)

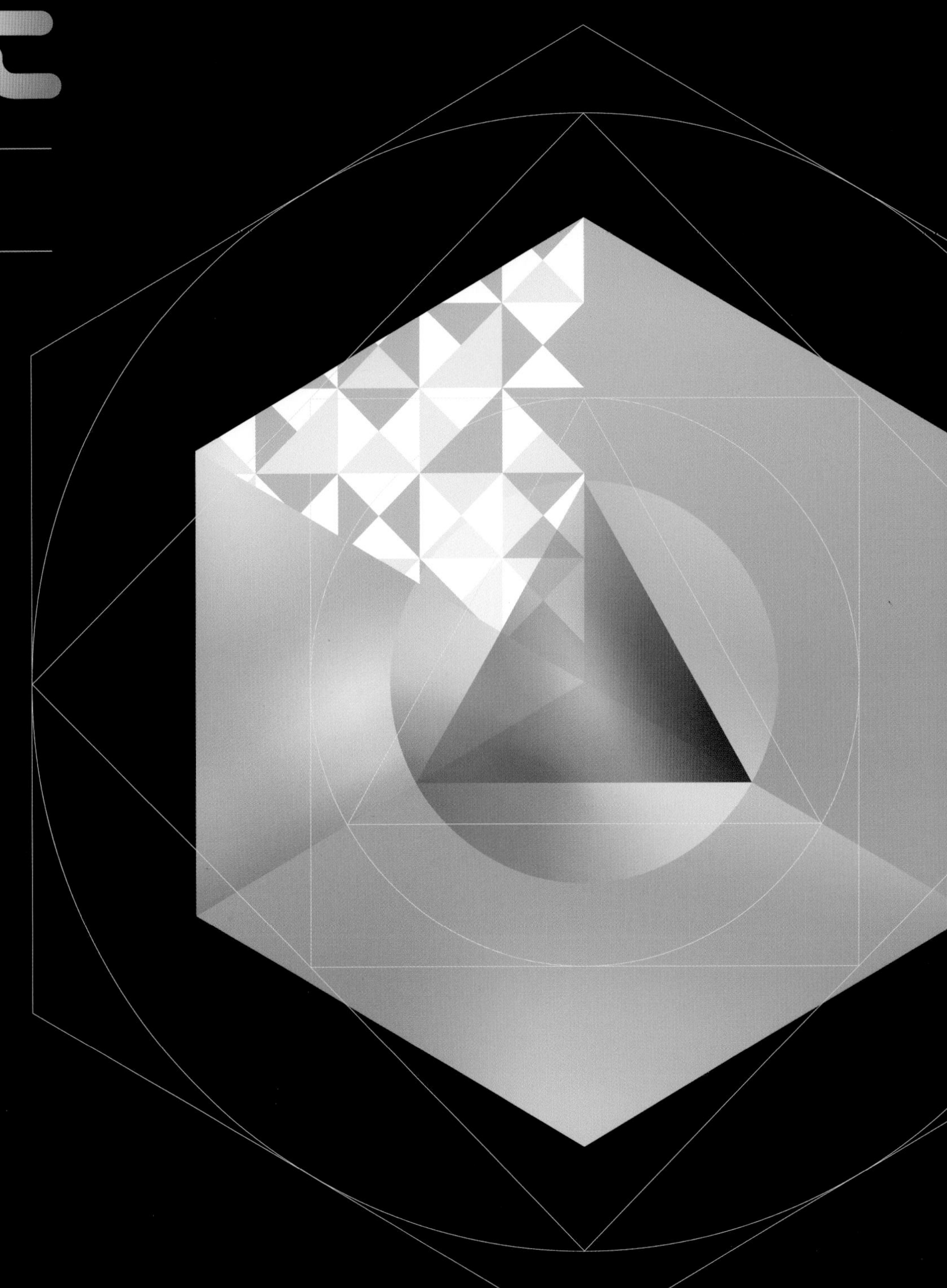

정답과 풀이

올림포스 고난도

정답과 풀이 수학(상)

01 다항식의 연산

기출에서 찾은 **내신 필수 문제**

본문 8~9쪽

01 ① **02** ④ **03** ② **04** ⑤ **05** ④
06 ③ **07** ① **08** $28\sqrt{2}+12\sqrt{6}$ **09** 24
10 2 **11** $3x+2$

01 $2A-B+C$
$=2(x^2-2x+5)-(2x^2+3x-4)+(-3x^2+2x-1)$
$=(2x^2-4x+10)-(2x^2+3x-4)+(-3x^2+2x-1)$
$=-3x^2-5x+13$

답 ①

02 $(A+B)-(A-B)$
$=A+B-A+B$
$=(A-A)+(B+B)$
$=2B$
$=2(y^2-3xy+4)$
$=2y^2-6xy+8$

답 ④

03 $A+B=x^2+2xy-y^2$ …… ㉠
$A-B=2x^2-xy+3y^2$ …… ㉡
㉠+㉡에서
$(A+B)+(A-B)=(x^2+2xy-y^2)+(2x^2-xy+3y^2)$
$2A=3x^2+xy+2y^2$, $A=\frac{3}{2}x^2+\frac{1}{2}xy+y^2$ …… ㉢
㉢을 ㉠에 대입하면
$\left(\frac{3}{2}x^2+\frac{1}{2}xy+y^2\right)+B=x^2+2xy-y^2$
$B=(x^2+2xy-y^2)-\left(\frac{3}{2}x^2+\frac{1}{2}xy+y^2\right)=-\frac{1}{2}x^2+\frac{3}{2}xy-2y^2$
따라서
$2A+3B=2\left(\frac{3}{2}x^2+\frac{1}{2}xy+y^2\right)+3\left(-\frac{1}{2}x^2+\frac{3}{2}xy-2y^2\right)$
$=(3x^2+xy+2y^2)+\left(-\frac{3}{2}x^2+\frac{9}{2}xy-6y^2\right)$
$=\frac{3}{2}x^2+\frac{11}{2}xy-4y^2$
이므로 xy의 계수는 $\frac{11}{2}$이다.

답 ②

04 $(x-1)(x-2)(x+2)(x+3)$
$=(x-1)(x+2)(x-2)(x+3)$
$=\{(x-1)(x+2)\}\{(x-2)(x+3)\}$
$=(x^2+x-2)(x^2+x-6)$
$=\{(x^2+x)-2\}\{(x^2+x)-6\}$
$=(x^2+x)^2-8(x^2+x)+12$
$=x^4+2x^3+x^2-8x^2-8x+12$
$=x^4+2x^3-7x^2-8x+12$

답 ⑤

05 $(A+B)^2-(A-B)^2$
$=(A^2+2AB+B^2)-(A^2-2AB+B^2)$
$=4AB$
$=4(x^2-2x+1)(3x^2-2x-1)$
$=4\{(3x^4-2x^3-x^2)+(-6x^3+4x^2+2x)+(3x^2-2x-1)\}$
$=4(3x^4-8x^3+6x^2-1)$
$=12x^4-32x^3+24x^2-4$
따라서 $a=24$, $b=0$이므로 $a+b=24$

답 ④

06 $(ab+b)(bc+c)(ca+a)$
$=abc(a+1)(b+1)(c+1)$
$=-2(a+1)(b+1)(c+1)$
$=-2(ab+a+b+1)(c+1)$
$=-2(abc+ab+ac+bc+a+b+c+1)$
$=-2(-2+2+2+1)$
$=-2\times3=-6$

답 ③

07 $(a+1)(a^2-a+1)+(a-1)(a+1)(a^2+1)$
$=a^3+1+(a^2-1)(a^2+1)$
$=a^3+1+a^4-1$
$=a^4+a^3$

답 ①

08 $x-y=(\sqrt{3}+\sqrt{2}+1)-(\sqrt{3}-\sqrt{2}+1)=2\sqrt{2}$
$xy=\{(\sqrt{3}+1)+\sqrt{2}\}\{(\sqrt{3}+1)-\sqrt{2}\}=(\sqrt{3}+1)^2-2=2+2\sqrt{3}$
따라서
$x^3-y^3=(x-y)^3+3xy(x-y)$
$=(2\sqrt{2})^3+3(2+2\sqrt{3})\times2\sqrt{2}$
$=16\sqrt{2}+12\sqrt{2}+12\sqrt{6}$
$=28\sqrt{2}+12\sqrt{6}$

답 $28\sqrt{2}+12\sqrt{6}$

09 오른쪽 계산 과정에서
$a\times2=4$이어야 하므로 $a=2$
또한 $b\times2=2$이어야 하므로 $b=1$
따라서 나머지 연산을 하면 다음과 같다.

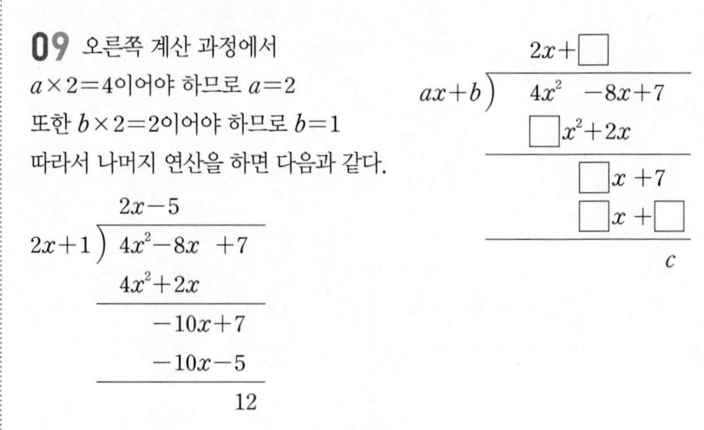

따라서 $c=12$이므로
$abc=2\times1\times12=24$

답 24

10 $\overline{AB}=x$, $\overline{BC}=y$로 놓으면 $\overline{AC}=\sqrt{5}$이므로
$x^2+y^2=(\sqrt{5})^2$, $x^2+y^2=5$ …… ㉠
또한, 직사각형 ABCD의 둘레의 길이가 6이므로
$2x+2y=6$, $x+y=3$ …… ㉡

.... (가)

따라서 직사각형 ABCD의 넓이는

$x^2+y^2=(x+y)^2-2xy$에서

$xy=\frac{(x+y)^2-(x^2+y^2)}{2}=\frac{3^2-5}{2}=2$

.... (나)

답 2

단계	채점 기준	비율
(가)	$x^2+y^2=5$, $x+y=3$을 구한 경우	40 %
(나)	xy의 값을 구한 경우	60 %

11 다항식 A를 x^2-x+1로 나누었을 때의 몫이 $x+1$, 나머지가 $2x+1$이므로

$A=(x^2-x+1)(x+1)+2x+1=x^3+1+2x+1=x^3+2x+2$

.... (가)

이때 다항식 $A=x^3+2x+2$를 x^2+x+1로 나누면 다음과 같다.

$$\begin{array}{r|l} & x-1 \\ \hline x^2+x+1 & x^3 \quad\quad +2x+2 \\ & x^3+x^2+x \\ \hline & -x^2+x+2 \\ & -x^2-x-1 \\ \hline & 2x+3 \end{array}$$

.... (나)

따라서 몫은 $x-1$, 나머지는 $2x+3$이므로 몫과 나머지의 합은

$(x-1)+(2x+3)=3x+2$

.... (다)

답 $3x+2$

단계	채점 기준	비율
(가)	다항식 A를 구한 경우	40 %
(나)	다항식 A를 x^2+x+1로 나눈 경우	40 %
(다)	몫과 나머지의 합을 구한 경우	20 %

내신 고득점 도전 문제 본문 10~11쪽

12 ② **13** ③ **14** ⑤ **15** ④ **16** ④
17 ③ **18** ④ **19** ② **20** ③ **21** 20
22 몫 : $6x^2-8x+6$, 나머지 : 1

12 $A-\{2B+(3C-A)\}$

$=A-(2B+3C-A)$

$=2A-2B-3C$

$=2(2x^3+ax^2+3x+1)-2(x^3-x^2+4)-3(-x^3+bx-4)$

$=4x^3+2ax^2+6x+2-2x^3+2x^2-8+3x^3-3bx+12$

$=5x^3+2(a+1)x^2+3(2-b)x+6$

이때 x^2의 계수가 3이므로

$2(a+1)=3$, $a+1=\frac{3}{2}$

$a=\frac{1}{2}$

또한 x의 계수가 4이므로

$3(2-b)=4$, $2-b=\frac{4}{3}$

$b=2-\frac{4}{3}=\frac{2}{3}$

따라서 $ab=\frac{1}{2}\times\frac{2}{3}=\frac{1}{3}$

답 ②

13 $(x^2+x+1)(x^2-x+a)$

$=x^2(x^2-x+a)+x(x^2-x+a)+(x^2-x+a)$

$=(x^4-x^3+ax^2)+(x^3-x^2+ax)+(x^2-x+a)$

$=x^4+ax^2+(a-1)x+a$

따라서 상수항을 포함하지 않은 계수의 총합은

$1+a+a-1=2a$이므로

$2a=10$, $a=5$

따라서 x의 계수는 $a-1=4$

답 ③

14 $CA-BC=CA-CB=C(A-B)$

이고

$A-B=(x^3-2x+1)-(x+1)^3$

$=(x^3-2x+1)-(x^3+3x^2+3x+1)$

$=-3x^2-5x$

이므로

$CA-BC=C(A-B)$

$=(2-x)(-3x^2-5x)$

$=(x-2)(3x^2+5x)$

$=3x^3-x^2-10x$

따라서 $a=-1$, $b=-10$이므로

$ab=10$

답 ⑤

15 $|a-2b+3c|^2$

$=(a-2b+3c)^2$

$=a^2+(-2b)^2+(3c)^2+2\times a\times(-2b)+2\times(-2b)\times 3c+2\times 3c\times a$

$=a^2+4b^2+9c^2-4ab-12bc+6ca$

$=a^2+4b^2+9c^2-2(2ab+6bc-3ca)$

$=44-2\times(-4)=52$

이때 $|a-2b+3c|\geq 0$이므로

$|a-2b+3c|=\sqrt{52}=2\sqrt{13}$

답 ④

16 $(ab+bc+ca)^2$

$=(ab)^2+(bc)^2+(ca)^2+2(ab)(bc)+2(bc)(ca)+2(ca)(ab)$

$=a^2b^2+b^2c^2+c^2a^2+2ab^2c+2abc^2+2a^2bc$

$=a^2b^2+b^2c^2+c^2a^2+2abc(a+b+c)$

이므로

$a^2b^2+b^2c^2+c^2a^2=(ab+bc+ca)^2-2abc(a+b+c)$

$=1^2-2\times(-6)\times 4=49$

답 ④

17 $x^3+y^3=(x+y)^3-3xy(x+y)$에서

$10=2^3-3xy\times2$, $xy=-\frac{1}{3}$

$x^2+y^2=(x+y)^2-2xy=2^2-2\times\left(-\frac{1}{3}\right)=\frac{14}{3}$

이므로

$$x^4+y^4=(x^2+y^2)^2-2x^2y^2=(x^2+y^2)^2-2(xy)^2$$
$$=\left(\frac{14}{3}\right)^2-2\times\left(-\frac{1}{3}\right)^2=\frac{194}{9}$$

답 ③

18 $(x+a)(x+b)(x+1)$

$=\{x^2+(a+b)x+ab\}(x+1)$

$=x^3+(a+b+1)x^2+(a+b+ab)x+ab$

이때 x^2의 계수와 x의 계수가 모두 4이므로

$a+b+1=4$, $a+b+ab=4$

$a+b=3$, $ab=1$

따라서

$a^2+b^2=(a+b)^2-2ab=3^2-2\times1=7$

$a^3+b^3=(a+b)^3-3ab(a+b)=27-3\times1\times3=18$

이므로

$$a^5+b^5=(a^3+b^3)(a^2+b^2)-a^3b^2-a^2b^3$$
$$=(a^3+b^3)(a^2+b^2)-a^2b^2(a+b)$$
$$=18\times7-1^2\times3=123$$

답 ④

19

$$\begin{array}{r|l} & x^2 \quad +5 \\ x^2+x-4 & x^4+x^3+x^2+x+1 \\ & x^4+x^3-4x^2 \\ \hline & 5x^2+x+1 \\ & 5x^2+5x-20 \\ \hline & -4x+21 \end{array}$$

즉, $x^4+x^3+x^2+x+1=(x^2+x-4)(x^2+5)-4x+21$이고

이차방정식 $x^2+x-4=0$의 근은 근의 공식에 의하여 $x=\frac{-1\pm\sqrt{17}}{2}$

이때 x는 양수이므로 $x=\frac{-1+\sqrt{17}}{2}$

따라서

$$x^4+x^3+x^2+x+1=(x^2+x-4)(x^2+5)-4x+21$$
$$=0-4\times\frac{-1+\sqrt{17}}{2}+21=23-2\sqrt{17}$$

답 ②

20 다항식 $2x^3+4x^2+5x-10$을 $2x-1$로 나누었을 때의 몫이 $Q_1(x)$, 나머지가 R_1이므로

$2x^3+4x^2+5x-10=(2x-1)Q_1(x)+R_1$

이때

$$2x^3+4x^2+5x-10=2\left(x-\frac{1}{2}\right)Q_1(x)+R_1$$
$$=\left(x-\frac{1}{2}\right)\times2Q_1(x)+R_1$$

이므로 다항식 $2x^3+4x^2+5x-10$을 $x-\frac{1}{2}$로 나누었을 때의 몫 $Q_2(x)$와 나머지 R_2는

$Q_2(x)=2Q_1(x)$, $R_2=R_1$

따라서 $\frac{Q_2(x)}{Q_1(x)}=2$, $\frac{R_2}{R_1}=1$이므로

$\frac{Q_2(x)}{Q_1(x)}+\frac{R_2}{R_1}=2+1=3$

답 ③

21 $(a+2b+2c)^2$

$=a^2+(2b)^2+(2c)^2+2(a\times2b+2b\times2c+2c\times a)$

$=a^2+4b^2+4c^2+4(ab+2bc+ca)$

$4^2=8+4(ab+2bc+ca)$

$ab+2bc+ca=2$

…… (가)

$a+2b+2c=4$에서

$a+2b=4-2c$, $2b+2c=4-a$, $2c+a=4-2b$

…… (나)

따라서

$2(a+2b)(b+c)+2(b+c)(2c+a)+(2c+a)(a+2b)$

$=(a+2b)(2b+2c)+(2b+2c)(2c+a)+(2c+a)(a+2b)$

$=(4-2c)(4-a)+(4-a)(4-2b)+(4-2b)(4-2c)$

$=16-4(a+2c)+2ac+16-4(a+2b)+2ab+16-4(2b+2c)$
$\quad+4bc$

$=-8(a+2b+2c)+2(ab+2bc+ca)+48$

$=-8\times4+2\times2+48=20$

…… (다)

답 20

단계	채점 기준	비율
(가)	$ab+2bc+ca$의 값을 구한 경우	30 %
(나)	$a+2b$, $2b+2c$, $2c+a$를 각각 한 문자로 나타낸 경우	20 %
(다)	주어진 식의 값을 구한 경우	50 %

22 다항식 $f(x)$를 $3x-1$로 나눈 몫이 $2x^2-x-1$, 나머지가 $4x+3$이므로

$f(x)=(3x-1)(2x^2-x-1)+4x+3$

…… (가)

이때 $2x^2-x-1=(x-1)(2x+1)$이므로

$$f(x)=(3x-1)(2x^2-x-1)+4x+3$$
$$=(3x-1)(x-1)(2x+1)+4x+3$$
$$=2(3x-1)(x-1)\left(x+\frac{1}{2}\right)+4\left(x+\frac{1}{2}\right)+1$$
$$=\left(x+\frac{1}{2}\right)\{2(3x-1)(x-1)+4\}+1$$
$$=\left(x+\frac{1}{2}\right)(6x^2-8x+6)+1$$

…… (나)

따라서 다항식 $f(x)$를 $x+\frac{1}{2}$로 나눈 몫과 나머지는 각각 $6x^2-8x+6$, 1이다.

…… (다)

답 몫 : $6x^2-8x+6$, 나머지 : 1

단계	채점 기준	비율
(가)	나눗셈을 식으로 나타낸 경우	20 %
(나)	$f(x)$를 $x+\frac{1}{2}$로 나눈 식으로 나타낸 경우	60 %
(다)	몫과 나머지를 구한 경우	20 %

변별력을 만드는 1등급 문제

본문 12~14쪽

23 -2 **24** ② **25** 84 **26** $152\sqrt{3}$ **27** ②
28 4 **29** ① **30** 22 **31** ④ **32** ④
33 ④ **34** 464 **35** ② **36** ⑤ **37** ③

23

두 다항식 A, B에 대하여 $A▲B$를

$A▲B=A^2-AB-B^2$

이라 할 때, 다항식 $(x^4+x+1)▲(3x^3+2x^2+x)$의 전개식에서 x^2의 계수와 x의 계수의 합을 구하시오. -2

step 1 $A▲B$를 이용하여 전개식 나타내기

$(x^4+x+1)▲(3x^3+2x^2+x)$
$=(x^4+x+1)^2-(x^4+x+1)(3x^3+2x^2+x)-(3x^3+2x^2+x)^2$ …… ㉠

step 2 x^2의 계수와 x의 계수를 구하여 그 합 구하기

다항식 ㉠의 전개식에서 x^2의 계수와 x의 계수는 각각 다항식 $(x+1)^2-(x+1)(2x^2+x)-x^2$의 전개식에서 x^2의 계수와 x의 계수와 같다.

$(x+1)^2-(x+1)(2x^2+x)-x^2$
$=(x^2+2x+1)-(2x^3+3x^2+x)-x^2$
$=-2x^3-3x^2+x+1$

따라서 다항식 ㉠의 전개식에서 x^2의 계수는 -3, x의 계수는 1이므로 그 합은 $(-3)+1=-2$

답 -2

24

$A=(102^2-98^2)(102^3-98^3)$은 n자리의 자연수이다. 자연수 A의 모든 자리의 숫자의 합을 S라 할 때, $n+S$의 값은?

→ $102=100+2$, $98=100-2$임을 이용한다.

① 32 ✓② 34 ③ 36
④ 38 ⑤ 40

step 1 100을 x로 치환하여 A 구하기

$100=x$라 하면 $102=x+2$, $98=x-2$이므로

$A=(102^2-98^2)(102^3-98^3)$
$=\{(x+2)^2-(x-2)^2\}\{(x+2)^3-(x-2)^3\}$
$=\{(x^2+4x+4)-(x^2-4x+4)\}$
$\times\{(x^3+6x^2+12x+8)-(x^3-6x^2+12x-8)\}$
$=8x\times(12x^2+16)$
$=96x^3+128x$
$=96\times100^3+128\times100$
$=96000000+12800=96012800$

step 2 n과 S를 구한 후 $n+S$의 값 구하기

따라서 A는 8자리의 자연수이므로 $n=8$이고, A의 모든 자리의 숫자의 합 S는

$S=9+6+0+1+2+8+0+0=26$

따라서 $n+S=8+26=34$

답 ②

25

두 다항식

$A=x(x+1)(x+2)(5-x)(6-x)(7-x)$
$B=x(5-x)$

에 대하여 다항식 A가 세 다항식 B, $B+p$, $B+q$로 각각 나누어떨어질 때, pq의 값을 구하시오. 84

(단, p, q는 0이 아닌 서로 다른 상수이다.)

step 1 관계식 구하기

다항식 A는 최고차항의 계수가 -1인 6차 다항식이고, 세 다항식 B, $B+p$, $B+q$는 모두 최고차항의 계수가 -1인 이차다항식이다.

따라서 다항식 A가 세 다항식 B, $B+p$, $B+q$로 각각 나누어떨어지므로 $x(x+1)(x+2)(5-x)(6-x)(7-x)=B(B+p)(B+q)$

step 2 B, $B+p$, $B+q$ 구하기

이때 $B=x(5-x)=-x^2+5x$이므로

$(x+1)(6-x)=-x^2+5x+6=B+6$
$(x+2)(7-x)=-x^2+5x+14=B+14$

→ B의 x의 계수가 5이므로 $(x+1)(7-x)$로 표현할 수 없다.

따라서 $p=6$, $q=14$ 또는 $p=14$, $q=6$이므로

$pq=6\times14=84$

답 84

26

$a+b=4$, $ab=1$일 때, $(a+a^2+a^3+a^4)-(b+b^2+b^3+b^4)$의 값을 구하시오. (단, $a>b$) $152\sqrt{3}$

step 1 곱셈 공식의 변형을 이용하여 $a-b$, a^2-b^2, a^3-b^3, a^4-b^4의 값 구하기

$(a-b)^2=(a+b)^2-4ab=4^2-4\times1=12$

이때 $a>b$, 즉 $a-b>0$이므로

$a-b=\sqrt{12}=2\sqrt{3}$

또한

$a^2-b^2=(a+b)(a-b)=4\times2\sqrt{3}=8\sqrt{3}$
$a^2+b^2=(a+b)^2-2ab=4^2-2\times1=14$
$a^3-b^3=(a-b)^3+3ab(a-b)$
$=(2\sqrt{3})^3+3\times1\times2\sqrt{3}$
$=24\sqrt{3}+6\sqrt{3}=30\sqrt{3}$
$a^4-b^4=(a^2+b^2)(a^2-b^2)=14\times8\sqrt{3}=112\sqrt{3}$

step 2 주어진 식의 값 구하기

따라서

$(a+a^2+a^3+a^4)-(b+b^2+b^3+b^4)$
$=(a-b)+(a^2-b^2)+(a^3-b^3)+(a^4-b^4)$
$=2\sqrt{3}+8\sqrt{3}+30\sqrt{3}+112\sqrt{3}=152\sqrt{3}$ 답 $152\sqrt{3}$

27

그림과 같이 가로의 길이, 세로의 길이, 높이가 각각 x, $x+1$, $x+2$인 직육면체를 T_0, 이 직육면체의 가로의 길이, 세로의 길이, 높이를 각각 n만큼 늘린 직육면체 T_n의 부피를 V_n이라 하자.
$V_1+V_2+V_3+\cdots+V_n$의 최고차항의 계수가 8일 때, x^2의 계수는? (단, n은 자연수이다.)

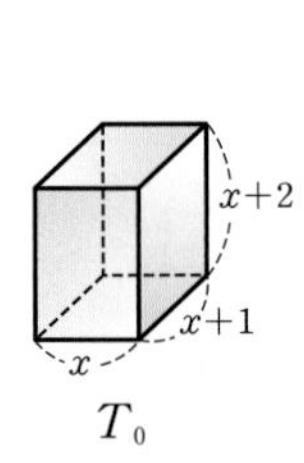

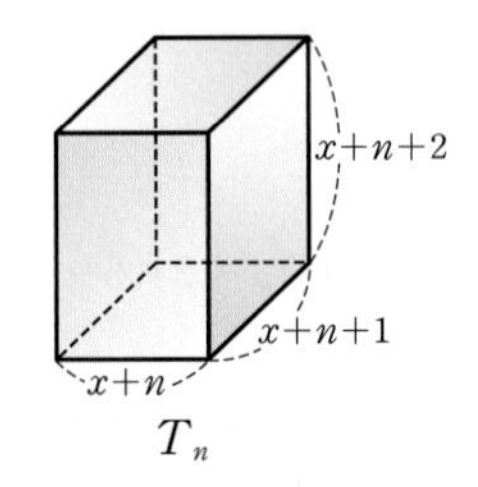

① 130 ✓② 132 ③ 134
④ 136 ⑤ 138

step 1 $V_1+V_2+V_3+\cdots+V_n$ 구하기
직육면체 T_n의 가로의 길이, 세로의 길이, 높이는 각각 $x+n$, $x+n+1$, $x+n+2$이므로
$V_n=(x+n)(x+n+1)(x+n+2)$
따라서
$V_1+V_2+V_3+\cdots+V_n$
$=(x+1)(x+2)(x+3)+\cdots+(x+n)(x+n+1)(x+n+2)$

step 2 x^2의 계수 구하기
이때 최고차항의 계수가 8이므로 $n=8$
또한, $(x+n)(x+n+1)(x+n+2)$의 전개식에서 x^2의 계수는
$x\times x\times(n+2)+x\times x\times(n+1)+x\times x\times n=(3n+3)x^2$
이므로 구하는 x^2의 계수는
$(3\times1+3)+(3\times2+3)+\cdots+(3\times8+3)$
$=3\times(1+2+\cdots+8)+3\times8$
$=3\times36+24=132$ 답 ②

28

→ 직각을 낀 두 변의 길이가 같으므로 이 변의 길이를 x라 하면 $\frac{1}{2}x^2=4$
넓이가 4인 직각이등변삼각형 ABC의 세 변의 길이 a, b, c가 등식

$$(a+b+c)(b-a-c)=(a+b-c)(a-b-c)$$

를 만족시킬 때, $\frac{ab}{c}$의 값을 구하시오. 4

step 1 곱셈 공식을 이용하여 a, b, c 사이의 관계식 구하기
$(a+b+c)(b-a-c)=(a+b-c)(a-b-c)$에서
$\{b+(a+c)\}\{b-(a+c)\}=\{(a-c)+b\}\{(a-c)-b\}$
$b^2-(a+c)^2=(a-c)^2-b^2$
$2b^2=(a+c)^2+(a-c)^2$
$=(a^2+2ac+c^2)+(a^2-2ac+c^2)$
$=2a^2+2c^2$
$b^2=a^2+c^2$

step 2 삼각형의 넓이 공식과 피타고라스 정리를 이용하여 a, b, c의 값 구하기
따라서 삼각형 ABC는 빗변의 길이가 b이고 $a=c$인 직각이등변삼각형이므로 삼각형 ABC의 넓이는
$\frac{1}{2}\times a\times a=4$, $a^2=8$
$a>0$이므로 $a=c=2\sqrt{2}$이고
$b^2=a^2+c^2=(2\sqrt{2})^2+(2\sqrt{2})^2=16$
$b>0$이므로 $b=4$
따라서 $\frac{ab}{c}=\frac{2\sqrt{2}\times4}{2\sqrt{2}}=4$ 답 4

29

$(x^4-x^3-x^2+x+1)(x^4+x^3+x^2+x+1)$을 전개했을 때, 상수항을 제외한 모든 짝수차 항의 계수들의 합을 a, 모든 홀수차 항의 계수들의 합을 b라 하자. $a-2b$의 값은?

✓① -2 ② -1 ③ 0
④ 1 ⑤ 2

step 1 주어진 식 전개하기
$(x^4-x^3-x^2+x+1)(x^4+x^3+x^2+x+1)$
$=\{(x^4+x+1)-(x^3+x^2)\}\{(x^4+x+1)+(x^3+x^2)\}$
따라서 $x^4+x+1=s$, $x^3+x^2=t$로 놓으면
$(x^4-x^3-x^2+x+1)(x^4+x^3+x^2+x+1)$
$=(s-t)(s+t)$
$=s^2-t^2$
$=(x^4+x+1)^2-(x^3+x^2)^2$
$=(x^8+x^2+1+2x^5+2x+2x^4)-(x^6+2x^5+x^4)$
$=x^8-x^6+x^4+x^2+2x+1$

step 2 $a-2b$의 값 구하기
즉, $a=1+(-1)+1+1=2$, $b=2$이므로
$a-2b=-2$ 답 ①

30

그림과 같은 직육면체 ABCD−EFGH가 있다. 이 직육면체의 모든 모서리의 길이의 합이 24이고, 삼각형 AEG의 모든 변의 길이의 제곱의 합이 28일 때, 이 직육면체의 겉넓이를 구하시오. 22
→ 2×(□ABCD+□ABFE+□AEHD)

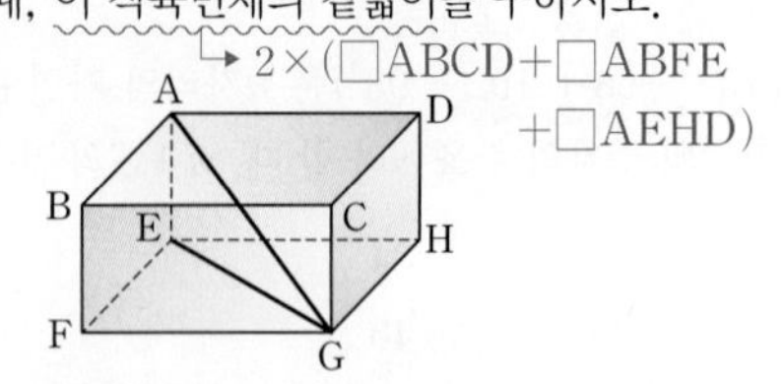

step 1 $\overline{AB}$, $\overline{AD}$, $\overline{AE}$의 길이에 대한 식 세우기

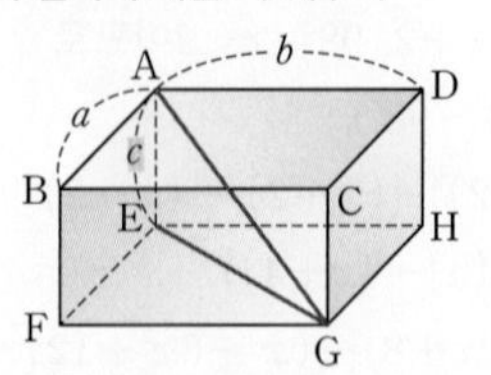

$\overline{AB}=a$, $\overline{AD}=b$, $\overline{AE}=c$라 하면

직육면체 ABCD$-$EFGH의 모든 모서리의 길이의 합이 24이므로

$4(a+b+c)=24$, $a+b+c=6$

이때 $\overline{EG}=\sqrt{a^2+b^2}$, $\overline{AG}=\sqrt{\overline{EG}^2+\overline{AE}^2}=\sqrt{a^2+b^2+c^2}$

삼각형 AEG의 모든 변의 길이의 제곱의 합이 28이므로

$\overline{AE}^2+\overline{EG}^2+\overline{AG}^2=c^2+(a^2+b^2)+(a^2+b^2+c^2)=2(a^2+b^2+c^2)=28$

$a^2+b^2+c^2=14$

step 2 곱셈 공식의 변형을 이용하여 직육면체의 겉넓이 구하기

이때 직육면체의 겉넓이는 $2(ab+bc+ca)$이므로

$2(ab+bc+ca)=(a+b+c)^2-(a^2+b^2+c^2)=6^2-14=22$ 답 22

↳ $(a+b+c)^2=a^2+b^2+c^2+2(ab+bc+ca)$

31

$a+b+c=0$, $a^2+b^2+c^2=4$일 때, $a^2b^2+b^2c^2+c^2a^2$의 값은?

① 1 ② 2 ③ 3
√④ 4 ⑤ 5

step 1 $ab+bc+ca$의 값 구하기

$a^2+b^2+c^2=(a+b+c)^2-2(ab+bc+ca)$

$4=0-2(ab+bc+ca)$, $ab+bc+ca=-2$

step 2 $a^2b^2+b^2c^2+c^2a^2$의 값 구하기

$(ab+bc+ca)^2$

$=(ab)^2+(bc)^2+(ca)^2+2(ab\times bc+bc\times ca+ca\times ab)$

$=a^2b^2+b^2c^2+c^2a^2+2abc(a+b+c)$

$(-2)^2=a^2b^2+b^2c^2+c^2a^2+2abc\times 0$

따라서 $a^2b^2+b^2c^2+c^2a^2=4$ 답 ④

32

밑면의 반지름의 길이가 $x+2$, 높이가 x^2-x-1인 원뿔의 부피를 $f(x)$, 이 원뿔의 반지름의 길이를 1만큼 줄이고, 높이는 3만큼 늘린 원뿔의 부피를 $g(x)$라 하자.

$\dfrac{6f(x)-3g(x)}{\pi}=x^4+ax^3+bx^2+cx-10$일 때, abc의 값은?

(단, a, b, c는 상수이다.)

① 270 ② 275 ③ 280
√④ 285 ⑤ 290

step 1 $f(x)$, $g(x)$ 구하기

처음 원뿔의 부피가 $f(x)$이므로 → 원뿔의 부피는 $\frac{1}{3}\times$(밑면의 넓이)$\times$(높이)

$f(x)=\frac{1}{3}\pi(x+2)^2\times(x^2-x-1)$

바뀐 원뿔의 부피가 $g(x)$이므로

$g(x)=\frac{1}{3}\pi(x+1)^2\times(x^2-x+2)$

step 2 $\dfrac{6f(x)-3g(x)}{\pi}$ 구하기

$\dfrac{6f(x)-3g(x)}{\pi}=2(x+2)^2(x^2-x-1)-(x+1)^2(x^2-x+2)$

$=2(x^2+4x+4)(x^2-x-1)$
$\quad-(x^2+2x+1)(x^2-x+2)$

$=2(x^4+3x^3-x^2-8x-4)-(x^4+x^3+x^2+3x+2)$

$=x^4+5x^3-3x^2-19x-10$

step 3 abc의 값 구하기

따라서 $a=5$, $b=-3$, $c=-19$이므로

$abc=285$ 답 ④

33

$(1-\sqrt{2})^5+(1-\sqrt{2})^4-2(1-\sqrt{2})^3+3(1-\sqrt{2})^2+10$의 값이 $m+n\sqrt{2}$일 때, 두 정수 m, n에 대하여 $m+n$의 값은?

① 23 ② 24 ③ 25
√④ 26 ⑤ 27

step 1 $x=1-\sqrt{2}$로 놓고 주어진 식을 x로 나타내기

$x=1-\sqrt{2}$로 놓으면 $x-1=-\sqrt{2}$이므로 양변을 제곱하면

$x^2-2x+1=2$, $x^2-2x-1=0$

또한,

$(1-\sqrt{2})^5+(1-\sqrt{2})^4-2(1-\sqrt{2})^3+3(1-\sqrt{2})^2+10$

$=x^5+x^4-2x^3+3x^2+10$

step 2 나머지를 구한 후 $m+n$의 값 구하기

$x^5+x^4-2x^3+3x^2+10$을 x^2-2x-1로 나누면

$$\begin{array}{r|l} & x^3+3x^2+5x+16 \\ \hline x^2-2x-1 & x^5+x^4-2x^3+3x^2+10 \\ & x^5-2x^4-x^3 \\ \hline & 3x^4-x^3+3x^2+10 \\ & 3x^4-6x^3-3x^2 \\ \hline & 5x^3+6x^2+10 \\ & 5x^3-10x^2-5x \\ \hline & 16x^2+5x+10 \\ & 16x^2-32x-16 \\ \hline & 37x+26 \end{array}$$

$x^5+x^4-2x^3+3x^2+10=(x^2-2x-1)(x^3+3x^2+5x+16)+37x+26$

$=37x+26=37(1-\sqrt{2})+26=63-37\sqrt{2}$

따라서 $m=63$, $n=-37$이므로

$m+n=26$ 답 ④

34

자연수 n에 대하여 가로의 길이와 세로의 길이가 각각 n^2+4n+5, n^3+4n^2+4n+2인 직사각형 ABCD가 있다. 이 직사각형을 한 변의 길이가 $n+2$인 정사각형으로 조각낼 때, 정사각형의 최대 개수를 $f(n)$이라 하자. $f(3)+f(4)+f(5)$의 값을 구하시오. 464

↳ n^2+4n+5와 n^3+4n^2+4n+2를 $n+2$로 나누었을 때의 몫을 각각 구한다.

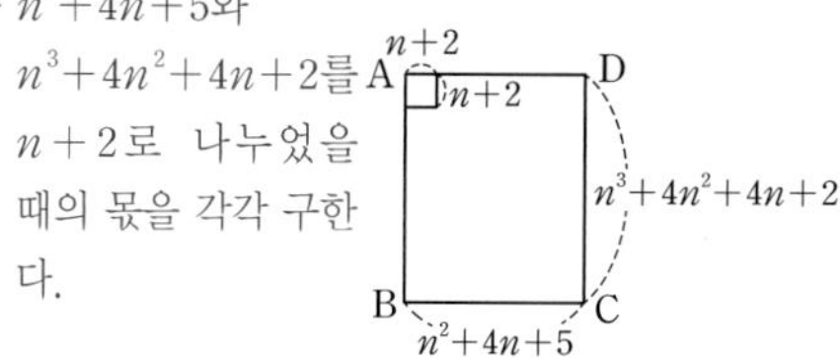

step 1 $f(n)$ 구하기

직사각형 ABCD의 가로의 길이 n^2+4n+5를 $n+2$로 나누면 몫이 $n+2$이고 나머지가 1이므로

$n^2+4n+5=(n+2)(n+2)+1$

$$\begin{array}{r|l} & n^2+2n \\ n+2 & n^3+4n^2+4n+2 \\ & n^3+2n^2 \\ \hline & 2n^2+4n \\ & 2n^2+4n \\ \hline & 2 \end{array}$$

또한 세로의 길이 n^3+4n^2+4n+2를 $n+2$로 나누면 몫이 n^2+2n이고 나머지가 2이므로

$n^3+4n^2+4n+2=(n+2)(n^2+2n)+2$

따라서 직사각형 ABCD를 한 변의 길이가 $n+2$인 정사각형으로 조각낼 때, 최대 $(n+2)(n^2+2n)$개 얻을 수 있다.

즉, $f(n)=(n+2)(n^2+2n)=n(n+2)^2$

step 2 $f(3)+f(4)+f(5)$의 값 구하기

따라서

$f(3)=3\times5^2=75$

$f(4)=4\times6^2=144$

$f(5)=5\times7^2=245$

이므로 $f(3)+f(4)+f(5)=75+144+245=464$ 답 464

35

두 다항식 $A=x^3-x+1$, $B=x-1$에 대하여 다항식 A^3+B^3을 x^5으로 나누었을 때의 몫을 $Q(x)$, 나머지를 $R(x)$라 할 때, $Q(-1)+R(1)$의 값은?

① -6 ✓② -5 ③ -4
④ -3 ⑤ -2

step 1 $A+B$, AB를 구하여 A^3+B^3 구하기

두 다항식 $A=x^3-x+1$, $B=x-1$에서

$A+B=(x^3-x+1)+(x-1)=x^3$

$AB=(x^3-x+1)(x-1)$
$=x^4-x^3-x^2+x+x-1$
$=x^4-x^3-x^2+2x-1$

이므로

$A^3+B^3=(A+B)^3-3AB(A+B)$
$=(x^3)^3-3(x^4-x^3-x^2+2x-1)\times x^3$
$=x^9-3x^7+3x^6+3x^5-6x^4+3x^3$

step 2 $Q(x)$, $R(x)$를 구한 후 $Q(-1)+R(1)$의 값 구하기

$A^3+B^3=x^5(x^4-3x^2+3x+3)-6x^4+3x^3$이므로 다항식 A^3+B^3을 x^5으로 나누었을 때의 몫 $Q(x)$와 나머지 $R(x)$는

$Q(x)=x^4-3x^2+3x+3$

$R(x)=-6x^4+3x^3$

따라서

$Q(-1)+R(1)=(1-3-3+3)+(-6+3)=-5$ 답 ②

36

다항식 $(x^3+1)^{40}$을 x^6+1로 나눈 나머지는?

① -2^{20} ② -2^{10} ③ -2
④ 2^{10} ✓⑤ 2^{20}

step 1 $\{(x^6+1)+2x^3\}^{20}$의 전개식에서 x^6+1이 인수로 들어 있지 않은 항 구하기

$(x^3+1)^{40}=\{(x^3+1)^2\}^{20}=(x^6+2x^3+1)^{20}$

그런데 $(x^6+2x^3+1)^{20}=\{(x^6+1)+2x^3\}^{20}$이므로

$\{(x^6+1)+2x^3\}^{20}$의 전개식에서 x^6+1이 인수로 들어 있지 않은 항은 $(2x^3)^{20}=2^{20}x^{60}$ 뿐이다.

step 2 나머지 구하기

$2^{20}x^{60}=2^{20}\{(x^6+1)-1\}^{10}$이므로 $2^{20}\{(x^6+1)-1\}^{10}$의 전개식에서 x^6+1의 인수가 들어 있지 않은 항은 2^{20}이고, 구하는 나머지는 2^{20}이다.

답 ⑤

37

일차 이상의 두 다항식 $f(x)$, $g(x)$에 대하여 $f(x)$를 $g(x)$로 나누었을 때의 몫이 $Q(x)$, 나머지가 $R(x)$이고, $g(x)$를 $Q(x)$로 나누었을 때의 나머지도 $R(x)$일 때, 〈보기〉에서 옳은 것만을 있는 대로 고른 것은?

→ $f(x)=g(x)Q(x)+R(x)$이고 $R(x)$의 차수는 $g(x)$의 차수보다 작다.

보기

ㄱ. $f(x)$를 $Q(x)$로 나누었을 때의 나머지는 $R(x)$이다.

ㄴ. $f(x)+3g(x)$를 $Q(x)$로 나누었을 때의 나머지는 $4R(x)$이다. → $4R(x)$의 차수가 $Q(x)$의 차수보다 작은지를 확인한다.

ㄷ. $\{f(x)-1\}\{g(x)-1\}$을 $Q(x)$로 나누었을 때의 나머지는 $\{R(x)-1\}^2$이다.

① ㄱ ② ㄷ ✓③ ㄱ, ㄴ
④ ㄴ, ㄷ ⑤ ㄱ, ㄴ, ㄷ

step 1 다항식의 나눗셈을 이용하여 식 세우기

$f(x)$를 $g(x)$로 나누었을 때의 몫이 $Q(x)$, 나머지가 $R(x)$이므로

$f(x)=g(x)Q(x)+R(x)$ (단, ($R(x)$의 차수)$<$($g(x)$의 차수)) …… ㉠

또한 $g(x)$를 $Q(x)$로 나누었을 때의 나머지도 $R(x)$이므로 몫을 $P(x)$라 하면

$g(x)=Q(x)P(x)+R(x)$ (단, ($R(x)$의 차수)$<$($Q(x)$의 차수)) …… ㉡

step 2 $R(x)$와 $Q(x)$의 차수를 비교하여 옳은지 판단하기

ㄱ. $f(x)=g(x)Q(x)+R(x)$이고 ($R(x)$의 차수)$<$($Q(x)$의 차수)이므로 $f(x)$를 $Q(x)$로 나누었을 때의 나머지는 $R(x)$이다. (참)

step 3 식을 정리한 후 ㄱ을 이용하여 옳은지 판단하기

ㄴ. ㉠$+3\times$㉡을 하면

$f(x)+3g(x)$
$=\{g(x)Q(x)+R(x)\}+3\{Q(x)P(x)+R(x)\}$
$=Q(x)\{g(x)+3P(x)\}+4R(x)$

이때 ($R(x)$의 차수)<($Q(x)$의 차수)이므로

$f(x)+3g(x)$를 $Q(x)$로 나누었을 때의 나머지는 $4R(x)$이다. (참)

step 4 식을 정리한 후 차수를 비교하여 옳은지 판단하기

ㄷ. ㉠×㉡을 하면

$f(x)g(x)$

$=\{g(x)Q(x)+R(x)\}\{Q(x)P(x)+R(x)\}$

$=Q(x)\{g(x)P(x)Q(x)+g(x)R(x)+P(x)R(x)\}+\{R(x)\}^2$

이므로

$\{f(x)-1\}\{g(x)-1\}$

$=f(x)g(x)-f(x)-g(x)+1$

$=Q(x)\{g(x)P(x)Q(x)+g(x)R(x)+P(x)R(x)\}+\{R(x)\}^2-g(x)Q(x)-R(x)-Q(x)P(x)-R(x)+1$

$=Q(x)\{g(x)P(x)Q(x)+g(x)R(x)+P(x)R(x)-g(x)-P(x)\}+\{R(x)\}^2-2R(x)+1$

$=Q(x)\{g(x)P(x)Q(x)+g(x)R(x)+P(x)R(x)-g(x)-P(x)\}+\{R(x)-1\}^2$

이때 ($Q(x)$의 차수)>($R(x)$의 차수)이더라도 항상 ($Q(x)$의 차수)>($\{R(x)-1\}^2$의 차수)인 것은 아니다.

즉, $\{f(x)-1\}\{g(x)-1\}$을 $Q(x)$로 나누었을 때의 나머지가 항상 $\{R(x)-1\}^2$인 것은 아니다. (거짓)

→ $Q(x)$의 차수가 2, $R(x)$의 차수가 1이면 $Q(x)$의 차수가 $\{R(x)-1\}^2$의 차수와 같다.

이상에서 옳은 것은 ㄱ, ㄴ이다.

답 ③

1등급을 넘어서는 상위 1%

본문 15쪽

38

다음과 같은 두 연산 장치 가, 나가 있다.

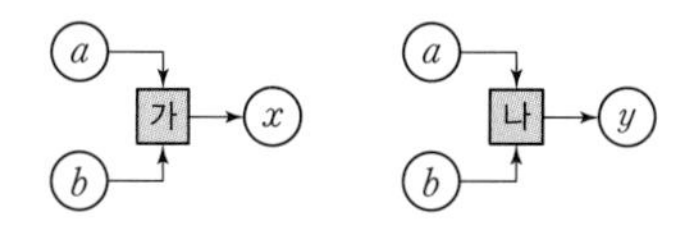

연산 장치 가에 두 다항식 a, b가 입력될 때 출력되는 식을 x라 하면 $x=ab$이고, 연산 장치 나에 두 다항식 a, b가 입력될 때 출력되는 식을 y라 하면 $y=(a\div b$의 몫$)$이다. 두 연산 장치를 결합하여 아래와 같이 만든 연산 장치에서 최종적으로 출력되는 s의 식이 $x^3+7x^2-10x-16$이고 $(x^3+7x^2-8)\div p$의 나머지 $R(x)$에 대하여 $R(0)=0$일 때, 다항식 p를 구하시오. x^2-x-1

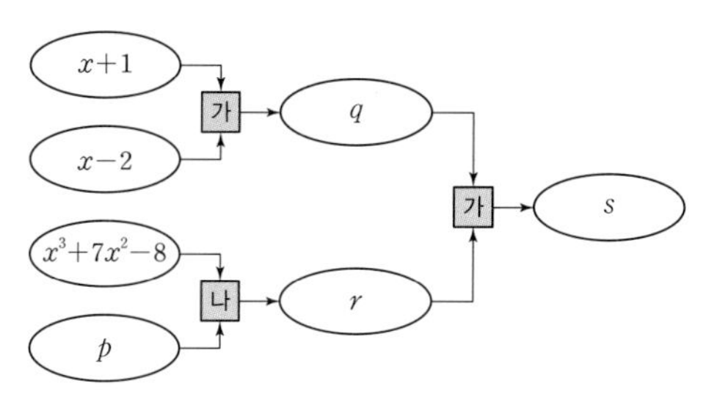

문항 파헤치기

주어진 연산 장치의 규칙을 파악한 후 연산을 한다.

실수 point 찾기

$f(x)=g(x)Q(x)+R(x)$에서 나머지 $R(x)$의 차수는 $g(x)$의 차수보다 작다.

문제풀이

step 1 q 구하기

$q=(x+1)(x-2)=x^2-x-2$

step 2 r 구하기

$qr=s$에서 $(x^2-x-2)r=x^3+7x^2-10x-16$이므로

$$\begin{array}{r|l} & x+8 \\ \hline x^2-x-2 & x^3+7x^2-10x-16 \\ & x^3-x^2-2x \\ \hline & 8x^2-8x-16 \\ & 8x^2-8x-16 \\ \hline & 0 \end{array}$$

즉, $r=x+8$

step 3 나눗셈의 식으로 나타내기

따라서 다항식 x^3+7x^2-8을 다항식 p로 나눈 몫이 $x+8$이고, 나머지를 $R(x)$라 하면

$x^3+7x^2-8=p(x+8)+R(x)$

이때 좌변은 삼차식이므로 p는 이차식이어야 하고 $R(x)$는 일차 이하의 식이어야 한다.

즉, $R(x)=ax+b$ (a, b는 상수)라 하면

$R(0)=b=0$

step 4 다항식 p를 구하기

$x^3+7x^2-8=p(x+8)+ax$, $x^3+7x^2-ax-8=p(x+8)$

따라서 x^3+7x^2-ax-8을 $x+8$로 나눈 몫이 p, 나머지가 0이므로

$$\begin{array}{r|l} & x^2-x+(-a+8) \\ \hline x+8 & x^3+7x^2-ax-8 \\ & x^3+8x^2 \\ \hline & -x^2-ax-8 \\ & -x^2-8x \\ \hline & (-a+8)x-8 \\ & (-a+8)x+8(-a+8) \\ \hline & 8a-72 \end{array}$$

에서 $8a-72=0$, 즉 $a=9$

따라서 $p=x^2-x-1$이다.

답 x^2-x-1

02 나머지정리

기출에서 찾은 내신 필수 문제 본문 18~19쪽

01 ③	02 ②	03 ④	04 ⑤	05 ①
06 ④	07 ②	08 ①	09 ⑤	10 9
11 5				

01 $(x-1)(ax+3)=ax^2+(-a+3)x-3$
이므로 주어진 등식은
$ax^2+(-a+3)x-3=4x^2+bx+c$
이 식은 x에 대한 항등식이므로
$a=4,\ -a+3=b,\ -3=c$
에서 $a=4,\ b=-1,\ c=-3$
따라서 $a+b+c=0$ 답 ③

02 등식 $2x^2+3x+3=a(x-1)^2+b(x-1)+c$에서 우변을 정리하면
$2x^2+3x+3=ax^2-2ax+a+bx-b+c$
$=ax^2+(-2a+b)x+a-b+c$
이 등식이 x에 대한 항등식이므로
$a=2,\ -2a+b=3,\ a-b+c=3$
$a=2,\ b=7,\ c=8$
따라서 $abc=2\times7\times8=112$ 답 ②

03 다항식 $f(x)=x^3+x^2-ax+b$를 $(x+1)^2$으로 나누었을 때의 몫은 $x+2$, 나머지는 1이므로
$x^3+x^2-ax+b=(x+1)^2(x+2)+1$
이 식은 x에 대한 항등식이므로
양변에 $x=-1$을 대입하면
$-1+1+a+b=1,\ a+b=1$ …… ㉠
양변에 $x=-2$를 대입하면
$-8+4+2a+b=1,\ 2a+b=5$ …… ㉡
㉠, ㉡에서 $a=4,\ b=-3$이므로
$f(x)=x^3+x^2-4x-3$
따라서 $f(4)=4^3+4^2-4\times4-3=61$ 답 ④

04 다항식 $f(x)$를 $x+1$로 나누었을 때의 나머지가 2이므로 나머지정리에 의하여
$f(-1)=2$
또한, $f(x)$를 $(x+1)(x-2)$로 나누었을 때의 몫을 $Q(x)$라 하면 나머지가 $ax+3$이므로
$f(x)=(x+1)(x-2)Q(x)+ax+3$
이 식은 x에 대한 항등식이므로 $x=-1$을 대입하면
$f(-1)=-a+3=2,\ a=1$
따라서 $f(x)$를 $x-2$로 나눈 나머지는
$f(2)=2a+3=2\times1+3=5$ 답 ⑤

05 $f(x)=x^4+x^3+x^2+x+1$이라 하면 다항식 $f(x)$를 $x-2$로 나누었을 때의 나머지 R_1은
$R_1=f(2)=2^4+2^3+2^2+2+1$
다항식 $f(x)$를 $4x-2$로 나누었을 때의 나머지 R_2는
$R_2=f\left(\frac{1}{2}\right)=\frac{1}{2^4}+\frac{1}{2^3}+\frac{1}{2^2}+\frac{1}{2}+1$
따라서
$$\frac{R_1}{R_2}=\frac{2^4+2^3+2^2+2+1}{\frac{1}{2^4}+\frac{1}{2^3}+\frac{1}{2^2}+\frac{1}{2}+1}=\frac{2^4(2^4+2^3+2^2+2+1)}{1+2+2^2+2^3+2^4}=2^4=16$$
답 ①

06 $f(x)=x^4+ax+b$라 하면
다항식 $f(x)$가 $x^2-x-2=(x+1)(x-2)$로 나누어떨어지므로
$f(-1)=0,\ f(2)=0$이다.
따라서
$f(-1)=1-a+b=0$
$f(2)=16+2a+b=0$
두 식을 연립하여 풀면 $a=-5,\ b=-6$
이므로 $f(x)=x^4-5x-6$
따라서 다항식 $f(x)$를 $x-3$으로 나누었을 때의 나머지는
$f(3)=3^4-15-6=60$ 답 ④

07 $f(x)=x^3+3x^2+ax+b$라 하면 $f(x)$를 $x-1$로 나눈 나머지가 5이므로 $f(1)=1+3+a+b=5$
$a+b=1$ …… ㉠
$f(x)=x^3+3x^2+ax+b$가 $x+1$을 인수로 가지므로
$f(-1)=-1+3-a+b=0$
$a-b=2$ …… ㉡
㉠, ㉡에서 $a=\frac{3}{2},\ b=-\frac{1}{2}$이므로
$$\frac{b}{a}=\frac{-\frac{1}{2}}{\frac{3}{2}}=-\frac{1}{3}$$
답 ②

08 다항식 x^3-6x^2+2x+5를 $x-2$로 나눈 몫과 나머지를 조립제법을 이용하여 구하면 다음과 같다.

2	1	−6	2	5
		2	−8	−12
	1	−4	−6	−7

즉, $Q(x)=x^2-4x-6,\ a=-7$이므로 $Q(x)$를 $x+7$로 나눈 나머지는
$Q(-7)=(-7)^2-4\times(-7)-6=71$ 답 ①

09 다항식 x^3-x+2를 $x+2$로 나누었을 때의 몫과 나머지를 조립제법을 이용하여 구하면 다음과 같다.

−2	1	0	−1	2
		−2	4	−6
	1	−2	3	−4

즉, $a=-2,\ b=3,\ c=2,\ d=-4$이므로
$abcd=(-2)\times3\times2\times(-4)=48$ 답 ⑤

10 다항식 $P(x)$의 차수를 n이라 하면
$P(x^2+1)$의 차수는 $2n$이고 $x\{P(x)+1\}$의 차수는 $n+1$이다.
이때 두 다항식의 차수가 같아야 하므로
$2n=n+1$, $n=1$

…………………………………………………………………… (가)

따라서 두 상수 a, b에 대하여 $P(x)=ax+b$ $(a\neq0)$이라 하면
$P(x^2+1)=x\{P(x)+1\}$에서
$a(x^2+1)+b=x\{(ax+b)+1\}$
$ax^2+a+b=ax^2+(b+1)x$
이 등식이 모든 실수 x에 대하여 성립하므로
$b+1=0$, $a+b=0$
즉, $b=-1$, $a=1$이므로
$P(x)=x-1$

…………………………………………………………………… (나)

따라서 $P(10)=10-1=9$

…………………………………………………………………… (다)

답 9

단계	채점 기준	비율
(가)	$P(x)$의 차수 구하기	40 %
(나)	$P(x)$ 구하기	40 %
(다)	$P(10)$의 값 구하기	20 %

11 조건 (가)에서 다항식 $f(x)+2g(x)+2x$는 $x+1$로 나누어떨어지므로 $f(-1)+2g(-1)-2=0$
$f(-1)+2g(-1)=2$ …… ㉠
조건 (나)에서 다항식 $f(2x)+g(2x)-2x$는 $2x+1$로 나누어떨어지므로
$$f\left(2\times\left(-\frac{1}{2}\right)\right)+g\left(2\times\left(-\frac{1}{2}\right)\right)-2\times\left(-\frac{1}{2}\right)=0$$
$f(-1)+g(-1)=-1$ …… ㉡
㉠, ㉡을 연립하여 풀면
$f(-1)=-4$, $g(-1)=3$

…………………………………………………………………… (가)

이때 다항식 $f(3x)+3g(3x)$를 $3x+1$로 나누었을 때의 나머지는
$$f\left(3\times\left(-\frac{1}{3}\right)\right)+3g\left(3\times\left(-\frac{1}{3}\right)\right)=f(-1)+3g(-1)$$
$$=-4+3\times3=5$$

…………………………………………………………………… (나)

답 5

단계	채점 기준	비율
(가)	$f(-1)$, $g(-1)$의 값 구하기	60 %
(나)	$f(3x)+3g(3x)$를 $3x+1$로 나누었을 때의 나머지 구하기	40 %

내신 고득점 도전 문제

본문 20~21쪽

12 ③ **13** ④ **14** ② **15** ① **16** ④
17 ② **18** ⑤ **19** ① **20** ④ **21** 2
22 101

12 등식 $(x+1)^6=ax^6+bx^5+cx^4+dx^3+ex^2+fx+g$가 x에 대한 항등식이므로 양변에 $x=1$을 대입하면
$2^6=a+b+c+d+e+f+g$
$2^6=(a+c+e+g)+(b+d+f)$
$2^6=A+B$ …… ㉠
양변에 $x=-1$을 대입하면
$0=a-b+c-d+e-f+g$
$a+c+e+g=b+d+f$
$A=B$ …… ㉡
㉡을 ㉠에 대입하면 $A=B=2^5$
따라서
$A^2B+AB^2=AB(A+B)=2^5\times2^5\times(2^5+2^5)=2^{16}$ 답 ③

13 $a(x+2y+3)-b(x-2y+5)$
$=(a-b)x+(2a+2b)y+3a-5b$
이므로
$a-b=1$ …… ㉠
$2a+2b=1$ …… ㉡
$3a-5b=c$ …… ㉢
㉠, ㉡에서 $a=\frac{3}{4}$, $b=-\frac{1}{4}$이므로
$c=3a-5b=\frac{9}{4}+\frac{5}{4}=\frac{7}{2}$
따라서 $a+b+c=\frac{3}{4}+\left(-\frac{1}{4}\right)+\frac{7}{2}=4$ 답 ④

14 $f(x)=x^n(x^2+ax+1)=x^{n+2}+ax^{n+1}+x^n$
이므로 $f(x+2)=(x+2)^{n+2}+a(x+2)^{n+1}+(x+2)^n$
그런데 x의 값에 관계없이 등식
$(x+2)^{n+2}+a(x+2)^{n+1}+(x+2)^n=x^4+6x^3+bx^2+12x+4$가 성립해야 하므로 좌변의 식과 우변의 식의 차수가 같아야 한다.
$n=2$
즉, $(x+2)^4+a(x+2)^3+(x+2)^2=x^4+6x^3+bx^2+12x+4$이므로
양변에 $x=0$을 대입하면
$16+8a+4=4$, $a=-2$
양변에 $x=-2$를 대입하면
$0=16-48+4b-24+4$, $b=13$
따라서 $n+a+b=2+(-2)+13=13$ 답 ②

15 $(x-3)f(x)=x(x^2+kx+5)-6$의 양변에 $x=3$을 대입하면
$0=3(9+3k+5)-6$, $3k+14=2$
$k=-4$이므로
$(x-3)f(x)=x(x^2-4x+5)-6=x^3-4x^2+5x-6$
이고 x^3-4x^2+5x-6을 $x-3$으로 나누면 다음과 같다.

$$
\begin{array}{r|l}
 & x^2-x\ \ +2 \\
x-3 & x^3-4x^2+5x-6 \\
 & x^3-3x^2 \\ \hline
 & \ \ -x^2\ +5x-6 \\
 & \ \ -x^2\ +3x \\ \hline
 & \qquad 2x-6 \\
 & \qquad 2x-6 \\ \hline
 & \qquad\quad 0
\end{array}
$$

따라서 $(x-3)f(x)=(x-3)(x^2-x+2)$이므로

$f(x)=x^2-x+2$

그러므로 $f(k)=f(-4)=16-(-4)+2=22$ 답 ①

16 다항식 $f(x)$를 $x-1$로 나누었을 때의 나머지가 2이므로

$f(1)=2$

또한, 다항식 $g(x)$를 $x+2$로 나누었을 때의 나머지가 3이므로

$g(-2)=3$

이때 $h(x)=f(3x-5)+f(x-1)\times g(2x-6)$이라 하면 다항식 $h(x)$를 $x-2$로 나눈 나머지는 $h(2)$이므로

$h(2)=f(1)+f(1)\times g(-2)=2+2\times3=8$ 답 ④

17 다항식 $f(x)$를 $x-2$로 나누었을 때의 나머지가 -2이므로

$f(2)=-2$

다항식 $f(x)$를 $x+2$로 나누었을 때의 나머지가 2이므로

$f(-2)=2$

따라서 다항식 $f(x)$를 x^2-4로 나누었을 때의 몫을 $Q(x)$, 나머지를 $ax+b$ (a, b는 상수)로 놓으면 $f(x)=(x^2-4)Q(x)+ax+b$

이 식은 x에 대한 항등식이므로

$f(2)=2a+b=-2$ …… ㉠

$f(-2)=-2a+b=2$ …… ㉡

㉠, ㉡에서 $a=-1$, $b=0$

그러므로 구하는 나머지는 $-x$이다. 답 ②

18 다항식 $x^4+x^3-ax^2+bx-6$이 x^2-x+1을 인수로 가지므로

$x^4+x^3-ax^2+bx-6=(x^2-x+1)(x^2+px-6)$ (p는 상수)

이 성립해야 한다.

$x^4+x^3-ax^2+bx-6$

$=(x^4+px^3-6x^2)+(-x^3-px^2+6x)+(x^2+px-6)$

$x^4+x^3-ax^2+bx-6=x^4+(p-1)x^3+(-p-5)x^2+(p+6)x-6$

이므로 $1=p-1$, $-a=-p-5$, $b=p+6$

따라서 $p=2$, $a=7$, $b=8$이다.

또한, 다항식 x^3+7x^2+8x+c가 $x+1$을 인수로 가지므로

$f(x)=x^3+7x^2+8x+c$라 하면

$f(-1)=-1+7-8+c=0$, $c=2$

따라서 $a+b+c=7+8+2=17$ 답 ⑤

19 삼차식 $f(x)$의 인수 중 일차식인 인수가 $x-1$과 $x-2$ 뿐이므로 최고차항의 계수를 k라 하면

$f(x)=k(x-1)^2(x-2)$ 또는 $f(x)=k(x-1)(x-2)^2$

(i) $f(x)=k(x-1)^2(x-2)$일 때

$g(x)=xf(x)$로 놓으면 $g(x)$를 $x-5$로 나누었을 때의 나머지가 5이므로 $g(5)=5f(5)=5\times k\times4^2\times3=5$

따라서 $k=\frac{1}{48}$이므로 $f(x)=\frac{1}{48}(x-1)^2(x-2)$

이때 $f(x)$를 $x-3$으로 나누었을 때의 나머지는

$f(3)=\frac{1}{48}\times2^2\times1=\frac{1}{12}$

(ii) $f(x)=k(x-1)(x-2)^2$일 때

$g(x)=xf(x)$로 놓으면 $g(x)$를 $x-5$로 나누었을 때의 나머지가 5이므로 $g(5)=5f(5)=5\times k\times4\times3^2=5$

따라서 $k=\frac{1}{36}$이므로 $f(x)=\frac{1}{36}(x-1)(x-2)^2$

이때 $f(x)$를 $x-3$으로 나누었을 때의 나머지는

$f(3)=\frac{1}{36}\times2\times1^2=\frac{1}{18}$

(i), (ii)에 의하여

$f(x)$를 $x-3$으로 나누었을 때의 나머지의 최댓값은 $\frac{1}{12}$이다. 답 ①

20 주어진 조립제법은 다항식 $P(x)=2x^4-40x+5$를 $x-3$으로 나누었을 때의 몫과 나머지를 구하는 것이므로 몫 $Q(x)$는

$Q(x)=2x^3+6x^2+18x+14$이고 $a=3$이다.

다항식 $Q(x)$를 $x+a$, 즉 $x+3$으로 나누었을 때의 몫과 나머지를 조립제법을 이용하여 구하면 다음과 같다.

$$
\begin{array}{r|rrrr}
-3 & 2 & 6 & 18 & 14 \\
 & & -6 & 0 & -54 \\ \hline
 & 2 & 0 & 18 & -40
\end{array}
$$

따라서 구하는 몫은 $2x^2+18$이고 나머지는 -40이므로 몫과 나머지의 합은 $(2x^2+18)+(-40)=2x^2-22$ 답 ④

21 등식

$(x+1)^4=a+bx+cx(x-1)+dx(x-1)(x-2)$
$\qquad+ex(x-1)(x-2)(x-3)$

이 x에 대한 항등식이므로

양변에 $x=0$을 대입하면 $1=a$

양변에 $x=1$을 대입하면 $2^4=a+b$

$b=2^4-a=16-1=15$

양변에 $x=2$를 대입하면 $3^4=a+2b+2c$

$c=\frac{1}{2}(3^4-a-2b)=\frac{1}{2}(81-1-30)=25$

양변에 $x=3$을 대입하면 $4^4=a+3b+6c+6d$

$d=\frac{1}{6}(4^4-a-3b-6c)=\frac{1}{6}(256-1-45-150)=10$

한편, e는 $(x+1)^4$의 사차항의 계수이므로 $e=1$

…………………………………………………………… (가)

따라서 $a-b+c-d+e=1-15+25-10+1=2$

…………………………………………………………… (나)

답 2

단계	채점 기준	비율
(가)	a, b, c, d, e의 값을 구한 경우	90 %
(나)	$a-b+c-d+e$의 값을 구한 경우	10 %

22 다항식 $f(x)$를 $x-3$으로 나누었을 때의 몫이 x^2+4x+3이고 나머지가 a이므로

$f(x)=(x-3)(x^2+4x+3)+a=(x-3)(x+1)(x+3)+a$

.... (가)

이때 $g(x)=xf(x)+2x-1$이라 하면 다항식 $g(x)$를 $x+1$로 나누었을 때의 나머지는

$g(-1)=-f(-1)-2-1=-a-3$

이고, $x+3$으로 나누었을 때의 나머지는

$g(-3)=-3f(-3)-6-1=-3a-7$

두 나머지의 곱이 176이므로

$(-a-3)(-3a-7)=176$

$3a^2+16a-155=0$

$(3a+31)(a-5)=0$

이때 a는 자연수이므로 $a=5$

.... (나)

따라서 $f(x)$를 $x-a$, 즉 $x-5$로 나누었을 때의 나머지는

$f(5)=2\times6\times8+5=101$

.... (다)

답 101

단계	채점 기준	비율
(가)	$f(x)$를 식으로 나타낸 경우	30 %
(나)	a의 값을 구한 경우	50 %
(다)	$f(x)$를 $x-a$로 나누었을 때의 나머지를 구한 경우	20 %

변별력을 만드는 1등급 문제

본문 22~24쪽

23 ⑤ **24** ② **25** 1 **26** 144 **27** ③
28 ① **29** 12 **30** 10 **31** ② **32** ②
33 ⑤ **34** ① **35** ② **36** 32 **37** 73

23 → $y=2-x$를 주어진 등식에 대입한다.

$x+y=2$를 만족시키는 모든 실수 x, y에 대하여 등식

$$(a^2-21)x^2+(ab+2b^2-1)x+y^2+cy-b^2xy+2c=0$$

이 성립할 때, $(ac+bc)^2$의 값은? (단, a, b, c는 상수이다.)

① 24 ② 25 ③ 26 ④ 27 ✓⑤ 28

step 1 미정계수법을 이용하여 a^2+b^2, ab, c의 값 구하기

$x+y=2$에서 $y=2-x$이므로 이를 주어진 등식

$(a^2-21)x^2+(ab+2b^2-1)x+y^2+cy-b^2xy+2c=0$에 대입하면

$(a^2-21)x^2+(ab+2b^2-1)x+(2-x)^2+c(2-x)-b^2x(2-x)+2c=0$

$(a^2-21)x^2+(ab+2b^2-1)x+x^2-4x+4+2c-cx-2b^2x+b^2x^2+2c=0$

$(a^2+b^2-20)x^2+(ab-c-5)x+4c+4=0$

이 등식이 모든 실수 x에 대하여 성립해야 한다.

즉, x에 대한 항등식이므로 → $px^2+qx+r=0$이 x에 대한 항등식이면 $p=q=r=0$이다.

$a^2+b^2-20=0$, $ab-c-5=0$, $4c+4=0$

$a^2+b^2=20$, $ab=4$, $c=-1$

step 2 곱셈 공식을 이용하여 $(ac+bc)^2$의 값 구하기

따라서

$(ac+bc)^2=c^2(a+b)^2=c^2(a^2+2ab+b^2)$

$=c^2(a^2+b^2+2ab)=(-1)^2\times(20+2\times4)=28$

답 ⑤

24

자연수 n에 대하여 n차식 $f_n(x)$를

$$f_n(x)=(x-2)(x-4)(x-6)\cdots(x-2n)$$

이라 하자. 모든 실수 x에 대하여 등식

$$\{f_n(x)\}^2-8x^3+64=af_1(x)+bf_2(x)+cf_4(x)$$

가 성립할 때, $c-a+b$의 값은? (단, a, b, c는 상수이다.)

① 136 ✓② 137 ③ 138 ④ 139 ⑤ 140

step 1 n의 값 구하기

$f_n(x)=(x-2)(x-4)(x-6)\cdots(x-2n)$의 차수는 n이므로

$\{f_n(x)\}^2$의 차수는 $2n$이다.

이때 $af_1(x)+bf_2(x)+cf_4(x)$의 차수는 4이므로

$2n=4$에서 $n=2$

step 2 항등식의 성질을 이용하여 a, b의 값 구하기

따라서

$f_1(x)=x-2$, $f_2(x)=(x-2)(x-4)$,

$f_4(x)=(x-2)(x-4)(x-6)(x-8)$

이므로

$\{(x-2)(x-4)\}^2-8x^3+64$

$=a(x-2)+b(x-2)(x-4)+c(x-2)(x-4)(x-6)(x-8)$ ...... ㉠

㉠의 좌변의 최고차항의 계수와 우변의 최고차항의 계수가 서로 같아야 하므로 $c=1$

㉠의 양변에 $x=4$를 대입하면

$-448=2a$에서 $a=-224$

㉠의 양변에 $x=6$을 대입하면

$64-1728+64=4a+8b$,

$-1600=-896+8b$에서 $b=-88$

step 3 $c-a+b$의 값 구하기

따라서

$c-a+b=1-(-224)-88=137$

답 ②

25

x에 대한 다항식 $x^n(x^2+ax+b)$를 $(x-3)^2$으로 나누었을 때의 나머지가 $3^n(x-3)$일 때, 두 상수 a, b에 대하여 $a+b$의 값을 구하시오. (단, n은 자연수이다.) 1

step 1 a, b 사이의 관계식 구하기

다항식 $x^n(x^2+ax+b)$를 $(x-3)^2$으로 나누었을 때의 몫을 $Q(x)$라 하면 나머지가 $3^n(x-3)$이므로

$x^n(x^2+ax+b)=(x-3)^2Q(x)+3^n(x-3)$ …… ㉠

㉠의 양변에 $x=3$을 대입하면 → x에 대한 항등식이므로 $x=3$을 대입해도 ㉠이 성립한다.

$3^n(9+3a+b)=0$

자연수 n에 대하여 $3^n>0$이므로

$9+3a+b=0$, $b=-3(a+3)$ …… ㉡

step 2 a, b의 값 구하기

㉡을 ㉠에 대입하면

$x^n\{x^2+ax-3(a+3)\}=(x-3)^2Q(x)+3^n(x-3)$

$x^n(x-3)(x+a+3)=(x-3)^2Q(x)+3^n(x-3)$

$x^n(x+a+3)=(x-3)Q(x)+3^n$ …… ㉢

㉢의 양변에 $x=3$을 대입하면 $3^n(a+6)=3^n$

$a+6=1$, $a=-5$

$a=-5$를 ㉡에 대입하면 $b=(-3)\times(-2)=6$

step 3 $a+b$의 값 구하기

따라서 $a+b=-5+6=1$

답 1

26

최고차항의 계수가 3인 삼차식 $f(x)$와 최고차항의 계수가 2인 이차식 $g(x)$가 다음 조건을 만족시킨다.

> (가) 모든 실수 x에 대하여 $f(-x)+f(x)=0$이다.
> (나) 모든 실수 x에 대하여 $g(-x)=g(x)$이다.
> (다) 다항식 $f(x)+g(x)$는 $x-2$로 나누어떨어진다. → $f(2)+g(2)=0$

$f(4)+2g(2)$의 값을 구하시오. 144

step 1 두 조건 (가), (나)를 이용하여 $f(x)$, $g(x)$ 구하기

최고차항의 계수가 3인 삼차다항식 $f(x)$를

$f(x)=3x^3+ax^2+bx+c$ (a, b, c는 상수)라 하면 조건 (가)에서

모든 실수 x에 대하여 $f(-x)+f(x)=0$이므로

$\{3(-x)^3+a(-x)^2+b(-x)+c\}+(3x^3+ax^2+bx+c)=0$

$ax^2+c=0$

이 식이 x에 대한 항등식이므로 $a=0$, $c=0$

따라서 $f(x)=3x^3+bx$

최고차항의 계수가 2인 이차다항식 $g(x)$를

$g(x)=2x^2+dx+e$ (d, e는 상수)라 하면 조건 (나)에서

모든 실수 x에 대하여 $g(-x)=g(x)$이므로

$2(-x)^2+d(-x)+e=2x^2+dx+e$, $2dx=0$

이 식이 x에 대한 항등식이므로 $d=0$

따라서 $g(x)=2x^2+e$

step 2 조건 (다)를 이용하여 $2b+e$의 값 구하기

조건 (다)에서 다항식 $f(x)+g(x)$가 $x-2$로 나누어떨어지므로

$f(2)+g(2)=0$

$(24+2b)+(8+e)=0$, $2b+e=-32$

step 3 $f(4)+2g(2)$의 값 구하기

따라서

$f(4)+2g(2)=(192+4b)+2(8+e)=208+2(2b+e)$

$=208-64=144$

답 144

27

일차식 $f(x)$에 대하여 등식 → $f(x)=ax+b$ (a, b는 상수)라 하면 $a\neq0$이다.

$f(x)+f(kx)=f(2x)+4$

가 x의 값에 관계없이 항상 성립할 때, $f(0)+k$의 값은? (단, k는 상수이다.)

① 1 ② 3 ✓③ 5 ④ 7 ⑤ 9

step 1 계수비교법을 이용하여 식 세우기

두 상수 a, b에 대하여 $f(x)=ax+b$ $(a\neq0)$라 하면

$f(kx)=akx+b$, $f(2x)=2ax+b$이므로

$f(x)+f(kx)=f(2x)+4$에서

$(ax+b)+(akx+b)=(2ax+b)+4$

$a(k+1)x+2b=2ax+b+4$

이 등식이 x에 대한 항등식이므로

$a(k+1)=2a$ …… ㉠

$2b=b+4$ …… ㉡

step 2 $f(0)+k$의 값 구하기

$a\neq0$이므로 ㉠에서 $k+1=2$, $k=1$

㉡에서 $b=4$

따라서 $f(x)=ax+4$이므로

$f(0)+k=4+1=5$

답 ③

28

최고차항의 계수가 1인 사차식 $f(x)$를 $(x-2)^3$으로 나누었을 때의 몫 $Q(x)$, 나머지 $R(x)$가 다음 조건을 만족시킨다.

> (가) $R(x)$의 차수는 $Q(x)$의 차수보다 크지 않다.
> (나) $R(3)=R(4)$

다항식 $f(x)$를 $x-2$로 나누었을 때의 몫 $g(x)$를 $x-3$으로 나눈 나머지가 5일 때, $f(0)-R(0)$의 값은?

✓① -16 ② -14 ③ -12 ④ -10 ⑤ -8

step 1 $Q(x)$와 $R(x)$의 차수 구하기

사차다항식 $f(x)$를 $(x-2)^3$으로 나누었을 때의 몫이 $Q(x)$, 나머지가 $R(x)$이므로

$f(x)=(x-2)^3Q(x)+R(x)$

그런데 $f(x)$는 최고차항의 계수가 1인 사차다항식이므로

$Q(x)=x+a$ (a는 상수)

로 놓을 수 있다.

또한, $R(x)$는 이차 이하의 다항식인데 조건 (가)에 의하여 이차식은 될 수 없고, 조건 (나)에 의하여 일차식도 될 수 없다.

즉, $R(x)=b$ (b는 상수)

step 2 $f(x)$를 $x-2$로 나눈 식을 세워서 $g(x)$ 구하기

따라서 $f(x)=(x-2)^3(x+a)+b$

이고 다항식 $f(x)$를 $x-2$로 나누었을 때의 식은

$f(x)=(x-2)\{(x-2)^2(x+a)\}+b$

이므로 $g(x)=(x-2)^2(x+a)$

step 3 나머지정리를 이용하여 $f(x)-b$의 식 구하기

이때 $g(x)$를 $x-3$으로 나눈 나머지가 5이므로

$g(3)=1\times(3+a)=a+3=5$, $a=2$

즉, $f(x)=(x-2)^3(x+2)+b$이므로

$f(x)-b=(x-2)^3(x+2)$

따라서 $f(0)-R(0)=f(0)-b=(-2)^3\times2=-16$

답 ①

29

$R=f(2)$

$f(x)$가 삼차다항식이므로 $Q(x)$는 이차다항식이다.

삼차식 $f(x)$를 $2x-4$로 나누었을 때의 몫을 $Q(x)$, 나머지를 R라 하고, 다항식 $f(x)$를 $4Q(x)-2$로 나누었을 때의 몫과 나머지의 합을 $g(x)$라 할 때, 다항식 $g(x)-R$를 $x-10$으로 나누었을 때의 나머지를 구하시오. 12

step 1 다항식의 나눗셈을 이용하여 $f(x)$의 식 구하기

삼차다항식 $f(x)$를 $2x-4$로 나누었을 때의 몫이 $Q(x)$, 나머지가 R이므로

$$\begin{aligned}f(x)&=(2x-4)Q(x)+R\\&=(x-2)\times2Q(x)+R\\&=\frac{1}{2}(x-2)\times4Q(x)+R\\&=\frac{1}{2}(x-2)\times\{4Q(x)-2+2\}+R\\&=\frac{1}{2}(x-2)\times\{4Q(x)-2\}+x-2+R\\&=\{4Q(x)-2\}\times\frac{1}{2}(x-2)+x-2+R\end{aligned}$$

step 2 $g(x)$ 구하기

이때 $f(x)$가 삼차식이므로 $Q(x)$는 이차식이다.

따라서 $f(x)$를 $4Q(x)-2$로 나누었을 때의 몫은 $\frac{1}{2}(x-2)$이고, 나머지는 $x-2+R$이므로 몫과 나머지의 합 $g(x)$는

$$\begin{aligned}g(x)&=\frac{1}{2}(x-2)+(x-2+R)\\&=\frac{3}{2}(x-2)+R\end{aligned}$$

step 3 $g(10)-R$의 값 구하기

따라서 다항식 $g(x)-R$를 $x-10$으로 나누었을 때의 나머지는

$g(10)-R=\left(\frac{3}{2}\times8+R\right)-R=12$

답 12

30

다항식 $f(x)$를 $(x-1)^4$으로 나누었을 때의 나머지가 $2x^3-x+4$이고, 다항식 $f(x)$를 $(x-1)^2$으로 나누었을 때의 나머지를 $R(x)$라 할 때, $R(x)$를 $x-2$로 나누었을 때의 나머지를 구하시오. 10

step 1 $f(x)$의 식 구하기

다항식 $f(x)$를 $(x-1)^4$으로 나누었을 때의 몫을 $Q(x)$라 하면 나머지가 $2x^3-x+4$이므로

$f(x)=(x-1)^4Q(x)+2x^3-x+4$

step 2 $R(x)$의 식 구하기

이때 $(x-1)^4Q(x)$는 $(x-1)^2$으로 나누어떨어지므로 다항식 $f(x)$를 $(x-1)^2$으로 나누었을 때의 나머지 $R(x)$는 $2x^3-x+4$를 $(x-1)^2$, 즉 x^2-2x+1로 나누었을 때의 나머지와 같다.

$$\begin{array}{r|l} & 2x+4 \\ \hline x^2-2x+1 & 2x^3 \qquad -x+4 \\ & 2x^3-4x^2+2x \\ \hline & \quad 4x^2-3x+4 \\ & \quad 4x^2-8x+4 \\ \hline & \qquad 5x \end{array}$$

즉, $2x^3-x+4=(x-1)^2(2x+4)+5x$이므로

$R(x)=5x$

step 3 $R(2)$의 값 구하기

따라서 $R(x)$를 $x-2$로 나누었을 때의 나머지는

$R(2)=10$

답 10

31

다항식 $f(x)$를 $(x-1)(x-2)$로 나누었을 때의 나머지가 $2x+1$이고, $(x-2)(x-3)$으로 나누었을 때의 나머지가 $3x-1$이다. 다항식 $f(x)$를 $(x-1)(x-2)(x-3)$으로 나누었을 때의 나머지를 $R(x)$라 할 때, $R(x)$를 $x-4$로 나누었을 때의 나머지는?

$R(4)$

① 10 ✓② 12 ③ 14 ④ 16 ⑤ 18

step 1 $R(x)$의 식과 $f(3)$의 값 구하기

다항식 $f(x)$를 $(x-1)(x-2)(x-3)$으로 나누었을 때의 몫을 $Q(x)$, 나머지 $R(x)$를 $R(x)=ax^2+bx+c$ (a, b, c는 상수)라 하면

$f(x)=(x-1)(x-2)(x-3)Q(x)+ax^2+bx+c$

다항식 $f(x)$를 $(x-1)(x-2)$로 나누었을 때의 나머지가 $2x+1$이므로 $R(x)$를 $(x-1)(x-2)$로 나누었을 때의 나머지도 $2x+1$이다. 즉,

$R(x)=a(x-1)(x-2)+2x+1$

이때 $f(x)$를 $(x-2)(x-3)$으로 나누었을 때의 몫을 $P(x)$라 하면 나머지가 $3x-1$이므로

$f(x)=(x-2)(x-3)P(x)+3x-1$에서 $f(3)=8$

step 2 a의 값 구하기

따라서

$f(x)=(x-1)(x-2)(x-3)Q(x)+a(x-1)(x-2)+2x+1$

에서 $f(3)=2a+7=8$, $a=\frac{1}{2}$

step 3 $R(x)$를 구한 후 $R(4)$의 값 구하기

따라서 $R(x)=\frac{1}{2}(x-1)(x-2)+2x+1$이므로 $R(x)$를 $x-4$로 나누었을 때의 나머지는 $R(4)=\frac{1}{2}\times3\times2+8+1=12$

답 ②

32

자연수 n에 대하여 두 다항식 $f(x)$, $g(x)$가

$f(x)=x^3+(2n+3)x^2+5x-2(n^2+n-1)$

$g(x)=x^2+3x-n$

이고 $f(x)$와 $g(x)$가 모두 $x-a$로 나누어떨어질 때, a^2+3a+n의 값은? (단, a는 상수이다.)

① 1 ✓② 2 ③ 3
④ 4 ⑤ 5

step 1 $f(x)$를 $g(x)$로 나누기

$f(x)$를 $g(x)$로 나누면 다음과 같으므로

$$\begin{array}{r|l} & x+2n \\ x^2+3x-n & x^3+(2n+3)x^2+5x-2(n^2+n-1) \\ & x^3+3x^2 \quad -nx \\ \hline & 2nx^2+(n+5)x-2(n^2+n-1) \\ & 2nx^2+6nx \quad -2n^2 \\ \hline & (5-5n)x-2n+2 \end{array}$$

$f(x)=(x+2n)g(x)+(5-5n)x-2n+2$

$=(x+2n)g(x)-(n-1)(5x+2)$ …… ㉠

이때 $f(x)$와 $g(x)$가 모두 $x-a$로 나누어떨어지므로

$f(a)=g(a)=0$

따라서 ㉠의 양변에 $x=a$를 대입하면

$-(n-1)(5a+2)=0$, $(n-1)(5a+2)=0$

즉, $n-1=0$ 또는 $5a+2=0$이다.

step 2 n, a의 값 구하기

(i) $n=1$일 때

$g(a)=a^2+3a-1=0$에서 $a^2+3a=1$

따라서 $a^2+3a+n=2$이다.

(ii) $a=-\frac{2}{5}$일 때

$g\left(-\frac{2}{5}\right)=\left(-\frac{2}{5}\right)^2+3\left(-\frac{2}{5}\right)-n=0$에서 $n=-\frac{26}{25}$

즉, 모순이다.

(i), (ii)에 의하여 $a^2+3a+n=2$

답 ②

33

다항식 $f(x)$가 x로 나누어떨어지고 그 때의 몫을 $g(x)$라 하자. 다항식 $g(x)$가 $x-1$로 나누어떨어지고 그 때의 몫과 다항식 $h(x)$가 x로 나누어떨어지고 그 때의 몫이 모두 $i(x)$로 같다. 다항식 $g(x)$를 x로 나누었을 때의 나머지가 -4, 다항식 $h(x)$를 $x-1$로 나누었을 때의 나머지가 2이다. 다항식 $f(x)$의 차수가 최소일 때, $f(x)$를 $x-4$로 나눈 나머지는? (단, $i(x)$는 상수가 아니다.)

① -16 ② -24 ③ -32
④ -40 ✓⑤ -48

step 1 $f(x)$, $g(x)$, $h(x)$를 나눗셈의 식으로 나타내기

다항식 $f(x)$가 x로 나누어떨어지고 그 때의 몫이 $g(x)$이므로

$f(x)=xg(x)$ …… ㉠

다항식 $g(x)$가 $x-1$로 나누어떨어지고 그 때의 몫이 $i(x)$, 다항식 $h(x)$가 x로 나누어떨어지고 그 때의 몫도 $i(x)$이므로

$g(x)=(x-1)i(x)$ …… ㉡

$h(x)=xi(x)$ …… ㉢

step 2 $g(0)$, $h(1)$의 값 구하기

또한, $g(x)$를 x로 나누었을 때의 나머지가 -4이므로

$g(0)=-4$ …… ㉣

다항식 $h(x)$를 $x-1$로 나누었을 때의 나머지가 2이므로

$h(1)=2$ …… ㉤

step 3 $i(x)$의 차수를 결정한 후 $i(x)$ 구하기

따라서 ㉠, ㉡에서 $f(x)=xg(x)=x(x-1)i(x)$

이고 $f(x)$의 차수가 최소이기 위해서는 $i(x)$의 차수가 최소이어야 하므로 $i(x)=px+q$ ($p\neq0$인 상수, q는 상수)라 하면

㉡, ㉣에서 $g(0)=-i(0)=-4$, $i(0)=4$

㉢, ㉤에서 $h(1)=i(1)=2$

이므로 $i(0)=q=4$이고 $i(1)=p+q=p+4=2$에서 $p=-2$

즉, $i(x)=-2x+4$이다.

step 4 $f(4)$의 값 구하기

따라서 $f(x)=x(x-1)(-2x+4)$이므로

$f(x)$를 $x-4$로 나눈 나머지는

$f(4)=4\times3\times(-4)=-48$

답 ⑤

34

다항식 $f(x)=2x^3+ax^2+bx-3$이 $(x+1)^2$으로 나누어떨어질 때, 다항식 $f(x)$를 $-x+a+b$로 나누었을 때의 나머지는? (→ $f(-1)=0$)

(단, a, b는 상수이다.)

✓① -36 ② -32 ③ -28
④ -24 ⑤ -20

step 1 a, b 사이의 관계식 구하기

$f(x)=2x^3+ax^2+bx-3$을 $(x+1)^2$으로 나누었을 때의 몫을 $Q(x)$라 하면 나누어떨어지므로

$2x^3+ax^2+bx-3=(x+1)^2Q(x)$ ······ ㉠

등식 ㉠은 x에 대한 항등식이므로 $x=-1$을 대입하면

$-2+a-b-3=0$, $b=a-5$ ······ ㉡

step 2 a, b의 값 구하기

이때 $f(x)=2x^3+ax^2+(a-5)x-3$을 $(x+1)^2$, 즉 x^2+2x+1로 나누면 다음과 같다.

$$\begin{array}{r|llll} & 2x & +(a-4) & & \\ \hline x^2+2x+1 & 2x^3+ & ax^2+ & (a-5)x-3 & \\ & 2x^3+ & 4x^2+ & 2x & \\ \hline & & (a-4)x^2+ & (a-7)x-3 & \\ & & (a-4)x^2+ & (2a-8)x+a-4 & \\ \hline & & & (-a+1)x-a+1 & \end{array}$$

다항식 $f(x)$가 $(x+1)^2$으로 나누어떨어지므로 나머지는 0이다.

즉, $(-a+1)x-a+1=0$이 x에 대한 항등식이어야 하므로 $a=1$이고, 이 값을 ㉡에 대입하면 $b=-4$이다.

step 3 $f(-3)$의 값 구하기

따라서 $f(x)=2x^3+x^2-4x-3$이므로

다항식 $f(x)$를 $-x+a+b=-x+1+(-4)=-x-3$으로 나누었을 때의 나머지는 $f(-3)=-54+9+12-3=-36$ 답 ①

35

두 다항식 x^3+2x^2+ax-2와 x^3-2x^2+bx+2가 모두 일차항의 계수가 1이고 상수항이 0이 아닌 두 일차식 $f(x)$, $g(x)$를 인수로 가질 때, 두 상수 a, b에 대하여 a^2+b^2의 값은? (단, $f(x)\neq g(x)$)

① 1 ✓② 2 ③ 3
④ 4 ⑤ 5

step 1 $P(x)+Q(x)$, $P(x)-Q(x)$의 식 구하기

$P(x)=x^3+2x^2+ax-2$, $Q(x)=x^3-2x^2+bx+2$라 하면 두 다항식 $P(x)$, $Q(x)$가 모두 두 일차다항식 $f(x)$, $g(x)$를 인수로 가지므로 두 일차다항식 $P_1(x)$, $Q_1(x)$에 대하여

$P(x)=f(x)g(x)P_1(x)$, $Q(x)=f(x)g(x)Q_1(x)$

으로 나타낼 수 있다. 이때 ↳ $P(x)$, $Q(x)$가 삼차식이고, $f(x)$, $g(x)$가 모두 일차식이므로 $P_1(x)$, $Q_1(x)$도 모두 일차식이다.

$P(x)+Q(x)=f(x)g(x)P_1(x)+f(x)g(x)Q_1(x)$

$=f(x)g(x)\{P_1(x)+Q_1(x)\}$

$P(x)-Q(x)=f(x)g(x)P_1(x)-f(x)g(x)Q_1(x)$

$=f(x)g(x)\{P_1(x)-Q_1(x)\}$

이므로 두 다항식 $P(x)+Q(x)$, $P(x)-Q(x)$도 모두 두 일차다항식 $f(x)$, $g(x)$를 인수로 갖는다.

$P(x)+Q(x)=(x^3+2x^2+ax-2)+(x^3-2x^2+bx+2)$

$=2x^3+(a+b)x=2x\left(x^2+\dfrac{a+b}{2}\right)$

$P(x)-Q(x)=(x^3+2x^2+ax-2)-(x^3-2x^2+bx+2)$

$=4x^2+(a-b)x-4=4\left(x^2+\dfrac{a-b}{4}x-1\right)$

step 2 a^2+b^2의 값 구하기

이때 $f(x)$, $g(x)$가 모두 일차항의 계수가 1이고 상수항이 0이 아닌 일차다항식이므로 $f(x)\neq x$, $g(x)\neq x$이다. 따라서

$f(x)g(x)=x^2+\dfrac{a+b}{2}=x^2+\dfrac{a-b}{4}x-1$

이고 이 식은 x에 대한 항등식이므로 $\dfrac{a-b}{4}=0$, $\dfrac{a+b}{2}=-1$

두 식을 연립하여 풀면 $a=b=-1$

따라서 $a^2+b^2=(-1)^2+(-1)^2=2$ 답 ②

36

다음은 다항식 ax^3+bx^2+cx+d를 $(x-1)(x-2)$로 나누었을 때의 몫 $Q(x)$와 나머지 $R(x)$를 구하기 위해 조립제법을 2번 이용하는 과정이다. $Q(b)+R(c)$의 값을 구하시오. 32

(단, a, b, c, d는 상수이다.)

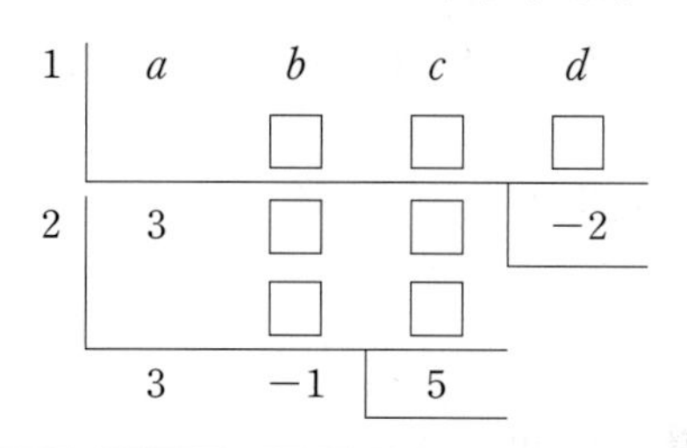

step 1 a, b, c, d 및 빈칸에 알맞은 수 구하기

조립제법을 이용하여 a, b, c, d 및 빈칸에 알맞은 수를 구하면 다음과 같다.

$$\begin{array}{r|rrrr} 1 & 3 & -10 & 14 & -9 \\ & & 3 & -7 & 7 \\ \hline 2 & 3 & -7 & 7 & -2 \\ & & 6 & -2 & \\ \hline & 3 & -1 & 5 & \end{array}$$

따라서 $a=3$, $b=-10$, $c=14$, $d=-9$

step 2 $Q(x)$, $R(x)$를 구한 후 $Q(b)+R(c)$의 값 구하기

이때

ax^3+bx^2+cx+d

$=3x^3-10x^2+14x-9$

$=(x-1)(3x^2-7x+7)-2$

$=(x-1)\{(x-2)(3x-1)+5\}-2$

$=(x-1)(x-2)(3x-1)+5(x-1)-2$

$=(x-1)(x-2)(3x-1)+5x-7$

이므로 $Q(x)=3x-1$, $R(x)=5x-7$

따라서 $Q(b)+R(c)=Q(-10)+R(14)=-31+63=32$ 답 32

37

구차식 ↳ $f(1)=\dfrac{2}{1}$, $f(2)=\dfrac{3}{2}$, $f(3)=\dfrac{4}{3}$, $\cdots$, $f(10)=\dfrac{11}{10}$

$f(x)$가 1부터 10까지의 모든 자연수 n에 대하여

$f(n)=\dfrac{n+1}{n}$을 만족시키고 $f(11)=1$일 때,

$f(-1)+f(12)=\dfrac{q}{p}$이다. $p+q$의 값을 구하시오. 73

(단, p와 q는 서로소인 자연수이다.)

step 1 주어진 조건을 이용하여 $x-1$, $x-2$, $\cdots$, $x-10$을 모두 인수로 갖는 식 세우기

구차다항식 $f(x)$는 1부터 10까지의 모든 자연수 n에 대하여

$f(n)=\dfrac{n+1}{n}$, 즉 $nf(n)-(n+1)=0$을 만족시킨다.

$g(x)=xf(x)-(x+1)$ → $f(x)$가 구차다항식이므로 $g(x)$는 십차다항식이다.

이라 하면 $g(x)$는 십차다항식이고

$g(1)=g(2)=g(3)=\cdots=g(10)=0$

이므로 인수정리에 의해 0이 아닌 상수 a에 대하여

$g(x)=a(x-1)(x-2)(x-3)\cdots(x-10)$

으로 나타낼 수 있다.

step 2 a의 값 구하기

따라서

$xf(x)-(x+1)=a(x-1)(x-2)(x-3)\cdots(x-10)$

$xf(x)=a(x-1)(x-2)(x-3)\cdots(x-10)+(x+1)$ …… ㉠

㉠의 양변에 $x=11$을 대입하면 $f(11)=1$이므로

$11f(11)=a\times10\times9\times8\times\cdots\times1+12$

$11=a\times10\times9\times8\times\cdots\times1+12$

$1\times2\times3\times\cdots\times10\times a=-1$

$a=-\dfrac{1}{1\times2\times3\times\cdots\times10}$

step 3 $f(-1)+f(12)$의 값 구하기

따라서

$f(x)=-\dfrac{(x-1)(x-2)(x-3)\cdots(x-10)}{1\times2\times3\times\cdots\times10\times x}+\dfrac{x+1}{x}$

이므로

$f(-1)=-\dfrac{(-2)\times(-3)\times(-4)\times\cdots\times(-11)}{1\times2\times3\times\cdots\times10\times(-1)}+0=11$

$f(12)=-\dfrac{11\times10\times9\times\cdots\times2}{1\times2\times3\times\cdots\times10\times12}+\dfrac{13}{12}=\dfrac{1}{6}$

따라서 $f(-1)+f(12)=11+\dfrac{1}{6}=\dfrac{67}{6}$이므로

$p=6$, $q=67$이고

$p+q=6+67=73$

답 73

1등급을 넘어서는 상위 1%

본문 25쪽

38

두 다항식 $F(x)=x^4+x^3+x^2+x+1$, $G(x)=x^3-x^2-x+1$에 대하여 $F(x)$를 $G(x)$로 나눈 나머지를 $R_1(x)$, $G(x)$를 $R_1(x)$로 나눈 나머지를 $R_2(x)$라 하자. $\alpha^5=1$을 만족시키는 1이 아닌 α에 대하여 $G(\alpha)(2\alpha^2+\alpha+2)$의 값은?

① 1 ② 2 ③ 3
④ 4 ✓⑤ 5

문항 파헤치기

$F(x)$를 $G(x)$로 직접 나누어 본다.

실수 point 찾기

$\alpha^5=1$에서 $\alpha^5-1=0$이고 $(\alpha-1)(\alpha^4+\alpha^3+\alpha^2+\alpha+1)=0$이다.

문제풀이

step 1 $F(\alpha)$의 값 구하기

$F(x)=x^4+x^3+x^2+x+1$에서

$(x-1)F(x)=(x-1)(x^4+x^3+x^2+x+1)=x^5-1$

따라서 위의 식에 $x=\alpha$를 대입하면

$(\alpha-1)F(\alpha)=\alpha^5-1=0$

그런데, $\alpha\neq1$이므로 $F(\alpha)=0$

step 2 $F(x)$를 $G(x)$로 나눈 나눗셈의 식 구하기

또한,

$$\begin{array}{r|l} & x+2 \\ x^3-x^2-x+1 & x^4+x^3+x^2+x+1 \\ & x^4-x^3-x^2+x \\ \hline & 2x^3+2x^2+1 \\ & 2x^3-2x^2-2x+2 \\ \hline & 4x^2+2x-1 \end{array}$$

에서 $F(x)=(x+2)G(x)+R_1(x)$이다.

이 식에 $x=\alpha$를 대입하면 $F(\alpha)=(\alpha+2)G(\alpha)+R_1(\alpha)=0$

즉, $R_1(\alpha)=-(\alpha+2)G(\alpha)$

step 3 $G(x)$를 $R_1(x)$로 나눈 나눗셈의 식 구하기

또한,

$$\begin{array}{r|l} & \frac{1}{4}x-\frac{3}{8} \\ 4x^2+2x-1 & x^3-x^2-x+1 \\ & x^3+\frac{1}{2}x^2-\frac{1}{4}x \\ \hline & -\frac{3}{2}x^2-\frac{3}{4}x+1 \\ & -\frac{3}{2}x^2-\frac{3}{4}x+\frac{3}{8} \\ \hline & \frac{5}{8} \end{array}$$

에서 $G(x)=R_1(x)\times\left(\dfrac{1}{4}x-\dfrac{3}{8}\right)+\dfrac{5}{8}=\dfrac{1}{8}(2x-3)R_1(x)+\dfrac{5}{8}$이다.

step 4 $G(\alpha)(2\alpha^2+\alpha+2)$의 값 구하기

이 식에 $x=\alpha$를 대입하면

$G(\alpha)=\dfrac{1}{8}(2\alpha-3)R_1(\alpha)+\dfrac{5}{8}$

$=-\dfrac{1}{8}(2\alpha-3)(\alpha+2)G(\alpha)+\dfrac{5}{8}$

$G(\alpha)\left\{1+\dfrac{1}{8}(2\alpha-3)(\alpha+2)\right\}=\dfrac{5}{8}$

따라서 $G(\alpha)(2\alpha^2+\alpha+2)=5$

답 ⑤

인수분해

기출에서 찾은 내신 필수 문제 본문 28~29쪽

01 ④	02 ①	03 ①	04 ④	05 ①
06 ②	07 ③	08 ②	09 ⑤	10 풀이 참조
11 5				

01 $4x^2+y^2+9z^2+4xy-6yz-12zx$
$=(2x)^2+y^2+(-3z)^2+2(2x)y+2y(-3z)+2(-3z)(2x)$
$=(2x+y-3z)^2$
따라서 $P=2x+y$이므로 $P^2=(2x+y)^2=4x^2+4xy+y^2$
다항식 P^2의 모든 항의 계수의 합은
$4+4+1=9$ 답 ④

02 $8x^3-36x^2y+54xy^2-27y^3$
$=(2x)^3-3\times(2x)^2\times3y+3\times2x\times(3y)^2-(3y)^3$
$=(2x-3y)^3$
이므로 $a=2$, $b=-3$
따라서 $ab=-6$ 답 ①

03 $x^4y+8xy=xy(x^3+8)$
$=xy(x^3+2^3)$
$=xy(x+2)(x^2-2x+4)$ 답 ①

04 $x^2+4x=X$라 하면
$(x^2+4x+2)(x^2+4x-11)-14$
$=(X+2)(X-11)-14$
$=X^2-9X-36$
$=(X+3)(X-12)$
$=(x^2+4x+3)(x^2+4x-12)$
$=(x+1)(x+3)(x+6)(x-2)$
$=(x+a)(x+b)(x+c)(x+d)$
이므로 a, b, c, d의 값은 각각 1, 3, 6, -2 중 하나이다.
이때 $abc-d$의 값은 a, b, c의 값이 각각 1, 3, 6 중 하나이고 $d=-2$일 때 최대이고 그 값은
$1\times3\times6-(-2)=20$ 답 ④

05 $f(x)=(x+1)(x+2)(x+3)(x+4)+a$
$=\{(x+1)(x+4)\}\{(x+2)(x+3)\}+a$
$=(x^2+5x+4)(x^2+5x+6)+a$
이때 $x^2+5x=X$라 하면
$f(x)=(X+4)(X+6)+a$
$=X^2+10X+a+24$
$=(X+5)^2+a-1$
이고 $f(x)$는 이차의 완전제곱식으로 인수분해되므로
$a-1=0$, 즉 $a=1$
따라서 다항식 $f(x)$를 $x-2$로 나누었을 때의 나머지는
$f(2)=3\times4\times5\times6+1=361$ 답 ①

06 x^4+5x^2+9
$=x^4+6x^2+9-x^2=(x^2+3)^2-x^2$
$=\{(x^2+3)+x\}\{(x^2+3)-x\}$
$=(x^2+x+3)(x^2-x+3)$
따라서 다항식 x^4+5x^2+9의 인수인 것은 x^2+x+3이다. 답 ②

07 $f(x)=x^3+8x^2+11x+k$라 하면
다항식 $x^3+8x^2+11x+k$의 한 인수가 $x-1$이므로 인수정리에 의해
$f(1)=1+8+11+k=0$, $k=-20$
다항식 $f(x)$를 $x-1$로 나누었을 때의 몫을 조립제법을 이용하여 구하면 다음과 같다.

1	1	8	11	−20
		1	9	20
	1	9	20	0

$f(x)=(x-1)(x^2+9x+20)=(x-1)(x+4)(x+5)$
따라서 $a=4$, $b=5$ 또는 $a=5$, $b=4$이므로
$k+a+b=-20+4+5=-11$ 답 ③

08 직육면체의 부피는 (직육면체의 밑면의 넓이)$\times$(높이)이므로
$x+2$는 $2x^3+7x^2+7x+2$의 인수이다.

−2	2	7	7	2
		−4	−6	−2
	2	3	1	0

즉, $f(x)=2x^2+3x+1=(2x+1)(x+1)$이므로
$f(x)$의 인수인 것은 $2x+1$이다. 답 ②

09 $f(x)=2x^4-x^3-14x^2-5x+6$이라 하면
$f(-1)=2\times(-1)^4-(-1)^3-14\times(-1)^2-5\times(-1)+6=0$
$f(-2)=2\times(-2)^4-(-2)^3-14\times(-2)^2-5\times(-2)+6=0$
이므로 인수정리에 의해 $f(x)$는 $x+1$과 $x+2$를 모두 인수로 갖는다.
다항식 $f(x)$를 $x+1$로 나누었을 때의 몫과 그 몫을 $x+2$로 나누었을 때의 몫을 조립제법을 두 번 이용하여 구하면 다음과 같다.

−1	2	−1	−14	−5	6
		−2	3	11	−6
−2	2	−3	−11	6	0
		−4	14	−6	
	2	−7	3	0	

$f(x)=(x+1)(2x^3-3x^2-11x+6)$
$=(x+1)(x+2)(2x^2-7x+3)$
$=(x+1)(x+2)(2x-1)(x-3)$
따라서 네 일차식 A, B, C, D는 각각 $x+1$, $x+2$, $2x-1$, $x-3$ 중 하나이므로
$A+B+C+D=(x+1)+(x+2)+(2x-1)+(x-3)$
$=5x-1$ 답 ⑤

10 $a^3b-a^3c-b^4+b^3c=(b-c)a^3-b^3(b-c)$

$=(b-c)(a^3-b^3)$

$=(b-c)(a-b)(a^2+ab+b^2)=0$

·· (가)

이때 $a^2+ab+b^2=\left(a+\frac{b}{2}\right)^2+\frac{3}{4}b^2>0$이므로

$b-c=0$ 또는 $a-b=0$

즉, $a=b$ 또는 $b=c$이므로 삼각형은 이등변삼각형 또는 정삼각형이다.

·· (나)

단계	채점 기준	비율
(가)	인수분해를 한 경우	50 %
(나)	삼각형의 모양을 구한 경우	50 %

11 $f(x)=x^3+(k+5)x^2+(5k+6)x+6k$라 하면

$f(-2)=(-2)^3+(k+5)\times(-2)^2+(5k+6)\times(-2)+6k=0$

이므로 인수정리에 의해 $f(x)$는 $x+2$를 인수로 갖는다.

·· (가)

다항식 $f(x)$를 $x+2$로 나누었을 때의 몫을 조립제법을 이용하여 구하면 다음과 같다.

-2	1	$k+5$	$5k+6$	$6k$
		-2	$-2k-6$	$-6k$
	1	$k+3$	$3k$	0

$f(x)=(x+2)\{x^2+(k+3)x+3k\}$

$=(x+2)(x+3)(x+k)$

·· (나)

이때 다항식 $f(x)$를 인수분해한 것이 $(x+a)^2(x+b)$의 꼴이 되도록 하는 상수 k의 값은 2 또는 3이다.

따라서 구하는 모든 상수 k의 값의 합은 $2+3=5$

·· (다)

답 5

단계	채점 기준	비율
(가)	주어진 다항식의 한 인수를 구한 경우	30 %
(나)	주어진 다항식을 세 일차식의 곱으로 인수분해한 경우	40 %
(다)	모든 실수 k의 값의 합을 구한 경우	30 %

내신 고득점 도전 문제

본문 30~31쪽

12 $-(a-b-c)^2$ **13** ③ **14** ① **15** ①
16 ③ **17** ③ **18** ⑤ **19** ② **20** ③
21 201 **22** 56

12 $a(b+c-a)+b(c+a-b)+c(a+b-c)-4bc$

$=-a^2+2(b+c)a-b^2-2bc-c^2$

$=-\{a^2-2(b+c)a+(b+c)^2\}$

$=-(a-b-c)^2$ 답 $-(a-b-c)^2$

13 $f(x, y)+f(y, z)+f(z, x)$

$=xy(x-y)+yz(y-z)+zx(z-x)$

$=x^2y-xy^2+y^2z-yz^2+z^2x-zx^2$

$=(y-z)x^2-(y^2-z^2)x+yz(y-z)$

$=(y-z)x^2-(y-z)(y+z)x+yz(y-z)$

$=(y-z)\{x^2-(y+z)x+yz\}$

$=(y-z)(x-y)(x-z)$

$=(x-y)(y-z)(x-z)$ 답 ③

14 $a^3-1=(a-1)(a^2+a+1)$에서 $a^3=(a-1)(a^2+a+1)+1$이므로

$99(100^2+100+1)+199(200^2+200+1)+2$

$=\{99(100^2+100+1)+1\}+\{199(200^2+200+1)+1\}$

$=\{(100-1)(100^2+100+1)+1\}+\{(200-1)(200^2+200+1)+1\}$

$=100^3+200^3$

$=(100+200)(100^2-100\times200+200^2)$

$=300\times30000$ 답 ①

15 $x+n=X$라 하면

$(x+n)(x+n+1)(x+n+2)(x+n+3)+k$

$=X(X+1)(X+2)(X+3)+k$

$=X(X+3)(X+1)(X+2)+k$

$=(X^2+3X)(X^2+3X+2)+k$

$=(X^2+3X)^2+2(X^2+3X)+1+k-1$

$=(X^2+3X+1)^2+k-1$

$=\{(x+n)^2+3(x+n)+1\}^2+k-1$

$=\{x^2+(2n+3)x+n^2+3n+1\}^2+k-1$

이므로 이 식이 x에 대한 이차의 완전제곱식이 되려면 $k-1=0$이어야 한다. 따라서 $k=1$ 답 ①

16 $2x^2(x+3)^2+5x^2+15x+2$

$=2\{x(x+3)\}^2+5(x^2+3x)+2$

$=2(x^2+3x)^2+5(x^2+3x)+2$

이므로 $x^2+3x=X$라 하면

$2X^2+5X+2=(2X+1)(X+2)$

$=\{2(x^2+3x)+1\}(x^2+3x+2)$

$=(2x^2+6x+1)(x+1)(x+2)$

$f(x)=x+2$, $g(x)=x+1$, $h(x)=2x^2+6x+1$ 또는

$f(x)=x+1$, $g(x)=x+2$, $h(x)=2x^2+6x+1$

이라 하면

$h(x)-f(x)g(x)$

$=2x^2+6x+1-(x+2)(x+1)$

$=2x^2+6x+1-(x^2+3x+2)$

$=x^2+3x-1$ 답 ③

17 $x+\frac{2}{3}=X$라 하면

$27\left(x+\frac{2}{3}\right)^3+9\left(x+\frac{2}{3}\right)^2+\left(x+\frac{2}{3}\right)+\frac{1}{27}$

$=27X^3+9X^2+X+\frac{1}{27}$

$=(3X)^3+3\times(3X)^2\times\frac{1}{3}+3\times3X\times\left(\frac{1}{3}\right)^2+\left(\frac{1}{3}\right)^3$

$=\left(3X+\frac{1}{3}\right)^3$

$=\left\{3\left(x+\frac{2}{3}\right)+\frac{1}{3}\right\}^3=\left(3x+\frac{7}{3}\right)^3$

답 ③

18 $f(x)=x^4+ax+b$라 하면 $f(x)=(x-3)^2Q(x)$이므로 $f(3)=0$이다.

$f(3)=81+3a+b=0$에서 $b=-3a-81$

$f(x)=x^4+ax-3a-81$을 $(x-3)^2$으로 나누었을 때의 몫을 조립제법을 이용하여 구하면 다음과 같다.

3	1	0	0	a	$-3a-81$
		3	9	27	$3a+81$
3	1	3	9	$a+27$	0
		3	18	81	
	1	6	27	$a+108$	

$f(x)=(x-3)(x^3+3x^2+9x+a+27)$

$=(x-3)\{(x-3)(x^2+6x+27)+a+108\}$

$=(x-3)^2(x^2+6x+27)+(x-3)(a+108)$

이므로 $a+108=0$, $a=-108$

$b=-3a-81=-3\times(-108)-81=243$

따라서 $a+b=-108+243=135$

답 ⑤

19 다항식 $f(x)=x^4+ax^3-bx-1$이 $x+1$을 인수로 가지므로

-1	1	a	0	$-b$	-1
		-1	$-a+1$	$a-1$	$-a+b+1$
	1	$a-1$	$-a+1$	$a-b-1$	$-a+b$

따라서 $-a+b=0$이므로 $b=a$

즉, $f(x)=(x+1)\{x^3+(a-1)x^2+(-a+1)x-1\}$이므로 다시 조립제법에 의하여

1	1	$a-1$	$-a+1$	-1
		1	a	1
	1	a	1	0

$f(x)=(x+1)\{x^3+(a-1)x^2+(-a+1)x-1\}$

$=(x+1)(x-1)(x^2+ax+1)$

따라서 항상 성립하는 것은 $f(1)=0$이다.

답 ②

20 ㄱ. $h(x)=\{f(x)+g(x)\}^3+\{f(x)-g(x)\}^3$

$=\{f(x)\}^3+3\{f(x)\}^2g(x)+3f(x)\{g(x)\}^2+\{g(x)\}^3$

$+\{f(x)\}^3-3\{f(x)\}^2g(x)+3f(x)\{g(x)\}^2-\{g(x)\}^3$

$=2\{f(x)\}^3+6f(x)\{g(x)\}^2$

$=2f(x)[\{f(x)\}^2+3\{g(x)\}^2]$

따라서 $h(x)$는 $f(x)$를 인수로 갖는다. (참)

ㄴ. $h(x)=2f(x)[\{f(x)\}^2+3\{g(x)\}^2]$에서

$h(\alpha)=2f(\alpha)[\{f(\alpha)\}^2+3\{g(\alpha)\}^2]=0$

즉, $f(\alpha)=0$ 또는 $\{f(\alpha)\}^2+3\{g(\alpha)\}^2=0$이므로

$f(\alpha)=0$ (참)

ㄷ. (반례) $f(x)=x^2$, $g(x)=x-1$이라 하면

$h(x)=2x^2(x^4+3x^2-6x+3)$

이므로 $h(0)=0$이지만 $g(0)=-1$이다. (거짓)

이상에서 옳은 것은 ㄱ, ㄴ이다.

답 ③

21 $x+99=X$라 하면

$(x+99)(x+100)(x+101)(x+102)-24$

$=X(X+1)(X+2)(X+3)-24$

$=\{X(X+3)\}\{(X+1)(X+2)\}-24$

$=(X^2+3X)(X^2+3X+2)-24$

$=(X^2+3X)^2+2(X^2+3X)-24$

$=\{(X^2+3X)-4\}\{(X^2+3X)+6\}$

$=(X+4)(X-1)(X^2+3X+6)$

.... (가)

$X=x+99$를 대입하면

$(x+99)(x+100)(x+101)(x+102)-24$

$=(X+4)(X-1)(X^2+3X+6)$

$=(x+103)(x+98)\{(x+99)^2+3(x+99)+6\}$

이때 X^2+3X+6은 계수가 실수인 두 일차식의 곱으로 인수분해되지 않으므로 $a=103$, $b=98$ 또는 $a=98$, $b=103$

.... (나)

따라서 $a+b=103+98=201$

.... (다)

답 201

단계	채점 기준	비율
(가)	치환을 이용하여 주어진 식을 인수분해한 경우	50 %
(나)	a, b의 값을 구한 경우	40 %
(다)	$a+b$의 값을 구한 경우	10 %

22 $f(x)=x^3+7x^2+14x+8$이라 하면

$f(-1)=-1+7-14+8=0$이므로 다항식 $f(x)$는 $x+1$을 인수로 갖는다. $f(x)$를 $x+1$로 나누었을 때의 몫을 조립제법을 이용하여 구하면 다음과 같다.

-1	1	7	14	8
		-1	-6	-8
	1	6	8	0

$f(x)=(x+1)(x^2+6x+8)=(x+1)(x+2)(x+4)$

.... (가)

이때 직육면체의 가로의 길이, 세로의 길이, 높이가 모두 최고차항의 계수가 1인 x에 대한 일차식이므로 가로의 길이, 세로의 길이, 높이는 각각

$x+1$, $x+2$, $x+4$ 중 하나이다.

.... (나)

따라서 직육면체의 겉넓이는

$2\{(x+1)(x+2)+(x+2)(x+4)+(x+4)(x+1)\}$

$=2\{(x^2+3x+2)+(x^2+6x+8)+(x^2+5x+4)\}$

$=6x^2+28x+28$

이므로 $a=28$, $b=28$

그러므로 $a+b=28+28=56$

.... (다)

답 56

단계	채점 기준	비율
(가)	인수정리와 조립제법을 이용하여 $f(x)$를 인수분해한 경우	40 %
(나)	가로의 길이, 세로의 길이, 높이를 구한 경우	20 %
(다)	$a+b$의 값을 구한 경우	40 %

변별력을 만드는 1등급 문제

본문 32~34쪽

23 5 **24** 9 **25** ② **26** ② **27** 240
28 ④ **29** 풀이참조 **30** 9 **31** ② **32** ①
33 178 **34** ⑤ **35** ②
36 $(x^2+x-y+1)(x^2-x+y+1)$ **37** ⑤

23

1보다 큰 자연수 n에 대하여 $\frac{3^{48}-2^{48}}{3^{32}+6^{16}+2^{32}}$은 n의 배수이다. n의 최솟값을 구하시오. 5

step 1 $\frac{3^{48}-2^{48}}{3^{32}+6^{16}+2^{32}}$의 값 구하기

$3^{48}-2^{48}$

$=(3^{16})^3-(2^{16})^3$

$=(3^{16}-2^{16})\{(3^{16})^2+3^{16}\times2^{16}+(2^{16})^2\}$

$=(3^8-2^8)(3^8+2^8)(3^{32}+6^{16}+2^{32})$ ↳ $a^3-b^3=(a-b)(a^2+ab+b^2)$

$=(3^4-2^4)(3^4+2^4)(3^8+2^8)(3^{32}+6^{16}+2^{32})$

$=(3^2-2^2)(3^2+2^2)(3^4+2^4)(3^8+2^8)(3^{32}+6^{16}+2^{32})$

$=(3-2)(3+2)(3^2+2^2)(3^4+2^4)(3^8+2^8)(3^{32}+6^{16}+2^{32})$

$=5(3^2+2^2)(3^4+2^4)(3^8+2^8)(3^{32}+6^{16}+2^{32})$

이므로

$\frac{3^{48}-2^{48}}{3^{32}+6^{16}+2^{32}}=5(3^2+2^2)(3^4+2^4)(3^8+2^8)$ ...... ㉠

step 2 1보다 큰 자연수 n의 최솟값 구하기

이때 5, 3^2+2^2, 3^4+2^4, 3^8+2^8이 모두 홀수이므로 ㉠은 홀수이다.

따라서 ㉠은 2의 배수도 아니고 4의 배수도 아니다.

또한 5, 3^2+2^2, 3^4+2^4, 3^8+2^8이 모두 3의 배수가 아니므로 ㉠은 3의 배수가 아니다. ↳ 2^2, 2^4, 2^8은 모두 3의 배수가 아니다.

이때 ㉠은 5의 배수이므로 1보다 큰 자연수 n의 최솟값은 5이다. 답 5

24

$x+y=a$, $2(x-y)=b$일 때, $\frac{2x^3+6xy^2}{8a^3+b^3}=\frac{q}{p}$이다. 서로소인 두 자연수 p, q에 대하여 $p+q$의 값을 구하시오. (단, $8a^3+b^3\neq0$) 9

step 1 $\frac{2x^3+6xy^2}{8a^3+b^3}$의 값 구하기

$x+y=a$, $2(x-y)=b$에서 $x+y=a$, $x-y=\frac{b}{2}$이므로

$\frac{2x^3+6xy^2}{8a^3+b^3}$

$=\frac{(x^3+3xy^2)+(x^3+3xy^2)}{8a^3+b^3}$

$=\frac{(x^3+3x^2y+3xy^2+y^3)+(x^3-3x^2y+3xy^2-y^3)}{8a^3+b^3}$

$=\frac{(x+y)^3+(x-y)^3}{8a^3+b^3}=\frac{a^3+\left(\frac{b}{2}\right)^3}{8a^3+b^3}$

$=\frac{8a^3+b^3}{8(8a^3+b^3)}=\frac{1}{8}$

step 2 $p+q$의 값 구하기

따라서 $p=8$, $q=1$이므로 $p+q=9$ 답 9

25

999936을 소인수분해하면 $a^s\times b^t\times c\times d$로 나타낼 수 있다. s, t는 1보다 큰 정수이고 $a<b<c<d$라 할 때, $s-t$의 값은?

① 6 ✓② 7 ③ 8
④ 9 ⑤ 10

step 1 인수분해를 이용하여 소인수분해하기

$999936=1000000-64$

$=10^6-2^6$

$=2^6(5^6-1)$

$=2^6(5^3-1)(5^3+1)$

$=2^6(5-1)(5^2+5+1)(5+1)(5^2-5+1)$

$=2^6\times4\times31\times6\times21$

$=2^6\times2^2\times31\times2\times3\times3\times7$

$=2^9\times3^2\times7\times31$

step 2 s, t의 값 구하기

따라서 $s=9$, $t=2$이므로 $s-t=7$ 답 ②

26

$a+b=3$, $b+c=5$일 때,

$ac^3-3a^2c^2+3a^3c-a^4+bc^3-3abc^2+3a^2bc-a^3b$

의 값은?

① 22 ✓② 24 ③ 26
④ 28 ⑤ 30

step 1 주어진 식 인수분해하기

$ac^3-3a^2c^2+3a^3c-a^4+bc^3-3abc^2+3a^2bc-a^3b$

$=a(c^3-3ac^2+3a^2c-a^3)+b(c^3-3ac^2+3a^2c-a^3)$

$=(a+b)(c^3-3ac^2+3a^2c-a^3)$

$=(a+b)(c-a)^3$

step 2 $c-a$의 값 구하기

이때

$a+b=3$ …… ㉠

$b+c=5$ …… ㉡

에서 ㉡−㉠을 하면

$c-a=2$

step 3 주어진 식의 값 구하기

따라서

$ac^3-3a^2c^2+3a^3c-a^4+bc^3-3abc^2+3a^2bc-a^3b$

$=(a+b)(c-a)^3$

$=3\times2^3=24$

답 ②

27

자연수 n에 대하여 그림과 같이 가로의 길이가 n^2+3n+2, 세로의 길이가 n^3+2n^2-1, 높이가 $2n^3+5n^2+n-2$인 직육면체 모양의 상자에 한 모서리의 길이가 $f(n)$인 정육면체 모양의 상자를 빈틈없이 넣는다고 할 때, 필요한 정육면체의 개수를 $g(n)$이라 하자. $g(n)$을 $f(n)-3$으로 나누었을 때의 나머지를 구하시오. 240

(단, 상자의 두께는 생각하지 않고, $f(n)$은 일차식이다.)

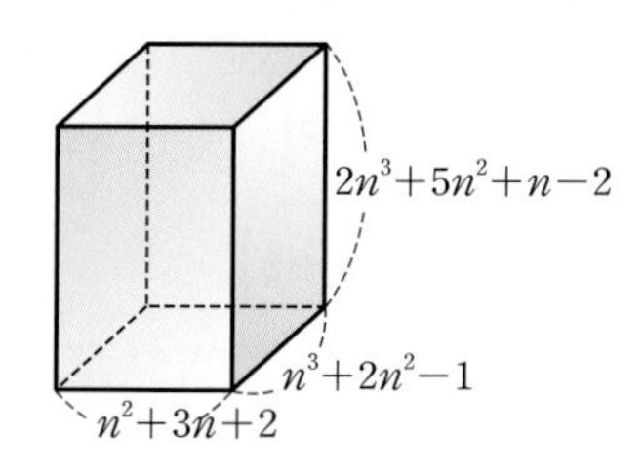

step 1 가로, 세로, 높이를 인수분해하기

$n^2+3n+2=(n+1)(n+2)$

이고 조립제법에 의하여 n^3+2n^2-1, $2n^3+5n^2+n-2$를 인수분해하면

$$\begin{array}{r|rrrr} -1 & 1 & 2 & 0 & -1 \\ & & -1 & -1 & 1 \\ \hline & 1 & 1 & -1 & 0 \end{array}$$

$$\begin{array}{r|rrrr} -1 & 2 & 5 & 1 & -2 \\ & & -2 & -3 & 2 \\ \hline & 2 & 3 & -2 & 0 \end{array}$$

$n^3+2n^2-1=(n+1)(n^2+n-1)$

$2n^3+5n^2+n-2=(n+1)(2n^2+3n-2)$

$=(n+1)(n+2)(2n-1)$

step 2 $f(n)$, $g(n)$ 구하기

정육면체의 모든 모서리의 길이는 같으므로

$f(n)=n+1$

또한, 정육면체의 개수는

$g(n)=(n+2)\times(n^2+n-1)\times(n+2)(2n-1)$

$=(n+2)^2(2n-1)(n^2+n-1)$

step 3 나머지 구하기

$g(n)$을 $f(n)-3=n-2$로 나눈 나머지는

$g(2)=4^2\times3\times5=240$

답 240

28

삼각형의 세 변의 길이 a, b, c에 대하여 등식

$$a^3-b^3+c^3=ab(a-b)+bc(b-c)+ca(c+a)$$

가 성립하고, 이 삼각형의 넓이가 36일 때, ab의 값은?

① 18 ② 36 ③ 54 ✓④ 72 ⑤ 90

step 1 주어진 등식을 인수분해하여 간단히 나타내기

(복잡한 식은 한 문자에 대하여 식을 정리한 후 인수분해한다.)

$a^3-b^3+c^3=ab(a-b)+bc(b-c)+ca(c+a)$에서

$a^3-b^3+c^3-ab(a-b)-bc(b-c)-ca(c+a)=0$

$a^3-b^3+c^3-a^2b+ab^2-b^2c+bc^2-c^2a-ca^2=0$

$a^3-(b+c)a^2+(b^2-c^2)a-b^2(b+c)+c^2(b+c)=0$

$a^3-(b+c)a^2+(b^2-c^2)a-(b^2-c^2)(b+c)=0$

$a^2(a-b-c)+(b^2-c^2)(a-b-c)=0$

$(a^2+b^2-c^2)(a-b-c)=0$

step 2 ab의 값 구하기

(삼각형의 두 변의 길이의 합은 나머지 한 변의 길이보다 크다.)

이때 a, b, c는 삼각형의 세 변의 길이이므로

$a<b+c$, 즉 $a-b-c<0$

따라서 $a^2+b^2=c^2$이므로 이 삼각형은 빗변의 길이가 c이고, 나머지 두 변의 길이가 a, b인 직각삼각형이다.

이때 삼각형의 넓이가 36이므로

$\frac{1}{2}ab=36$

따라서 $ab=72$

답 ④

29

$m>n$인 두 자연수 m, n에 대하여 $x^{2^m}-1$은 $x^{2^n}+1$을 인수로 가짐을 증명하시오. 풀이참조

step 1 인수분해하기

$x^{2^m}-1$

$=(x^{2^{m-1}}-1)(x^{2^{m-1}}+1)$

$=(x^{2^{m-2}}-1)(x^{2^{m-2}}+1)(x^{2^{m-1}}+1)$

$=(x^{2^{m-3}}-1)(x^{2^{m-3}}+1)(x^{2^{m-2}}+1)(x^{2^{m-1}}+1)$

…

과 같이 인수분해되므로 최종적으로 $x-1$과 $x^{2^k}+1$ ($k=0, 1, 2, \cdots, m-1$)의 $m+1$개의 인수를 갖는다.

step 2 $x^{2^m}-1$은 $x^{2^n}+1$을 인수로 가짐을 보이기

그런데 $m>n$이므로 $x^{2^k}+1$ 중에는 $x^{2^n}+1$인 것이 포함되어 있으므로 $x^{2^m}-1$은 $x^{2^n}+1$을 인수로 가진다.

답 풀이참조

30

$a \le b \le c$인 삼각형의 세 변의 길이 a, b, c가 모두 자연수이고, 등식

$$a^3+(3b-4)a^2+(3b^2-8b)a+b^3-4b^2=0$$

이 성립할 때, bc의 최댓값을 구하시오. 9

step 1 주어진 등식 인수분해하기

$a^3+(3b-4)a^2+(3b^2-8b)a+b^3-4b^2=0$에서

$a^3+3a^2b-4a^2+3ab^2-8ab+b^3-4b^2=0$

$(a^3+3a^2b+3ab^2+b^3)-4(a^2+2ab+b^2)=0$

$(a+b)^3-4(a+b)^2=0$

$(a+b)^2(a+b-4)=0$

step 2 a, b, c의 값을 구하여 bc의 최댓값 구하기

이때 a, b가 자연수이므로 $a+b>0$이다.

따라서 $a+b=4$이고 $a \le b$이므로 $a=1$, $b=3$ 또는 $a=2$, $b=2$이다.

이때 a, b, c가 삼각형의 세 변의 길이이므로 $c<a+b=4$이어야 한다.

(i) $a=1$, $b=3$일 때

이때 $b \le c$, 즉 $3 \le c < 4$이므로 $c=3$이다.

따라서 $bc=3\times3=9$이다.

(ii) $a=2$, $b=2$일 때,

이때 $b \le c$, 즉 $2 \le c < 4$이므로 $c=2$ 또는 $c=3$이다.

따라서 bc의 값은 4 또는 6이다.

(i), (ii)에서 bc의 최댓값은 9이다.

답 9

31

두 다항식 $f(x)$, $g(x)$에 대하여 $f(x)+g(x)$를 x^2+x+1로 나누었을 때의 나머지가 9이고, $f(x)-g(x)$를 x^2+x+1로 나누었을 때의 나머지가 -3이다. 이때 $f(x)+kg(x)$가 x^2+x+1을 인수로 갖도록 하는 상수 k의 값은?

① -1 √② $-\frac{1}{2}$ ③ 0

④ $\frac{1}{2}$ ⑤ 1

step 1 $f(x)$, $g(x)$의 식 정리하기

$f(x)+g(x)$를 x^2+x+1로 나누었을 때의 몫을 $Q_1(x)$라 하면 나머지가 9이므로

$f(x)+g(x)=(x^2+x+1)Q_1(x)+9$ …… ㉠

또한 $f(x)-g(x)$를 x^2+x+1로 나누었을 때의 몫을 $Q_2(x)$라 하면 나머지가 -3이므로

$f(x)-g(x)=(x^2+x+1)Q_2(x)-3$ …… ㉡

㉠+㉡을 하면

$2f(x)=(x^2+x+1)\{Q_1(x)+Q_2(x)\}+6$

$f(x)=(x^2+x+1)\times\dfrac{Q_1(x)+Q_2(x)}{2}+3$ …… ㉢

㉢을 ㉠에 대입하면

$g(x)=(x^2+x+1)\times\dfrac{Q_1(x)-Q_2(x)}{2}+6$

step 2 k의 값 구하기

따라서

$f(x)+kg(x)$

$=\left\{(x^2+x+1)\times\dfrac{Q_1(x)+Q_2(x)}{2}+3\right\}$

$\quad+k\left\{(x^2+x+1)\times\dfrac{Q_1(x)-Q_2(x)}{2}+6\right\}$

$=(x^2+x+1)\left\{\dfrac{(1+k)Q_1(x)+(1-k)Q_2(x)}{2}\right\}+3+6k$

$f(x)+kg(x)$가 x^2+x+1을 인수로 가지려면

$3+6k=0$, 즉 $k=-\frac{1}{2}$

답 ②

32

$x^2+y^2-5-a(xy-2)$가 x, y에 대한 서로 다른 두 일차식의 곱으로 인수분해되도록 하는 모든 상수 a의 값의 곱은?

√① -10 ② -9 ③ -8

④ -7 ⑤ -6

step 1 x에 대하여 식 정리하기

$x^2+y^2-5-a(xy-2)$

$=x^2-axy+y^2+2a-5$

$=\left(x-\frac{a}{2}y\right)^2-\frac{a^2}{4}y^2+y^2+2a-5$

$=\left(x-\frac{a}{2}y\right)^2-\left(\frac{a^2}{4}-1\right)y^2+2a-5$

$=\left(x-\frac{a}{2}y\right)^2-\left\{\left(\frac{a^2}{4}-1\right)y^2-2a+5\right\}$

$=\left\{\left(x-\frac{a}{2}y\right)-\sqrt{\left(\frac{a^2}{4}-1\right)^2y^2-2a+5}\right\}$

$\quad\left\{\left(x-\frac{a}{2}y\right)+\sqrt{\left(\frac{a^2}{4}-1\right)^2y^2-2a+5}\right\}$

step 2 p^2-q^2의 꼴이 되기 위한 조건 구하기

따라서 이 식이 x, y에 대한 서로 다른 두 일차식의 곱으로 인수분해되기 위해서는

$\left(\frac{a^2}{4}-1\right)^2y^2-2a+5=(by+c)^2=b^2y^2+2bcy+c^2$ (b, c는 상수)

가 성립해야 한다.

즉, $\left(\frac{a^2}{4}-1\right)^2=b^2$, $2bc=0$, $-2a+5=c^2$

따라서 $b=0$ 또는 $c=0$이므로

(i) $b=0$이면 $a=-2$ 또는 $a=2$

(ii) $c=0$이면 $a=\frac{5}{2}$

(i), (ii)에서 모든 상수 a의 값의 곱은

$-2\times2\times\frac{5}{2}=-10$

답 ①

33

다항식 $f(x)=x^4+2x^3-4x^2-2x+3$을 $x+a$로 나누었을 때의 몫을 $Q(x)$라 하자. 실수 a에 대하여 다항식 $f(x)$가 $x+a$로 나누어떨어질 때, $Q(2a)$의 최댓값과 최솟값의 합을 구하시오. 178

step 1 $f(x)$의 식 인수분해하기

$f(x)=x^4+2x^3-4x^2-2x+3$에서

$f(1)=1+2-4-2+3=0$

$f(-1)=1-2-4+2+3=0$

이므로 다항식 $f(x)$는 $x-1$과 $x+1$을 모두 인수로 갖는다.

다항식 $f(x)$를 $(x-1)(x+1)$로 나누었을 때의 몫과 나머지를 조립제법을 이용하여 구하면 다음과 같다.

$x^4+2x^3-4x^2-2x+3$
$=(x-1)(x^3+3x^2-x-3)$

1	1	2	−4	−2	3
		1	3	−1	−3
−1	1	3	−1	−3	0
		−1	−2	3	
	1	2	−3	0	

$\rightarrow x^3+3x^2-x-3=(x+1)(x^2+2x-3)$

$f(x)=(x-1)(x+1)(x^2+2x-3)=(x-1)^2(x+1)(x+3)$

step 2 $Q(2a)$의 최댓값과 최솟값의 합 구하기

이때 다항식 $f(x)$가 $x+a$로 나누어떨어지므로 a가 될 수 있는 값은 -1, 1, 3 중 하나이다. 또한 다항식 $f(x)$를 $x+a$로 나누었을 때의 몫이 $Q(x)$이므로 $Q(2a)$의 값은 a의 값에 따라 다음과 같다.

(i) $a=-1$일 때

$f(x)=(x-1)Q(x)=(x-1)\{(x-1)(x+1)(x+3)\}$

즉, $Q(x)=(x-1)(x+1)(x+3)$이므로

$Q(2a)=Q(-2)=-3\times(-1)\times1=3$

(ii) $a=1$일 때

$f(x)=(x+1)Q(x)=(x+1)\{(x-1)^2(x+3)\}$

즉, $Q(x)=(x-1)^2(x+3)$이므로

$Q(2a)=Q(2)=1^2\times5=5$

(iii) $a=3$일 때

$f(x)=(x+3)Q(x)=(x+3)\{(x-1)^2(x+1)\}$

즉, $Q(x)=(x-1)^2(x+1)$이므로

$Q(2a)=Q(6)=5^2\times7=175$

(i), (ii), (iii)에서 $Q(2a)$의 최댓값은 175, 최솟값은 3이므로 그 합은

$175+3=178$ 답 178

34

$14^3+13\times14^2+39\times14+27$은 1보다 크고 서로 다른 네 자연수 a, b, c, d의 곱 $abcd$와 같다. $a+b+c+d$의 값은?

① 40 ② 42 ③ 44
④ 46 ✓⑤ 48

step 1 14를 x로 치환하여 인수분해하기

$14=x$라 하면

$14^3+13\times14^2+39\times14+27=x^3+13x^2+39x+27$

$f(x)=x^3+13x^2+39x+27$이라 하면

$f(-1)=-1+13-39+27=0$

이므로 $f(x)$는 $x+1$을 인수로 갖는다.

다항식 $f(x)$를 $x+1$로 나누었을 때의 몫을 조립제법을 이용하여 구하면 다음과 같다.

−1	1	13	39	27
		−1	−12	−27
	1	12	27	0

$f(x)=(x+1)(x^2+12x+27)=(x+1)(x+3)(x+9)$

step 2 $a+b+c+d$의 값 구하기

$f(x)$에 $x=14$를 대입하면

$14^3+13\times14^2+39\times14+27=(14+1)(14+3)(14+9)$

$=15\times17\times23$

$=3\times5\times17\times23$ (네 자연수 3, 5, 17, 23은 모두 소수이다.)

따라서 $a+b+c+d=3+5+17+23=48$ 답 ⑤

35

다항식 x^4+ax가 두 다항식 x^2+x+1과 $P(x)$의 곱으로 인수분해될 때, 다항식 x^8-ax^4+1을 $P(x)$로 나누었을 때의 나머지는? (단, a는 상수이다.)

① $2x$ ✓② $2x+1$ ③ $2x+2$
④ $2x+3$ ⑤ $2x+4$

step 1 x^4+ax를 x^2+x+1로 나누어 a와 $P(x)$ 구하기

$$\begin{array}{r} x^2-x \\ x^2+x+1 \overline{)\, x^4 \qquad\quad +ax} \\ \underline{x^4+x^3+x^2 } \\ -x^3-x^2+ax \\ \underline{-x^3-x^2-x} \\ (a+1)x \end{array}$$

x^4+ax를 x^2+x+1로 나누었을 때의 몫은 x^2-x, 나머지가 $(a+1)x$이므로

$x^4+ax=(x^2+x+1)(x^2-x)+(a+1)x$

이때 x^4+ax의 한 인수가 x^2+x+1이므로

$(a+1)x=0$

에서 $a=-1$이고 $P(x)=x^2-x$이다.

step 2 x^8-ax^4+1을 $P(x)$로 나누었을 때의 나머지 구하기

다항식 x^8-ax^4+1, 즉 x^8+x^4+1을 $P(x)=x^2-x$로 나누었을 때의 몫을 $Q(x)$, 나머지를 $px+q$ (p, q는 상수)라 하면

$x^8+x^4+1=(x^2-x)Q(x)+px+q=x(x-1)Q(x)+px+q$

이 등식은 x에 대한 항등식이므로

양변에 $x=0$을 대입하면 $1=q$

양변에 $x=1$을 대입하면 $3=p+q$

따라서 $p=2$, $q=1$이므로 구하는 나머지는 $2x+1$이다. 답 ②

36

$x^4+x^2+1+2xy-y^2$을 인수분해하시오.

$(x^2+x-y+1)(x^2-x+y+1)$

step 1 y에 대한 식으로 정리하기

$x^4+x^2+1+2xy-y^2=-y^2+2xy+(x^4+x^2+1)$

step 2 x^4+x^2+1을 인수분해하기

$$\begin{aligned}x^4+x^2+1&=x^4+2x^2+1-x^2\\&=(x^2+1)^2-x^2\\&=(x^2-x+1)(x^2+x+1)\end{aligned}$$

step 3 인수분해하기

$$\begin{aligned}&x^4+x^2+1+2xy-y^2\\&=-y^2+2xy+(x^4+x^2+1)\\&=-y^2+2xy+(x^2-x+1)(x^2+x+1)\\&=(-y+x^2+x+1)(y+x^2-x+1)\\&=(x^2+x-y+1)(x^2-x+y+1)\end{aligned}$$

답 $(x^2+x-y+1)(x^2-x+y+1)$

37

두 양의 상수 a, b에 대하여 다항식
$f(x)=x^4-ax^3+bx^2-ax+1$을 인수분해하면
$(x-c)g(x)$이다. 〈보기〉에서 옳은 것만을 있는 대로 고른 것은?
(단, c는 실수이다.)

→ $f(x)$는 $x-c$를 인수로 가지므로 $f(c)=0$이다.

보기

ㄱ. $c>0$

ㄴ. $g(x)$는 $x-\frac{1}{c}$을 인수로 갖는다.

ㄷ. $c=1$이면 $f(x)$는 $(x-1)^2$을 인수로 갖는다.

① ㄱ ② ㄴ ③ ㄱ, ㄴ
④ ㄴ, ㄷ ✓⑤ ㄱ, ㄴ, ㄷ

step 1 인수정리와 인수분해 이용하기

ㄱ. $f(x)$가 $x-c$를 인수로 가지므로

$f(c)=c^4-ac^3+bc^2-ac+1=0$ …… ㉠

$c^4+bc^2+1=a(c^2+1)c$

이때 $a>0$, $b>0$이므로

$c^4+bc^2+1>0$, $a(c^2+1)>0$

따라서 $c>0$이다. (참)

step 2 $c>0$임을 이용하여 c^4으로 ㉠의 식 나누기

ㄴ. $c>0$이므로 ㉠을 c^4으로 나누면

$$1-a\left(\frac{1}{c}\right)+b\left(\frac{1}{c}\right)^2-a\left(\frac{1}{c}\right)^3+\left(\frac{1}{c}\right)^4=0$$

즉, $\left(\frac{1}{c}\right)^4-a\left(\frac{1}{c}\right)^3+b\left(\frac{1}{c}\right)^2-a\times\frac{1}{c}+1=0$이므로

$f\left(\frac{1}{c}\right)=0$

즉, $f(x)$는 $x-\frac{1}{c}$을 인수로 가지므로 $g(x)$도 $x-\frac{1}{c}$을 인수로 갖는다. (참)

step 3 ㄱ, ㄴ이 참임을 이용하기

ㄷ. $f(x)=(x-1)g(x)$이고 ㄴ에서 $g(x)$가 $x-1$을 인수로 가지므로

$f(x)=(x-1)^2h(x)$ ($h(x)$는 이차다항식)

따라서 $c=1$이면 $f(x)$는 $(x-1)^2$을 인수로 갖는다. (참)

이상에서 옳은 것은 ㄱ, ㄴ, ㄷ이다.

답 ⑤

1등급을 넘어서는 상위 1%

본문 35쪽

38

그림과 같이 한 모서리의 길이가 1인 정육면체 모양의 나무블록을 쌓아 만든 다섯 개의 입체 A, B, C, D, E가 있다. 입체 A, B, C, D는 한 모서리의 길이가 각각 33, 12, 11, 10인 정육면체이고, 입체 E는 직육면체이며 입체 A에 사용된 나무블록의 개수가 네 입체 B, C, D, E에 사용된 나무블록의 개수의 합과 같다. 입체 E의 부피가 $69a$일 때, 상수 a의 값을 구하시오. 462

→ 입체 A의 부피는 네 입체 B, C, D, E의 부피의 합과 같다.

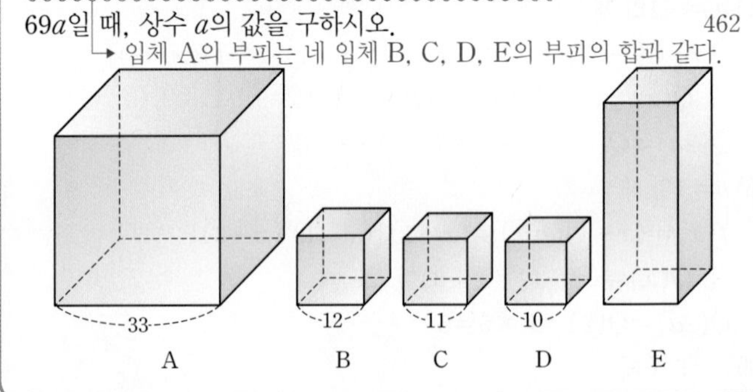

문항 파헤치기

입체 A에 사용된 나무블록의 개수가 네 입체 B, C, D, E에 사용된 나무블록의 개수와 같다는 것과 인수분해를 이용하여 입체 E에 사용된 나무블록의 개수를 식으로 나타낸 후, a의 값 구하기

실수 point 찾기

모든 나무블록을 사용하여야 하며 $33=12+11+10$임을 이용한다. 또한 복잡한 식의 인수분해는 공통인수로 묶은 후, 인수분해 공식을 이용하여 인수분해한다. 이때 숫자를 문자로 치환하여 인수분해하는 것이 편리하다.

문제풀이

step 1 입체 E에 사용된 나무블록의 개수 나타내기

입체 A, B, C, D에 사용된 나무블록의 개수는 각각
33^3, 12^3, 11^3, 10^3
이므로 입체 E에 사용된 나무블록의 개수는
$33^3-(12^3+11^3+10^3)$

step 2 입체 E의 부피 구하기

이때 $a=12$, $b=11$, $c=10$, $d=33$이라 하면

$33=12+11+10$이므로

$d=a+b+c$

따라서 입체 E의 부피는

$33^3-(12^3+11^3+10^3)$ → 나무블록 1개의 부피가 1이므로 입체 E의 부피는 입체 E에 사용된 나무블록의 개수와 같다.

$=d^3-(a^3+b^3+c^3)$

$=(d^3-a^3)-(b^3+c^3)$

$=(d-a)(d^2+da+a^2)-(b+c)(b^2-bc+c^2)$

$=\{(a+b+c)-a\}(d^2+da+a^2)-(b+c)(b^2-bc+c^2)$

$=(b+c)(d^2+da+a^2)-(b+c)(b^2-bc+c^2)$

$=(b+c)\{(d^2+da+a^2)-(b^2-bc+c^2)\}$

$=(b+c)\{(d^2-b^2)+(a^2-c^2)+da+bc\}$

$=(b+c)\{(d-b)(d+b)+(a+c)(a-c)+(a+b+c)a+bc\}$

$=(b+c)\{(a+c)(a+2b+c)+(a+c)(a-c)+(a+c)(a+b)\}$

$=(b+c)(a+c)\{(a+2b+c)+(a-c)+(a+b)\}$

$=3(b+c)(c+a)(a+b)$

$=3\times21\times22\times23$

step 3 a의 값 구하기

이때 입체 E의 부피가 $69a$이므로

$3\times21\times22\times23=69a$

따라서 $a=21\times22=462$

답 462

04 복소수와 이차방정식

기출에서 찾은 **내신 필수 문제**

본문 38~41쪽

01 ⑤	**02** ④	**03** ②	**04** ⑤	**05** ②
06 ③	**07** ②	**08** ①	**09** ①	**10** ④
11 ②	**12** ⑤	**13** ②	**14** ①	**15** ⑤
16 ④	**17** ①	**18** ④	**19** ②	**20** ②
21 ③	**22** 20	**23** 78		

01 $\sqrt{3}-i^2=\sqrt{3}+1$

$i^3=i^2\times i=(-1)\times i=-i$

$\sqrt{2}$, 0, $\sqrt{3}-i^2$은 실수이고 i, $1+i$, i^3은 허수이고

$\sqrt{2}$, i, $1+i$, 0, $\sqrt{3}-i^2$, i^3은 복소수이므로

$a=3$, $b=3$, $c=6$

따라서 $abc=3\times3\times6=54$

답 ⑤

02 복소수가 서로 같을 조건에 의하여

$a^2+b^2-a+b=a+3b$ …… ㉠

$3-ab=3$ …… ㉡

㉠에서 $a^2+b^2=2(a+b)$이고 ㉡에서 $ab=0$이므로

$(a+b)^2-2ab=2(a+b)$, $(a+b)^2=2(a+b)$

(i) $a+b=0$일 때

$ab=0$이므로 $a=b=0$

따라서 조건을 만족시키지 못한다.

(ii) $a+b\neq0$일 때

$(a+b)^2=2(a+b)$에서 $a+b=2$이고 $ab=0$이므로

$a=2$, $b=0$ 또는 $a=0$, $b=2$

(i), (ii)에 의하여 $a^3+b^3=8$

답 ④

03 $z_1+z_2-\dfrac{5z_1}{z_2}+z_1z_2$

$=(1+2i)+(2-i)-\dfrac{5(1+2i)}{2-i}+(1+2i)(2-i)$

$=(3+i)-\dfrac{5(1+2i)(2+i)}{(2-i)(2+i)}+(4+3i)$

$=(7+4i)-(1+2i)(2+i)$

$=(7+4i)-5i=7-i$

답 ②

04 $(1+i)(1+2i)(1+3i)(1+4i)$

$=\{(1+i)(1+4i)\}\{(1+2i)(1+3i)\}$

$=(1+5i+4i^2)(1+5i+6i^2)$

$=\{1+5i+(-4)\}\{1+5i+(-6)\}$

$=(-3+5i)(-5+5i)=15-40i+25i^2$

$=15-40i+(-25)=-10-40i=a+bi$

따라서 $a=-10$, $b=-40$이므로

$a-b=-10-(-40)=30$

답 ⑤

05 $i=i^5=i^9$

$i^2=i^6=i^{10}=-1$

$i^3=i^7=-i$

$i^4=i^8=1$

이므로

$1+i+i^2+i^3+\cdots+i^{10}$

$=1\times3+i\times3+(-1)\times3+(-i)\times2$

$=3+3i-3-2i=i$ 답 ②

06 $z=\dfrac{4-2ai}{3+ai}=\dfrac{(4-2ai)(3-ai)}{(3+ai)(3-ai)}=\dfrac{12-2a^2}{9+a^2}-\dfrac{10a}{9+a^2}i$

이때 z^2이 음의 실수가 되려면 실수부분은 0이고 허수부분은 0이 아니어야 한다. 즉,

$\dfrac{12-2a^2}{9+a^2}=0,\ -\dfrac{10a}{9+a^2}\neq0$

실수 a에 대하여 $a^2\geq0$이므로 $9+a^2>0$이다.

따라서

$12-2a^2=0,\ 10a\neq0$

$a^2=6,\ a\neq0$

이므로 $a=-\sqrt{6}$ 또는 $a=\sqrt{6}$

따라서 모든 실수 a의 값의 곱은

$-\sqrt{6}\times\sqrt{6}=-6$ 답 ③

07 $a=2+i,\ b=2-i$라 하면

$a+b=(2+i)+(2-i)=4$

$a-b=(2+i)-(2-i)=2i$

$ab=(2+i)(2-i)=2^2-i^2=5$

이므로

$(2+i)^3-(2+i)^2(2-i)+(2+i)(2-i)^2-(2-i)^3$

$=a^3-a^2b+ab^2-b^3$

$=a^2(a-b)+b^2(a-b)$

$=(a-b)(a^2+b^2)$

$=(a-b)\{(a+b)^2-2ab\}$

$=2i\times(4^2-2\times5)=12i$ 답 ②

08 $\dfrac{a}{1+i}+\dfrac{b}{1-i}$

$=\dfrac{a(1-i)}{(1+i)(1-i)}+\dfrac{b(1+i)}{(1-i)(1+i)}$

$=\dfrac{a-ai}{2}+\dfrac{b+bi}{2}$

$=\dfrac{a+b}{2}-\dfrac{a-b}{2}i=-5-3i$

이므로 $\dfrac{a+b}{2}=-5,\ \dfrac{a-b}{2}=3$

$a+b=-10,\ a-b=6$

두 식을 연립하여 풀면 $a=-2,\ b=-8$

따라서 $\sqrt{a}\sqrt{b}=\sqrt{-2}\sqrt{-8}=\sqrt{2}i\times\sqrt{8}i=\sqrt{16}i^2=-4$ 답 ①

09 $\sqrt{(-2)^3}+\sqrt{-2}\sqrt{-8}+\dfrac{\sqrt{-16}}{\sqrt{-4}}$

$=\sqrt{-8}+\sqrt{2}i\sqrt{8}i+\dfrac{\sqrt{16}i}{\sqrt{4}i}$

$=\sqrt{8}i+\sqrt{16}i^2+2$

$=2\sqrt{2}i-4+2$

$=-2+2\sqrt{2}i$ 답 ①

10 이차방정식 $x^2+2x+k-4=0$의 판별식을 D라 하면

$\dfrac{D}{4}=1-(k-4)=-k+5>0$

$k<5$

따라서 자연수 k의 최댓값은 4이다. 답 ④

11 이차식 $x^2+4ax-8a-4$가 완전제곱식이 되려면 이차방정식 $x^2+4ax-8a-4=0$이 중근을 가져야 한다.

이차방정식 $x^2+4ax-8a-4=0$의 판별식을 D라 하면 $D=0$이어야 하므로 $\dfrac{D}{4}=(2a)^2-(-8a-4)=0$

$4(a^2+2a+1)=0,\ 4(a+1)^2=0$

따라서 $a=-1$ 답 ②

12 이차방정식 $x^2-2(k+a)x+k^2-10k+ab+2a=0$의 판별식을 D라 하면 이 이차방정식이 중근을 가지므로

$\dfrac{D}{4}=\{-(k+a)\}^2-(k^2-10k+ab+2a)=0$

$2(a+5)k+a(a-b-2)=0$

이 식이 k에 대한 항등식이므로

$2(a+5)=0$ …… ㉠

$a(a-b-2)=0$ …… ㉡

㉠에서 $a=-5$이고, $a=-5$를 ㉡에 대입하면

$-5(-5-b-2)=0$에서 $b=-7$

따라서 $ab=(-5)\times(-7)=35$ 답 ⑤

13 이차방정식 $x^2-4x+2k-6=0$이 서로 다른 두 실근을 가지지 않으므로 중근 또는 서로 다른 두 허근을 가져야 한다.

따라서 이차방정식의 판별식을 D라 하면

$\dfrac{D}{4}=(-2)^2-(2k-6)=4-2k+6=-2k+10\leq0$

$k\geq5$

따라서 정수 k의 최솟값은 5이다. 답 ②

14 x에 대한 이차방정식 $x^2-2kx+k^2-4k+8=0$의 판별식을 D_1이라 하면 이 이차방정식이 실근을 가지므로

$\dfrac{D_1}{4}=(-k)^2-(k^2-4k+8)\geq0$

$4k-8\geq0$

$k\geq2$ …… ㉠

또한 이차방정식 $x^2-5x-k+10=0$의 판별식을 D_2라 하면 이 이차방정식이 허근을 가지므로

$D_2=(-5)^2-4(-k+10)<0$

$25+4k-40<0$

$k<\dfrac{15}{4}$ …… ㉡

㉠, ㉡에서 k의 값의 범위는 $2 \le k < \frac{15}{4}$이므로 정수 k의 값은 2, 3의 2개이다.

답 ①

15 이차방정식 $x^2-2x-4=0$의 근과 계수의 관계에 의하여
$\alpha+\beta=2$, $\alpha\beta=-4$이므로
$(\alpha-\beta)^2=\alpha^2+\beta^2-2\alpha\beta=(\alpha+\beta)^2-4\alpha\beta$
$=2^2-4\times(-4)=20$

답 ⑤

16 이차방정식 $x^2+2x-10=0$의 두 근이 α, β이므로 근과 계수의 관계에서
$\alpha+\beta=-2$, $\alpha\beta=-10$
이고 $\alpha^2+2\alpha-10=0$, $\beta^2+2\beta-10=0$이다.
따라서
$(\alpha^2+3\alpha-1)(\beta^2+3\beta-1)$
$=\{(\alpha^2+2\alpha-10)+(\alpha+9)\}\{(\beta^2+2\beta-10)+(\beta+9)\}$
$=\{0+(\alpha+9)\}\{0+(\beta+9)\}$
$=(\alpha+9)(\beta+9)$
$=\alpha\beta+9(\alpha+\beta)+81$
$=-10+9\times(-2)+81=53$

답 ④

17 이차방정식 $x^2-3x-5=0$의 두 근이 α, β이므로 근과 계수의 관계에서
$\alpha+\beta=-\frac{-3}{1}=3$, $\alpha\beta=\frac{-5}{1}=-5$
이므로 $(\alpha+\beta)+\alpha\beta=3+(-5)=-2$
$(\alpha+\beta)\times\alpha\beta=3\times(-5)=-15$
따라서 두 수 $\alpha+\beta$, $\alpha\beta$를 근으로 하고 이차항의 계수가 1인 이차방정식은
$x^2+2x-15=0$
이므로 $a=2$, $b=-15$
따라서 $ab=2\times(-15)=-30$

답 ①

18 이차방정식 $2x^2+x+3=0$의 근은
$x=\frac{-1\pm\sqrt{(-1)^2-4\times2\times3}}{2\times2}=\frac{-1\pm\sqrt{23}i}{4}$
이므로
$2x^2+x+3=2\left(x-\frac{-1-\sqrt{23}i}{4}\right)\left(x-\frac{-1+\sqrt{23}i}{4}\right)$
$=\frac{1}{8}(4x+1+\sqrt{23}i)(4x+1-\sqrt{23}i)$
따라서 인수인 것은 $4x+1-\sqrt{23}i$이다.

답 ④

19 이차방정식 $(k^2+2)x^2+(2k-1)x+1=0$의 두 근을 α, β라 하고, 판별식을 D라고 하면 두 근 α, β가 모두 허수이므로
$D=(2k-1)^2-4(k^2+2)<0$
$(4k^2-4k+1)-(4k^2+8)<0$
$k>-\frac{7}{4}$ …… ㉠
또한 두 근 α, β의 합이 양의 실수이므로
근과 계수의 관계에 의하여 $\alpha+\beta=-\frac{2k-1}{k^2+2}>0$
$\frac{2k-1}{k^2+2}<0$
이때 $k^2+2\ge2$이므로 $2k-1<0$, $k<\frac{1}{2}$ …… ㉡
㉠, ㉡에서 k의 값의 범위는 $-\frac{7}{4}<k<\frac{1}{2}$이므로 정수 k의 값은 -1, 0의 2개이다.

답 ②

20 a, b는 유리수이고 이차방정식 $x^2+ax+b=0$의 한 근이 $1-\sqrt{2}$이므로 다른 한 근은 $1+\sqrt{2}$이다.
이차방정식의 근과 계수의 관계에 의하여
$-a=(1-\sqrt{2})+(1+\sqrt{2})=2$, $a=-2$
$b=(1-\sqrt{2})(1+\sqrt{2})=-1$
따라서 $a+b=-3$, $ab=2$이므로 이차방정식 $x^2+2abx+a+b=0$, 즉 $x^2+4x-3=0$에서 근과 계수의 관계에 의하여
$\alpha+\beta=-4$, $\alpha\beta=-3$
$\frac{\alpha}{\beta}+\frac{\beta}{\alpha}=\frac{\alpha^2+\beta^2}{\alpha\beta}=\frac{(\alpha+\beta)^2-2\alpha\beta}{\alpha\beta}$
$=\frac{(-4)^2-2\times(-3)}{-3}=-\frac{22}{3}$

답 ②

21 $\frac{2}{1+i}=\frac{2(1-i)}{(1+i)(1-i)}=1-i$이고 a, b는 실수이므로
$\alpha=1+i$
또한, 이차방정식 $x^2+ax+b=0$에서 근과 계수의 관계에 의하여
$-a=(1-i)+(1+i)=2$, $a=-2$
$b=(1-i)(1+i)=2$
따라서 $\alpha+ab=(1+i)+(-2)\times2=-3+i$

답 ③

22 복소수 z를 $z=a+bi$(a, b는 실수)라 하면
$\overline{z}=a-bi$이므로
$2iz+(1+3i)\overline{z}=6(1+i)$에서
$2i(a+bi)+(1+3i)(a-bi)=6+6i$
$2ai-2b+(a+3b)+(3a-b)i=6+6i$
$(a+b)+(5a-b)i=6+6i$
복소수가 서로 같을 조건에 의해
$a+b=6$
$5a-b=6$
두 식을 연립하여 풀면 $a=2$, $b=4$이므로
$z=2+4i$

…… (가)

따라서 $\overline{z}=2-4i$이고
$(z+\overline{z})^4(z-\overline{z})^4$
$=\{(2+4i)+(2-4i)\}^4\{(2+4i)-(2-4i)\}^4$
$=4^4\times(8i)^4=2^8\times2^{12}=2^{20}=2^k$
이므로 $k=20$

…… (나)

답 20

단계	채점 기준	비율
(가)	복소수 z를 구한 경우	60 %
(나)	k의 값을 구한 경우	40 %

23 a, b가 모두 실수이므로 이차방정식 $x^2+ax+b=0$의 한 근이 $2-i$이면 다른 한 근은 $2+i$이다.
근과 계수의 관계에 의하여
$(2-i)+(2+i)=-a$, $a=-4$
$(2-i)(2+i)=b$, $b=5$
이므로
$a+b=-4+5=1$, $ab=-4\times5=-20$
.... (가)
이때
$(a+b)+ab=1+(-20)=-19$
$(a+b)\times ab=1\times(-20)=-20$
이므로 두 수 $a+b$, ab를 근으로 하고 최고차항의 계수가 2인 이차방정식은 $2(x^2+19x-20)=0$, $2x^2+38x-40=0$
이고 $c=38$, $d=-40$이다.
.... (나)
따라서 $c-d=38-(-40)=78$
.... (다)

답 78

단계	채점 기준	비율
(가)	$a+b$, ab의 값을 구한 경우	40 %
(나)	c, d의 값을 구한 경우	40 %
(다)	$c-d$의 값을 구한 경우	20 %

내신 고득점 도전 문제

본문 42~45쪽

24 ④ **25** ② **26** ④ **27** ① **28** ①
29 -1 **30** ⑤ **31** ④ **32** ③ **33** ④
34 ⑤ **35** ① **36** ③ **37** ① **38** ②
39 ② **40** ④ **41** ③ **42** ④ **43** ④
44 ② **45** 3 **46** 4

24 $z_2=\dfrac{z_1+1}{z_1-1}=\dfrac{\dfrac{-1-\sqrt{3}i}{2}+1}{\dfrac{-1-\sqrt{3}i}{2}-1}=\dfrac{1-\sqrt{3}i}{-3-\sqrt{3}i}$

$=\dfrac{(1-\sqrt{3}i)(-3+\sqrt{3}i)}{(-3-\sqrt{3}i)(-3+\sqrt{3}i)}=\dfrac{-3+\sqrt{3}i+3\sqrt{3}i+3}{9+3}=\dfrac{\sqrt{3}}{3}i$

$z_2\overline{z_2}+\dfrac{1}{z_1\overline{z_1}}=\dfrac{\sqrt{3}}{3}i\times\left(-\dfrac{\sqrt{3}}{3}i\right)+\dfrac{1}{\dfrac{-1-\sqrt{3}i}{2}\times\dfrac{-1+\sqrt{3}i}{2}}$

$=\dfrac{1}{3}+\dfrac{4}{4}=\dfrac{4}{3}$

답 ④

25 $\overline{z_1+z_2}=-2-5i$, $\overline{z_1z_2}=-5-6i$에서
$z_1+z_2=-2+5i$, $z_1z_2=-5+6i$이므로
$(2z_1+3)(2z_2+3)=4z_1z_2+6(z_1+z_2)+9$
$=4(-5+6i)+6(-2+5i)+9$
$=-23+54i=a+bi$
따라서 $a=-23$, $b=54$이므로
$a+b=-23+54=31$

답 ②

26 $z_1z_2-\overline{z_1}\times\overline{z_2}=z_1z_2-\overline{z_1z_2}$가 실수이므로
$z_1z_2=p+qi$ (p, q는 실수)라 하면
$z_1z_2-\overline{z_1z_2}=p+qi-(p-qi)=2qi$
에서 $q=0$
즉, $z_1z_2=(x+2i)(-2+xi)=-4x+(x^2-4)i$
에서 $x^2-4=0$, $x^2=4$
따라서 $x=-2$ 또는 $x=2$이므로
$M-m=2-(-2)=4$

답 ④

27 $f(1)=i+(-i)^2=i-1=-1+i$
$f(2)=i^2+(-i)^3=-1+i$
$f(3)=i^3+(-i)^4=-i+1=1-i$
$f(4)=i^4+(-i)^5=1-i$
이므로
$f(1)+f(2)+f(3)+f(4)=(-1+i)+(-1+i)+(1-i)+(1-i)$
$=0$
또한 $i^4=(-i)^4=1$이므로
$f(5)=i^5+(-i)^6=i+(-i)^2=f(1)$
$f(6)=i^6+(-i)^7=i^2+(-i)^3=f(2)$
$f(7)=i^7+(-i)^8=i^3+(-i)^4=f(3)$
$f(8)=i^8+(-i)^9=i^4+(-i)^5=f(4)$
$f(9)=i^9+(-i)^{10}=i+(-i)^2=f(1)$
$f(10)=i^{10}+(-i)^{11}=i^2+(-i)^3=f(2)$
에서 $f(5)+f(6)+f(7)+f(8)=f(1)+f(2)+f(3)+f(4)=0$
따라서
$f(1)+f(2)+f(3)+\cdots+f(10)$
$=0+0+f(1)+f(2)$
$=(-1+i)+(-1+i)=-2+2i$

답 ①

28 $z=\dfrac{1-i}{1+i}=\dfrac{(1-i)(1-i)}{(1+i)(1-i)}=\dfrac{-2i}{2}=-i$
이므로
$z+2z^2+3z^3+\cdots+100z^{100}$
$=\{(-i)+2(-i)^2+3(-i)^3+4(-i)^4\}$
$+\{5(-i)^5+6(-i)^6+7(-i)^7+8(-i)^8\}$
$+\cdots+\{97(-i)^{97}+98(-i)^{98}+99(-i)^{99}+100(-i)^{100}\}$
$=(-i-2+3i+4)+(-5i-6+7i+8)$
$+\cdots+(-97i-98+99i+100)$
$=(2+2i)+(2+2i)+\cdots+(2+2i)$
$=25(2+2i)=50+50i$

답 ①

29 $\left(\frac{1+i}{\sqrt{2}}\right)^2=\frac{2i}{2}=i$, $\left(\frac{1+i}{\sqrt{2}}\right)^3=i\times\frac{1+i}{\sqrt{2}}=\frac{-1+i}{\sqrt{2}}$,

$\left(\frac{1+i}{\sqrt{2}}\right)^4=i^2=-1$, $\left(\frac{1+i}{\sqrt{2}}\right)^5=\frac{-1-i}{\sqrt{2}}$, $\left(\frac{1+i}{\sqrt{2}}\right)^6=i^3=-i$,

$\left(\frac{1+i}{\sqrt{2}}\right)^7=-i\times\frac{1+i}{\sqrt{2}}=\frac{1-i}{\sqrt{2}}$, $\left(\frac{1+i}{\sqrt{2}}\right)^8=i^4=1$, $\left(\frac{1+i}{\sqrt{2}}\right)^9=\frac{1+i}{\sqrt{2}}$

따라서 서로 다른 P_n의 값은

i, $\frac{-1+i}{\sqrt{2}}$, -1, $\frac{-1-i}{\sqrt{2}}$, $-i$, $\frac{1-i}{\sqrt{2}}$, 1, $\frac{1+i}{\sqrt{2}}$이므로

$\{i\times(-i)\}\times\{1\times(-1)\}\times\left(\frac{-1+i}{\sqrt{2}}\times\frac{-1-i}{\sqrt{2}}\right)\times\left(\frac{1+i}{\sqrt{2}}\times\frac{1-i}{\sqrt{2}}\right)$

$=1\times(-1)\times1\times1=-1$

답 -1

30 $z=\sqrt{-2}\sqrt{-18}+\frac{\sqrt{-36}}{\sqrt{-4}}-\sqrt{-3^2}-\sqrt{(-3)^2}+ai+a$

$=\sqrt{2}i\times3\sqrt{2}i+\frac{6i}{2i}-\sqrt{-9}-\sqrt{9}+ai+a$

$=6i^2+3-3i-3+ai+a$

$=a-6+(a-3)i$

이때

$z^2=\{(a-6)+(a-3)i\}^2$

$=(a-6)^2-(a-3)^2+2(a-6)(a-3)i$

z^2이 실수가 되려면 허수부분이 0이어야 하므로 $(a-6)(a-3)=0$

$a=3$ 또는 $a=6$

따라서 모든 실수 a의 값의 곱은 18이다.

답 ⑤

31 $(a+2)(a-3)=a^2-a-6$이므로

$\sqrt{a+2}\sqrt{a-3}=-\sqrt{a^2-a-6}$이 성립하기 위해서는

$a+2\le0$, $a-3\le0$

즉, $a\le-2$, $a\le3$이므로 $a\le-2$ …… ㉠

$\frac{\sqrt{a+4}}{\sqrt{a}}=-\sqrt{\frac{a+4}{a}}$가 성립하기 위해서는

$a+4\ge0$, $a<0$이므로 $-4\le a<0$ …… ㉡

㉠, ㉡에 의하여 $-4\le a\le-2$

따라서 모든 정수 a의 값의 합은

$-2+(-3)+(-4)=-9$

답 ④

32 $a^3+a^2b=b^3+ab^2$에서

$a^2(a+b)-b^2(a+b)=0$, $(a+b)(a^2-b^2)=0$

$(a+b)^2(a-b)=0$

이때 a, b가 모두 양수이므로 $a+b>0$

따라서 $a-b=0$, 즉 $a=b$

이때 이차방정식 $x^2-ax+b=0$이 중근을 가지므로 이 이차방정식의 판별식을 D라 하면

$D=a^2-4b=0$

이고, $a=b$이므로

$a^2-4a=0$, $a(a-4)=0$

a가 양수이므로

$a=4$, $b=4$

따라서 $a+b=8$

답 ③

33 (i) $k=6$일 때

주어진 방정식은 x에 대한 일차방정식이 되므로 주어진 조건을 만족시키지 못한다.

(ii) $k\ne6$일 때

주어진 방정식은 x에 대한 이차방정식이므로 판별식을 D라 하면

$\frac{D}{4}=1^2-(6-k)\times(-3)=19-3k\ge0$

$k\le\frac{19}{3}$

(i), (ii)에 의하여 모든 자연수 k의 값의 합은

$1+2+3+4+5=15$

답 ④

34 이차방정식 $3x^2+2(a+b+c)x+ab+bc+ca=0$의 판별식을 D라 하면 중근을 가지므로

$\frac{D}{4}=(a+b+c)^2-3(ab+bc+ca)$

$=a^2+b^2+c^2-ab-bc-ca$

$=\frac{1}{2}\{(a-b)^2+(b-c)^2+(c-a)^2\}=0$

따라서 $a-b=0$, $b-c=0$, $c-a=0$이므로

$a=b=c$

즉, 조건을 만족시키는 삼각형은 정삼각형이고 그 넓이가 $16\sqrt{3}$이므로

$\frac{\sqrt{3}}{4}\times a^2=16\sqrt{3}$, $a^2=64$

따라서 $a=8$이므로 $abc=a^3=512$이다.

답 ⑤

35 이차방정식 $x^2+4x-k-4=0$의 판별식을 D_1이라 할 때,

이 이차방정식이 허근을 가지려면

$\frac{D_1}{4}=2^2-(-k-4)<0$

$k<-8$ …… ㉠

또한 이차방정식 $kx^2+(2k+1)x+k-2=0$의 판별식을 D_2라 할 때,

이 이차방정식이 허근을 가지려면

$D_2=(2k+1)^2-4k(k-2)<0$

$(4k^2+4k+1)-(4k^2-8k)<0$

$k<-\frac{1}{12}$ …… ㉡

㉠, ㉡에서 두 이차방정식 중 적어도 한 방정식이 허근을 가지려면

$k<-\frac{1}{12}$이어야 한다.

따라서 정수 k의 최댓값은 -1이다.

답 ①

36 ㄱ. $n=2$이면 $x^2-6x+5=0$이므로

$(x-1)(x-5)=0$

즉, $x=1$ 또는 $x=5$이므로 모든 근은 자연수이다. (참)

ㄴ. 판별식을 D라 하면

$\frac{D}{4}=\{-(n+1)\}^2-(n^2+1)=2n>0$

따라서 두 근은 항상 서로 다른 실근이다. (참)

ㄷ. 이차방정식 $x^2-2(n+1)x+n^2+1=0$의 두 근은

$x=n+1\pm\sqrt{\{-(n+1)\}^2-(n^2+1)}=n+1\pm\sqrt{2n}$

즉, 두 근은 $x=n+1-\sqrt{2n}$ 또는 $x=n+1+\sqrt{2n}$이므로

이 두 근이 모두 정수가 되기 위해서는 $2n$이 제곱수가 되어야 한다.
따라서 100 이하의 자연수 n은
$2,\ 2\times3^2,\ 2\times5^2,\ 2\times7^2,\ 2^3,\ 2^3\times3^2,\ 2^5$
이므로 그 개수는 7이다. (거짓)
이상에서 옳은 것은 ㄱ, ㄴ이다. 답 ③

37 이차방정식 $x^2-2\sqrt{a}x+b+2=0$이 중근을 가지므로 이 이차방정식의 판별식을 D_1이라 하면

$\frac{D_1}{4}=(-\sqrt{a})^2-(b+2)=0$

$a-(b+2)=0$

$a-b=2$ …… ㉠

㉠을 만족시키는 두 주사위의 눈의 수 a, b를 순서쌍 (a, b)로 나타내면

$(3, 1), (4, 2), (5, 3), (6, 4)$ …… ㉡

이차방정식 $x^2+(a+b)x+5=0$이 허근을 가지므로 이 이차방정식의 판별식을 D_2라 하면

$D_2=(a+b)^2-4\times5<0$

$(a+b)^2<20$ …… ㉢

㉡의 순서쌍 중 ㉢을 만족시키는 것은 $(3, 1)$이므로

$a=3,\ b=1$

따라서 $a+b=3+1=4$ 답 ①

38 x에 대한 이차방정식 $x^2-(m-1)x+2m-1=0$의 두 근이 α, β이므로

$\alpha^2-(m-1)\alpha+2m-1=0$, 즉 $\alpha^2-m\alpha+2m=-\alpha+1$

$\beta^2-(m-1)\beta+2m-1=0$, 즉 $\beta^2-m\beta+2m=-\beta+1$

$$\frac{\alpha^3-1}{\alpha^2-m\alpha+2m}+\frac{\beta^3-1}{\beta^2-m\beta+2m}$$
$$=\frac{\alpha^3-1}{-\alpha+1}+\frac{\beta^3-1}{-\beta+1}$$
$$=\frac{(\alpha-1)(\alpha^2+\alpha+1)}{-(\alpha-1)}+\frac{(\beta-1)(\beta^2+\beta+1)}{-(\beta-1)}$$
$$=-\alpha^2-\alpha-1-\beta^2-\beta-1$$
$$=-(\alpha^2+\beta^2)-(\alpha+\beta)-2$$
$$=-\{(\alpha+\beta)^2-2\alpha\beta\}-(\alpha+\beta)-2$$
$$=-\{(m-1)^2-2(2m-1)\}-(m-1)-2$$
$$=-(m^2-6m+3)-(m-1)-2$$
$$=-m^2+5m-4=-10$$

$m^2-5m-6=0,\ (m-6)(m+1)=0$

이때 $m>0$이므로 $m=6$ 답 ②

39 이차방정식 $f(x)=0$의 두 근이 α, β이므로

방정식 $f(2x-6)=0$의 두 근은

$2x-6=\alpha$ 또는 $2x-6=\beta$

$x=\frac{6+\alpha}{2}$ 또는 $x=\frac{6+\beta}{2}$

따라서 방정식 $f(2x-6)=0$의 모든 근의 곱은

$$\frac{6+\alpha}{2}\times\frac{6+\beta}{2}=\frac{36+6(\alpha+\beta)+\alpha\beta}{4}$$
$$=\frac{36+60+5}{4}=\frac{101}{4}$$
답 ②

40 이차방정식 $x^2-(k+1)x+2k=0$의 두 근이 연속된 두 정수이므로 두 근을 α, $\beta\ (\alpha>\beta)$라 하면 $\alpha-\beta=1$이다.

이차방정식의 근과 계수의 관계에 의하여

$\alpha+\beta=k+1,\ \alpha\beta=2k$

이때 $(\alpha-\beta)^2=(\alpha+\beta)^2-4\alpha\beta$이므로

$1=(k+1)^2-8k,\ k(k-6)=0$

$k=0$ 또는 $k=6$

따라서 모든 실수 k의 값의 합은 6이다. 답 ④

41 이차방정식의 실근을 α, β라 하고 $|\alpha|:|\beta|=2:1$이라 하면 두 실근의 합과 곱이 모두 음수이므로 $\alpha<0,\ \beta>0$

즉, $\alpha=-2k,\ \beta=k\ (k>0)$이라 하면

$\alpha+\beta=-k=4(m+1),\ k+4m=-4$ …… ㉠

$\alpha\beta=-2k\times k=-2k^2=-8,\ k^2=4$

이때 $k>0$이므로 $k=2$이고 ㉠에 대입하면

$2+4m=-4,\ m=-\frac{3}{2}$ 답 ③

42 두 변 AB, BC의 길이를 각각 α, $\beta\ (\alpha>0,\ \beta>0)$라 하면

삼각형 ABC의 넓이가 16이므로 $\frac{1}{2}\alpha\beta=16,\ \alpha\beta=32$

직각삼각형 ABC의 빗변 AC의 길이가 10이므로

$\alpha^2+\beta^2=10^2$

이때 $(\alpha+\beta)^2=\alpha^2+\beta^2+2\alpha\beta=100+64=164$이고

$\alpha>0,\ \beta>0$이므로 $\alpha+\beta=\sqrt{164}=2\sqrt{41}$

따라서 α, β를 근으로 하고 이차항의 계수가 1인 이차방정식은

$x^2-2\sqrt{41}x+32=0$

이므로 $p=-2\sqrt{41},\ q=32$이고

$q^2-p^2=32^2-(-2\sqrt{41})^2=1024-164=860$ 답 ④

43 이차방정식 $x^2+ax+b=0$의 한 근이 $1+\sqrt{2}i$이고 a, b는 유리수이므로 다른 한 근은 $1-\sqrt{2}i$

이차방정식의 근과 계수의 관계에 의하여

$-a=1+\sqrt{2}i+(1-\sqrt{2}i)=2,\ a=-2$

$b=(1+\sqrt{2}i)(1-\sqrt{2}i)=1+2=3$

따라서 이차방정식 $x^2+cx+d=0$의 한 근이 $-2+\sqrt{3}$이고, c, d는 유리수이므로 다른 한 근은 $-2-\sqrt{3}$이다. 이차방정식의 근과 계수의 관계에 의하여

$-c=-2+\sqrt{3}+(-2-\sqrt{3})=-4,\ c=4$

$d=(-2+\sqrt{3})(-2-\sqrt{3})=4-3=1$

따라서 $ad-bc=-2\times1-3\times4=-14$ 답 ④

44 이차방정식 $x^2-3x+k=0$의 한 허근을 α라 하면 다른 한 허근은 $\overline{\alpha}$이므로 이차방정식의 근과 계수의 관계에 의하여

$\alpha+\overline{\alpha}=3,\ \alpha\times\overline{\alpha}=k$

이때 $z=\alpha^2+1$에서 $\overline{z}=\overline{\alpha^2+1}=\overline{\alpha}^2+1$이므로

$$z\times\overline{z}=(\alpha^2+1)(\overline{\alpha}^2+1)$$
$$=\alpha^2\overline{\alpha}^2+\alpha^2+\overline{\alpha}^2+1$$
$$=\alpha^2\times\overline{\alpha}^2+(\alpha+\overline{\alpha})^2-2\alpha\times\overline{\alpha}+1$$
$$=(\alpha\times\overline{\alpha})^2+(\alpha+\overline{\alpha})^2-2\alpha\times\overline{\alpha}+1$$
$$=k^2+3^2-2k+1=18$$

$k^2-2k-8=0$, $(k+2)(k-4)=0$
$k=-2$ 또는 $k=4$
그런데 $k=-2$이면 이차방정식 $x^2-3x+k=0$은 허근을 갖지 않으므로
$k=4$ 답 ②

45 $x=\frac{3-i}{1+i}=\frac{(3-i)(1-i)}{(1+i)(1-i)}=\frac{2-4i}{2}=1-2i$
이므로 $x-1=-2i$
양변을 제곱하면
$x^2-2x+1=-4$, $x^2-2x+5=0$
…… (가)
이때 $x^4-2x^3+6x^2-2x+8$을 x^2-2x+5로 나누었을 때의 몫과 나머지를 구하면 다음과 같다.

$$\begin{array}{r|l} & x^2 \quad\quad +1 \\ x^2-2x+5 & x^4-2x^3+6x^2-2x+8 \\ & x^4-2x^3+5x^2 \\ \hline & \quad\quad\quad x^2-2x+8 \\ & \quad\quad\quad x^2-2x+5 \\ \hline & \quad\quad\quad\quad\quad\quad 3 \end{array}$$

즉, $x^4-2x^3+6x^2-2x+8=(x^2-2x+5)(x^2+1)+3$ …… ㉠
이고 이 식은 x에 대한 항등식이다.
…… (나)
$x=\frac{3-i}{1+i}$이면 $x^2-2x+5=0$이므로 ㉠에 대입하면
$x^4-2x^3+6x^2-2x+8=0\times(x^2+1)+3=3$
…… (다)
답 3

단계	채점 기준	비율
(가)	$x=\frac{3-i}{1+i}$를 근으로 하는 이차방정식을 구한 경우	35 %
(나)	주어진 식을 x^2-2x+5로 나누었을 때의 몫과 나머지를 구한 경우	35 %
(다)	주어진 식의 값을 구한 경우	30 %

46 근과 계수의 관계에서 이차방정식 $x^2+ax-k=0$의 두 근의 곱은 $-k$이고, k는 자연수이므로 두 근의 곱은 음수이다. 즉, 한 근은 양의 정수, 다른 한 근은 음의 정수이다. 이때 두 근의 절댓값의 비가 $1:2$이므로 한 근을 α(α는 정수)라 하면 다른 한 근은 -2α이다. 따라서
$x^2+ax-k=(x-\alpha)(x+2\alpha)=x^2+\alpha x-2\alpha^2$
이므로 $a=\alpha$, $k=2\alpha^2$이다. 즉, $k=2a^2$이다.
…… (가)
이때 k가 10 이하의 자연수이므로 $1\le k\le 10$, $1\le 2a^2\le 10$
즉, $\frac{1}{2}\le a^2\le 5$
…… (나)
따라서 정수 a의 값은 -2, -1, 1, 2이므로 모든 a의 값의 곱은
$-2\times(-1)\times1\times2=4$
…… (다)
답 4

단계	채점 기준	비율
(가)	a와 k 사이의 관계식을 구한 경우	50 %
(나)	a^2의 값의 범위를 구한 경우	30 %
(다)	모든 정수 a의 값의 곱을 구한 경우	20 %

변별력을 만드는 1등급 문제

본문 46~48쪽

47 $\frac{1}{5}$ **48** ③ **49** 25 **50** ② **51** ④
52 ① **53** ① **54** 4 **55** ③ **56** ①
57 ① **58** 25 **59** $38+2\sqrt{73}$ **60** ③
61 171

47
$-1<a<\frac{1}{3}$일 때, 복소수
$z=\frac{3+i}{\sqrt{a^2+2a+1}+\sqrt{9a^2-6a+1}i}$가 실수가 되도록 하는 a의 값을 구하시오. $\frac{1}{5}$

step 1 $\sqrt{a^2+2a+1}$, $\sqrt{9a^2-6a+1}$ 간단히 하기
$-1<a<\frac{1}{3}$이므로
$\sqrt{a^2+2a+1}=\sqrt{(a+1)^2}=|a+1|=a+1$
$\sqrt{9a^2-6a+1}=\sqrt{(3a-1)^2}=|3a-1|=-(3a-1)$

step 2 복소수의 나눗셈 하기
$$\begin{aligned} z&=\frac{3+i}{\sqrt{a^2+2a+1}+\sqrt{9a^2-6a+1}i} \\ &=\frac{3+i}{a+1-(3a-1)i} \\ &=\frac{(3+i)\{a+1+(3a-1)i\}}{\{a+1-(3a-1)i\}\{a+1+(3a-1)i\}} \\ &=\frac{4+(10a-2)i}{(a+1)^2+(3a-1)^2} \end{aligned}$$

step 3 복소수가 실수가 될 조건 구하기
따라서 복소수 z가 실수가 되기 위해서는 허수부분이 0이어야 하므로
$10a-2=0$, $a=\frac{1}{5}$ 답 $\frac{1}{5}$

48
두 복소수 α, β에 대하여 $\overline{\alpha}+2\beta=i^{2018}+2i^{2019}+3i^{2020}$일 때, $\overline{\alpha}\alpha+2\alpha\overline{\beta}+2\alpha\beta+4\beta\overline{\beta}$의 값은? (단, $\overline{z}$는 z의 켤레복소수이다.)
① 6 ② 7 ✓③ 8
④ 9 ⑤ 10

step 1 $\bar{\alpha}+2\beta$의 값 구하기

$\bar{\alpha}+2\beta=i^{2018}+2i^{2019}+3i^{2020}$

$=i^{2016}(i^2+2i^3+3i^4)$

$=(i^4)^{504}(-1-2i+3)$

$=1^{504}\times(2-2i)$ → $i^2=-1,\ i^3=-i,\ i^4=1$

$=2-2i$

step 2 $\overline{\alpha\beta}=\bar{\alpha}\bar{\beta}$이고 복소수 $\alpha+2\bar{\beta}$가 복소수 $\bar{\alpha}+2\beta$의 켤레복소수임을 확인하기

이때 $\alpha=a+bi,\ \beta=c+di$ ($a,\ b,\ c,\ d$는 실수)라 하면

$\overline{\alpha\beta}=\overline{(a+bi)(c+di)}$

$=\overline{(ac-bd)+(ad+bc)i}$

$=(ac-bd)-(ad+bc)i$

$\bar{\alpha}\bar{\beta}=\overline{a+bi}\times\overline{c+di}$

$=(a-bi)(c-di)$

$=(ac-bd)-(ad+bc)i$

에서 $\overline{\alpha\beta}=\bar{\alpha}\bar{\beta}$이다. 또한

$\bar{\alpha}+2\beta=\overline{a+bi}+2(c+di)$

$=(a-bi)+2(c+di)$

$=(a+2c)-(b-2d)i$

$\alpha+2\bar{\beta}=(a+bi)+2(\overline{c+di})$

$=(a+bi)+2(c-di)$

$=(a+2c)+(b-2d)i$

에서 $\alpha+2\bar{\beta}$는 $\bar{\alpha}+2\beta$의 켤레복소수이므로

$\alpha+2\bar{\beta}=\overline{2-2i}=2+2i$ → $\overline{\alpha+2\bar{\beta}}=\bar{\alpha}+2\beta$

step 3 주어진 식의 값 구하기

따라서

$\bar{\alpha}\alpha+2\overline{\alpha\beta}+2\alpha\beta+4\beta\bar{\beta}=\bar{\alpha}\alpha+2\bar{\alpha}\bar{\beta}+2\alpha\beta+4\beta\bar{\beta}$

$=\bar{\alpha}(\alpha+2\bar{\beta})+2\beta(\alpha+2\bar{\beta})$

$=(\bar{\alpha}+2\beta)(\alpha+2\bar{\beta})$

$=(2-2i)(2+2i)$

$=4+4=8$

답 ③

49

등식 $\left(\frac{2}{1+i}\right)^{2n}+\left(\frac{2}{1-i}\right)^{2n}=2^{n+1}$이 성립하도록 하는 100 이하의 자연수 n의 개수를 구하시오. 25

step 1 주어진 등식의 좌변 계산하기

$\left(\frac{2}{1+i}\right)^{2n}+\left(\frac{2}{1-i}\right)^{2n}=(1-i)^{2n}+(1+i)^{2n}$

$=\{(1-i)^2\}^n+\{(1+i)^2\}^n$

$=(-2i)^n+(2i)^n$

$=\{(-2)^n+2^n\}i^n$

$\frac{2}{1+i}=\frac{2(1-i)}{(1+i)(1-i)}=1-i$

$\frac{2}{1-i}=\frac{2(1+i)}{(1-i)(1+i)}=1+i$

step 2 n이 홀수일 때와 n이 짝수일 때로 나누어 주어진 식 정리하기

(i) n이 홀수일 때,

$\left(\frac{2}{1+i}\right)^{2n}+\left(\frac{2}{1-i}\right)^{2n}=\{(-2)^n+2^n\}i^n$

$=(-2^n+2^n)i^n=0$

(ii) n이 짝수일 때,

$\left(\frac{2}{1+i}\right)^{2n}+\left(\frac{2}{1-i}\right)^{2n}=\{(-2)^n+2^n\}i^n$

$=(2^n+2^n)i^n=2^{n+1}i^n$

step 3 n의 개수 구하기

(i), (ii)에서 주어진 등식이 성립하려면 n은 짝수이고 $i^n=1$이어야 한다.

즉, n은 4의 배수이어야 한다. $i^4=i^8=i^{12}=\cdots=1$

따라서 100 이하의 자연수 n의 개수는 25이다.

답 25

50

두 자연수 $a,\ b$에 대하여 $(a+bi)^3=-16+16i$가 성립할 때, $\frac{i}{a+bi}-\frac{1+5i}{4}$를 간단히 하면?

① $-2i$ ✓② $-i$ ③ 0
④ i ⑤ $2i$

step 1 복소수가 서로 같을 조건을 이용하여 $a,\ b$의 관계식 구하기

$(a+bi)^3=a^3-3ab^2+(3a^2b-b^3)i$이므로

$a^3-3ab^2+(3a^2b-b^3)i=-16+16i$

이때 복소수가 서로 같을 조건에 의하여

$a^3-3ab^2=-16$ …… ㉠

$3a^2b-b^3=16$ …… ㉡

step 2 $a,\ b$가 자연수임을 이용하여 관계식을 만족시키는 $a,\ b$의 값 구하기

㉠+㉡에서 $a^3+3a^2b-3ab^2-b^3=0$

$(a^3-b^3)+3ab(a-b)=0$

$(a-b)(a^2+ab+b^2)+3ab(a-b)=0$

$(a-b)(a^2+4ab+b^2)=0$

즉, $a-b=0$ 또는 $a^2+4ab+b^2=0$

그런데 $a^2+4ab+b^2=0$에서 $a=(-2\pm\sqrt{3})b$이므로 이를 만족시키는 자연수 $a,\ b$는 존재하지 않는다.

따라서 $a=b$이므로 ㉠에 대입하면 $a^3=8$

즉, $a=b=2$이다.

step 3 식의 값 구하기

$\frac{i}{a+bi}-\frac{1+5i}{4}=\frac{i}{2+2i}-\frac{1+5i}{4}$

$=\frac{i(2-2i)}{(2+2i)(2-2i)}-\frac{1+5i}{4}$

$=\frac{2+2i}{8}-\frac{1+5i}{4}$

$=\frac{1+i}{4}-\frac{1+5i}{4}=-i$

답 ②

51

0이 아닌 복소수 z가 $zi=\bar{z}$, $\frac{(\bar{z})^2}{z}=\bar{z}-2$를 만족시킬 때, $\frac{z^{100}}{-2}=2^n$이다. 자연수 n의 값은? (단, $\bar{z}$는 z의 켤레복소수이다.)

① 43 ② 45 ③ 47
√④ 49 ⑤ 51

step 1 복소수 z의 실수부분과 허수부분의 관계 구하기

$z=a+bi$ (a, b는 실수)라 하면 $\bar{z}=a-bi$이므로

$zi=\bar{z}$에서 $(a+bi)i=a-bi$, $-b+ai=a-bi$

복소수가 서로 같을 조건에 의하여

$b=-a$

↳ 두 복소수가 서로 같으려면 실수부분과 허수부분이 각각 같아야 한다.

step 2 복소수 z의 실수부분과 허수부분 구하기

즉, $z=a-ai$이므로 $\frac{(\bar{z})^2}{z}=\bar{z}-2$에서

$\frac{(a+ai)^2}{a-ai}=(a+ai)-2$

$\frac{2a^2i(a+ai)}{(a-ai)(a+ai)}=a-2+ai$

$\frac{2a^2i(a+ai)}{2a^2}=a-2+ai$

$-a+ai=a-2+ai$

복소수가 서로 같을 조건에 의하여 $-a=a-2$

즉, $a=1$이고 $b=-a=-1$

step 3 n의 값 구하기

따라서 $z=1-i$이고

$z^2=(1-i)^2=-2i$

$z^{100}=(z^2)^{50}=(-2i)^{50}=2^{50}\times(i^4)^{12}\times i^2=2^{50}\times1\times(-1)=-2^{50}$

이므로 $\frac{z^{100}}{-2}=\frac{-2^{50}}{-2}=2^{49}=2^n$

따라서 $n=49$

답 ④

52

자연수 n과 실수부분이 0이 아닌 복소수 z에 대하여

$f(n)=\left\{\frac{(z-\bar{z})i^3-(z+\bar{z})i}{2z}\right\}^n$이라 할 때,

$f(3)+f(6)+f(9)+f(12)+\cdots+f(30)$의 실수부분을 a, 허수부분을 b라 하자. $a-b$의 값은? (단, $\bar{z}$는 z의 켤레복소수이다.)

√① -2 ② -1 ③ 0
④ 1 ⑤ 2

step 1 $f(n)$ 간단히 하기

$i^3=-i$이므로

$f(n)=\left\{\frac{(z-\bar{z})i^3-(z+\bar{z})i}{2z}\right\}^n$

$=\left\{\frac{-zi+\bar{z}i-zi-\bar{z}i}{2z}\right\}^n$

$=\left(\frac{-2zi}{2z}\right)^n=(-i)^n$

step 2 $f(3)$, $f(6)$, $f(9)$, $\cdots$, $f(30)$의 규칙 발견하기

그러므로

$f(3)=(-i)^3=-i^3=i$

$f(6)=(-i)^6=(-i)^4(-i)^2=-1$

$f(9)=(-i)^9=(-i)^8(-i)=-i$

$f(12)=(-i)^{12}=1$

이고

$f(15)=(-i)^{15}=(-i)^{12}(-i)^3=(-i)^3=f(3)$

$f(18)=(-i)^{18}=(-i)^{12}(-i)^6=(-i)^6=f(6)$

$f(21)=(-i)^{21}=(-i)^{12}(-i)^9=(-i)^9=f(9)$

$f(24)=(-i)^{24}=(-i)^{12}(-i)^{12}=(-i)^{12}=f(12)$

마찬가지로 $f(27)=f(3)$, $f(30)=f(6)$

step 3 $a-b$의 값 구하기

$f(3)+f(6)+f(9)+f(12)+\cdots+f(30)$

$=(i-1-i+1)+(i-1-i+1)+(i-1)$

$=-1+i$

따라서 $a=-1$, $b=1$이므로

$a-b=-1-1=-2$

답 ①

53

임의의 복소수 z와 그 켤레복소수 $\bar{z}$에 대하여 〈보기〉에서 항상 실수인 것만을 있는 대로 고른 것은? 복소수의 허수부분이 0이다.

보기

ㄱ. $z^2+(\bar{z})^2$ ㄴ. $z^3-(\bar{z})^3$ ㄷ. $z^4-(\bar{z})^4$

√① ㄱ ② ㄷ ③ ㄱ, ㄴ
④ ㄱ, ㄷ ⑤ ㄴ, ㄷ

step 1 곱셈 공식을 이용하여 ㄱ이 항상 실수인지 판단하기

$z=a+bi$ (a, b는 실수)라 하면 $\bar{z}=a-bi$이다.

ㄱ. $z^2+(\bar{z})^2=(a+bi)^2+(a-bi)^2$

$=(a^2-b^2+2abi)+(a^2-b^2-2abi)$

$=2(a^2-b^2)$

이때 a, b가 실수이므로 $z^2+(\bar{z})^2$은 항상 실수이다.

step 2 인수분해 공식을 이용하여 ㄴ이 항상 실수인지 판단하기

ㄴ. $z^3-(\bar{z})^3=(z-\bar{z})\{z^2+z\bar{z}+(\bar{z})^2\}$

이때

$z-\bar{z}=(a+bi)-(a-bi)=2bi$

$z\bar{z}=(a+bi)(a-bi)=a^2+b^2$

이고 ㄱ에서 $z^2+(\bar{z})^2=2(a^2-b^2)$이므로

$z^3-(\bar{z})^3=(z-\bar{z})\{z^2+z\bar{z}+(\bar{z})^2\}$

$=2bi\times(3a^2-b^2)$

$=2b(3a^2-b^2)i$

따라서 $b=0$ 또는 $3a^2=b^2$이면 $z^3-(\bar{z})^3$은 실수이지만 $b\neq0$이고 $3a^2\neq b^2$이면 $z^3-(\bar{z})^3$은 실수가 아니다.

step 3 인수분해 공식을 이용하여 ㄷ이 항상 실수인지 판단하기

ㄷ. $z^4-(\bar{z})^4=\{z^2-(\bar{z})^2\}\{z^2+(\bar{z})^2\}$

$=(z-\bar{z})(z+\bar{z})\{z^2+(\bar{z})^2\}$

이때 $z+\bar{z}=(a+bi)+(a-bi)=2a$이므로

$z^4-(\bar{z})^4=(z-\bar{z})(z+\bar{z})\{z^2+(\bar{z})^2\}$

$=2bi\times 2a\times 2(a^2-b^2)$

$=8ab(a^2-b^2)i$

따라서 $a=0$ 또는 $b=0$ 또는 $a^2=b^2$이면 $z^4-(\bar{z})^4$은 실수이지만 $a\neq0$이고 $b\neq0$이고 $a^2\neq b^2$이면 $z^4-(\bar{z})^4$은 실수가 아니다.

이상에서 항상 실수인 것은 ㄱ이다. 답 ①

54

다음 조건을 만족시키는 소수 p의 개수를 구하시오. 4

(가) a는 11의 배수인 두 자리의 자연수이다.
(나) 이차방정식 $x^2-ax+2p=0$의 두 근은 서로 다른 자연수이다.

step 1 a와 p 사이의 관계식 구하기

소수 p에 대하여 $2p=1\times2p$ 또는 $2p=2\times p$이고 a는 자연수이므로 이차방정식 $x^2-ax+2p=0$은

$(x-1)(x-2p)=0$ 또는 $(x-2)(x-p)=0$

즉, $x^2-(2p+1)x+2p=0$ 또는 $x^2-(p+2)x+2p=0$에서

$a=2p+1$ 또는 $a=p+2$이다.

두 수 α, β를 근으로 하고 x^2의 계수가 1인 이차방정식은 $(x-\alpha)(x-\beta)=0$ 즉, $x^2-(\alpha+\beta)x+\alpha\beta=0$이다.

step 2 a의 값에 따른 p의 값 구하기

(i) $a=2p+1$일 때

a가 홀수이므로 조건 (가)에서 a가 될 수 있는 값은 11, 33, 55, 77, 99

이때 $p=\frac{a-1}{2}$이므로 p가 될 수 있는 값은 5, 16, 27, 38, 49

따라서 소수 p의 값은 5이다.

(ii) $a=p+2$일 때

조건 (가)에서 a가 될 수 있는 값의 최솟값은 11이고 $p=a-2$이므로 $p\geq9$이다.

2를 제외한 모든 소수는 홀수이므로 a도 홀수이어야 한다.

즉, a가 될 수 있는 값은 11, 33, 55, 77, 99

각각에 대하여 p가 될 수 있는 값은 9, 31, 53, 75, 97

따라서 소수 p의 값은 31, 53, 97이다.

step 3 p의 개수 구하기

(i), (ii)에서 소수 p의 개수는 4이다. 답 4

55

이차식 $f(x)=x^2+4x+5$를 $x-a$로 나눈 나머지가 b이고, 방정식 $f(x-2a)+a^2+20-b=0$이 서로 다른 두 허근을 가질 때, $a+b$의 최댓값을 M, 최솟값을 m이라 하자. $M-m$의 값은? (단, a, b는 자연수이다.)

① 16 ② 17 ✓③ 18
④ 19 ⑤ 20

step 1 나머지정리를 이용하여 a, b의 관계식 구하기

이차식 $f(x)=x^2+4x+5$를 $x-a$로 나눈 나머지가 b이므로

$f(a)=a^2+4a+5=b$

step 2 방정식 $f(x-2a)+a^2+20-b=0$이 서로 다른 두 허근을 가질 조건 구하기

방정식 $f(x-2a)+a^2+20-b=0$에서

$(x-2a)^2+4(x-2a)+5+a^2+20-b=0$

$(x^2-4ax+4a^2)+(4x-8a)+5+a^2+20-b=0$

$x^2-4(a-1)x+4a^2-8a+5+a^2+20-b=0$

$x^2-4(a-1)x+4a^2-8a+5+a^2+20-(a^2+4a+5)=0$

$x^2-4(a-1)x+4a^2-12a+20=0$

판별식을 D라 하면 서로 다른 두 허근을 가지므로

$\frac{D}{4}=\{-2(a-1)\}^2-(4a^2-12a+20)$

$=4(a^2-2a+1)-4a^2+12a-20$

$=4a-16<0$

$a<4$

step 3 a, b가 자연수일 조건을 이용하여 M, m의 값 구하기

이때 a는 자연수이므로 $a=1$, 2, 3이다.

즉, $a=1$일 때, $b=10$, $a=2$일 때 $b=17$, $a=3$일 때 $b=26$이므로

$M=26+3=29$, $m=10+1=11$

따라서 $M-m=29-11=18$ 답 ③

56

실수가 아닌 복소수 z와 최고차항의 계수가 1이고 모든 계수가 실수인 이차식 $f(x)$가 다음 조건을 만족시킨다.

(가) $z-i$는 방정식 $f(x)=4$의 한 실근이다.
(나) $2z+1$은 방정식 $f(x)=0$의 한 허근이다.

방정식 $f(x)=0$의 모든 근의 합은?

✓① -2 ② -1 ③ 0
④ 1 ⑤ 2

step 1 조건 (가)를 만족시키는 a, b의 관계식 구하기

실수가 아닌 복소수 z에 대하여 조건 (가)를 만족시키기 위해서는 $z=p+i$ (p는 실수)의 꼴이다.

이때 $f(x)=x^2+ax+b$ (a, b는 실수)로 놓으면 $z-i=p$는 방정식 $f(x)=4$, $f(x)-4=0$의 한 실근이므로

$f(p)-4=p^2+ap+b-4=0$ …… ㉠

step 2 조건 (나)를 만족시키는 a, b의 관계식 구하기

조건 (나)에서 $2z+1=2(p+i)+1=2p+1+2i$가 방정식 $f(x)=0$의 한 허근이므로 $2p+1-2i$는 또 다른 한 허근이다.

이때 방정식 $f(x)=x^2+ax+b=0$에서 이차방정식의 근과 계수의 관계에 의하여

$-a=(2p+1+2i)+(2p+1-2i)=4p+2$, $a=-4p-2$

$b=(2p+1+2i)(2p+1-2i)=(2p+1)^2+4=4p^2+4p+5$

step 3 p의 값 구하기

㉠에 $a=-4p-2$, $b=4p^2+4p+5$를 대입하면

$p^2+(-4p-2)p+(4p^2+4p+5)-4=0$

$p^2+2p+1=0$, $(p+1)^2=0$, $p=-1$

step 4 방정식 $f(x)=0$의 모든 근의 합 구하기

따라서 방정식 $f(x)=0$의 모든 근의 합은

$-a=-(-4p-2)=-2$

답 ①

57

이차방정식 $ax^2+2bx+2c=bx^2+4cx+a$에 대한 설명으로 〈보기〉에서 옳은 것만을 있는 대로 고른 것은?

(단, $a\neq b$이고 a, b, c는 실수이다.)

보기

ㄱ. $2c<b<a$이면 서로 다른 두 실근을 갖는다.

ㄴ. $b=2c$이면 중근을 갖는다.

ㄷ. $a<b<c$이면 서로 다른 두 허근을 갖는다.

✓① ㄱ ② ㄴ ③ ㄱ, ㄴ

④ ㄱ, ㄷ ⑤ ㄴ, ㄷ

step 1 이차방정식의 판별식 구하기

이차방정식 $ax^2+2bx+2c=bx^2+4cx+a$에서

$(a-b)x^2+2(b-2c)x+2c-a=0$ …… ㉠

의 판별식을 D라 하면

$\frac{D}{4}=(b-2c)^2-(a-b)(2c-a)$

step 2 ㄱ이 옳은지 판단하기

ㄱ. $2c<b<a$이면

$(b-2c)^2>0$, $a-b>0$, $2c-a<0$이므로

$\frac{D}{4}>0$이다.

따라서 이차방정식 ㉠은 서로 다른 두 실근을 갖는다. (참)

step 3 ㄴ이 옳은지 판단하기

ㄴ. $b=2c$이면

$(b-2c)^2=0$이고

$(a-b)(2c-a)=(a-b)(b-a)=-(a-b)^2\leq 0$

이때 $a\neq b$에서 $-(a-b)^2<0$이므로

$\frac{D}{4}>0$이다.

따라서 이차방정식 ㉠은 서로 다른 두 실근을 갖는다. (거짓)

step 4 ㄷ이 옳은지 판단하기

ㄷ. $a=1$, $b=2$, $c=3$이면 $a<b<c$이다.

이때 $\frac{D}{4}=(2-6)^2-(1-2)(6-1)=21>0$이므로

이차방정식 ㉠은 서로 다른 두 실근을 갖는다. (거짓)

이상에서 옳은 것은 ㄱ이다.

답 ①

58

두 학생 A, B가 이차방정식 $ax^2+bx+c=0$의 근을 구하였다. 학생 A가 일차항의 계수 b만을 잘못 보고 구한 두 근이 $1\pm\sqrt{2}$이고, 학생 B가 상수항 c만을 잘못 보고 구한 두 근이 $\frac{3\pm\sqrt{33}}{4}$이다. 이차방정식 $ax^2+bx+c=0$의 두 근을 α, β라 할 때, $4(\alpha-\beta)^2$의 값을 구하시오. (단, $a\neq 0$이고 a, b, c는 실수이다.) 25

step 1 a와 c 사이의 관계식 구하기

두 근 $1\pm\sqrt{2}$의 합과 곱은 각각

$(1+\sqrt{2})+(1-\sqrt{2})=2$

$(1+\sqrt{2})(1-\sqrt{2})=1-2=-1$

이므로 두 수 $1\pm\sqrt{2}$를 근으로 하고 이차항의 계수가 a인 이차방정식은

$a(x^2-2x-1)=0$ → 두 수 α, β를 근으로 하고 x^2의 계수가 a인 이차방정식은

$ax^2-2ax-a=0$ $a(x-\alpha)(x-\beta)=0$, 즉 $a\{x^2-(\alpha+\beta)x+\alpha\beta\}=0$이다.

이므로 이차방정식 $ax^2+bx+c=0$에서 $b=-2a$, $c=-a$이다.

이때 학생 A는 일차항의 계수 b만을 잘못 보고 풀었으므로 두 상수 a, c는 바르게 보았다. 즉,

$c=-a$ …… ㉠

step 2 a와 b 사이의 관계식 구하기

두 근 $\frac{3\pm\sqrt{33}}{4}$의 합과 곱은 각각

$\frac{3+\sqrt{33}}{4}+\frac{3-\sqrt{33}}{4}=\frac{3}{2}$

$\frac{3+\sqrt{33}}{4}\times\frac{3-\sqrt{33}}{4}=\frac{9-33}{16}=-\frac{3}{2}$

이므로 두 수 $\frac{3\pm\sqrt{33}}{4}$을 근으로 하고 이차항의 계수가 a인 이차방정식은 $a\left(x^2-\frac{3}{2}x-\frac{3}{2}\right)=0$, $ax^2-\frac{3}{2}ax-\frac{3}{2}a=0$

이므로 이차방정식 $ax^2+bx+c=0$에서 $b=-\frac{3}{2}a$, $c=-\frac{3}{2}a$이다.

이때 학생 B는 상수항 c만을 잘못 보고 풀었으므로 두 상수 a, b는 바르게 보았다. 즉,

$b=-\frac{3}{2}a$ …… ㉡

step 3 $4(\alpha-\beta)^2$의 값 구하기

㉠, ㉡에서 이차방정식 $ax^2+bx+c=0$은

$ax^2-\frac{3}{2}ax-a=0$

이때 a는 0이 아닌 실수이므로

$x^2-\frac{3}{2}x-1=0$, $2x^2-3x-2=0$

이고 두 근이 α, β이므로 근과 계수의 관계에 의하여

$\alpha+\beta=\frac{3}{2}$, $\alpha\beta=-1$

따라서

$$4(\alpha-\beta)^2=4(\alpha+\beta)^2-16\alpha\beta=4\times\left(\frac{3}{2}\right)^2-16\times(-1)=9+16=25$$

답 25

59

이차방정식 $x^2-6x+1=0$의 두 근을 α, β라 할 때,

$$(\sqrt{\alpha^4-12\alpha^3+36\alpha^2+6\alpha}+\sqrt{\beta^4-12\beta^3+36\beta^2+6\beta})^2$$

의 값을 구하시오. $38+2\sqrt{73}$

step 1 주어진 식 간단히 하기

이차방정식 $x^2-6x+1=0$의 한 근이 α이므로

$\alpha^2-6\alpha+1=0$, $\alpha^2-6\alpha=-1$

이때

$$\begin{aligned}\alpha^4-12\alpha^3+36\alpha^2+6\alpha&=\alpha^2(\alpha^2-12\alpha+36)+6\alpha\\&=\alpha^2(\alpha-6)^2+6\alpha\\&=\{\alpha(\alpha-6)\}^2+6\alpha\\&=(\alpha^2-6\alpha)^2+6\alpha\\&=(-1)^2+6\alpha\\&=6\alpha+1\end{aligned}$$

마찬가지로 이차방정식 $x^2-6x+1=0$의 한 근이 β이므로

$\beta^4-12\beta^3+36\beta^2+6\beta=6\beta+1$

step 2 주어진 식의 값 구하기

이때 근과 계수의 관계에 의하여

$\alpha+\beta=6$, $\alpha\beta=1$

이므로

→ 이차방정식 $ax^2+bx+c=0$의 두 근을 α, β라 하면 $\alpha+\beta=-\frac{b}{a}$, $\alpha\beta=\frac{c}{a}$

$$\begin{aligned}&(\sqrt{\alpha^4-12\alpha^3+36\alpha^2+6\alpha}+\sqrt{\beta^4-12\beta^3+36\beta^2+6\beta})^2\\&=(\sqrt{6\alpha+1}+\sqrt{6\beta+1})^2\\&=(6\alpha+1)+(6\beta+1)+2\sqrt{(6\alpha+1)(6\beta+1)}\\&=6(\alpha+\beta)+2+2\sqrt{36\alpha\beta+6(\alpha+\beta)+1}\\&=6\times6+2+2\sqrt{36\times1+6\times6+1}\\&=38+2\sqrt{73}\end{aligned}$$

→ $6\alpha+1=\alpha^2+2>0$, $6\beta+1=\beta^2+2>0$

답 $38+2\sqrt{73}$

60

x, y에 대한 이차식

$$x^2+2xy+\frac{3}{4}y^2+3x+ky-\frac{7}{4}$$

이 x, y에 대한 두 일차식의 곱으로 인수분해되도록 하는 모든 실수 k의 값의 합은?

① 2 ② 4 √③ 6 ④ 8 ⑤ 10

step 1 x에 대한 이차방정식의 근 구하기

방정식 $x^2+2xy+\frac{3}{4}y^2+3x+ky-\frac{7}{4}=0$에서 x에 대한 이차방정식 $x^2+(2y+3)x+\frac{3}{4}y^2+ky-\frac{7}{4}=0$의 판별식을 D_1이라 하면 근의 공식에 의해 $x=\frac{-(2y+3)\pm\sqrt{D_1}}{2}$

step 2 y에 대한 이차방정식의 판별식 구하기

이차식 $x^2+2xy+\frac{3}{4}y^2+3x+ky-\frac{7}{4}$이 두 일차식의 곱으로 인수분해되려면 판별식 D_1이 완전제곱식이어야 한다.

$$\begin{aligned}D_1&=(2y+3)^2-4\left(\frac{3}{4}y^2+ky-\frac{7}{4}\right)\\&=(4y^2+12y+9)-(3y^2+4ky-7)\\&=y^2-4(k-3)y+16\end{aligned}$$

방정식 $y^2-4(k-3)y+16=0$의 판별식을 D_2라 할 때, 이차식 D_1이 완전제곱식이 되려면 $D_2=0$이어야 한다. 따라서

$\frac{D_2}{4}=\{-2(k-3)\}^2-16=0$

step 3 k의 값의 합 구하기

$(k-3)^2=4$

$k-3=2$ 또는 $k-3=-2$

$k=5$ 또는 $k=1$

따라서 모든 실수 k의 값의 합은 6이다. 답 ③

61

자연수 n에 대하여

$$f(n)=n\times(i+i^2+i^3+\cdots+i^n)\times\left(\frac{1}{i}+\frac{1}{i^2}+\frac{1}{i^3}+\cdots+\frac{1}{i^n}\right)$$

→ i의 거듭제곱의 규칙을 이용한다.

이라 하자. $f(k)+f(k+2)=116$이 성립하도록 하는 모든 자연수 k의 값의 합을 구하시오. 171

step 1 i^n, $\frac{1}{i^n}$의 규칙 발견하기

$i+i^2+i^3+i^4=i+(-1)+(-i)+1=0$

$\frac{1}{i}+\frac{1}{i^2}+\frac{1}{i^3}+\frac{1}{i^4}=(-i)+(-1)+i+1=0$

이고 자연수 t에 대하여

$i^{4t-3}=i$, $i^{4t-2}=-1$, $i^{4t-1}=-i$, $i^{4t}=1$

$\frac{1}{i^{4t-3}}=-i$, $\frac{1}{i^{4t-2}}=-1$, $\frac{1}{i^{4t-1}}=i$, $\frac{1}{i^{4t}}=1$

→ $\frac{1}{i^{4t-3}}=\frac{1}{i}=\frac{i}{i^2}=-i$, $\frac{1}{i^{4t-2}}=\frac{1}{-1}=-1$, $\frac{1}{i^{4t-1}}=\frac{1}{-i}=\frac{i}{-i^2}=i$, $\frac{1}{i^{4t}}=\frac{1}{1}=1$

step 2 n의 값에 따라 $f(n)$의 값 구하기

그러므로 n의 값을 $4t-3$의 꼴, $4t-2$의 꼴, $4t-1$의 꼴, $4t$의 꼴로 나누어 생각하면 다음과 같다.

(i) $n=4t-3$일 때

$$\begin{aligned}f(n)&=f(4t-3)\\&=(4t-3)\times(i+i^2+i^3+\cdots+i^{4t-3})\times\left(\frac{1}{i}+\frac{1}{i^2}+\frac{1}{i^3}+\cdots+\frac{1}{i^{4t-3}}\right)\\&=(4t-3)\times(0+i^{4t-3})\times\left(0+\frac{1}{i^{4t-3}}\right)\\&=(4t-3)\times i\times(-i)\\&=4t-3\end{aligned}$$

(ii) $n=4t-2$일 때

$$\begin{aligned}f(n)&=f(4t-2)\\&=(4t-2)\times(i+i^2+i^3+\cdots+i^{4t-2})\times\left(\frac{1}{i}+\frac{1}{i^2}+\frac{1}{i^3}+\cdots+\frac{1}{i^{4t-2}}\right)\\&=(4t-2)\times(0+i^{4t-3}+i^{4t-2})\times\left(0+\frac{1}{i^{4t-3}}+\frac{1}{i^{4t-2}}\right)\\&=(4t-2)\times(i-1)\times(-i-1)\\&=8t-4\end{aligned}$$

(iii) $n=4t-1$일 때

$$f(n)=f(4t-1)$$
$$=(4t-1)\times(i+i^2+i^3+\cdots+i^{4t-1})$$
$$\times\left(\frac{1}{i}+\frac{1}{i^2}+\frac{1}{i^3}+\cdots+\frac{1}{i^{4t-1}}\right)$$
$$=(4t-1)\times(0+i^{4t-3}+i^{4t-2}+i^{4t-1})$$
$$\times\left(0+\frac{1}{i^{4t-3}}+\frac{1}{i^{4t-2}}+\frac{1}{i^{4t-1}}\right)$$
$$=(4t-1)\times(i-1-i)\times(-i-1+i)$$
$$=4t-1$$

(iv) $n=4t$일 때

$$f(n)=f(4t)$$
$$=4t\times(i+i^2+i^3+\cdots+i^{4t})\times\left(\frac{1}{i}+\frac{1}{i^2}+\frac{1}{i^3}+\cdots+\frac{1}{i^{4t}}\right)$$
$$=4t\times0\times0=0$$

step 3 $f(k)+f(k+2)=116$을 만족시키는 k의 값 구하기

따라서 $f(k)+f(k+2)$의 값을 자연수 k의 값에 따라 나누어 생각하면 다음과 같다.

(v) $k=4t-3$일 때,

$$f(k)+f(k+2)=f(4t-3)+f(4t-1)$$
$$=(4t-3)+(4t-1)$$
$$=8t-4=116$$

$t=15$이고 $k=4\times15-3=57$

따라서 $f(57)+f(59)=116$

(vi) $k=4t-2$일 때,

$$f(k)+f(k+2)=f(4t-2)+f(4t)$$
$$=(8t-4)+0=116$$

$t=15$이고 $k=4\times15-2=58$

따라서 $f(58)+f(60)=116$

(vii) $k=4t-1$일 때

$$f(k)+f(k+2)=f(4t-1)+f(4t+1)$$
$$=(4t-1)+(4t+1)$$
$$=8t=116$$

$f(4t+1)$
$=f(4(t+1)-3)$
$=4(t+1)-3$
$=4t+1$

이를 만족시키는 자연수 t의 값은 존재하지 않는다.

(viii) $k=4t$일 때

$$f(k)+f(k+2)=f(4t)+f(4t+2)$$
$$=0+(8t+4)$$
$$=8t+4=116$$

$f(4t+2)$
$=f(4(t+1)-2)$
$=8(t+1)-4$
$=8t+4$

$t=14$이고 $k=4\times14=56$

따라서 $f(56)+f(58)=116$

step 4 k의 값의 합 구하기

(v)~(viii)에서 $f(k)+f(k+2)=116$이 성립하도록 하는 모든 자연수 k의 값은 56, 57, 58이므로 그 합은

$56+57+58=171$

답 171

1등급을 넘어서는 상위 1%

본문 49쪽

62

다항식 $f(x)=x^3+ax+b$를 $x+20$으로 나누면 나누어떨어지고 그 때의 몫은 $g(x)$, 다항식 $h(x)=x^3+cx^2+d$를 $x+21$로 나누면 나누어떨어지고 그 때의 몫은 $i(x)$이다. 두 방정식 $g(x)=0$, $i(x)=0$이 모두 $m+\sqrt{n}i$를 근으로 갖는다고 할 때, $m+n$의 값은?

(단, a, b, c, d는 실수이고, m, n은 자연수이다.)

① 290 ② 300 ③ 310
④ 320 ✓⑤ 330

문항 파헤치기

두 방정식 $g(x)=0$, $i(x)=0$의 계수가 모두 실수로 이루어져 있음을 이용한다.

실수 point 찾기

계수가 실수인 방정식에서 $m+\sqrt{n}i$가 근이면 다른 한 근이 $m-\sqrt{n}i$임을 찾아내야 한다.

문제풀이

step 1 $f(x)$, $h(x)$를 두 다항식의 곱으로 나타내기

다항식 $f(x)=x^3+ax+b$를 $x+20$으로 나누면 나누어떨어지고 그 때의 몫은 $g(x)$이므로 $f(x)=x^3+ax+b=(x+20)g(x)$

같은 방법으로 $h(x)=x^3+cx^2+d=(x+21)i(x)$

step 2 두 방정식 $g(x)=0$, $i(x)=0$의 또 다른 근을 구한 후 근과 계수의 관계 이용하기

이때 $g(x)$, $i(x)$도 최고차항의 계수가 1이고 계수가 모두 실수인 이차식이므로 두 방정식 $g(x)=0$, $i(x)=0$이 모두 $m+\sqrt{n}i$를 근으로 가지면 또 다른 한 근은 $m-\sqrt{n}i$이다.

따라서

$$m+\sqrt{n}i+(m-\sqrt{n}i)=2m$$
$$(m+\sqrt{n}i)(m-\sqrt{n}i)=m^2+n$$

이므로

$$g(x)=i(x)=x^2-2mx+m^2+n$$

step 3 항등식의 성질을 이용하여 m, n의 값 구하기

$$x^3+ax+b=(x+20)(x^2-2mx+m^2+n)$$
$$=x^3+(-2m+20)x^2+(m^2+n-40m)x+20(m^2+n)$$

에서 이 식은 x에 대한 항등식이므로

$-2m+20=0$, $m^2+n-40m=a$, $20(m^2+n)=b$

에서 $m=10$

또한,

$$x^3+cx^2+d=(x+21)(x^2-2mx+m^2+n)$$
$$=x^3+(-2m+21)x^2+(m^2+n-42m)x+21(m^2+n)$$

에서 이 식은 x에 대한 항등식이므로

$-2m+21=c$, $m^2+n-42m=0$, $21(m^2+n)=d$

그런데 $m=10$이므로 $100+n-420=0$, $n=320$

따라서 $m+n=330$

답 ⑤

05 이차방정식과 이차함수

기출에서 찾은 **내신 필수 문제**

본문 52~55쪽

01 ④	02 $x=-4$ 또는 $x=1$		03 ⑤	04 ⑤
05 ②	06 ④	07 ③	08 ①	09 ①
10 ①	11 ③	12 ②	13 ③	14 ④
15 ④	16 ①	17 ④	18 ②	19 ①
20 ②	21 ②	22 -10	23 2	

01 이차함수 $y=x^2+x+a$의 그래프가 x축과 만나는 두 점의 좌표가 $(-3,\ 0)$, $(b,\ 0)$이므로 이차방정식 $x^2+x+a=0$의 두 근은 -3, b이다. 이차방정식의 근과 계수의 관계에 의하여

$-1=-3+b$, $-3\times b=a$

즉, $a=-6$, $b=2$이므로

$a+b=-4$

답 ④

02 이차함수 $y=x^2+ax+b$의 그래프가 x축과 두 점 A$(1,\ 0)$, B$(3,\ 0)$에서 만나므로 이차방정식 $x^2+ax+b=0$의 두 실근이 1, 3이고 이차방정식의 근과 계수의 관계에 의하여

$-a=1+3=4$, $b=1\times 3=3$

즉, $a=-4$, $b=3$이므로 이차방정식 $x^2+3x-4=0$의 두 근은

$(x+4)(x-1)=0$에서

$x=-4$ 또는 $x=1$

답 $x=-4$ 또는 $x=1$

03 이차방정식 $ax^2+bx+c=0$의 두 근이 1, 5이므로 근과 계수의 관계에 의하여

$1+5=-\frac{b}{a}$, $b=-6a$

$1\times 5=\frac{c}{a}$, $c=5a$

이차함수 $y=ax^2+cx+b$, 즉 $y=ax^2+5ax-6a$의 그래프와 x축의 교점의 x좌표는 이차방정식 $ax^2+5ax-6a=0$의 두 근과 같다.

$ax^2+5ax-6a=0$에서

$a(x^2+5x-6)=0$, $a(x+6)(x-1)=0$

$x=-6$ 또는 $x=1$

이므로 두 점 A, B의 좌표는

A$(-6,\ 0)$, B$(1,\ 0)$ 또는 A$(1,\ 0)$, B$(-6,\ 0)$이다.

따라서 선분 AB의 길이는

$1-(-6)=7$

답 ⑤

04 이차방정식 $ax^2+bx+c=0$의 두 실근이 α, β이므로 이차함수 $y=ax^2+bx+c$의 그래프와 x축의 교점의 x좌표는 α, β이다.

이때 이 이차함수의 그래프가 직선 $x=3$에 대하여 대칭이므로

$\frac{\alpha+\beta}{2}=3$

따라서 $\alpha+\beta=6$

답 ⑤

05 이차함수 $y=x^2-2ax+a^2-3a-6$의 그래프가 x축과 서로 다른 두 점에서 만나므로 이차방정식 $x^2-2ax+a^2-3a-6=0$의 판별식을 D라 할 때,

$\frac{D}{4}=(-a)^2-(a^2-3a-6)=3a+6>0$

$a>-2$

따라서 정수 a의 최솟값은 -1이다.

답 ②

06 이차함수 $y=x^2+4(a-k)x+4k^2-3k+b$의 그래프와 x축의 교점의 개수가 1이므로 이차방정식 $x^2+4(a-k)x+4k^2-3k+b=0$이 중근을 갖는다.

이 이차방정식의 판별식을 D라 하면

$\frac{D}{4}=\{2(a-k)\}^2-(4k^2-3k+b)=0$

$(4a^2-8ak+4k^2)-(4k^2-3k+b)=0$

$(3-8a)k+4a^2-b=0$

이 등식이 k의 값에 관계없이 항상 성립해야 한다.

즉, k에 대한 항등식이어야 하므로

$3-8a=0$, $4a^2-b=0$

$a=\frac{3}{8}$, $b=4a^2=4\times\left(\frac{3}{8}\right)^2=\frac{9}{16}$

따라서 $a+b=\frac{3}{8}+\frac{9}{16}=\frac{15}{16}$

답 ④

07 이차함수 $y=x^2-2kx+k^2+2k$의 그래프가 x축과 서로 다른 두 점에서 만나려면 이차방정식 $x^2-2kx+k^2+2k=0$이 서로 다른 두 실근을 가져야 한다. 이 이차방정식의 판별식을 D_1이라 하면

$\frac{D_1}{4}=(-k)^2-(k^2+2k)>0$

$k<0$ …… ㉠

또한 이차함수 $y=x^2+2kx+k^2+5k+35$의 그래프가 x축과 만나지 않으려면 이차방정식 $x^2+2kx+k^2+5k+35=0$이 허근을 가져야 한다.

이 이차방정식의 판별식을 D_2라 하면

$\frac{D_2}{4}=k^2-(k^2+5k+35)<0$

$k>-7$ …… ㉡

㉠, ㉡에서 조건을 만족시키는 k의 값의 범위는 $-7<k<0$이므로 정수 k의 값은 -6, -5, -4, -3, -2, -1로 그 개수는 6이다.

답 ③

08 이차함수 $y=x^2+2x+a^2+a-2$의 그래프와 직선 $y=-2ax+2$가 만나지 않아야 하므로

방정식 $x^2+2x+a^2+a-2=-2ax+2$,

즉 $x^2+2(a+1)x+a^2+a-4=0$이 서로 다른 두 허근을 가져야 한다.

판별식을 D라 하면

$\frac{D}{4}=(a+1)^2-(a^2+a-4)=a+5<0$

즉, $a<-5$이므로 정수 a의 최댓값은 -6이다.

답 ①

09 점 A$(1+2\sqrt{2},\ 3+2\sqrt{2})$는 직선 $y=x+c$ 위의 점이므로

$3+2\sqrt{2}=1+2\sqrt{2}+c$

따라서 $c=2$

또한, 함수 $y=x^2+ax+b$의 그래프와 직선 $y=x+c$가 점 $A(1+2\sqrt{2}, 3+2\sqrt{2})$에서 만나므로
이차방정식 $x^2+ax+b=x+2$, 즉 $x^2+(a-1)x+b-2=0$의 한 근이 $1+2\sqrt{2}$이다.
이때 a, b는 유리수이므로 또 다른 한 근은 $1-2\sqrt{2}$이다.
이차방정식의 근과 계수의 관계에 의하여
$-(a-1)=(1+2\sqrt{2})+(1-2\sqrt{2})$, $-a+1=2$에서 $a=-1$
$b-2=(1+2\sqrt{2})(1-2\sqrt{2})$, $b-2=-7$에서 $b=-5$
따라서 $abc=-1\times(-5)\times2=10$ 답 ①

10 이차함수 $y=x^2-2x-1$의 그래프와 직선 $y=x-2$가 만나는 두 점 $A(a, b)$, $B(c, d)$의 x좌표는 이차방정식 $x^2-2x-1=x-2$의 두 실근과 같다.
즉, $x^2-3x+1=0$의 두 실근이 a, c이므로 근과 계수의 관계에 의하여
$a+c=3$
$ac=1$
이때 두 점 $A(a, b)$, $B(c, d)$는 모두 직선 $y=x-2$ 위의 점이므로
$b=a-2$, $d=c-2$
따라서
$$ad+bc=a(c-2)+(a-2)c$$
$$=2ac-2(a+c)$$
$$=2-6=-4$$
답 ①

11 이차함수 $y=x^2+3$의 그래프가 직선 $y=kx$보다 항상 위쪽에 존재하려면 두 그래프의 교점이 존재하지 않아야 한다.

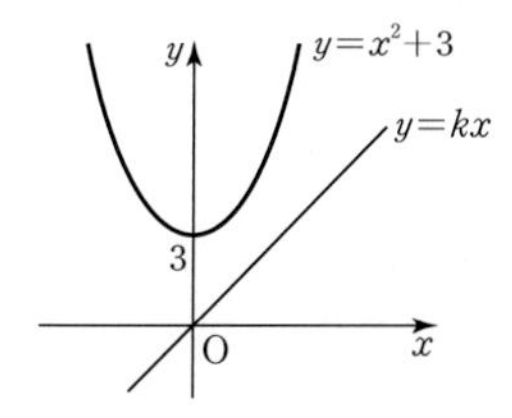

따라서 이차방정식 $x^2+3=kx$, 즉 $x^2-kx+3=0$의 판별식을 D라 하면 $D<0$이어야 하므로
$D=k^2-12<0$
$k^2<12$ …… ㉠
부등식 ㉠을 만족시키는 정수 k의 값은 -3, -2, -1, 0, 1, 2, 3으로 그 개수는 7이다. 답 ③

12 원점을 지나는 직선의 방정식을 $y=mx$ $(m>0)$라 하면 방정식 $x^2-x+4=mx$, 즉 $x^2-(m+1)x+4=0$이 중근을 가져야 한다.
따라서 이차방정식의 판별식을 D라 하면
$D=\{-(m+1)\}^2-4\times4=m^2+2m-15=0$
$(m+5)(m-3)=0$
이때 $m>0$이므로 $m=3$
즉, 직선 $y=3x$가 점 $(a, 2)$를 지나므로
$2=3a$, $a=\dfrac{2}{3}$ 답 ②

13 $y=|x^2-6x|=|(x-3)^2-9|$이므로 곡선 $y=|x^2-6x|$와 직선 $y=a$가 서로 다른 네 점에서 만나기 위해서는 그림과 같아야 한다.

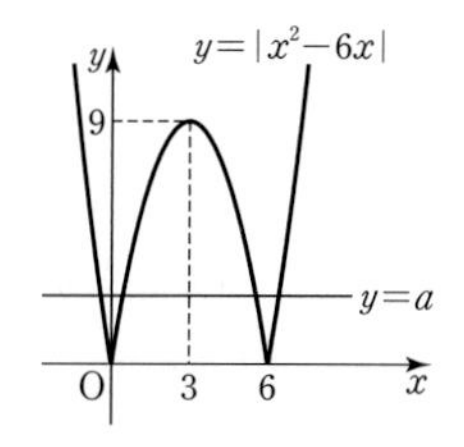

즉, $0<a<9$이므로 모든 정수 a의 값의 합은
$1+2+3+\cdots+8=36$ 답 ③

14 방정식 $f(x)-g(x)=0$의 두 실근이 -1, 2이므로
$h(x)=f(x)-g(x)$라 하면
$h(x)=k(x+1)(x-2)$
로 놓을 수 있다. 따라서
$$h\left(\frac{x-1}{2}\right)=k\left(\frac{x-1}{2}+1\right)\left(\frac{x-1}{2}-2\right)$$
$$=\frac{1}{4}k(x-1+2)(x-1-4)$$
$$=\frac{1}{4}k(x+1)(x-5)$$
이므로 방정식 $f\left(\dfrac{x-1}{2}\right)=g\left(\dfrac{x-1}{2}\right)$
즉, $h\left(\dfrac{x-1}{2}\right)=f\left(\dfrac{x-1}{2}\right)-g\left(\dfrac{x-1}{2}\right)=0$의 모든 근의 합은
$-1+5=4$ 답 ④

15 이차함수 $y=-x^2+ax-b$가 $x=2$에서 최댓값 6을 가지므로
$y=-x^2+ax-b=-(x-2)^2+6=-x^2+4x+2$
따라서 $a=4$이고
$-b=2$, 즉 $b=-2$이므로
$ab=-8$ 답 ④

16 $y=x^2+2x+a=(x+1)^2+a-1$이므로
$x=-1$에서 최솟값은 $a-1$이다.
또한, $y=x^2-4x=(x-2)^2-4$이므로
$-1\le x\le1$에서 $y=x^2-4x$의 최댓값은 $x=-1$일 때
$(-1)^2-4\times(-1)=5$이다.
따라서 $a-1=5\times2=10$이므로
$a=11$ 답 ①

17 $y=x^2(x-2)^2-4x(x-2)=\{x(x-2)\}^2-4x(x-2)$
이므로 $t=x(x-2)$라 하면
$t=x(x-2)=x^2-2x=(x-1)^2-1$
에서 $t\ge-1$
따라서
$$y=x^2(x-2)^2-4x(x-2)=\{x(x-2)\}^2-4x(x-2)$$
$$=t^2-4t=(t-2)^2-4$$
이므로 $t\ge-1$에서 함수 $y=x^2(x-2)^2-4x(x-2)$의 최솟값은 $t=2$일 때 -4이다. 답 ④

18 $x+y=2$에서 $y=2-x\ge0$이므로
$0\le x\le2$
이때

$x^2+2y^2=x^2+2(2-x)^2=x^2+2(x^2-4x+4)$

$=3x^2-8x+8=3\left(x-\frac{4}{3}\right)^2+\frac{8}{3}$

이고 $0\le x\le 2$이므로 $x=\frac{4}{3}$일 때 최솟값은 $m=\frac{8}{3}$, $x=0$일 때 최댓값은 $M=8$

$M+m=8+\frac{8}{3}=\frac{32}{3}$ 답 ②

19 $y=x^2+2kx+k^2-5k+1=(x+k)^2-5k+1$

이므로 주어진 이차함수의 그래프의 꼭짓점의 좌표는 $(-k,\ -5k+1)$이다.

점 $(-k,\ -5k+1)$이 직선 $y=2x-29$ 위에 있으므로

$-5k+1=2\times(-k)-29$

$k=10$

따라서 이차함수 $y=(x+10)^2-49$는 $x=-10$일 때 최솟값 -49를 갖는다. 답 ①

20 $f(x)=2x^2-11x+10$

$=2\left(x^2-\frac{11}{2}x\right)+10$

$=2\left(x^2-\frac{11}{2}x+\frac{121}{16}\right)+10-\frac{121}{8}$

$=2\left(x-\frac{11}{4}\right)^2-\frac{41}{8}$

이므로 이차함수 $y=2x^2-11x+10$의 그래프의 꼭짓점의 x좌표는 $\frac{11}{4}$이고, $\frac{11}{4}$과 가장 가까운 자연수는 3이다.

따라서 자연수 전체의 집합을 정의역으로 하는 함수 $f(x)$는 $x=3$일 때 최솟값 $f(3)$을 가지므로 최솟값은

$f(3)=18-33+10=-5$ 답 ②

21 $f(t)=-5t^2+12t+15$

$=-5\left(t^2-\frac{12}{5}t\right)+15$

$=-5\left(t-\frac{6}{5}\right)^2+\frac{111}{5}$

이므로 $t=\frac{6}{5}$일 때, 공의 높이가 $\frac{111}{5}$ m로 가장 높다.

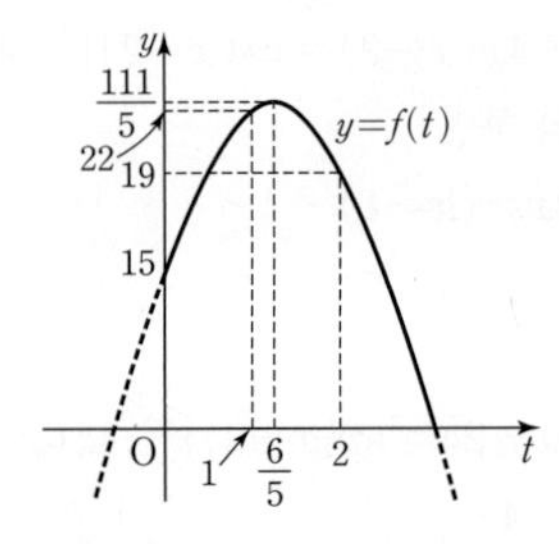

또한 $t=1$일 때 공의 높이는 $f(1)=-5+12+15=22(\text{m})$,

$t=2$일 때 공의 높이는 $f(2)=-20+24+15=19(\text{m})$이다.

따라서 공을 쏘아 올린 후 $1\le t\le 2$일 때, 지면으로부터 공의 높이가 가장 높을 때와 가장 낮을 때의 높이가 각각 $\frac{111}{5}$ m, 19 m이므로 두 높이의 차는 $\frac{111}{5}-19=\frac{16}{5}=3.2(\text{m})$ 답 ②

22 이차함수 $y=-x^2+4x+k$의 그래프가 x축과 만나야 하므로 이차방정식 $-x^2+4x+k=0$, 즉 $x^2-4x-k=0$의 판별식을 D_1이라 하면 $D_1\ge 0$이어야 한다.

$\frac{D_1}{4}=(-2)^2-(-k)\ge 0$

$k\ge -4$ …… ㉠

…… (가)

또한 이차함수 $y=-x^2+4x+k$의 그래프가 직선 $y=x+3$과는 만나지 않아야 하므로 이차방정식 $-x^2+4x+k=x+3$, 즉 $x^2-3x+3-k=0$의 판별식을 D_2라 하면 $D_2<0$이어야 한다.

$D_2=(-3)^2-4\times 1\times(3-k)<0$

$k<\frac{3}{4}$ …… ㉡

…… (나)

㉠, ㉡에서 $-4\le k<\frac{3}{4}$

따라서 정수 k의 값은 -4, -3, -2, -1, 0이므로 그 합은

$-4+(-3)+(-2)+(-1)+0=-10$

…… (다)

답 -10

단계	채점 기준	비율
(가)	이차함수의 그래프가 x축과 만나도록 하는 k의 값의 범위를 구한 경우	40 %
(나)	이차함수의 그래프가 직선 $y=x+3$과 만나지 않도록 하는 k의 값의 범위를 구한 경우	40 %
(다)	정수 k의 값의 합을 구한 경우	20 %

23 이차함수 $y=f(x)$의 최고차항의 계수가 1이므로

$f(x)=x^2+ax+b$ (a, b는 상수)라 하면

$f(6)-f(5)=7$이므로

$(36+6a+b)-(25+5a+b)=7$

$11+a=7$, 즉 $a=-4$

…… (가)

이때 이차함수 $y=f(x)$의 그래프가 x축과 한 점에서 만나므로 이차방정식 $f(x)=0$, 즉 $x^2-4x+b=0$은 중근을 갖는다.

이 이차방정식의 판별식을 D라 하면

$\frac{D}{4}=(-2)^2-b=0$

$b=4$

…… (나)

따라서 $f(x)=x^2-4x+4=(x-2)^2$이므로 $f(x+2)=x^2$이다.

$y=f(x)+f(x+2)$

$=(x^2-4x+4)+x^2$

$=2x^2-4x+4$

$=2(x-1)^2+2$

이므로 함수 $y=f(x)+f(x+2)$는 $x=1$일 때 최솟값 2를 갖는다.

…… (다)

답 2

단계	채점 기준	비율
(가)	a의 값을 구한 경우	30 %
(나)	b의 값을 구한 경우	30 %
(다)	함수 $y=f(x)+f(x+2)$의 최솟값을 구한 경우	40 %

내신 고득점 도전 문제

본문 56~59쪽

24 ②	**25** ⑤	**26** ③	**27** ④	**28** ③
29 ④	**30** ②	**31** ③	**32** ②	**33** ⑤
34 ④	**35** ④	**36** ①	**37** ③	**38** ③
39 ①	**40** ②	**41** ⑤	**42** ②	**43** ③
44 ③	**45** 풀이참조	**46** $m\ge5$	**47** 3	

24 두 수 α, β에 대하여 $\alpha<\beta$이므로
$-\alpha>-\beta$, $1-\alpha>1-\beta$
부등식 $(1-\alpha)(1-\beta)<0$이 성립하려면
$1-\alpha>0$, $1-\beta<0$
즉, $\alpha<1<\beta$이어야 한다.
$f(x)=x^2-nx+2n-5$라 하면 이차함수 $y=f(x)$의 그래프의 개형은 그림과 같이 $f(1)<0$이어야 한다.

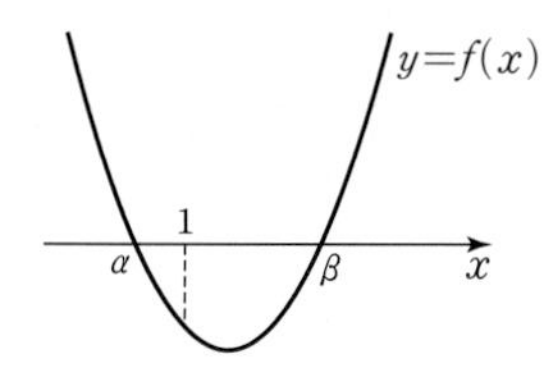

따라서
$f(1)=1-n+2n-5=n-4<0$
$n<4$이므로 자연수 n의 최댓값은 3이다. 답 ②

25 이차방정식 $x^2+nx-3n-21=0$의 두 근을 α, β $(\alpha<\beta)$라 하면 $\alpha<-2$, $\beta>4$이어야 하므로 $f(x)=x^2+nx-3n-21$에 대하여 함수 $y=f(x)$의 그래프의 개형은 그림과 같이 $f(-2)<0$, $f(4)<0$이어야 한다.

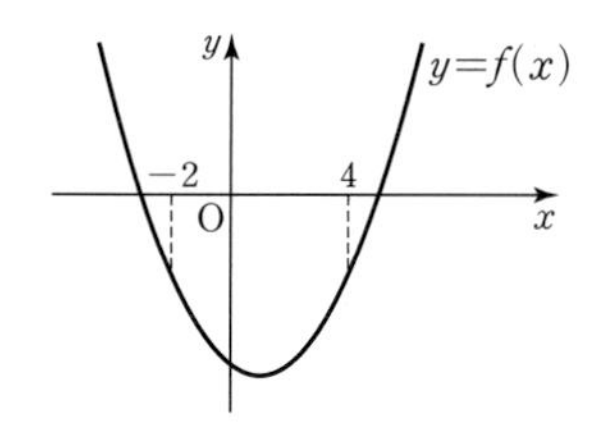

$f(-2)=4-2n-3n-21=-5n-17<0$

$n>-\dfrac{17}{5}$ …… ㉠

$f(4)=16+4n-3n-21=n-5<0$

$n<5$ …… ㉡

㉠, ㉡에서 $-\dfrac{17}{5}<n<5$

따라서 정수 n의 값은 -3, -2, -1, 0, 1, 2, 3, 4이므로 모든 정수 n의 값의 합은
$-3+(-2)+(-1)+0+1+2+3+4=4$ 답 ⑤

26 이차방정식 $x^2-3x+2=0$에서
$(x-1)(x-2)=0$
$x=1$ 또는 $x=2$
이때 이차방정식 $ax^2+ax+2a-18=0$의 한 근이 1과 2 사이에 존재하려면 이차함수 $y=ax^2+ax+2a-18$의 그래프와 x축의 한 교점의 x좌표가 1과 2 사이에 존재해야 한다.

$y=ax^2+ax+2a-18=a\left(x+\dfrac{1}{2}\right)^2+\dfrac{7}{4}a-18$

에서 $f(x)=ax^2+ax+2a-18$이라 하면 이차함수 $y=f(x)$의 그래프는 직선 $x=-\dfrac{1}{2}$에 대하여 대칭이고 a가 자연수이므로 그림과 같이 $f(1)<0$, $f(2)>0$이어야 한다.

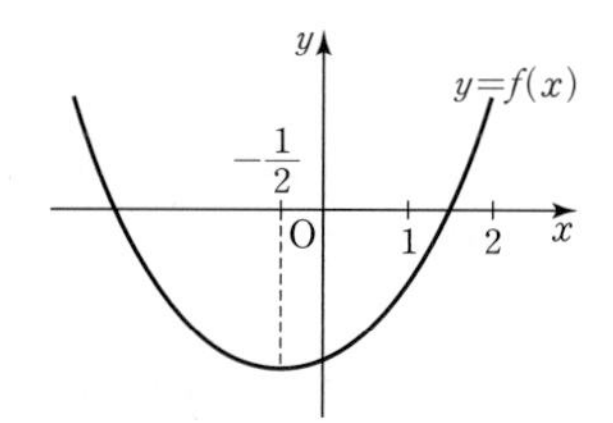

$f(1)=4a-18<0$, $a<\dfrac{9}{2}$ …… ㉠

$f(2)=8a-18>0$, $a>\dfrac{9}{4}$ …… ㉡

㉠, ㉡에서 $\dfrac{9}{4}<a<\dfrac{9}{2}$이므로 자연수 a의 값은 3, 4이고 그 합은 7이다.

답 ③

27 이차함수 $y=ax^2+x-1$의 그래프와 x축이 만나는 두 점의 x좌표가 α, β이므로 두 수 α, β는 이차방정식 $ax^2+x-1=0$의 근이다. 근과 계수의 관계에 의하여

$\alpha+\beta=-\dfrac{1}{a}$, $\alpha\beta=-\dfrac{1}{a}$이므로

$(\alpha-\beta)^2=(\alpha+\beta)^2-4\alpha\beta$

$=\left(-\dfrac{1}{a}\right)^2-4\times\left(-\dfrac{1}{a}\right)=\dfrac{1}{a^2}+\dfrac{4}{a}$ …… ㉠

한편, $|\alpha-\beta|=n$에서
$|\alpha-\beta|^2=n^2$
$(\alpha-\beta)^2=n^2$ …… ㉡
㉠, ㉡에서

$\dfrac{1}{a^2}+\dfrac{4}{a}=n^2$, $n^2a^2-4a-1=0$

$a=\dfrac{2\pm\sqrt{n^2+4}}{n^2}$

자연수 n에 대하여 $2-\sqrt{n^2+4}<0$이므로 양수 a의 값 a_n은

$a_n=\dfrac{2+\sqrt{n^2+4}}{n^2}$

따라서

$a_1=2+\sqrt{5}$, $a_4=\dfrac{2+\sqrt{20}}{16}=\dfrac{1+\sqrt{5}}{8}$

이므로

$a_1+a_4=\dfrac{17+9\sqrt{5}}{8}$ 답 ④

28 이차항의 계수가 1인 이차함수 $y=f(x)$의 그래프와 x축이 만나는 두 점의 x좌표가 α, $\alpha+3$이므로 $f(x)$는 $f(x)=(x-\alpha)(x-\alpha-3)$으로 놓을 수 있다.
또한, 이차항의 계수가 음수인 이차함수 $y=g(x)$의 그래프와 x축이 만나는 두 점의 x좌표가 $\alpha+1$, $\alpha+4$이므로 $g(x)$는
$g(x)=k(x-\alpha-1)(x-\alpha-4)$ $(k<0)$으로 놓을 수 있다.
이때
$g(x)=k(x-\alpha-1)(x-\alpha-4)=kf(x-1)$
이고 $k<0$이므로 함수 $f(x)$의 최솟값을 m $(m<0)$이라 하면 함수 $g(x)$의 최댓값은 km이다. 함수 $f(x)$의 최솟값과 함수 $g(x)$의 최댓값의 합이 0이므로
$m+km=0$, $m(k+1)=0$
$m<0$이므로 $k=-1$
즉, $g(x)=-(x-\alpha-1)(x-\alpha-4)$
한편, 방정식 $f(x)=g(x)$에서
$(x-\alpha)(x-\alpha-3)=-(x-\alpha-1)(x-\alpha-4)$
$x^2-(2\alpha+3)x+\alpha^2+3\alpha=-x^2+(2\alpha+5)x-\alpha^2-5\alpha-4$
$2x^2-4(\alpha+2)x+2\alpha^2+8\alpha+4=0$
$x^2-2(\alpha+2)x+\alpha^2+4\alpha+2=0$
이고 방정식 $f(x)=g(x)$의 모든 실근의 합이 10이므로 근과 계수의 관계에 의하여
$2(\alpha+2)=10$
따라서 $\alpha=3$ 답 ③

29 이차함수 $y=f(x)$의 그래프가 두 점 $(-3, 0)$, $(6, 0)$을 지나므로 두 수 -3, 6은 이차방정식 $f(x)=0$의 근이다.
이차방정식 $f(2x-p)=0$의 두 근은
$2x-p=-3$ 또는 $2x-p=6$에서
$x=\frac{p-3}{2}$ 또는 $x=\frac{p+6}{2}$
따라서 이차방정식 $f(2x-p)=0$의 두 근의 합 S는
$S=\frac{p-3}{2}+\frac{p+6}{2}=p+\frac{3}{2}$
또한 이차방정식 $f(4x-p)=0$의 두 근은
$4x-p=-3$ 또는 $4x-p=6$에서
$x=\frac{p-3}{4}$ 또는 $x=\frac{p+6}{4}$
따라서 이차방정식 $f(4x-p)=0$의 두 근의 합 T는
$T=\frac{p-3}{4}+\frac{p+6}{4}=\frac{1}{2}p+\frac{3}{4}$
이때 $S-T=\frac{5}{4}$이므로
$\left(p+\frac{3}{2}\right)-\left(\frac{1}{2}p+\frac{3}{4}\right)=\frac{5}{4}$
따라서 $p=1$ 답 ④

30 이차함수 $y=x^2+2ax-b^2+2a-4b-5$의 그래프가 x축과 접하므로 이차방정식 $x^2+2ax-b^2+2a-4b-5=0$의 판별식을 D라 하면 $D=0$이어야 한다.
$\frac{D}{4}=a^2-(-b^2+2a-4b-5)$
$=(a^2-2a+1)+(b^2+4b+4)$
$=(a-1)^2+(b+2)^2=0$
이때 $(a-1)^2\geq 0$, $(b+2)^2\geq 0$이므로
$a=1$, $b=-2$
그러므로 주어진 이차함수는 $y=x^2+2x+1=(x+1)^2$이고 이 이차함수의 그래프가 x축과 접하는 점 A와 y축과 만나는 점 B의 좌표는 A$(-1, 0)$, B$(0, 1)$이다.

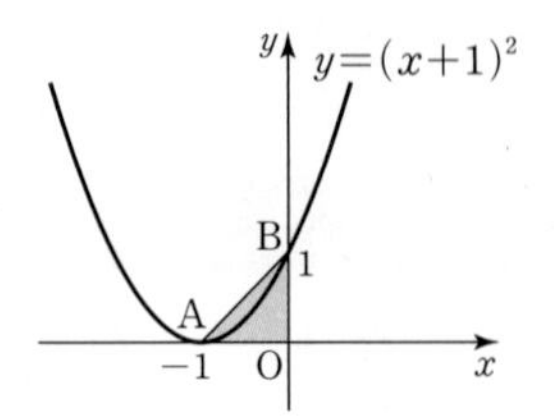

따라서 삼각형 OAB의 넓이는
$\frac{1}{2}\times 1\times 1=\frac{1}{2}$ 답 ②

31 이차함수 $y=x^2-6x+k$의 그래프가 x축과 서로 다른 두 점에서 만나려면 이차방정식 $x^2-6x+k=0$이 서로 다른 두 실근을 가져야 한다. 이 이차방정식의 판별식을 D라 하면
$\frac{D}{4}=(-3)^2-k>0$
즉, $k<9$ …… ㉠

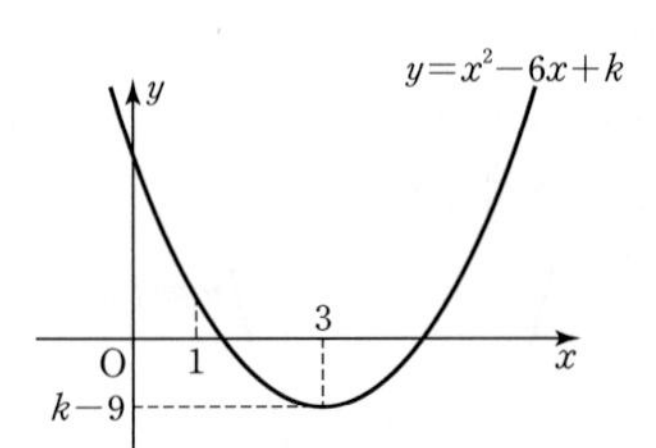

또한 이차함수 $y=x^2-6x+k=(x-3)^2+k-9$의 그래프가 x축과 만나는 서로 다른 두 점의 x좌표가 모두 1보다 크려면 그림과 같이 $x=1$에서의 함숫값이 양수이어야 한다.
$1-6+k>0$
즉, $k>5$ …… ㉡
㉠, ㉡에서 k의 값의 범위는 $5<k<9$이므로 정수 k의 값은 6, 7, 8이고 그 합은 $6+7+8=21$ 답 ③

32 이차함수 $y=x^2-2ax+2b$의 그래프와 x축이 만나지 않으므로 이차방정식 $x^2-2ax+2b=0$은 허근을 갖는다.
이 이차방정식의 판별식을 D라 하면
$\frac{D}{4}=(-a)^2-2b=a^2-2b<0$
$a^2<2b$ …… ㉠
이때 a, b가 모두 한 자리의 자연수이므로
$a=1$일 때, $b=1, 2, 3, \cdots, 9$
$a=2$일 때, $b=3, 4, 5, \cdots, 9$
$a=3$일 때, $b=5, 6, 7, 8, 9$
$a=4$일 때, $b=9$
$a\geq 5$인 자연수일 때, ㉠을 만족시키는 한 자리의 자연수 b의 값은 존재하지 않는다.
따라서 모든 순서쌍 (a, b)의 개수는
$9+7+5+1=22$ 답 ②

33 $2x^2+ax+3=x+b$에서

$2x^2+(a-1)x+3-b=0$ …… ㉠

이차함수 $y=2x^2+ax+3$의 그래프와 직선 $y=x+b$가 만나는 서로 다른 두 점 A, B의 x좌표는 모두 이차방정식 ㉠의 근이다. 이때 이차방정식 ㉠은 모든 계수가 유리수인 이차방정식이고 이 이차방정식의 한 근인 점 A의 x좌표가 $1-\sqrt{3}$, 즉 무리수이므로 점 B의 x좌표는 $1+\sqrt{3}$이다.

따라서 이차방정식 ㉠의 두 근이 $1-\sqrt{3}$, $1+\sqrt{3}$이므로 근과 계수의 관계에 의하여

$(1-\sqrt{3})+(1+\sqrt{3})=-\frac{a-1}{2}$, $a=-3$

$(1-\sqrt{3})(1+\sqrt{3})=\frac{3-b}{2}$, $b=7$

이고

$a^2+b^2=9+49=58$ 답 ⑤

34 이차함수 $y=x^2-kx$의 그래프와 직선 $y=-x-1$이 만나는 두 점 $A(a,\ b)$, $B(c,\ d)$의 x좌표 a, c는 이차방정식 $x^2-kx=-x-1$, 즉 $x^2-(k-1)x+1=0$의 근이므로 근과 계수의 관계에 의하여

$a+c=k-1$, $ac=1$

이다. $c-a=2\sqrt{3}$이므로 $(c-a)^2=(a+c)^2-4ac$에서

$(2\sqrt{3})^2=(k-1)^2-4$

$k^2-2k-15=0$, $(k+3)(k-5)=0$

$k=-3$ 또는 $k=5$

이때 두 점 $A(a,\ b)$, $B(c,\ d)$는 직선 $y=-x-1$ 위의 점이므로

$b=-a-1$, $d=-c-1$

$$\begin{aligned}b+d&=(-a-1)+(-c-1)\\&=-(a+c)-2\\&=-(k-1)-2\\&=-k-1\end{aligned}$$

따라서 $b+d$의 값은 $-(-3)-1=2$ 또는 $-5-1=-6$이므로 최댓값은 2이다. 답 ④

35 직선 $y=mx+n$이 이차함수 $y=x^2+4x+5$의 그래프와 접하므로 이차방정식 $mx+n=x^2+4x+5$, 즉 $x^2+(4-m)x+5-n=0$은 중근을 갖는다. 이 이차방정식의 판별식을 D_1이라 하면

$D_1=(4-m)^2-4(5-n)=0$

$(4-m)^2=4(5-n)$ …… ㉠

또한 직선 $y=mx+n$이 이차함수 $y=x^2-2x+5$의 그래프와 접하므로 이차방정식 $mx+n=x^2-2x+5$, 즉 $x^2-(2+m)x+5-n=0$도 중근을 갖는다. 이 이차방정식의 판별식을 D_2라 하면

$D_2=\{-(2+m)\}^2-4(5-n)=0$

$(2+m)^2=4(5-n)$ …… ㉡

㉠, ㉡에서

$(4-m)^2=(2+m)^2$

$m^2-8m+16=m^2+4m+4$

$m=1$

이 값을 ㉠에 대입하면

$9=4(5-n)$, $n=\frac{11}{4}$

따라서 $m+n=1+\frac{11}{4}=\frac{15}{4}$ 답 ④

36 이차방정식 $x^2+(a+1)x+b=0$의 두 근이 -4, 2이므로 근과 계수의 관계에 의하여

$-4+2=-(a+1)$, $-4\times2=b$

즉, $a=1$, $b=-8$

이때 이차함수 $y=\frac{1}{4}x^2+\frac{a}{2}x+b$, 즉 $y=\frac{1}{4}x^2+\frac{1}{2}x-8$의 그래프와 직선 $y=-\frac{1}{2}x$가 만나는 서로 다른 두 점 A, B의 x좌표를 각각 α, β라 하면 α, β는 이차방정식 $\frac{1}{4}x^2+\frac{1}{2}x-8=-\frac{1}{2}x$, 즉 $x^2+4x-32=0$의 두 근이다.

따라서 두 점 A, B의 x좌표의 합은 근과 계수의 관계에 의하여

$\alpha+\beta=-4$ 답 ①

37 $\overline{AB}=4$이므로 점 A의 x좌표를 α라 하면 점 B의 x좌표는 $\alpha+4$이다. 이때 두 점 A, B는 이차함수 $y=x^2-6x+a$의 그래프가 x축과 만나는 점이므로 두 수 α, $\alpha+4$는 이차방정식 $x^2-6x+a=0$의 두 근이다.

근과 계수의 관계에 의하여

$\alpha+(\alpha+4)=6$, $\alpha=1$

이므로

$a=\alpha(\alpha+4)=1\times5=5$

이고 $A(1,\ 0)$, $B(5,\ 0)$이다.

한편, 삼각형 ABC의 넓이가 10이므로 점 C의 y좌표를 y_1이라 하면

$\frac{1}{2}\times\overline{AB}\times y_1=\frac{1}{2}\times4\times y_1=10$

$y_1=5$

즉, 점 C의 y좌표가 5이므로 점 C의 x좌표는

$x^2-6x+5=5$, $x(x-6)=0$

$x=0$ 또는 $x=6$

이때 직선 $y=bx+c$의 기울기 b가 양수이므로 점 C의 x좌표는 1보다 크다. 따라서 점 C의 x좌표는 6이므로 점 C의 좌표는 $C(6,\ 5)$이다.

두 점 $A(1,\ 0)$, $C(6,\ 5)$를 지나는 직선의 방정식은

$y-0=\frac{5-0}{6-1}(x-1)$, $y=x-1$

이므로 $b=1$, $c=-1$

따라서 $abc=5\times1\times(-1)=-5$ 답 ③

38 함수 $f(x)=\begin{cases}a(x-1)(x-3)+1 & (x<3)\\ b(x-3)(x-7)+1 & (x\geq3)\end{cases}$에 대하여

$1<m<3$일 때 함수 $y=f(x)$의 그래프와 직선 $y=m$이 만나는 서로 다른 점의 개수가 4이고, $m>3$일 때 함수 $y=f(x)$의 그래프와 직선 $y=m$이 만나는 점이 존재하지 않으려면 함수 $y=f(x)$의 그래프는 그림과 같아야 한다.

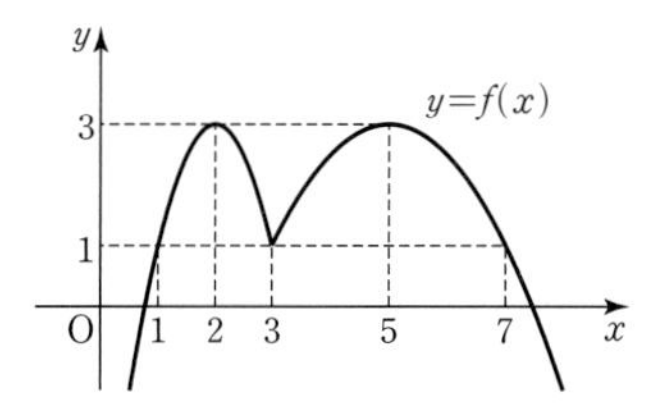

함수 $y=f(x)$의 그래프가 점 $(2,\ 3)$을 지나야 하므로

$f(2)=a\times1\times(-1)+1=3$, $a=-2$

또한 함수 $y=f(x)$의 그래프가 점 (5, 3)을 지나야 하므로

$f(5)=b\times2\times(-2)+1=3,\ b=-\frac{1}{2}$

$g(ab)$, 즉 $g(1)$은 함수 $y=f(x)$의 그래프와 직선 $y=1$이 만나는 서로 다른 점의 개수이므로 $g(ab)=g(1)=3$

$g(3)$은 함수 $y=f(x)$의 그래프와 직선 $y=3$이 만나는 서로 다른 점의 개수이므로 $g(3)=2$

따라서 $g(ab)+g(3)=3+2=5$

답 ③

39 $f(x)=x^2-6|x|+10$이라 하면

$$f(x)=\begin{cases}x^2+6x+10 & (x<0)\\ x^2-6x+10 & (x\ge0)\end{cases}$$

이고

$x^2+6x+10=(x+3)^2+1$

$x^2-6x+10=(x-3)^2+1$

이므로 함수 $y=f(x)$의 그래프는 그림과 같다.

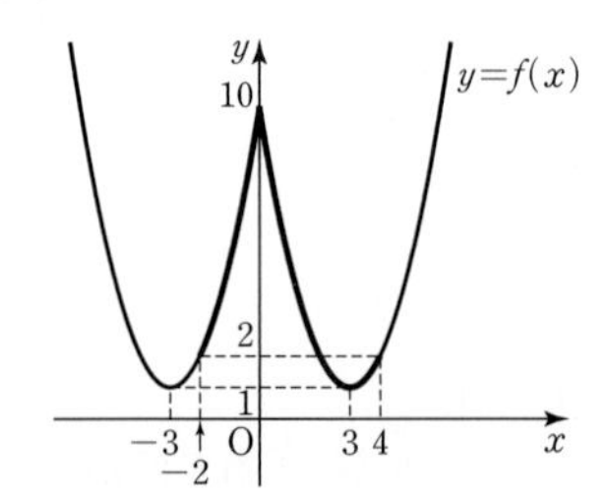

이때 $f(-2)=2,\ f(0)=10,\ f(3)=1,\ f(4)=2$이므로 $-2\le x\le4$에서 함수 $y=f(x)$의 최댓값과 최솟값은 각각 $M=f(0)=10,\ m=f(3)=1$이다.

따라서 $M+m=11$

답 ①

40 이차방정식 $x^2-2ax+a^2-4a+10=0$의 판별식을 D라 하면 이 이차방정식이 서로 다른 두 실근을 가져야 하므로 $D>0$이어야 한다.

$\frac{D}{4}=(-a)^2-(a^2-4a+10)=4a-10>0$

$a>\frac{5}{2}$

이차방정식 $x^2-2ax+a^2-4a+10=0$의 서로 다른 두 실근이 $\alpha,\ \beta$이므로 근과 계수의 관계에 의하여

$\alpha+\beta=2a,\ \alpha\beta=a^2-4a+10$

이고

$$\begin{aligned}\alpha^2+\beta^2-3\alpha\beta&=(\alpha+\beta)^2-5\alpha\beta\\&=(2a)^2-5(a^2-4a+10)\\&=-a^2+20a-50\\&=-(a-10)^2+50\end{aligned}$$

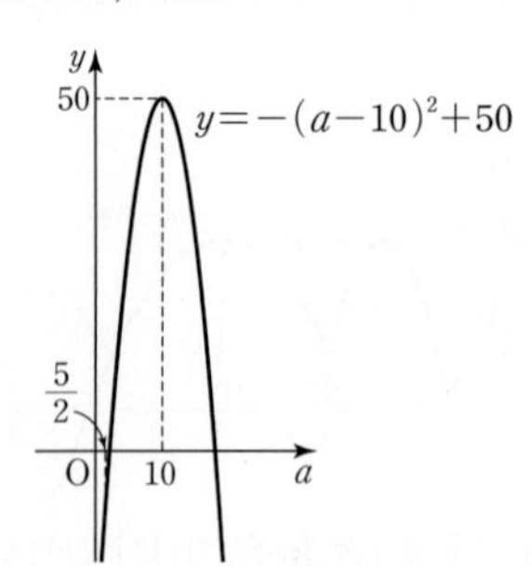

따라서 $\alpha^2+\beta^2-3\alpha\beta$는 $a=10$일 때 최댓값 50을 갖는다.

답 ②

41

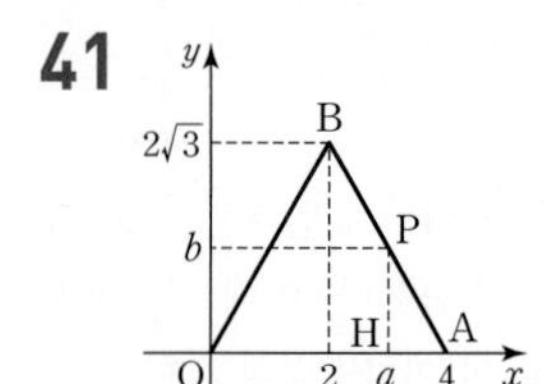

$\overline{OA}=4$이므로 정삼각형 OAB의 모든 변의 길이는 4이다.

한 변의 길이가 4인 정삼각형의 높이는

$\frac{\sqrt{3}}{2}\times4=2\sqrt{3}$

이고 점 B에서 선분 OA에 내린 수선의 발은 선분 OA를 수직이등분하므로 점 B의 좌표는 $B(2,\ 2\sqrt{3})$이다. 점 $P(a,\ b)$가 선분 AB 위의 점이므로 $2\le a\le4$이다.

점 $P(a,\ b)$에서 x축에 내린 수선의 발을 H라 하면

$\overline{OH}=a$

$\overline{AH}=\overline{OA}-\overline{OH}=4-a$

이때 $\overline{AH}:\overline{PH}=1:\sqrt{3}$이므로 점 $P(a,\ b)$의 y좌표 b는

$b=\overline{PH}=\sqrt{3}\,\overline{AH}=\sqrt{3}(4-a)$

따라서

$a^2+b^2=a^2+\{\sqrt{3}(4-a)\}^2=4a^2-24a+48=4(a-3)^2+12$

이므로 $2\le a\le4$에서 a^2+b^2의 값은 $a=3$일 때 최솟값 12를 갖고, $a=2$ 또는 $a=4$일 때 최댓값 16을 갖는다.

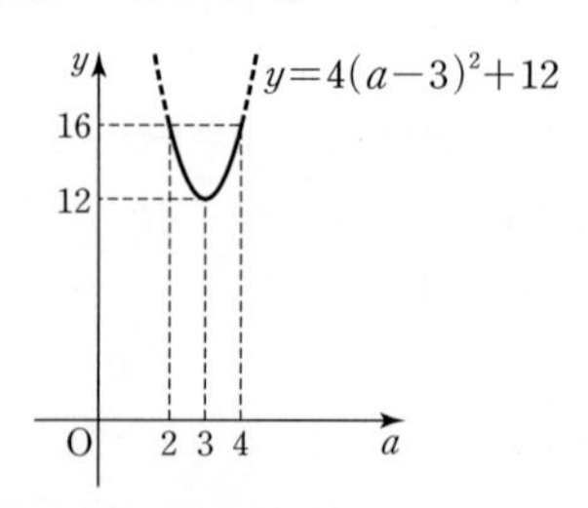

따라서 $M=16,\ m=12$이므로

$M+m=28$

답 ⑤

42 $x^2-4x-2=0$일 때 $x=2\pm\sqrt{6}$

$x<2-\sqrt{6}$ 또는 $x>2+\sqrt{6}$이면 $x^2-4x-2>0$이므로

$f(x)=x^2-(x^2-4x-2)+2=4x+4$

$2-\sqrt{6}\le x\le2+\sqrt{6}$이면 $x^2-4x-2\le0$이므로

$f(x)=x^2+(x^2-4x-2)+2=2x^2-4x=2(x-1)^2-2$

따라서

$$f(x)=\begin{cases}4x+4 & (x<2-\sqrt{6}\ \text{또는}\ x>2+\sqrt{6})\\ 2(x-1)^2-2 & (2-\sqrt{6}\le x\le2+\sqrt{6})\end{cases}$$

이므로 함수 $y=f(x)$의 그래프는 그림과 같다.

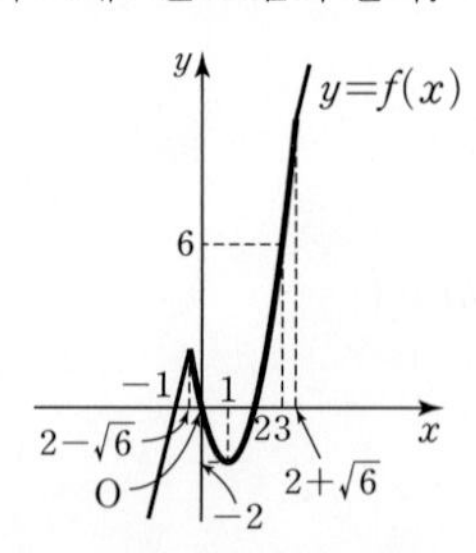

이때 $f(-1)=0,\ f(1)=-2,\ f(3)=6$이므로

$-1\le x\le3$에서 $-2\le f(x)\le6$이다.

한편, $f(x)=t$라 하면 $-1\le x\le 3$에서 $-2\le t\le 6$이고
$y=\{f(x)\}^2+2f(x)+2=t^2+2t+2=(t+1)^2+1$
이므로 함수 $y=t^2+2t+2$는 $t=-1$일 때 최솟값 1을 갖고, $t=6$일 때 최댓값 50을 갖는다.

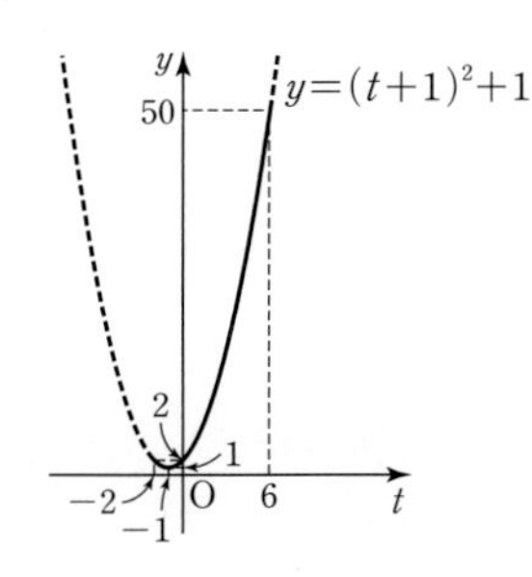

따라서 $M=50$, $m=1$이므로
$M+m=51$ 답 ②

43 $x^2-2x=t$라 하면 $t=(x-1)^2-1$

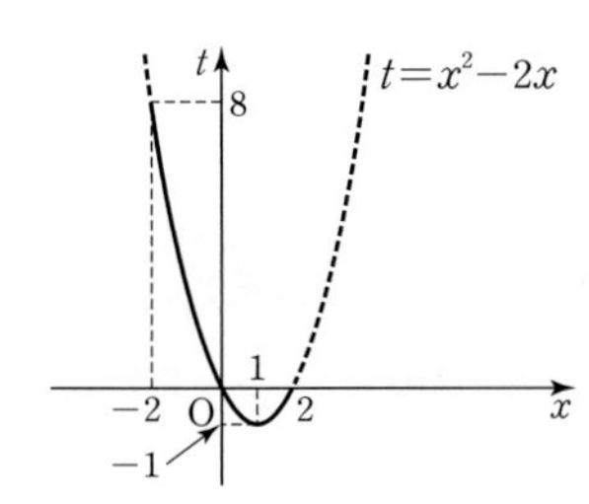

이때 $-2\le x\le 2$이므로
t는 $x=1$일 때 최솟값 -1을 갖고, $x=-2$일 때 최댓값 8을 갖는다.
따라서 t의 값의 범위는 $-1\le t\le 8$ …… ㉠
함수 $y=(x^2-2x+1)(x^2-2x-4)-5(x^2-2x)+1$에서
$y=(t+1)(t-4)-5t+1$
$=t^2-8t-3$
$=(t-4)^2-19$ …… ㉡

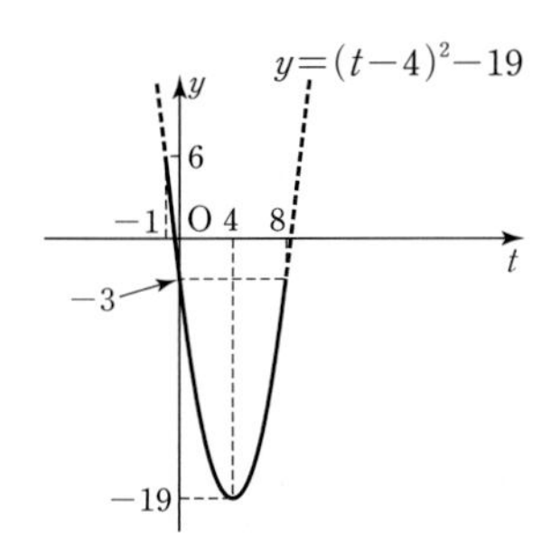

㉠에서 $-1\le t\le 8$이므로 주어진 함수는 $t=4$일 때 최솟값 -19를 갖고, $t=-1$일 때 최댓값 6을 갖는다.
따라서 $M=6$, $m=-19$이므로
$M-m=6-(-19)=25$ 답 ③

44 그림과 같이 직사각형 PQBR의 가로, 세로의 길이를 각각 x, y $(x>0,\ y>0)$이라 하면
$\overline{AQ}=10-y$, $\overline{QP}=x$

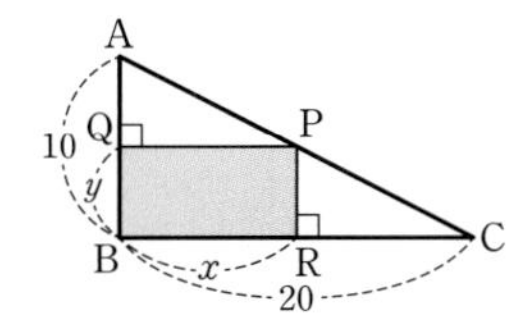

두 삼각형 ABC, AQP는 닮음이므로
$\overline{AB}:\overline{BC}=\overline{AQ}:\overline{QP}$
$10:20=(10-y):x$
$10x=20(10-y)$
$x=20-2y$ …… ㉠
이때 변의 길이는 항상 양수이므로 $y>0$, $20-2y>0$에서
$0<y<10$
따라서 직사각형 PQBR의 넓이를 S라 하면
$S=xy=(20-2y)y$
$=-2(y^2-10y)=-2(y-5)^2+50$
따라서 $0<y<10$에서 S는 $y=5$일 때, 최댓값 50을 갖는다.
$y=5$를 ㉠에 대입하면 $x=10$이므로 이 직사각형 PQBR의 둘레의 길이는 $2(10+5)=30$ 답 ③

45 이차함수 $y=ax^2+2bx+c$의 그래프와 x축의 교점의 개수는 이차방정식 $ax^2+2bx+c=0$의 서로 다른 실근의 개수와 같다.
이때 $a+b+c=0$에서 $c=-(a+b)$이므로
이차방정식 $ax^2+2bx+c=0$의 판별식을 D라 하면
$\frac{D}{4}=b^2-ac=b^2+a(a+b)=\left(a+\frac{1}{2}b\right)^2+\frac{3}{4}b^2$
…… (가)
이차함수 $y=ax^2+2bx+c$에서 $a\neq 0$이므로 두 수 $a+\frac{1}{2}b$와 b의 값이 동시에 0이 될 수는 없다. 즉, 두 수 $a+\frac{1}{2}b$, b 중 적어도 하나는 0이 아니므로
$\frac{D}{4}=\left(a+\frac{1}{2}b\right)^2+\frac{3}{4}b^2>0$
…… (나)
따라서 이차방정식 $ax^2+2bx+c=0$이 서로 다른 두 실근을 가지므로 이차함수 $y=ax^2+2bx+c$의 그래프와 x축은 서로 다른 두 점에서 만난다.
…… (다)
답 풀이 참조

단계	채점 기준	비율
(가)	이차방정식의 판별식을 D라 할 때 $\frac{D}{4}$를 구한 경우	40 %
(나)	$\frac{D}{4}>0$임을 보인 경우	40 %
(다)	서로 다른 두 점에서 만나는 것을 보인 경우	20 %

46 직선 $y=x+1$과 이차함수 $y=x^2+mx+4$의 그래프의 두 교점 A, B의 x좌표를 각각 α, $\beta(\alpha<\beta)$라 하면 α, β는 이차방정식 $x+1=x^2+mx+4$, 즉 $x^2+(m-1)x+3=0$의 두 근이다.
…… (가)
이때 두 점 $(-2,\ -1)$, $(-1,\ 0)$이 선분 AB 위에 있으려면 $\alpha\le -2$이고 $\beta\ge -1$이어야 한다.

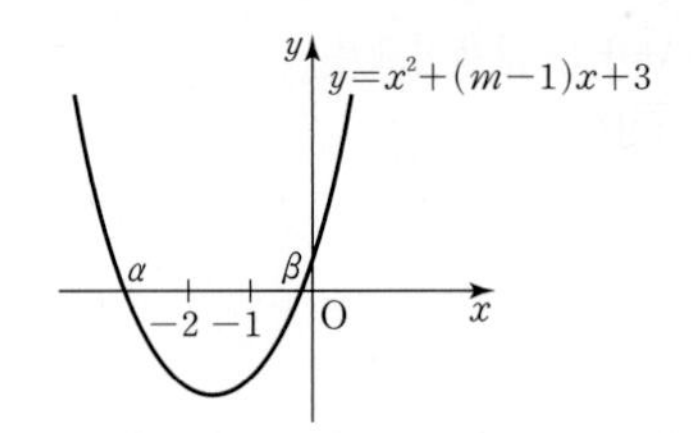

따라서 이차함수 $y=x^2+(m-1)x+3$에서

$f(x)=x^2+(m-1)x+3$이라 하면 $f(-1)\le 0$이고 $f(-2)\le 0$이어야 한다.

·· (나)

$f(-1)=1-(m-1)+3=5-m\le 0$

에서 $m\ge 5$ ······ ㉠

$f(-2)=4-2(m-1)+3=9-2m\le 0$

에서 $m\ge \frac{9}{2}$ ······ ㉡

㉠, ㉡에서 m의 값의 범위는 $m\ge 5$

·· (다)

답 $m\ge 5$

단계	채점 기준	비율
(가)	두 점 A, B의 x좌표를 두 근으로 하는 이차방정식을 구한 경우	30 %
(나)	$f(-1)\le 0$, $f(-2)\le 0$임을 구한 경우	40 %
(다)	m의 값의 범위를 구한 경우	30 %

47 $f(x)=x^2-4kx+6=(x-2k)^2+6-4k^2$

이므로 이차함수 $y=f(x)$의 그래프의 꼭짓점의 x좌표는 $2k$이다.

·· (가)

k의 값의 범위에 따라 함수 $f(x)$의 최솟값은 다음과 같다.

(i) $2k<2$, 즉 $k<1$일 때

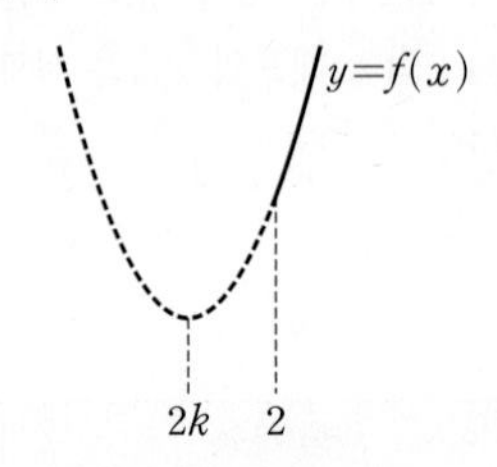

$x\ge 2$에서 함수 $f(x)$는 $x=2$일 때 최솟값 $f(2)$를 갖는다.

이때 최솟값이 -30이므로

$f(2)=4-8k+6=-8k+10=-30$, $k=5$

이때 $k<1$이므로 $k=5$는 조건을 만족시키지 않는다.

·· (나)

(ii) $2k\ge 2$, 즉 $k\ge 1$일 때

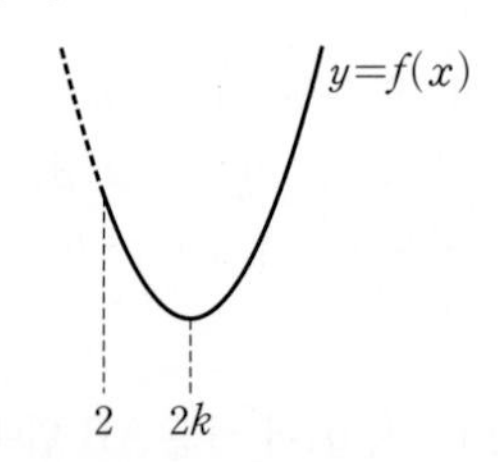

$x\ge 2$에서 함수 $f(x)$는 $x=2k$일 때 최솟값 $f(2k)$를 갖는다.

이때 최솟값이 -30이므로

$f(2k)=6-4k^2=-30$, $k^2=9$

$k=-3$ 또는 $k=3$

이때 $k\ge 1$이므로 $k=3$

·· (다)

(i), (ii)에서 구하는 상수 k의 값은 3이다.

·· (라)

답 3

단계	채점 기준	비율
(가)	이차함수 $y=f(x)$의 꼭짓점의 x좌표를 구한 경우	10 %
(나)	$k<1$일 때 상수 k가 존재하지 않음을 밝힌 경우	40 %
(다)	$k\ge 1$일 때 상수 k의 값을 구한 경우	40 %
(라)	상수 k의 값을 구한 경우	10 %

변별력을 만드는 1등급 문제

본문 60~62쪽

48 ⑤	**49** ④	**50** ②	**51** ③	**52** ⑤
53 ③	**54** 12	**55** ①	**56** ③	**57** ②
58 97	**59** 96			

48

→ 판별식을 D라고 하면 $D>0$이다.

이차방정식 $x^2-ax+4=0$이 서로 다른 두 실근 α, $\beta(\alpha<\beta)$를 가질 때, 〈보기〉에서 옳은 것만을 있는 대로 고른 것은?

보기

ㄱ. $\alpha^2+\beta^2>8$

ㄴ. $|\alpha+\beta|=|\alpha|+|\beta|$

ㄷ. $f(x)=x^2-ax+4$라 하면 $\frac{f(\beta+3)}{\beta-\alpha+3}+\frac{f(\alpha-2)}{\alpha-\beta-2}>0$이다.

① ㄱ ② ㄷ ③ ㄱ, ㄴ

④ ㄴ, ㄷ ✓⑤ ㄱ, ㄴ, ㄷ

step 1 판별식을 이용하여 ㄱ이 옳은지 판단하기

ㄱ. 이차방정식 $x^2-ax+4=0$이 서로 다른 두 실근 α, β를 가지므로 이 이차방정식의 판별식을 D라 하면

$D=(-a)^2-16>0$, $a^2>16$ ······ ㉠

또한 근과 계수의 관계에서

$\alpha+\beta=a$, $\alpha\beta=4$

이므로 $\alpha^2+\beta^2=(\alpha+\beta)^2-2\alpha\beta=a^2-8$

이때 ㉠에서 $a^2>16$이므로 $a^2-8>8$, 즉 $\alpha^2+\beta^2>8$이다. (참)

step 2 ㄴ이 옳은지 판단하기

ㄴ. $\alpha\beta=4$이므로 두 수 α, β의 부호는 모두 양수이거나 모두 음수이다.

따라서 $|\alpha+\beta|=|\alpha|+|\beta|$이다. (참)

① $\alpha>0$, $\beta>0$이면 $\alpha+\beta>0$이므로 $|\alpha+\beta|=\alpha+\beta$, $|\alpha|+|\beta|=\alpha+\beta$

② $\alpha<0$, $\beta<0$이면 $\alpha+\beta<0$이므로 $|\alpha+\beta|=-(\alpha+\beta)$, $|\alpha|+|\beta|=-\alpha-\beta$

step 3 ㄷ이 옳은지 판단하기

ㄷ. 이차방정식 $x^2-ax+4=0$의 두 근이 α, β이므로 이차함수 $y=f(x)$의 그래프와 x축의 교점의 x좌표는 α, β이고, $f(\alpha)=f(\beta)=0$이다.

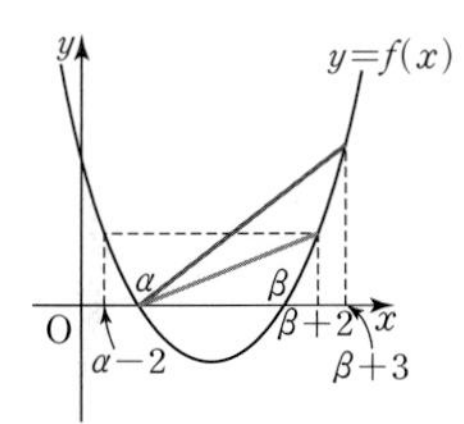

이때 이차함수 $y=f(x)$의 그래프는 직선 $x=\frac{\alpha+\beta}{2}$에 대하여 대칭이므로 $f(\alpha-2)=f(\beta+2)$이고

두 점 $(\alpha, f(\alpha))$, $(\beta+3, f(\beta+3))$을 잇는 직선의 기울기가 두 점 $(\alpha, f(\alpha))$, $(\beta+2, f(\beta+2))$을 잇는 직선의 기울기보다 크므로

$$\frac{f(\beta+3)}{\beta-\alpha+3}+\frac{f(\alpha-2)}{\alpha-\beta-2}$$
$$=\frac{f(\beta+3)}{\beta-\alpha+3}+\frac{f(\beta+2)}{\alpha-\beta-2}$$
$$=\frac{f(\beta+3)-f(\alpha)}{(\beta+3)-\alpha}+\frac{f(\beta+2)-f(\alpha)}{\alpha-(\beta+2)}$$
$$=\frac{f(\beta+3)-f(\alpha)}{(\beta+3)-\alpha}-\frac{f(\beta+2)-f(\alpha)}{(\beta+2)-\alpha}>0 \text{ (참)}$$

이상에서 옳은 것은 ㄱ, ㄴ, ㄷ이다. 답 ⑤

49

이차함수 $f(x)$와 이차항의 계수가 1인 이차함수 $g(x)$가 다음 조건을 만족시킨다.

> (가) 방정식 $f(x)=0$ 또는 방정식 $g(x)=0$을 만족시키는 모든 x의 값은 1, 2, 3이다.
> (나) $f(1)=0$

$g(4)>5$일 때, 함수 $g(x)$의 최솟값은?

① -1 ② $-\frac{1}{2}$ ③ $-\frac{1}{3}$ ✓④ $-\frac{1}{4}$ ⑤ $-\frac{1}{5}$

step 1 주어진 조건을 만족시키는 경우 구하기

두 이차함수 $f(x)$, $g(x)$에 대하여 두 조건 (가), (나)를 모두 만족시키는 경우는 방정식 $f(x)=0$의 근이 1(중근)인 경우와 1, 2인 경우와 1, 3인 경우가 있다.

다항식 $P(x)$가 $P(\alpha)=0$이면 다항식 $P(x)$는 $x-\alpha$를 인수로 갖는다. 거꾸로 다항식 $P(x)$가 $x-\alpha$를 인수로 가지면 $P(\alpha)=0$이다.

step 2 방정식 $f(x)=0$의 근에 따라 $g(x)$ 구하기

(i) 방정식 $f(x)=0$의 근이 1(중근)인 경우

조건 (가)를 만족시키려면 방정식 $g(x)=0$의 근이 2, 3이어야 한다.

이차함수 $g(x)$의 이차항의 계수가 1이므로 인수정리에 의하여

$g(x)=(x-2)(x-3)$이고

$g(4)=2\times1=2$

(ii) 방정식 $f(x)=0$의 근이 1, 2인 경우

조건 (가)를 만족시키려면 방정식 $g(x)=0$의 근이 1, 3 또는 2, 3 또는 3(중근)이어야 한다.

이차함수 $g(x)$의 이차항의 계수가 1이므로 인수정리에 의하여

$g(x)=(x-1)(x-3)$ 또는

$g(x)=(x-2)(x-3)$ 또는

$g(x)=(x-3)^2$이고

$g(4)=3\times1=3$ 또는

$g(4)=2\times1=2$ 또는

$g(4)=1^2=1$

(iii) 방정식 $f(x)=0$의 근이 1, 3인 경우

조건 (가)를 만족시키려면 방정식 $g(x)=0$의 근이 1, 2 또는 2, 3 또는 2(중근)이어야 한다.

이차함수 $g(x)$의 이차항의 계수가 1이므로 인수정리에 의하여

$g(x)=(x-1)(x-2)$ 또는

$g(x)=(x-2)(x-3)$ 또는

$g(x)=(x-2)^2$이고

$g(4)=3\times2=6$ 또는

$g(4)=2\times1=2$ 또는

$g(4)=2^2=4$

step 3 $g(x)$의 최솟값 구하기

$g(4)>5$이므로

$g(x)=(x-1)(x-2)=\left(x-\frac{3}{2}\right)^2-\frac{1}{4}$

따라서 함수 $g(x)$는 $x=\frac{3}{2}$일 때 최솟값 $-\frac{1}{4}$을 갖는다. 답 ④

50

최고차항의 계수가 1인 이차함수 $f(x)$와 최고차항의 계수가 음수인 이차함수 $g(x)$가 다음 조건을 만족시킨다.

> (가) $f(n)=f(n+1)=g(n+1)=g(n+2)=0$ (단, n은 자연수)
> (나) 모든 실수 x에 대하여 $f(x)\ge g(x)$이다.
> (다) $f(0)-g(0)=18$

$f(-1)-g(-1)$의 값은?

① 30 ✓② 32 ③ 34 ④ 36 ⑤ 38

step 1 이차함수 $f(x)$, $g(x)$의 식 세우기

함수 $f(x)$는 최고차항의 계수가 1이고 $f(n)=f(n+1)=0$이므로

$f(x)=(x-n)(x-n-1)$

함수 $g(x)$는 최고차항의 계수가 음수이고 $g(n+1)=g(n+2)=0$이므로 $g(x)=a(x-n-1)(x-n-2)$ $(a<0)$으로 놓을 수 있다.

step 2 이차함수 $g(x)$의 최고차항의 계수 구하기

모든 실수 x에 대하여 $f(x)\ge g(x)$, 즉 $f(x)-g(x)\ge0$이므로

$f(x)-g(x)$

$=(x-n)(x-n-1)-a(x-n-1)(x-n-2)$

$=(x-n-1)\{(x-n)-a(x-n-2)\}$

$=(x-n-1)\{(1-a)x+an-n+2a\}\ge0$ …… ㉠

$h(x)=(x-n-1)\{(1-a)x+an-n+2a\}$라 하면 $a<0$이므로 함수 $h(x)$는 최고차항의 계수가 양수인 이차함수이고 $h(n+1)=0$이다.

㉠이 성립하려면 이차함수 $y=h(x)$의 그래프가 x축과 접해야 한다. 즉, 방정식 $h(x)=0$이 중근 $x=n+1$을 가져야 하므로 $x=n+1$이 일차방정식 $(1-a)x+an-n+2a=0$의 근이다.

→ 모든 실수 x에 대하여 $h(x)\ge 0$이 성립하고 $h(n+1)=0$이면 함수 $y=h(x)$의 그래프는 그림과 같다.

$(1-a)(n+1)+an-n+2a=0$

$(n+1-an-a)+an-n+2a=0$

$a=-1$

따라서

$g(x)=-(x-n-1)(x-n-2)$

step 3 n과 $f(-1)-g(-1)$의 값 구하기

조건 (다)에 의하여

$f(0)-g(0)=n(n+1)+(n+1)(n+2)=18$

$n^2+2n-8=0$, $(n+4)(n-2)=0$

n은 자연수이므로 $n=2$

따라서 $f(x)=(x-2)(x-3)$, $g(x)=-(x-3)(x-4)$이므로

$f(-1)-g(-1)=12-(-20)=32$

답 ②

51

→ 이차함수 $y=f(x)$의 그래프의 꼭짓점이 점 (p, q)이면 축은 직선 $x=p$이다.

이차함수 $f(x)=x^2+ax+b$가 모든 실수 x에 대하여 $f(x)=f(n-x)$를 만족시킬 때, 〈보기〉에서 옳은 것만을 있는 대로 고른 것은? (단, a, b는 실수이고 n은 양수이다.)

보기

ㄱ. 이차함수 $y=f(x)$의 그래프의 축은 직선 $x=\frac{n}{2}$이다.

ㄴ. $b\le\frac{n^2}{4}$이면 이차함수 $y=f(x)$의 그래프가 x축과 만난다.

ㄷ. $-n\le x\le n$에서 함수 $f(x)$의 최댓값과 최솟값의 차는 $\frac{n^2}{4}$이다.

① ㄱ ② ㄷ ✓③ ㄱ, ㄴ ④ ㄴ, ㄷ ⑤ ㄱ, ㄴ, ㄷ

step 1 ㄱ이 옳은지 판단하기

ㄱ. $f(x)=x^2+ax+b$, $f(x)=f(n-x)$에서

$x^2+ax+b=(n-x)^2+a(n-x)+b$

$x^2+ax+b=x^2-(a+2n)x+n^2+an+b$

이 등식이 모든 실수 x에 대하여 성립해야 하므로 양변의 일차항의 계수가 같아야 한다. 즉,

$a=-(a+2n)$, $a=-n$

따라서

$$f(x)=x^2+ax+b=x^2-nx+b=\left(x-\frac{n}{2}\right)^2+b-\frac{n^2}{4}$$

이므로 함수 $y=f(x)$의 그래프의 축은 직선 $x=\frac{n}{2}$이다. (참)

step 2 ㄴ이 옳은지 판단하기

ㄴ. $b\le\frac{n^2}{4}$이면 이차함수 $f(x)$의 최솟값이 $b-\frac{n^2}{4}$이므로

$b-\frac{n^2}{4}\le 0$

따라서 꼭짓점의 y좌표가 0 또는 음수이므로 이차함수 $y=f(x)$의 그래프는 x축과 만난다. (참)

step 3 ㄷ이 옳은지 판단하기

ㄷ. 이차함수 $y=f(x)$의 그래프의 개형이 그림과 같다.

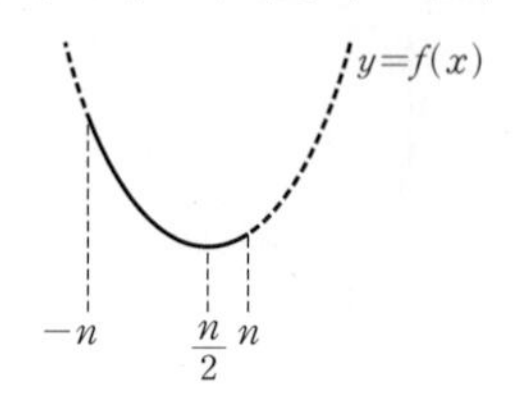

그러므로 $-n\le x\le n$에서 함수 $f(x)=x^2-nx+b$는 $x=-n$에서 최댓값 $f(-n)$을 갖고, $x=\frac{n}{2}$에서 최솟값 $f\left(\frac{n}{2}\right)$을 갖는다.

따라서 최댓값과 최솟값의 차는

$f(-n)-f\left(\frac{n}{2}\right)=(2n^2+b)-\left(b-\frac{n^2}{4}\right)=\frac{9n^2}{4}$ (거짓)

이상에서 옳은 것은 ㄱ, ㄴ이다.

답 ③

52

이차함수 $y=\frac{1}{4k}(x+k)^2$의 그래프는 실수 $k(k\ne 0)$의 값에 관계없이 항상 서로 다른 두 직선 l, m과 접한다. 두 직선 l, m과 직선 $x=10$으로 둘러싸인 부분의 넓이는?

① 10 ② 20 ③ 30 ④ 40 ✓⑤ 50

step 1 판별식 구하기

이차함수 $y=\frac{1}{4k}(x+k)^2$의 그래프와 접하는 직선의 방정식을 $y=px+q$ (p, q는 실수)라 하면 이차방정식

$\frac{1}{4k}(x+k)^2=px+q$

즉, $x^2+2k(1-2p)x+k^2-4kq=0$ …… ㉠

은 중근을 갖는다.

㉠의 판별식을 D라 하면 $D=0$이어야 하므로

$\frac{D}{4}=\{k(1-2p)\}^2-(k^2-4kq)=0$

$(k^2-4pk^2+4p^2k^2)-(k^2-4kq)=0$

$4p(p-1)k^2+4qk=0$

step 2 두 직선 l, m 구하기

이 등식이 k의 값에 관계없이 항상 성립하려면 $p(p-1)=0$, $q=0$이어야 한다.

→ k에 대한 항등식이다.

즉, $p=0$, $q=0$ 또는 $p=1$, $q=0$이므로 두 직선 l, m의 방정식은 $y=0$ 또는 $y=x$이다.

step 3 둘러싸인 부분의 넓이 구하기

따라서 두 직선 $y=0$, $y=x$와 직선 $x=10$으로 둘러싸인 부분은 그림과 같고 그 넓이는

$\frac{1}{2}\times 10\times 10=50$

답 ⑤

53

그림과 같이 이차함수 $y=\frac{1}{2}x^2$의 그래프와 직선 $y=\frac{3}{2}x+k$가 서로 다른 두 점 A, B에서 만난다. 두 직선 OA, OB의 기울기의 곱이 -1일 때, 삼각형 AOB의 넓이는?

(단, O는 원점이고, 점 A의 x좌표는 음수이다.)

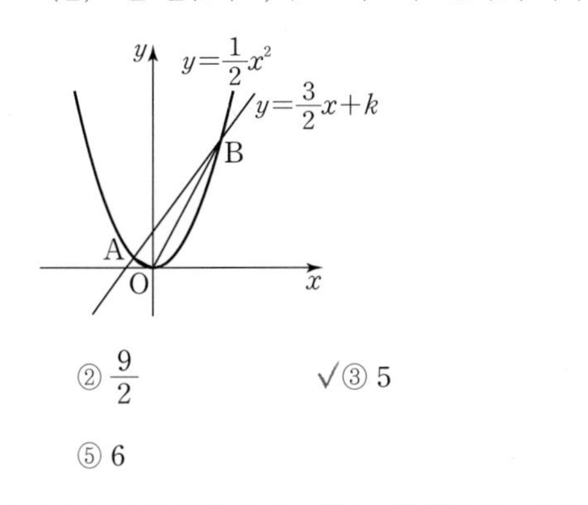

① 4　② $\frac{9}{2}$　✓③ 5　④ $\frac{11}{2}$　⑤ 6

step 1 k의 값 구하기

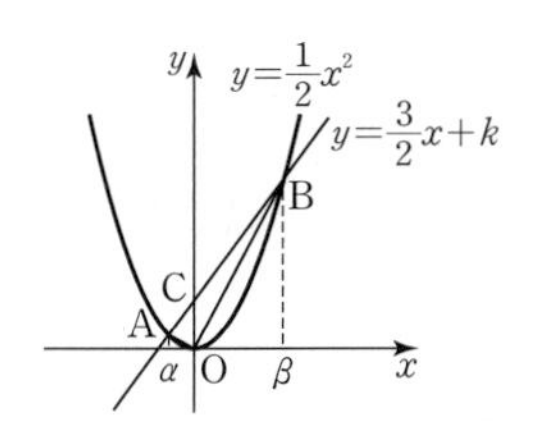

이차함수 $y=\frac{1}{2}x^2$의 그래프와 직선 $y=\frac{3}{2}x+k$가 서로 다른 두 점 A, B에서 만나므로 두 점 A, B의 x좌표를 각각 α, β ($\alpha<0<\beta$)라 하면

$\frac{1}{2}x^2=\frac{3}{2}x+k$에서

$x^2-3x-2k=0$ ...... ㉠

이 이차방정식의 두 근이 α, β이므로 근과 계수의 관계에 의하여

→ 이차방정식 $ax^2+bx+c=0$의 두 근을 α, β라 하면 $\alpha+\beta=-\frac{b}{a}$, $\alpha\beta=\frac{c}{a}$

$\alpha\beta=-2k$ ...... ㉡

이때 두 점 A, B는 모두 이차함수 $y=\frac{1}{2}x^2$의 그래프 위의 점이므로

$A\left(\alpha, \frac{1}{2}\alpha^2\right)$, $B\left(\beta, \frac{1}{2}\beta^2\right)$

이고 두 직선 OA, OB의 기울기의 곱이 -1이므로

$$\frac{\frac{1}{2}\alpha^2-0}{\alpha-0}\times\frac{\frac{1}{2}\beta^2-0}{\beta-0}=-1$$

$\alpha\beta=-4$ ...... ㉢

㉡, ㉢에서

$-2k=-4$, $k=2$

step 2 삼각형 AOB의 넓이 구하기

㉠에서

$x^2-3x-4=0$, $(x+1)(x-4)=0$

$x=-1$ 또는 $x=4$

즉 $A\left(-1, \frac{1}{2}\right)$, $B(4, 8)$

직선 $y=\frac{3}{2}x+2$가 y축과 만나는 점을 C라 하면 $C(0, 2)$이다.

따라서 삼각형 AOB의 넓이를 S라 하면 S는 두 삼각형 OCA, OBC의 넓이의 합이므로

$S=\frac{1}{2}\times2\times1+\frac{1}{2}\times2\times4=5$

답 ③

54

함수 $f(x)=\begin{cases} x^2+4x+3 & (x<0) \\ x^2-2x+3 & (x\ge0) \end{cases}$에 대하여 함수 $g(x)$를 $g(x)=\{f(x)\}^2+f(x)$라 하자. $-3\le x\le1$에서 함수 $g(x)$가 $x=\alpha$일 때 최댓값 $g(\alpha)$를 가질 때, $\alpha+g(\alpha)$의 값을 구하시오. 12

step 1 $-3\le x\le1$에서 $f(x)$의 최댓값, 최솟값 구하기

$x^2+4x+3=(x+2)^2-1$

$x^2-2x+3=(x-1)^2+2$

이므로 함수 $y=f(x)$의 그래프의 개형은 그림과 같다.

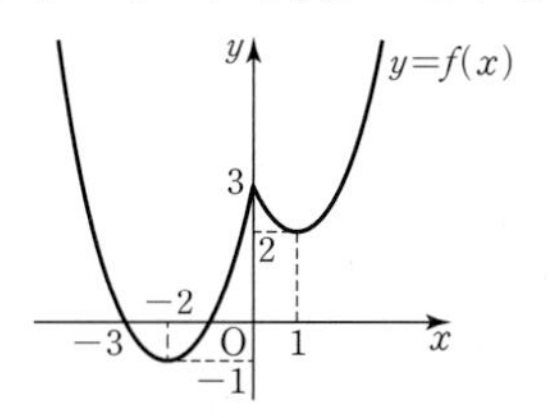

이때 $-3\le x\le1$에서 함수 $f(x)$는

$x=-2$일 때 최솟값 $f(-2)=-1$을 갖고, $x=0$일 때 최댓값 $f(0)=3$을 갖는다.

step 2 $\alpha+g(\alpha)$의 값 구하기

함수 $g(x)=\{f(x)\}^2+f(x)$에서 $f(x)=X$라 하면

$g(x)=X^2+X=\left(X+\frac{1}{2}\right)^2-\frac{1}{4}$ $(-1\le X\le3)$

→ $-3\le x\le1$에서 $-1\le f(x)\le3$이므로 $-1\le X\le3$

이므로 함수 $g(x)$는 $X=3$, 즉 $x=0$일 때 최댓값 $g(0)=12$를 갖는다.

따라서 $\alpha=0$, $g(\alpha)=g(0)=12$이므로

$\alpha+g(\alpha)=12$

답 12

55

실수 t와 이차함수 $f(x)=-x^2+4x-2$에 대하여 $t\le x\le t+2$에서 $f(x)$의 최댓값과 최솟값의 합을 $g(t)$라 하자. $-1\le t\le3$에서 $g(t)$의 최댓값과 최솟값이 각각 M, m일 때, $M-m$의 값은?

✓① 9　② $\frac{19}{2}$　③ 10　④ $\frac{21}{2}$　⑤ 11

step 1 함수 $f(x)$의 그래프 그려보기

$f(x)=-x^2+4x-2=-(x-2)^2+2$

이므로 $f(1)=f(3)$이고, 함수 $y=f(x)$의 그래프는 그림과 같다.

→ 이차함수 $y=f(x)$의 그래프의 축이 직선 $x=2$이므로 $f(1)=f(3)$이다.

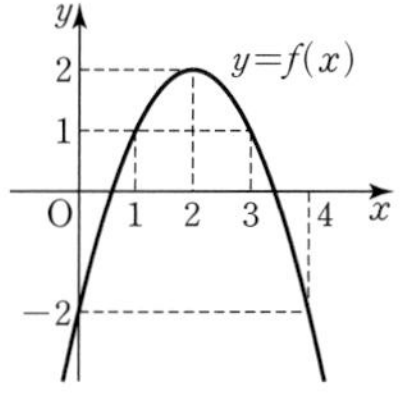

step 2 실수 t의 값의 범위에 따라 함수 $g(t)$ 구하기

실수 t의 값의 범위에 따라 함수 $g(t)$는 다음과 같다.

(i) $t<0$ 또는 $t\geq2$일 때

$t<0$일 때 $t\leq x\leq t+2$에서 $f(x)$의 최댓값과 최솟값은 각각 $f(t+2)$, $f(t)$이고

$t\geq2$일 때 $t\leq x\leq t+2$에서 $f(x)$의 최댓값과 최솟값은 각각 $f(t)$, $f(t+2)$이므로

$t<0$ 또는 $t\geq2$일 때 $g(t)$는

$$\begin{aligned}g(t)&=f(t)+f(t+2)\\&=(-t^2+4t-2)+(-t^2+2)\\&=-2t(t-2)\end{aligned}$$

(ii) $0\leq t<1$일 때

$t\leq x\leq t+2$에서 $f(x)$의 최댓값과 최솟값은 각각 2, $f(t)$이므로

$0\leq t<1$일 때 $g(t)$는

$$\begin{aligned}g(t)&=2+f(t)\\&=2+(-t^2+4t-2)\\&=-t(t-4)\end{aligned}$$

(iii) $1\leq t<2$일 때

$t\leq x\leq t+2$에서 $f(x)$의 최댓값과 최솟값은 각각 2, $f(t+2)$이므로

$1\leq t<2$일 때 $g(t)$는

$$\begin{aligned}g(t)&=2+f(t+2)\\&=2+(-t^2+2)\\&=-(t+2)(t-2)\end{aligned}$$

(i), (ii), (iii)에서 함수 $y=g(t)$의 그래프는 그림과 같다.

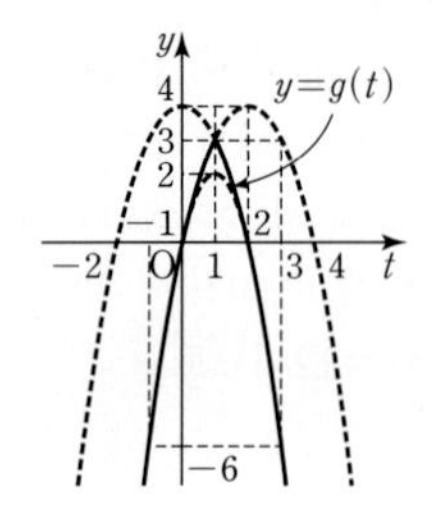

step 3 M, m, $M-m$의 값 구하기

따라서 $-1\leq t\leq3$에서 함수 $g(t)$는

$t=1$일 때 최댓값 3, $t=-1$ 또는 $t=3$일 때 최솟값 -6을 가지므로

$M=3$, $m=-6$

$M-m=3-(-6)=9$

답 ①

56

두 함수 $f(x)$, $g(x)$가 모든 실수 x에 대하여 두 등식

$$2f(x)+f(-x)=3x^2-4x+27$$
$$f(x)+g(x-1)=0$$

을 만족시킨다. 방정식 $f(x)-g(x)=k$가 실근을 갖도록 하는 실수 k의 최솟값은?

① $\frac{19}{2}$ ② 10 √③ $\frac{21}{2}$ ④ 11 ⑤ $\frac{23}{2}$

step 1 함수 $f(x)$ 구하기

$2f(x)+f(-x)=3x^2-4x+27$ …… ㉠

등식 ㉠이 모든 실수 x에 대하여 성립하므로 등식 ㉠의 양변에 x 대신에 $-x$를 대입하면

$2f(-x)+f(x)=3x^2+4x+27$ …… ㉡

㉠$\times2-$㉡을 하면

$3f(x)=3x^2-12x+27$, $f(x)=x^2-4x+9$

step 2 함수 $g(x)$ 구하기

$f(x)+g(x-1)=0$에서 $g(x-1)=-f(x)$ …… ㉢

등식 ㉢이 모든 실수 x에 대하여 성립하므로 등식 ㉢의 양변에 x 대신에 $x+1$을 대입하면

$$\begin{aligned}g(x)&=-f(x+1)\\&=-\{(x+1)^2-4(x+1)+9\}\\&=-x^2+2x-6\end{aligned}$$

step 3 판별식을 이용하여 k의 최솟값 구하기

방정식 $f(x)-g(x)=k$에서

$(x^2-4x+9)-(-x^2+2x-6)=k$

$2x^2-6x+15-k=0$

이 이차방정식이 실근을 가져야 하므로 이차방정식의 판별식을 D라 하면 $\frac{D}{4}\geq0$이어야 한다.

$\frac{D}{4}=(-3)^2-2\times(15-k)=2k-21\geq0$

$k\geq\frac{21}{2}$

따라서 구하는 실수 k의 최솟값은 $\frac{21}{2}$이다.

답 ③

57

두 함수

$$f(x)=\frac{1}{2}x^2,\ g(x)=-x^2+8x-\frac{51}{4}$$

과 기울기가 m, y절편이 k인 직선 l이 있다. 실수 k의 값에 관계없이 직선 l이 곡선 $y=f(x)$ 또는 곡선 $y=g(x)$와 만나는 서로 다른 점의 개수가 항상 2가 되도록 하는 모든 실수 m의 값의 합은?

① 5 √② $\frac{16}{3}$ ③ $\frac{17}{3}$ ④ 6 ⑤ $\frac{19}{3}$

step 1 두 곡선 $y=f(x)$, $y=g(x)$를 그림으로 나타내기

$f(x)=\frac{1}{2}x^2$, $g(x)=-x^2+8x-\frac{51}{4}=-(x-4)^2+\frac{13}{4}$

$f(x)=g(x)$에서

$\frac{1}{2}x^2=-x^2+8x-\frac{51}{4}$

$6x^2-32x+51=0$ …… ㉠

이차방정식 ㉠의 판별식을 D_1이라 하면

$\frac{D_1}{4}=(-16)^2-6\times51=-50<0$

이므로 이차방정식 ㉠은 서로 다른 두 허근을 갖는다. 즉, 두 곡선 $y=f(x)$, $y=g(x)$는 그림과 같이 만나지 않는다.

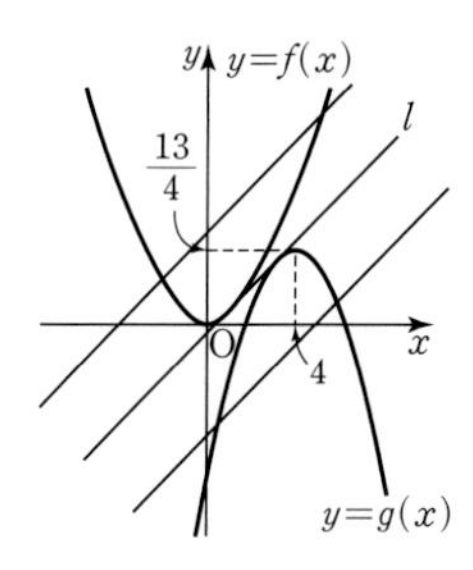

step 2 m, n의 관계식 구하기

이때 기울기가 m, y절편이 k인 직선 l에 대하여 실수 k의 값에 관계없이 직선 l이 곡선 $y=f(x)$ 또는 곡선 $y=g(x)$와 만나는 점의 개수가 항상 2이려면 어떤 실수 k에 대하여 그림과 같이 직선 l이 두 곡선 $y=f(x)$, $y=g(x)$와 동시에 접해야 한다. 직선 l이 두 곡선 $y=f(x)$, $y=g(x)$에 동시에 접하도록 하는 k의 값을 n이라 하면 두 방정식 $f(x)=mx+n$, $g(x)=mx+n$이 모두 중근을 가져야 한다.

방정식 $f(x)=mx+n$이 중근을 가져야 하므로

$\frac{1}{2}x^2=mx+n$에서

$x^2-2mx-2n=0$ ······ ㉡

이차함수 $y=ax^2+bx+c$와 직선 $y=mx+n$이 접하려면 이차방정식 $ax^2+(b-m)x+c-n=0$의 판별식 D가 0이어야 한다.

이차방정식 ㉡의 판별식을 D_2라 하면 $D_2=0$이어야 하므로

$\frac{D_2}{4}=(-m)^2-(-2n)=m^2+2n=0$

$n=-\frac{m^2}{2}$

step 3 모든 실수 m의 값의 합 구하기

또한 방정식 $g(x)=mx+n=mx-\frac{m^2}{2}$이 중근을 가져야 하므로

$-x^2+8x-\frac{51}{4}=mx-\frac{m^2}{2}$에서

$x^2+(m-8)x-\frac{2m^2-51}{4}=0$ ······ ㉢

이차방정식 ㉢의 판별식을 D_3이라 하면 $D_3=0$이어야 하므로

$D_3=(m-8)^2-4\times1\times\left(-\frac{2m^2-51}{4}\right)$

$=3m^2-16m+13$

$=(m-1)(3m-13)=0$

$m=1$ 또는 $m=\frac{13}{3}$

따라서 기울기가 1 또는 $\frac{13}{3}$인 직선은 두 곡선 $y=f(x)$, $y=g(x)$에 동시에 접하도록 하는 k의 값이 존재하므로 구하는 모든 실수 m의 값의 합은 $1+\frac{13}{3}=\frac{16}{3}$

답 ②

58

직각삼각형의 빗변의 길이는 $\sqrt{3^2+4^2}=5$이다.

그림과 같이 직사각형의 모양의 종이를 네 귀퉁이에서 직각을 낀 두 변의 길이가 각각 3, 4인 직각삼각형 모양으로 잘랐다. 남은 부분의 둘레의 길이가 36일 때, 남은 부분의 넓이의 최댓값을 구하시오. 97

(단, 직사각형의 가로의 길이, 세로의 길이는 모두 7보다 크다.)

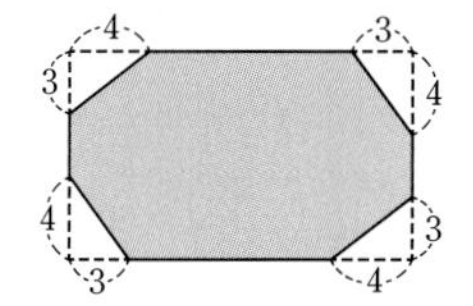

step 1 직사각형의 가로의 길이, 세로의 길이 사이의 관계식 구하기

그림과 같이 잘라 내기 전의 직사각형의 가로, 세로의 길이를 각각 a, $b(a>7,\ b>7)$이라 하자.

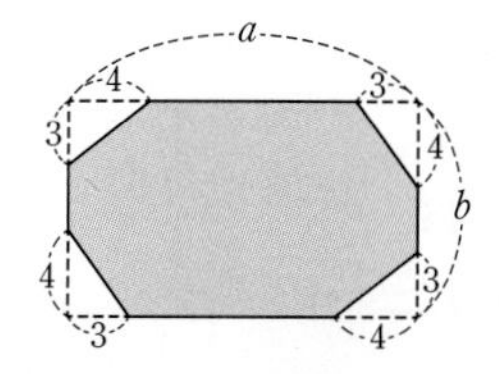

직각을 낀 두 변의 길이가 3, 4인 직각삼각형의 빗변의 길이는 5이고 잘라 내고 남은 부분의 둘레의 길이가 36이므로

$2(a-7)+2(b-7)+4\times5=36$

$b=22-a$

이때 $b>7$에서 $a<15$이므로 $7<a<15$이다.

step 2 남은 부분의 넓이의 최댓값 구하기

남은 부분의 넓이를 S라 하면 S는 직사각형의 넓이에서 네 삼각형의 넓이를 뺀 것과 같으므로

$S=ab-4\times\frac{1}{2}\times3\times4=a(22-a)-24$

$=-(a^2-22a)-24=-(a-11)^2+97$

따라서 $7<a<15$에서 S의 최댓값은

$a=11$, $b=11$일 때 97이다.

답 97

59

그림과 같이 가로, 세로의 길이가 각각 12, 8인 직사각형 ABCD가 있다. 네 점 P, Q, R, S가 각각 네 점 A, B, C, D를 출발하여 직사각형 ABCD의 네 변 위를 시계 반대 방향으로 움직인다. 네 점 P, Q, R, S가 각각 매초 2, 2, 2, 4의 일정한 속력으로 움직일 때, 출발한 지 t초 후에 네 점 P, Q, R, S로 이루어진 사각형 PQRS의 넓이를 $S(t)$라 하자. $0\le t\le4$에서 $S(t)$는 $t=\alpha$일 때, 최솟값 $S(\alpha)$를 갖는다. $\alpha\times S(\alpha)$의 값을 구하시오. 96

t초 동안 네 점 P, Q, R, S는 각각 $2t$, $2t$, $2t$, $4t$만큼 움직인다.

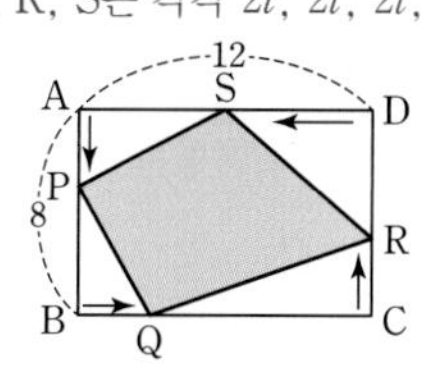

step 1 $0\le t<3$일 때 $S(t)$ 구하기

t의 값의 범위에 따라 사각형 PQRS의 넓이 $S(t)$는 다음과 같다.

(i) $0\le t<3$일 때

$\overline{AP}=\overline{BQ}=\overline{CR}=2t$, $\overline{DS}=4t$이고

$\overline{BP}=8-2t$, $\overline{CQ}=12-2t$,

$\overline{DR}=8-2t$, $\overline{AS}=12-4t$

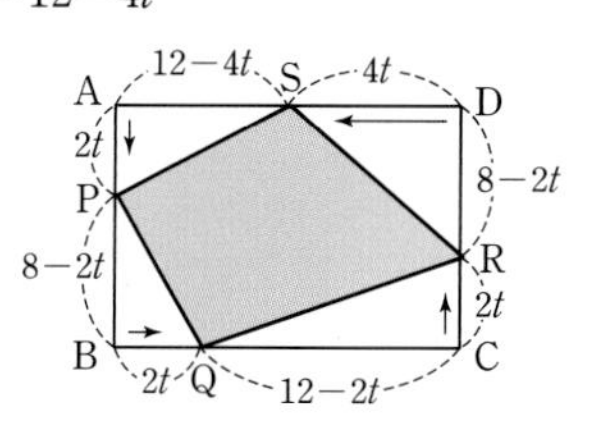

사각형 PQRS의 넓이 $S(t)$는 직사각형 ABCD의 넓이에서 네 삼각형 APS, BQP, CRQ, DSR의 넓이를 뺀 것과 같으므로

$$S(t)=12\times8-\left\{\frac{1}{2}\times2t\times(12-4t)+\frac{1}{2}\times2t\times(8-2t)\right.$$
$$\left.+\frac{1}{2}\times2t\times(12-2t)+\frac{1}{2}\times4t\times(8-2t)\right\}$$
$$=96-(-12t^2+48t)$$
$$=12t^2-48t+96$$
$$=12(t-2)^2+48$$

step 2 $3\le t\le4$일 때 $S(t)$ 구하기

(ii) $3\le t\le4$일 때

$\overline{AP}=\overline{BQ}=\overline{CR}=2t$,

$\overline{AS}=4t-12$이고 → $\overline{AD}+\overline{AS}=4t$이므로 $\overline{AS}=4t-\overline{AD}=4t-12$

$\overline{BP}=8-2t$,

$\overline{CQ}=12-2t$,

$\overline{DR}=8-2t$

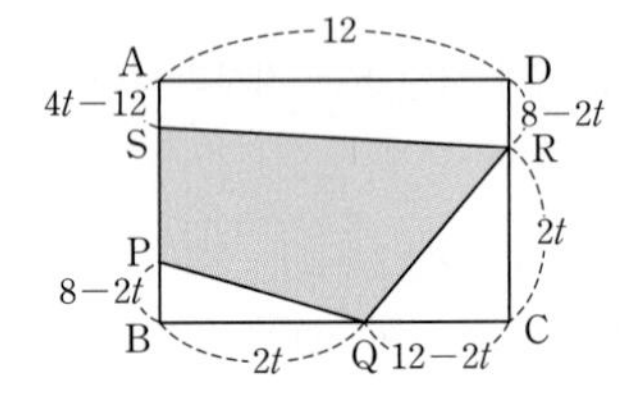

사각형 PQRS의 넓이 $S(t)$는 직사각형 ABCD의 넓이에서 사다리꼴 ASRD의 넓이와 두 삼각형 BQP, CRQ의 넓이를 뺀 것과 같으므로

$$S(t)=12\times8-\left[\frac{1}{2}\times12\times\{(4t-12)+(8-2t)\}\right.$$
$$\left.+\frac{1}{2}\times2t\times(8-2t)+\frac{1}{2}\times2t\times(12-2t)\right]$$
$$=96-(-4t^2+32t-24)$$
$$=4t^2-32t+120$$
$$=4(t-4)^2+56$$

step 3 $a\times S(a)$의 값 구하기

(i), (ii)에서 함수 $S(t)$는

$$S(t)=\begin{cases}12(t-2)^2+48 & (0\le t<3)\\ 4(t-4)^2+56 & (3\le t\le4)\end{cases}$$

이므로 함수 $y=S(t)$의 그래프의 개형은 그림과 같다.

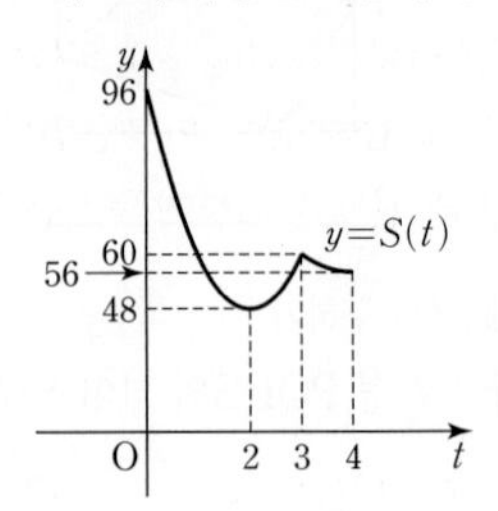

따라서 함수 $S(t)$는 $t=2$일 때 최솟값 $S(2)=48$을 가지므로

$a\times S(a)=2S(2)=96$ 답 96

1등급을 넘어서는 상위 1%

본문 63쪽

60 → 이차함수 $y=(x-1)^2+2$의 최댓값과 최솟값은 주어진 구간이 $x=1$을 포함하는지에 따라 나누어 구한다.

$-\frac{1}{2}\le x-a\le\frac{1}{2}$에서 이차함수 $y=x^2-2x+3$의 최댓값과 최솟값의 차가 2가 되도록 하는 모든 실수 a의 값의 합은?

① $\frac{1}{2}$ ② $\frac{\sqrt{2}}{2}$ ③ 1

④ $\sqrt{2}$ ✓⑤ 2

문항 파헤치기

x의 값의 범위에 주어진 이차함수의 그래프의 꼭짓점의 x좌표가 포함되는 경우와 그렇지 않은 경우로 나누어 각각의 경우의 최댓값과 최솟값 구하기

실수 point 찾기

a의 값의 범위에 따라 주어진 조건을 만족시키는 실수 a의 값을 구한 후, 이 값이 각각의 경우의 범위 안에 존재하는지를 반드시 확인한다.

문제풀이

step 1 x의 값의 범위와 이차함수의 그래프의 꼭짓점의 x좌표 구하기

$-\frac{1}{2}\le x-a\le\frac{1}{2}$에서

$a-\frac{1}{2}\le x\le a+\frac{1}{2}$

이고 이차함수 $y=x^2-2x+3=(x-1)^2+2$의 그래프의 꼭짓점의 x좌표는 1이다.

step 2 a의 값의 범위에 따라 이차함수 $y=f(x)$의 최댓값과 최솟값 구하기

$f(x)=(x-1)^2+2$라 하고 a의 값에 따라 다음과 같이 나누어 최댓값과 최솟값을 구할 수 있다.

(i) $a+\frac{1}{2}<1$, 즉 $a<\frac{1}{2}$일 때

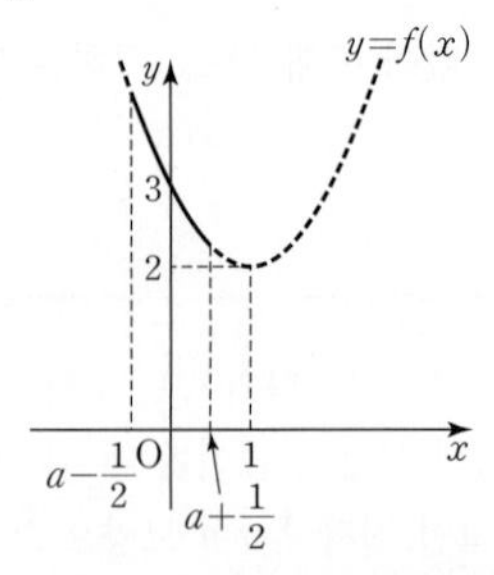

그림과 같이 이차함수 $y=f(x)$는 $x=a-\frac{1}{2}$일 때 최댓값을 갖고, $x=a+\frac{1}{2}$일 때 최솟값을 갖는다.

이때 최댓값과 최솟값의 차가 2이려면

$$f\left(a-\frac{1}{2}\right)-f\left(a+\frac{1}{2}\right)=\left\{\left(a-\frac{3}{2}\right)^2+2\right\}-\left\{\left(a-\frac{1}{2}\right)^2+2\right\}$$
$$=-2a+2=2$$

에서 $a=0$

(ii) $a-\frac{1}{2}<1$이고 $a+\frac{1}{2}\ge 1$, 즉 $\frac{1}{2}\le a<\frac{3}{2}$일 때

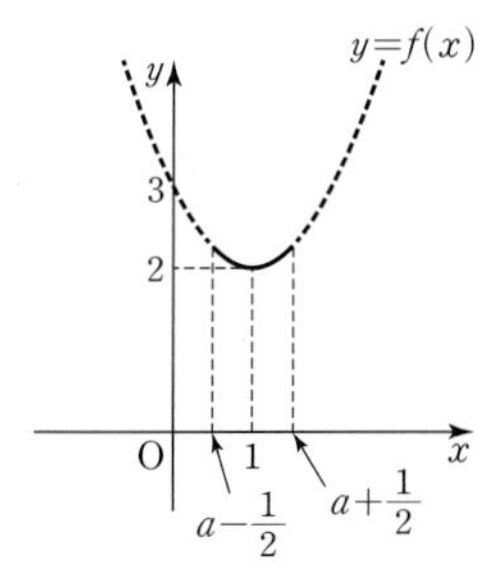

그림과 같이 이차함수 $y=f(x)$는 $x=1$일 때 최솟값 2를 갖는다.

이때 최댓값과 최솟값의 차가 2가 되려면 최댓값은 4이어야 하므로

$f\left(a-\frac{1}{2}\right)=4$ 또는 $f\left(a+\frac{1}{2}\right)=4$를 만족시키는 a의 값이 존재해야 한다.

이차방정식 $f(x)=4$에서

$x^2-2x+3=4$

$x^2-2x-1=0$ → 이차방정식 $ax^2+bx+c=0$의 근은 $x=\frac{-b\pm\sqrt{b^2-4ac}}{2a}$이다.

$x=1\pm\sqrt{2}$

이므로 $a-\frac{1}{2}=1-\sqrt{2}$ 또는 $a+\frac{1}{2}=1+\sqrt{2}$

즉, $a=\frac{3}{2}-\sqrt{2}$ 또는 $a=\frac{1}{2}+\sqrt{2}$이어야 한다.

이때 $\frac{3}{2}-\sqrt{2}<\frac{1}{2}$이고 $\frac{1}{2}+\sqrt{2}>\frac{3}{2}$이므로 실수 a의 값은 존재하지 않는다.

(iii) $a-\frac{1}{2}\ge 1$, 즉 $a\ge\frac{3}{2}$일 때

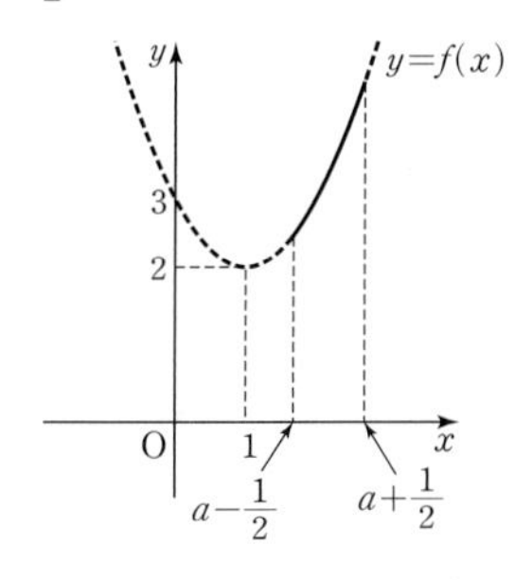

그림과 같이 이차함수 $y=f(x)$는 $x=a-\frac{1}{2}$일 때 최솟값을 갖고,

$x=a+\frac{1}{2}$일 때 최댓값을 갖는다.

이때 최댓값과 최솟값의 차가 2이므로

$$f\left(a+\frac{1}{2}\right)-f\left(a-\frac{1}{2}\right)=\left\{\left(a-\frac{1}{2}\right)^2+2\right\}-\left\{\left(a-\frac{3}{2}\right)^2+2\right\}$$
$$=2a-2=2$$

에서 $a=2$

step 3 모든 실수 a의 값의 합 구하기

(i), (ii), (iii)에서 모든 실수 a의 값의 합은

$0+2=2$

답 ⑤

06 여러 가지 방정식과 부등식

기출에서 찾은 내신 필수 문제

본문 66~69쪽

01 ③	02 ⑤	03 ④	04 ③	05 ①
06 ③	07 ②	08 ④	09 ④	10 ⑤
11 ②	12 ④	13 ④	14 ②	15 ④
16 ①	17 ②	18 ③	19 ③	20 ②
21 ④	22 30	23 7	24 210	

01 $x^3-8=0$에서

$x^3-2^3=0$, $(x-2)(x^2+2x+4)=0$

이므로 삼차방정식 $x^3-8=0$의 두 허근 α, β는 이차방정식 $x^2+2x+4=0$의 두 근이다.

따라서

$\alpha^2+2\alpha+4=0$에서 $\alpha^2+2\alpha+6=2$

$\beta^2+2\beta+4=0$에서 $\beta^2+2\beta+7=3$

이므로

$(\alpha^2+2\alpha+6)(\beta^2+2\beta+7)=2\times 3=6$

답 ③

02 삼차방정식 $ax^3-x^2+3x-4=0$의 한 근이 1이므로

$a-1+3-4=0$, $a=2$

따라서 주어진 방정식 $2x^3-x^2+3x-4=0$에서

$f(x)=2x^3-x^2+3x-4$라 하면

$f(1)=0$이므로 $x-1$은 $f(x)$의 인수이다.

조립제법을 이용하여 $f(x)$를 인수분해하면 다음과 같다.

1	2	−1	3	−4
		2	1	4
	2	1	4	0

$f(x)=(x-1)(2x^2+x+4)$

이므로 주어진 방정식은 $(x-1)(2x^2+x+4)=0$

따라서 구하는 나머지 두 근의 곱은 이차방정식 $2x^2+x+4=0$의 두 근의 곱이므로 근과 계수의 관계에 의하여 구하는 두 근의 곱은

$\frac{4}{2}=2$

답 ⑤

03 $x^3-1=0$에서 $(x-1)(x^2+x+1)=0$이므로 삼차방정식 $x^3-1=0$의 한 허근 w는 이차방정식 $x^2+x+1=0$의 근이다. 이때 이차방정식 $x^2+x+1=0$의 모든 계수가 실수이므로 $\overline{w}$도 이차방정식 $x^2+x+1=0$의 근이다.

근과 계수의 관계에서 $w+\overline{w}=-1$, $w\overline{w}=1$이므로

$(w\overline{w})^3(w+1)(\overline{w}+1)$

$=(w\overline{w})^3\{w\overline{w}+(w+\overline{w})+1\}$

$=1^3\times\{1+(-1)+1\}=1$

답 ④

04 방정식 $x^3-7x^2+(a+6)x-a=0$에서

$f(x)=x^3-7x^2+(a+6)x-a$라 하면

$f(1)=1-7+(a+6)-a=0$
이므로 $x-1$은 $f(x)$의 인수이다.
조립제법을 이용하여 $f(x)$를 인수분해하면 다음과 같다.

1	1	-7	$a+6$	$-a$
		1	-6	a
	1	-6	a	0

$f(x)=(x-1)(x^2-6x+a)$
이때 주어진 방정식의 서로 다른 실근의 개수가 2이려면 이차방정식 $x^2-6x+a=0$의 근에 따라 다음과 같다.
(i) $x=1$이 $x^2-6x+a=0$의 근일 때
$x=1$이 이차방정식 $x^2-6x+a=0$의 한 근이면
$1-6+a=0$에서 $a=5$이므로 주어진 삼차방정식은
$(x-1)(x^2-6x+5)=(x-1)^2(x-5)=0$
이고 근은 $x=1$(중근) 또는 $x=5$
(ii) $x=1$이 $x^2-6x+a=0$의 근이 아닐 때
주어진 삼차방정식의 서로 다른 실근의 개수가 2이려면 이차방정식 $x^2-6x+a=0$이 $x\neq1$인 중근을 가져야 한다.
이차방정식 $x^2-6x+a=0$의 판별식을 D라 하면 $\frac{D}{4}=0$이어야 하므로 $\frac{D}{4}=(-3)^2-a=0$, $a=9$
즉, $a=9$이면 주어진 삼차방정식은
$(x-1)(x^2-6x+9)=(x-1)(x-3)^2=0$
이고 근은 $x=1$ 또는 $x=3$(중근)
(i), (ii)에서 a의 값은 5 또는 9이므로 그 합은
$5+9=14$ 답 ③

05 $(x+1)(x+3)(x+5)(x+7)=20$에서
$\{(x+1)(x+7)\}\{(x+3)(x+5)\}=20$
$(x^2+8x+7)(x^2+8x+15)=20$ ······ ㉠
$x^2+8x=t$라 하면 ㉠은
$(t+7)(t+15)=20$
$t^2+22t+85=0$, $(t+5)(t+17)=0$
$t=x^2+8x$이므로
$(x^2+8x+5)(x^2+8x+17)=0$
$x^2+8x+5=0$ 또는 $x^2+8x+17=0$
이차방정식 $x^2+8x+5=0$의 판별식을 D_1이라 하면
$\frac{D_1}{4}=4^2-5=11>0$
즉, 이차방정식 $x^2+8x+5=0$은 서로 다른 두 실근을 가지므로 이 이차방정식의 두 근은 α, β이고 근과 계수의 관계에 의하여 $\alpha\beta=5$
또한 이차방정식 $x^2+8x+17=0$의 판별식을 D_2라 하면
$\frac{D_2}{4}=4^2-17=-1<0$
즉, 이차방정식 $x^2+8x+17=0$은 서로 다른 두 허근을 가지므로 이 이차방정식의 두 근은 γ, δ이고 근과 계수의 관계에 의하여 $\gamma+\delta=-8$
따라서 $\alpha\beta(\gamma+\delta)=5\times(-8)=-40$ 답 ①

06 주어진 사차방정식의 네 근이 α, β, γ, δ이므로
$4x^2+2x+1=0$의 두 근을 α, β라 하면 $4\alpha^2+2\alpha+1=0$에서
$(2\alpha-1)(4\alpha^2+2\alpha+1)=0$, $8\alpha^3-1=0$
$\alpha^3=\frac{1}{8}$
마찬가지 방법으로 $\beta^3=\frac{1}{8}$이다.
또 $4x^2-2x+1=0$의 두 근을 γ, δ라 하면 $4\gamma^2-2\gamma+1=0$에서
$(2\gamma+1)(4\gamma^2-2\gamma+1)=0$, $8\gamma^3+1=0$
$\gamma^3=-\frac{1}{8}$
마찬가지 방법으로 $\delta^3=-\frac{1}{8}$이다.
따라서
$$\alpha^6+\beta^6+\gamma^6+\delta^6=(\alpha^3)^2+(\beta^3)^2+(\gamma^3)^2+(\delta^3)^2$$
$$=\left(\frac{1}{8}\right)^2+\left(\frac{1}{8}\right)^2+\left(-\frac{1}{8}\right)^2+\left(-\frac{1}{8}\right)^2$$
$$=\frac{4}{64}=\frac{1}{16}$$
답 ③

07 연립이차방정식 $\begin{cases} x+y=1 & \cdots\cdots ㉠ \\ x^2+2y^2=6 & \cdots\cdots ㉡ \end{cases}$
㉠에서 $y=1-x$이므로 이를 ㉡에 대입하면
$x^2+2(1-x)^2=6$
$3x^2-4x-4=0$, $(x-2)(3x+2)=0$
$x=2$ 또는 $x=-\frac{2}{3}$
(i) $x=2$일 때
㉠에서 $y=1-x=1-2=-1$이므로
$\alpha\beta=2\times(-1)=-2$
(ii) $x=-\frac{2}{3}$일 때
㉠에서 $y=1-x=1-\left(-\frac{2}{3}\right)=\frac{5}{3}$이므로
$\alpha\beta=-\frac{2}{3}\times\frac{5}{3}=-\frac{10}{9}$
(i), (ii)에서 $M=-\frac{10}{9}$, $m=-2$이므로
$M-m=-\frac{10}{9}-(-2)=\frac{8}{9}$ 답 ②

08 연립이차방정식 $\begin{cases} x^2-3xy+2y^2=0 & \cdots\cdots ㉠ \\ x^2+3y^2=7 & \cdots\cdots ㉡ \end{cases}$
㉠에서 $(x-y)(x-2y)=0$이므로
$x=y$ 또는 $x=2y$
(i) $x=y$를 ㉡에 대입하면
$y^2+3y^2=7$, $y^2=\frac{7}{4}$
$y=-\frac{\sqrt{7}}{2}$ 또는 $y=\frac{\sqrt{7}}{2}$
$x=y$이므로
$\alpha=\beta=-\frac{\sqrt{7}}{2}$ 또는 $\alpha=\beta=\frac{\sqrt{7}}{2}$
(ii) $x=2y$를 ㉡에 대입하면
$(2y)^2+3y^2=7$, $y^2=1$
$y=-1$ 또는 $y=1$
$x=2y$이므로
$\alpha=-2$, $\beta=-1$ 또는 $\alpha=2$, $\beta=1$

(ⅰ), (ⅱ)에서 $\alpha+\beta$의 값은 $-\sqrt{7}$, $\sqrt{7}$, -3, 3이고
$-3<-\sqrt{7}$이므로 $\alpha+\beta$의 최솟값은 -3이다. 답 ④

09 정육각형과 정삼각형의 한 변의 길이를 각각 x, y $(x>0,\ y>0)$이라 하면 두 도형의 둘레의 길이는 각각 $6x$, $3y$이다.
또한 정육각형은 한 변의 길이가 x인 정삼각형 6개로 이루어져 있으므로 정육각형과 정삼각형의 넓이는 각각 $6\times\frac{\sqrt{3}}{4}x^2=\frac{3\sqrt{3}}{2}x^2$, $\frac{\sqrt{3}}{4}y^2$이다.

한 변의 길이가 a인 정삼각형의 넓이는 $\frac{1}{2}\times a\times a\times\sin 60^\circ=\frac{\sqrt{3}}{4}a^2$이다.

이때 둘레의 길이의 합이 30이므로
$6x+3y=30$, $y=-2x+10$ …… ㉠
또한 넓이의 합이 $25\sqrt{3}$이므로
$\frac{3\sqrt{3}}{2}x^2+\frac{\sqrt{3}}{4}y^2=25\sqrt{3}$
$6x^2+y^2=100$ …… ㉡
㉠을 ㉡에 대입하면
$6x^2+(-2x+10)^2=100$
$x^2-4x=0$, $x(x-4)=0$
이때 $x>0$이므로 $x=4$이고 $y=-2\times4+10=2$
따라서 두 도형의 넓이의 차는
$\frac{3\sqrt{3}}{2}\times4^2-\frac{\sqrt{3}}{4}\times2^2=23\sqrt{3}$ 답 ④

10 연립일차부등식 $\begin{cases}3x<x+10 & \cdots\cdots ㉠\\ x+5\le 4x+8 & \cdots\cdots ㉡\end{cases}$
㉠에서 $2x<10$, $x<5$
㉡에서 $3x\ge-3$, $x\ge-1$
이므로 두 부등식 ㉠, ㉡의 해를 수직선 위에 나타내면 다음과 같다.

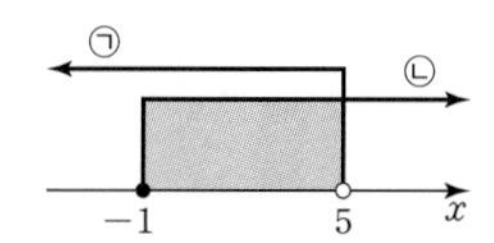

따라서 주어진 연립일차방정식의 해는 $-1\le x<5$이므로 정수 x의 값은 -1, 0, 1, 2, 3, 4이고 그 합은
$-1+0+1+2+3+4=9$ 답 ⑤

11 연립일차부등식 $\begin{cases}3x+9\ge x+k & \cdots\cdots ㉠\\ 4x-3\le x & \cdots\cdots ㉡\end{cases}$
㉠에서 $2x\ge k-9$, $x\ge\frac{k-9}{2}$
㉡에서 $3x\le3$, $x\le1$
주어진 연립일차부등식을 만족시키는 해가 존재하려면 $\frac{k-9}{2}<1$이어야 하므로 두 부등식 ㉠, ㉡의 해를 수직선 위에 나타내면 다음과 같다.

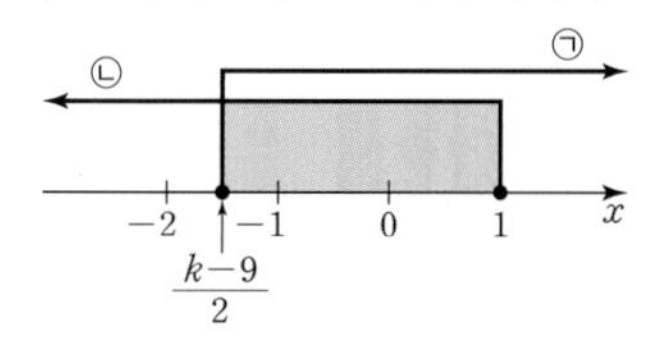

주어진 연립일차부등식을 만족시키는 정수 x의 개수가 3이려면
$-2<\frac{k-9}{2}\le-1$, $-4<k-9\le-2$
$5<k\le7$
따라서 정수 k의 값은 6, 7이므로 그 개수는 2이다. 답 ②

12 연립일차부등식 $x-3<2x+k<-3x+23$에서
$\begin{cases}x-3<2x+k & \cdots\cdots ㉠\\ 2x+k<-3x+23 & \cdots\cdots ㉡\end{cases}$
㉠에서 $x>-k-3$ …… ㉢
㉡에서 $5x<23-k$, $x<\frac{23-k}{5}$ …… ㉣
이므로 $f(1)$, $f(3)$의 값은 다음과 같다.
(ⅰ) $k=1$일 때
㉢에서 $x>-4$
㉣에서 $x<\frac{22}{5}$
두 부등식 ㉠, ㉡의 해를 수직선 위에 나타내면 다음과 같다.

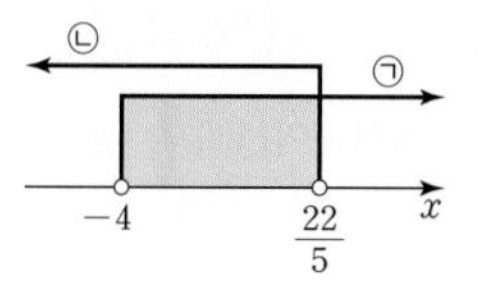

따라서 주어진 연립일차부등식의 해는 $-4<x<\frac{22}{5}$이므로 정수 x의 값은 -3, -2, -1, $\cdots$, 4이고 그 개수는 $f(1)=8$
(ⅱ) $k=3$일 때
㉢에서 $x>-6$
㉣에서 $x<4$
두 부등식 ㉠, ㉡의 해를 수직선 위에 나타내면 다음과 같다.

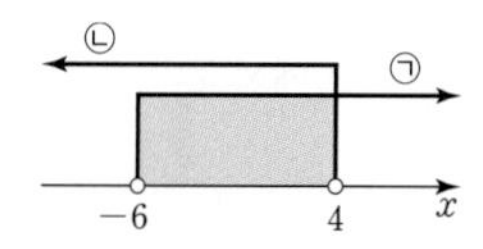

따라서 주어진 연립일차부등식의 해는 $-6<x<4$이므로 정수 x의 값은 -5, -4, -3, $\cdots$, 3이고 그 개수는 $f(3)=9$
(ⅰ), (ⅱ)에서
$f(1)+f(3)=8+9=17$ 답 ④

13 $|x-2|\le a$에서 a가 자연수, 즉 양수이므로
$-a\le x-2\le a$, $-a+2\le x\le a+2$

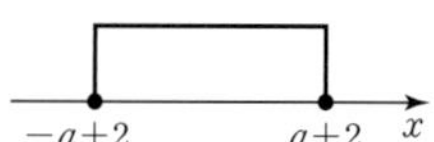

이때 a가 자연수이므로 정수 x의 값은
$-a+2$, $-a+1$, $-a$, $\cdots$, $a+2$
이므로 그 개수는 $(a+2)-(-a+2)+1=2a+1$이다.
따라서 $2a+1=23$이므로
$a=11$ 답 ④

14 부등식 $|10-3x|\le k-2x$에서
(ⅰ) $x<\frac{10}{3}$일 때
$|10-3x|=10-3x$이므로 주어진 부등식에서
$10-3x\le k-2x$, $x\ge10-k$
이때 $k>10$이므로 $10-k<0<\frac{10}{3}$
따라서 $10-k\le x<\frac{10}{3}$

(ii) $x\ge\frac{10}{3}$일 때

$|10-3x|=3x-10$이므로 주어진 부등식에서

$3x-10\le k-2x$, $5x\le k+10$

$x\le\frac{k+10}{5}$

이때 $k>10$이므로 $\frac{k+10}{5}>4>\frac{10}{3}$

따라서 $\frac{10}{3}\le x\le\frac{k+10}{5}$

(i), (ii)에서 주어진 부등식의 해는 $10-k\le x\le\frac{k+10}{5}$이므로

정수 x의 값은 $10-k$, $11-k$, $12-k$, $\cdots$, l

$\left(\text{단, } l\text{은 } \frac{k+5}{5}<l\le\frac{k+10}{5}\text{인 정수}\right)$

이때 모든 정수 x의 값의 합이 0이므로 $l=k-10$이어야 한다.

즉, $\frac{k+5}{5}<l=k-10\le\frac{k+10}{5}$

$\frac{k+5}{5}<k-10$에서 $k+5<5k-50$, $k>\frac{55}{4}$

$k-10\le\frac{k+10}{5}$에서 $5k-50\le k+10$, $k\le15$

따라서 $\frac{55}{4}<k\le15$이므로 정수 k의 값은 14, 15이고 그 합은 29이다.

답 ②

15 부등식 $|x|+|x-2|\le10$에서 x의 값의 범위에 따라 해를 구하면 다음과 같다.

(i) $x<0$일 때

$|x|=-x$, $|x-2|=-(x-2)$이므로 주어진 부등식은

$-x-(x-2)\le10$, $-2x\le8$

$x\ge-4$

이때 $x<0$이므로 $-4\le x<0$

(ii) $0\le x<2$일 때

$|x|=x$, $|x-2|=-(x-2)$이므로 주어진 부등식은

$x-(x-2)\le10$, $0\times x+2\le10$

$0\times x\le8$

즉, $0\le x<2$인 모든 실수 x에 대하여 주어진 부등식이 성립한다.

(iii) $x\ge2$일 때

$|x|=x$, $|x-2|=x-2$이므로 주어진 부등식은

$x+(x-2)\le10$, $2x\le12$

$x\le6$

이때 $x\ge2$이므로 $2\le x\le6$

(i), (ii), (iii)에서 주어진 부등식의 해는 $-4\le x\le6$이므로

$\alpha=-4$, $\beta=6$이고 $\alpha+\beta=2$

답 ④

16 이차부등식 $ax^2+bx+c<0$의 해가 $-1<x<3$이려면 $a>0$이고

$ax^2+bx+c=a(x+1)(x-3)=ax^2-2ax-3a$

이어야 하므로 $b=-2a$, $c=-3a$

이때 $abc=162$이므로

$abc=a\times(-2a)\times(-3a)=6a^3=162$, $a^3=27$

$a=3$

따라서 $b=-6$, $c=-9$이므로

$a+b+c=3+(-6)+(-9)=-12$

답 ①

17 모든 실수 x에 대하여 이차식 $-x^2+2(n-7)x$의 값이 5보다 작으려면 모든 실수 x에 대하여 이차부등식

$-x^2+2(n-7)x<5$, $x^2-2(n-7)x+5>0$

이 성립해야 한다.

이차방정식 $x^2-2(n-7)x+5=0$의 판별식을 D라 하면 $D<0$이어야 하므로

$\frac{D}{4}=\{-(n-7)\}^2-5<0$

$n^2-14n+44<0$ ······ ㉠

이때 이차방정식 $n^2-14n+44=0$의 해는 근의 공식에 의하여

$n=7\pm\sqrt{5}$

이므로 이차부등식 ㉠의 해는 $7-\sqrt{5}<n<7+\sqrt{5}$이다.

이때 $2<\sqrt{5}<3$이므로 $4<7-\sqrt{5}<5$, $9<7+\sqrt{5}<10$이다.

따라서 자연수 n의 값은 5, 6, 7, 8, 9로 그 개수는 5이다.

답 ②

18 연립이차방정식 $\begin{cases}x+y=k & \cdots\cdots ㉠\\ x^2+y^2=4 & \cdots\cdots ㉡\end{cases}$

㉠에서 $y=-x+k$이므로 이를 ㉡에 대입하면

$x^2+(-x+k)^2=4$

$2x^2-2kx+k^2-4=0$ ······ ㉢

주어진 연립이차방정식을 만족시키는 두 실수 x, y가 존재하려면 이차방정식 ㉢이 실근을 가져야 한다.

따라서 이차방정식 ㉢의 판별식을 D라 하면 $D\ge0$이어야 하므로

$\frac{D}{4}=(-k)^2-2(k^2-4)\ge0$

$k^2\le8$

$-2\sqrt{2}\le k\le2\sqrt{2}$

이때 $2<2\sqrt{2}=\sqrt{8}<3$이므로 정수 k의 값은 -2, -1, 0, 1, 2로 그 개수는 5이다.

답 ③

19 연립이차부등식 $\begin{cases}x^2-3x-4<0 & \cdots\cdots ㉠\\ 2x^2+3x-2\ge0 & \cdots\cdots ㉡\end{cases}$

부등식 ㉠에서 $(x+1)(x-4)<0$, $-1<x<4$

부등식 ㉡에서 $(2x-1)(x+2)\ge0$

$x\le-2$ 또는 $x\ge\frac{1}{2}$

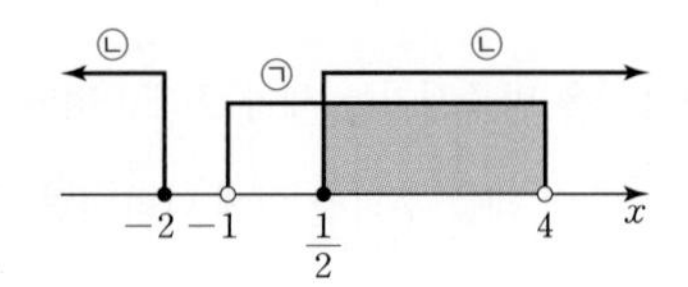

따라서 연립부등식의 해는 $\frac{1}{2}\le x<4$이므로 $\alpha=\frac{1}{2}$, $\beta=4$

$\alpha\beta=\frac{1}{2}\times4=2$

답 ③

20 이차방정식 $x^2-2kx+5k-4=0$의 판별식을 D_1이라 하면 이 이차방정식이 실근을 가지므로 $D_1\ge0$이어야 한다.

$\frac{D_1}{4}=(-k)^2-(5k-4)\ge0$

$k^2-5k+4\geq0$, $(k-1)(k-4)\geq0$

$k\leq1$ 또는 $k\geq4$ …… ㉠

이차방정식 $x^2+2kx+2k+3=0$의 판별식을 D_2라 하면 이 이차방정식이 허근을 가지므로 $D_2<0$이어야 한다.

$\frac{D_2}{4}=k^2-(2k+3)<0$

$k^2-2k-3<0$, $(k+1)(k-3)<0$

$-1<k<3$ …… ㉡

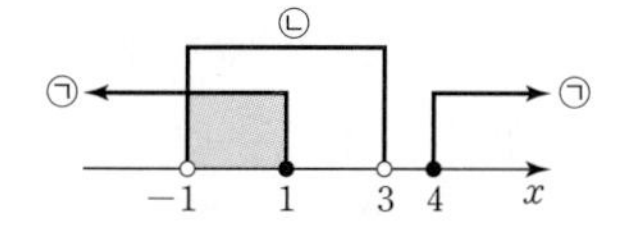

㉠, ㉡에서 $-1<k\leq1$이므로 정수 k의 값은 0, 1로 그 개수는 2이다.

답 ②

21 연립이차부등식 $\begin{cases}2x^2+5x+5\geq0 & \cdots\cdots ㉠\\ 2x^2-6x+k<0 & \cdots\cdots ㉡\end{cases}$

이차방정식 $2x^2+5x+5=0$의 판별식을 D_1이라 하면

$D_1=5^2-4\times2\times5=-15<0$

이므로 부등식 ㉠의 해는 모든 실수이다.

따라서 주어진 연립이차부등식의 해가 존재하지 않으려면 부등식 ㉡의 해가 존재하지 않아야 한다. 즉, 이차방정식 $2x^2-6x+k=0$의 판별식을 D_2라 하면 $D_2\leq0$이어야 하므로

$\frac{D_2}{4}=(-3)^2-2k\leq0$

$k\geq\frac{9}{2}$

따라서 한 자리 자연수 k의 값은 5, 6, 7, 8, 9이고 그 합은

$5+6+7+8+9=35$

답 ④

22 $f(x)=x^3+x^2-x+2$라 하면 $f(-2)=-8+4+2+2=0$이므로 조립제법에 의하여

−2	1	1	−1	2
		−2	2	−2
	1	−1	1	0

$f(x)=(x+2)(x^2-x+1)$이므로 삼차방정식 $x^3+x^2-x+2=0$의 두 허근 α, β는 이차방정식 $x^2-x+1=0$의 근이다.

즉, $\alpha^2-\alpha+1=0$이고 양변에 $\alpha+1$을 곱하면

$(\alpha+1)(\alpha^2-\alpha+1)=0$

$\alpha^3+1=0$, $\alpha^3=-1$

마찬가지 방법으로 $\beta^2-\beta+1=0$, $\beta^3=-1$이다.

또한 이차방정식 $x^2-x+1=0$에서 근과 계수의 관계에 의하여

$\alpha+\beta=1$, $\alpha\beta=1$이다.

…… (가)

(i) $n=1$일 때

$\alpha+\beta=1$

(ii) $n=2$일 때

$\alpha^2+\beta^2=(\alpha+\beta)^2-2\alpha\beta=1-2=-1$

(iii) $n=3$일 때

$\alpha^3+\beta^3=-1+(-1)=-2$

(iv) $n=4$일 때

$\alpha^4+\beta^4=\alpha^3\alpha+\beta^3\beta=-(\alpha+\beta)=-1$

(v) $n=5$일 때

$\alpha^5+\beta^5=\alpha^3\alpha^2+\beta^3\beta^2=-(\alpha^2+\beta^2)=1$

(vi) $n=6$일 때

$\alpha^6+\beta^6=(\alpha^3)^2+(\beta^3)^2=1+1=2$

$\alpha^6=\beta^6=1$이므로 $n\geq7$일 때, $\alpha^n+\beta^n$의 값은 1, −1, −2, −1, 1, 2의 값이 반복하여 나타난다.

…… (나)

따라서 자연수 k에 대하여 n의 값이 $6k-4$의 꼴이거나 $6k-2$의 꼴일 때만 $\alpha^n+\beta^n=-1$이다.

$6k-4$의 꼴인 두 자리 자연수 n의 개수는 k의 값이 3, 4, 5, …, 17일 때이므로 15이고, $6k-2$의 꼴인 두 자리 자연수의 개수는 k의 값이 2, 3, 4, …, 16이므로 15이다.

따라서 구하는 두 자리 자연수 n의 개수는 $15+15=30$

…… (다)

답 30

단계	채점 기준	비율
(가)	$\alpha+\beta$, $\alpha\beta$, α^3, β^3의 값을 구한 경우	30 %
(나)	$\alpha^n+\beta^n$의 값을 구한 경우	40 %
(다)	두 자리 자연수 n의 개수를 구한 경우	30 %

23 연립이차방정식 $\begin{cases}x^2+y^2=10 & \cdots\cdots ㉠\\ 2x^2+5xy-3y^2=0 & \cdots\cdots ㉡\end{cases}$

방정식 ㉡에서 $(2x-y)(x+3y)=0$

$y=2x$ 또는 $x=-3y$

…… (가)

(i) $y=2x$일 때

$y=2x$를 방정식 ㉠에 대입하면

$x^2+(2x)^2=10$, $x^2=2$

$x=\pm\sqrt{2}$

이므로

$\alpha=-\sqrt{2}$, $\beta=-2\sqrt{2}$ 또는 $\alpha=\sqrt{2}$, $\beta=2\sqrt{2}$

이고 두 가지 경우 모두 $\alpha\beta=4$이다.

…… (나)

(ii) $x=-3y$일 때

$x=-3y$를 방정식 ㉠에 대입하면

$(-3y)^2+y^2=10$, $y^2=1$

$y=\pm1$이므로

$\alpha=3$, $\beta=-1$ 또는 $\alpha=-3$, $\beta=1$

이고 두 가지 경우 모두 $\alpha\beta=-3$이다.

…… (다)

(i), (ii)에서 $\alpha\beta$의 최댓값과 최솟값은 각각 $M=4$, $m=-3$이므로

$M-m=4-(-3)=7$

…… (라)

답 7

단계	채점 기준	비율
(가)	방정식 $2x^2+5xy-3y^2=0$의 해를 구한 경우	20 %
(나)	$y=2x$일 때 $\alpha\beta$의 값을 구한 경우	35 %
(다)	$x=-3y$일 때 $\alpha\beta$의 값을 구한 경우	35 %
(라)	$M-m$의 값을 구한 경우	10 %

24 x^2의 계수가 1이고 해가 $2<x<6$인 이차부등식은

$(x-2)(x-6)<0$

$x^2-8x+12<0$ …… ㉠

이때 부등식 ㉠과 주어진 부등식 $ax^2+bx+c>0$의 부등호 방향이 다르므로 $a<0$

부등식 ㉠의 양변에 a를 곱하면

$a(x^2-8x+12)>0$, $ax^2-8ax+12a>0$

이 부등식이 주어진 부등식 $ax^2+bx+c>0$과 같으므로

$b=-8a$, $c=12a$ …… ㉡

…… (가)

㉡을 부등식 $ax^2-cx-4b>0$에 대입하면

$ax^2-12ax+32a>0$

이때 $a<0$이므로

$x^2-12x+32<0$, $(x-4)(x-8)<0$

$4<x<8$

…… (나)

따라서 부등식 $ax^2-cx-4b>0$을 만족시키는 모든 정수 x의 값은 5, 6, 7이므로 그 곱은 $5\times6\times7=210$

…… (다)

답 210

단계	채점 기준	비율
(가)	b, c를 각각 a로 나타낸 경우	40 %
(나)	이차부등식 $ax^2-cx-4b>0$의 해를 구한 경우	40 %
(다)	모든 정수 x의 값의 곱을 구한 경우	20 %

내신 고득점 도전 문제

본문 70~73쪽

25 ②	**26** ②	**27** ②	**28** ②	**29** ④
30 ①	**31** ④	**32** ④	**33** ⑤	**34** ②
35 ②	**36** ④	**37** ①	**38** ③	**39** ⑤
40 ④	**41** ②	**42** ③	**43** ④	**44** ②
45 ③	**46** $3\sqrt{2}$	**47** 9	**48** 2	

25 $f(x)=2x^3+ax^2+bx+6$이라 하면 삼차방정식 $2x^3+ax^2+bx+6=0$의 한 근이 1이므로

$f(1)=2+a+b+6=0$

$a+b=-8$ …… ㉠

또한 삼차방정식 $2x^3+ax^2+bx+6=0$의 한 근이 -2이므로

$f(-2)=-16+4a-2b+6=0$

$2a-b=5$ …… ㉡

㉠, ㉡을 연립하여 풀면 $a=-1$, $b=-7$

$f(x)=2x^3-x^2-7x+6$에서 $f(1)=0$, $f(-2)=0$이므로 $x-1$, $x+2$는 $f(x)$의 인수이다.

조립제법을 두 번 이용하여 $f(x)$를 인수분해하면 다음과 같다.

1	2	−1	−7	6
		2	1	−6
−2	2	1	−6	0
		−4	6	
	2	−3	0	

$f(x)=(x-1)(x+2)(2x-3)$

이므로 주어진 삼차방정식은

$(x-1)(x+2)(2x-3)=0$

$x=1$ 또는 $x=-2$ 또는 $x=\frac{3}{2}$

따라서 $\alpha=\frac{3}{2}$이므로

$\frac{|a-b|}{\alpha}=\frac{|-1-(-7)|}{\frac{3}{2}}=4$

답 ②

26 α, β, γ가 삼차방정식 $x^3+5x^2+kx+10=0$의 세 근이므로 $x-\alpha$, $x-\beta$, $x-\gamma$는 모두 삼차식 $x^3+5x^2+kx+10$의 인수이다.

따라서

$x^3+5x^2+kx+10=(x-\alpha)(x-\beta)(x-\gamma)$

$=x^3-(\alpha+\beta+\gamma)x^2+(\alpha\beta+\beta\gamma+\gamma\alpha)x-\alpha\beta\gamma$

에서

$\alpha+\beta+\gamma=-5$

$\alpha\beta+\beta\gamma+\gamma\alpha=k$

$\alpha\beta\gamma=-10$

이므로

$(\alpha+\beta)(\beta+\gamma)(\gamma+\alpha)=5\alpha\beta\gamma$에서

$(-5-\gamma)(-5-\alpha)(-5-\beta)=5\alpha\beta\gamma$

$(5+\gamma)(5+\alpha)(5+\beta)=-5\alpha\beta\gamma$

$125+25(\alpha+\beta+\gamma)+5(\alpha\beta+\beta\gamma+\gamma\alpha)+\alpha\beta\gamma=-5\alpha\beta\gamma$

$125+25\times(-5)+5k-10=-5\times(-10)$

따라서 $k=12$

답 ②

27 사차방정식 $x^4-5x^2+ax+b=0$의 한 허근이 $1+i$이므로

$(1+i)^4-5(1+i)^2+a(1+i)+b=0$

이때 $(1+i)^2=2i$, $(1+i)^4=\{(1+i)^2\}^2=(2i)^2=-4$이므로

$-4-10i+a+ai+b=0$

$(a+b-4)+(a-10)i=0$

복소수가 같을 조건에 의해

$a+b-4=0$, $a-10=0$

$a=10$, $b=-6$

이때 $x=1+i$에서 $x-1=i$

$(x-1)^2=-1$, $x^2-2x+2=0$

이므로 사차식 $x^4-5x^2+10x-6$은 x^2-2x+2를 인수로 갖는다.

$$\begin{array}{r} x^2+2x-3 \\ x^2-2x+2 \overline{) x^4 \quad -5x^2+10x-6} \\ \underline{x^4-2x^3+2x^2} \\ 2x^3-7x^2+10x-6 \\ \underline{2x^3-4x^2+4x} \\ -3x^2+6x-6 \\ \underline{-3x^2+6x-6} \\ 0 \end{array}$$

따라서

$x^4-5x^2+10x-6=(x^2-2x+2)(x^2+2x-3)$

$=(x^2-2x+2)(x+3)(x-1)$

이므로 주어진 사차방정식의 두 실근은 -3, 1이다.

따라서 $\alpha+\beta+a+b=(-3)+1+10+(-6)=2$ 답 ②

28 $f(x)=(k-5)x^3+7x^2-3x$에 대하여 $x=k$가 삼차방정식 $f(x)=0$의 한 근이므로 $f(k)=0$이다.

$f(k)=(k-5)k^3+7k^2-3k$

$=k^4-5k^3+7k^2-3k$

$=k(k^3-5k^2+7k-3)=0$

$g(k)=k^3-5k^2+7k-3$이라 하면

$g(1)=1-5+7-3=0$

이므로 $k-1$은 $g(k)$의 인수이다.

조립제법을 이용하여 $g(k)$를 인수분해하면 다음과 같다.

$$\begin{array}{c|cccc} 1 & 1 & -5 & 7 & -3 \\ & & 1 & -4 & 3 \\ \hline & 1 & -4 & 3 & 0 \end{array}$$

$g(k)=(k-1)(k^2-4k+3)=(k-1)^2(k-3)$

이므로

$f(k)=k(k-1)^2(k-3)=0$

$k=0$ 또는 $k=1$(중근) 또는 $k=3$

$k=0$이면 $f(x)=-5x^3+7x^2-3x$이고

$f(2)=-40+28-6=-18<0$

$k=1$이면 $f(x)=-4x^3+7x^2-3x$이고

$f(2)=-32+28-6=-10<0$

$k=3$이면 $f(x)=-2x^3+7x^2-3x$이고

$f(2)=-16+28-6=6>0$

따라서 $k=3$일 때 $f(2)>0$이므로 $f(x)=-2x^3+7x^2-3x$이고

$f(1)=-2+7-3=2$ 답 ②

29 $f(x)=x^3-x^2-3x+4$라 하자.

다항식 $f(x)$를 세 일차식 $x-a$, $x-b$, $x-c$로 나누었을 때의 나머지가 모두 2이므로 $f(a)=f(b)=f(c)=2$

즉, 방정식 $f(x)=2$의 세 실근이 a, b, c이다.

$g(x)=f(x)-2=x^3-x^2-3x+2$라 하자.

$g(2)=2^3-2^2-3\times2+2=0$이므로 $x-2$는 $g(x)$의 인수이다.

조립제법을 이용하여 $g(x)$를 인수분해하면 다음과 같다.

$$\begin{array}{c|cccc} 2 & 1 & -1 & -3 & 2 \\ & & 2 & 2 & -2 \\ \hline & 1 & 1 & -1 & 0 \end{array}$$

$g(x)=f(x)-2=(x-2)(x^2+x-1)$

이때 이차방정식 $x^2+x-1=0$의 두 근은 $x=\frac{-1\pm\sqrt{5}}{2}$이므로

$a=2$, $b=\frac{-1-\sqrt{5}}{2}$, $c=\frac{-1+\sqrt{5}}{2}$

따라서 $f(x)=(x-2)(x^2+x-1)+2$이고

$Q_1(x)=x^2+x-1$, $b+c=-1$,

$Q_1(b+c)=Q_1(-1)=1-1-1=-1$이므로

$a+Q_1(b+c)=2+(-1)=1$ 답 ④

30 삼차방정식 $f(2x-5)=0$의 서로 다른 세 근을 α, β, γ라 하면

$\alpha+\beta+\gamma=12$

이고

$f(2x-5)=a(x-\alpha)(x-\beta)(x-\gamma)\ (a\neq0)$

$2x-5=t$라 하면 $x=\frac{t+5}{2}$이므로

$f(t)=a\left(\frac{t+5}{2}-\alpha\right)\left(\frac{t+5}{2}-\beta\right)\left(\frac{t+5}{2}-\gamma\right)$

$=\frac{a}{8}(t+5-2\alpha)(t+5-2\beta)(t+5-2\gamma)$

$t=3x-1$을 대입하면

$f(3x-1)=\frac{a}{8}(3x+4-2\alpha)(3x+4-2\beta)(3x+4-2\gamma)$

이므로 삼차방정식 $f(3x-1)=0$의 세 근은 $\frac{2\alpha-4}{3}$, $\frac{2\beta-4}{3}$, $\frac{2\gamma-4}{3}$

이다. 따라서 삼차방정식 $f(3x-1)=0$의 서로 다른 세 근의 합은

$\frac{2\alpha-4}{3}+\frac{2\beta-4}{3}+\frac{2\gamma-4}{3}=\frac{2}{3}(\alpha+\beta+\gamma)-4$

$=\frac{2}{3}\times12-4=4$ 답 ①

31 연립이차방정식 $\begin{cases}(x+y)^2=x^2 & \cdots\cdots ㉠ \\ x^2+xy+y^2=9 & \cdots\cdots ㉡\end{cases}$

㉠에서 $(x+y)^2-x^2=0$

$\{(x+y)+x\}\{(x+y)-x\}=0$

$(2x+y)y=0$

$y=-2x$ 또는 $y=0$

(i) $y=-2x$일 때

$y=-2x$를 ㉡에 대입하면 $x^2-2x^2+4x^2=9$

$x^2=3$

$x=-\sqrt{3}$ 또는 $x=\sqrt{3}$

$x=-\sqrt{3}$일 때 $y=2\sqrt{3}$이므로

$\alpha^3+\beta^3=(-\sqrt{3})^3+(2\sqrt{3})^3=21\sqrt{3}$이고,

$x=\sqrt{3}$일 때 $y=-2\sqrt{3}$이므로

$\alpha^3+\beta^3=(\sqrt{3})^3+(-2\sqrt{3})^3=-21\sqrt{3}$

(ii) $y=0$일 때

$y=0$을 ㉡에 대입하면 $x^2=9$

$x=-3$ 또는 $x=3$

$x=-3$일 때 $y=0$이므로

$\alpha^3+\beta^3=(-3)^3+0^3=-27$이고,

$x=3$일 때 $y=0$이므로

$\alpha^3+\beta^3=3^3+0^3=27$

이때 $21\sqrt{3}=\sqrt{21^2\times3}=\sqrt{1323}$, $27=\sqrt{729}$에서 $21\sqrt{3}>27$이므로

(i), (ii)에서 $\alpha^3+\beta^3$의 최댓값은 $21\sqrt{3}$이다. 답 ④

32 주어진 두 연립이차방정식의 공통인 해가 존재하므로 연립이차방정식

$$\begin{cases} x-y=2 & \cdots\cdots ㉠ \\ x^2+y^2=10 & \cdots\cdots ㉡ \end{cases}$$

의 해 중 하나가 두 연립이차방정식의 공통인 해이다.

㉠에서 $y=x-2$이므로 이 식을 ㉡에 대입하면

$x^2+(x-2)^2=10$

$x^2-2x-3=0$, $(x+1)(x-3)=0$

$x=-1$ 또는 $x=3$

$x=-1$일 때 $y=-3$, $x=3$일 때 $y=1$

따라서 공통인 해는 $x=-1$, $y=-3$ 또는 $x=3$, $y=1$이다.

(i) 공통인 해가 $x=-1$, $y=-3$일 때

$x=-1$, $y=-3$이 방정식 $x^2+(y+a)^2=13$의 해이므로

$1+(-3+a)^2=13$, $a^2-6a-3=0$

$a=3\pm2\sqrt{3}$

또한 $x=-1$, $y=-3$이 방정식 $x+y=b$의 해이므로

$b=-1+(-3)=-4$

따라서 ab의 값은 $-4(3+2\sqrt{3})$ 또는 $-4(3-2\sqrt{3})$이다.

(ii) 공통인 해가 $x=3$, $y=1$일 때

$x=3$, $y=1$이 방정식 $x^2+(y+a)^2=13$의 해이므로

$9+(1+a)^2=13$

$a^2+2a-3=0$, $(a+3)(a-1)=0$

$a=-3$ 또는 $a=1$

또한 $x=3$, $y=1$이 방정식 $x+y=b$의 해이므로

$b=3+1=4$

따라서 ab의 값은 -12 또는 4이다.

(i), (ii)에서 ab의 값은 $-4(3+2\sqrt{3})$ 또는 $-4(3-2\sqrt{3})$ 또는 -12 또는 4이다.

이때 $4-\{-4(3-2\sqrt{3})\}=16-8\sqrt{3}=8(2-\sqrt{3})>0$

에서 $-4(3-2\sqrt{3})<4$이고

$-4(3+2\sqrt{3})<-12$이므로

$M=4$, $m=-4(3+2\sqrt{3})$

따라서 $M-m=4-\{-4(3+2\sqrt{3})\}=8(2+\sqrt{3})$ 답 ④

33

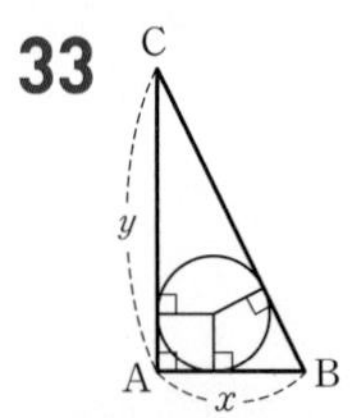

직각삼각형 ABC의 빗변을 BC, $\overline{AB}=x$, $\overline{AC}=y$ $(x>0,\ y>0)$이라 하면

$\overline{BC}^2=\overline{AB}^2+\overline{AC}^2=x^2+y^2$

이때 세 변의 길이의 제곱의 합이 100이므로

$\overline{AB}^2+\overline{AC}^2+\overline{BC}^2=x^2+y^2+(x^2+y^2)=2(x^2+y^2)=100$

$x^2+y^2=50$ $\cdots\cdots$ ㉠

또한 직각삼각형 ABC의 넓이가 $\frac{7}{2}$이므로

$\frac{1}{2}\times\overline{AB}\times\overline{AC}=\frac{xy}{2}=\frac{7}{2}$

$xy=7$ $\cdots\cdots$ ㉡

㉠, ㉡에서

$(x+y)^2=(x^2+y^2)+2xy=50+14=64=8^2$

이때 $x>0$, $y>0$이므로 $x+y=8$, $y=8-x$ $\cdots\cdots$ ㉢

㉢을 ㉠에 대입하면

$x^2+(8-x)^2=50$

$x^2-8x+7=0$, $(x-1)(x-7)=0$

$x=1$ 또는 $x=7$

$x=1$일 때 $y=7$, $x=7$일 때 $y=1$이고

$\overline{BC}^2=1^2+7^2=50$

$\overline{BC}=5\sqrt{2}$

따라서 삼각형 ABC에 내접하는 원의 반지름의 길이를 r라 하면 삼각형 ABC의 넓이가 $\frac{7}{2}$이므로

$\frac{r}{2}\times(\overline{AB}+\overline{AC}+\overline{BC})=\frac{r}{2}\times(1+7+5\sqrt{2})=\frac{(8+5\sqrt{2})}{2}r=\frac{7}{2}$

$r=\frac{7}{8+5\sqrt{2}}=\frac{7(8-5\sqrt{2})}{(8+5\sqrt{2})(8-5\sqrt{2})}=\frac{8-5\sqrt{2}}{2}$ 답 ⑤

34 연립일차부등식 $\begin{cases} \frac{x}{2}+\frac{a}{3}\ge x-\frac{1}{6} & \cdots\cdots ㉠ \\ 4x+3>2x+9 & \cdots\cdots ㉡ \end{cases}$

㉠에서 $\frac{x}{2}\le\frac{2a+1}{6}$, $x\le\frac{2a+1}{3}$

㉡에서 $2x>6$, $x>3$이므로

주어진 연립일차부등식의 해를 수직선 위에 나타내면 다음과 같다.

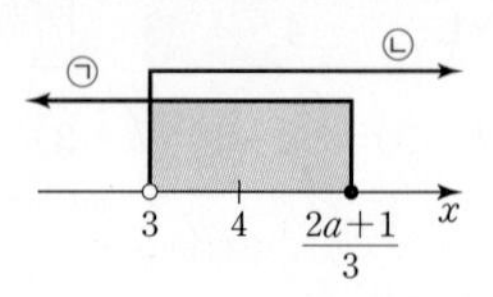

이때 주어진 연립일차부등식을 만족시키는 자연수 x가 존재하려면

$\frac{2a+1}{3}\ge4$, $2a+1\ge12$, $a\ge\frac{11}{2}$

따라서 정수 a의 최솟값은 6이다. 답 ②

35 연립일차부등식 $ax-1\le-x+2<bx+3$에서

$$\begin{cases} ax-1\le-x+2 & \cdots\cdots ㉠ \\ -x+2<bx+3 & \cdots\cdots ㉡ \end{cases}$$

㉠에서 $(a+1)x\le3$

이때 $a+1=0$이거나 $a+1<0$이면 주어진 연립부등식의 해가

$-\frac{1}{2}<x\le\frac{3}{7}$이 될 수 없으므로 $a+1>0$이다.

그러므로 부등식 ㉠의 해는 $x\le\frac{3}{a+1}$이다.

㉡에서 $(b+1)x>-1$

이때 $b+1=0$이거나 $b+1<0$이면 주어진 연립일차부등식의 해가

$-\frac{1}{2}<x\le\frac{3}{7}$이 될 수 없으므로 $b+1>0$이다.

그러므로 부등식 ㉡의 해는 $x>-\frac{1}{b+1}$이다.

따라서 주어진 연립일차부등식의 해가 $-\frac{1}{b+1}<x\le\frac{3}{a+1}$이므로

$-\frac{1}{2}<x\le\frac{3}{7}$에서

$-\frac{1}{b+1}=-\frac{1}{2}$, $b+1=2$, $b=1$

$\frac{3}{a+1}=\frac{3}{7}$, $a+1=7$, $a=6$

따라서 $a+b=6+1=7$ 답 ②

36 농도가 12 %인 소금물 300 g에 들어 있는 소금의 양은

$\frac{12}{100}\times 300=36(\text{g})$

농도가 20 %인 소금물 a g에 들어 있는 소금의 양은

$\frac{20}{100}\times a=\frac{a}{5}(\text{g})$

따라서 농도가 12 %인 소금물 300 g과 농도가 20 %인 소금물 a g을 섞은 소금물에 들어 있는 소금의 양은 $\left(36+\frac{a}{5}\right)$ g이고

이 소금물의 농도가 15 % 이상 16 % 이하이려면

$\frac{15}{100}\times(300+a)\le 36+\frac{a}{5}\le\frac{16}{100}\times(300+a)$

부등식 $\frac{15}{100}\times(300+a)\le 36+\frac{a}{5}$에서

$4500+15a\le 3600+20a$

$5a\ge 900$, $a\ge 180$ …… ㉠

부등식 $36+\frac{a}{5}\le\frac{16}{100}\times(300+a)$에서

$3600+20a\le 4800+16a$

$4a\le 1200$, $a\le 300$ …… ㉡

㉠, ㉡에서 $180\le a\le 300$이므로 a의 최댓값은 300, 최솟값은 180이다.

따라서 최댓값과 최솟값의 합은 480이다. 답 ④

37 $\sqrt{x^2+6x+9}=\sqrt{(x+3)^2}=|x+3|$이므로 주어진 부등식은

$|x+1|-|x+3|\le 3x-1$

이고 x의 값에 따라 부등식의 해를 구하면 다음과 같다.

(i) $x<-3$일 때

$|x+1|=-(x+1)$, $|x+3|=-(x+3)$

이므로 주어진 부등식은

$-(x+1)+(x+3)\le 3x-1$, $3x\ge 3$

$x\ge 1$

이때 $x<-3$이므로 주어진 부등식의 해가 존재하지 않는다.

(ii) $-3\le x<-1$일 때

$|x+1|=-(x+1)$, $|x+3|=x+3$

이므로 주어진 부등식은

$-(x+1)-(x+3)\le 3x-1$, $5x\ge -3$

$x\ge -\frac{3}{5}$

이때 $-3\le x<-1$이므로 주어진 부등식의 해가 존재하지 않는다.

(iii) $x\ge -1$일 때

$|x+1|=x+1$, $|x+3|=x+3$

이므로 주어진 부등식은

$(x+1)-(x+3)\le 3x-1$, $3x\ge -1$

$x\ge -\frac{1}{3}$

이때 $x\ge -1$이므로 부등식의 해는 $x\ge -\frac{1}{3}$이다.

(i), (ii), (iii)에서 주어진 부등식의 해는 $x\ge -\frac{1}{3}$이다. 답 ①

38 부등식 $|x|+|3x-6|\le 2x+4$에서 x의 값의 범위에 따라 부등식의 해를 구하면 다음과 같다.

(i) $x<0$일 때

$|x|=-x$, $|3x-6|=-(3x-6)$이므로 주어진 부등식은

$-x-(3x-6)\le 2x+4$, $-4x+6\le 2x+4$

$x\ge\frac{1}{3}$

이때 $x<0$이므로 주어진 부등식의 해가 존재하지 않는다.

(ii) $0\le x<2$일 때

$|x|=x$, $|3x-6|=-(3x-6)$이므로 주어진 부등식은

$x-(3x-6)\le 2x+4$, $-2x+6\le 2x+4$

$x\ge\frac{1}{2}$

이때 $0\le x<2$이므로 $\frac{1}{2}\le x<2$

(iii) $x\ge 2$일 때

$|x|=x$, $|3x-6|=3x-6$이므로 주어진 부등식은

$x+(3x-6)\le 2x+4$, $4x-6\le 2x+4$

$x\le 5$

이때 $x\ge 2$이므로 $2\le x\le 5$

(i), (ii), (iii)에서 주어진 부등식의 해는 $\frac{1}{2}\le x\le 5$이므로 모든 정수 x의 값의 합은

$1+2+3+4+5=15$ 답 ③

39 부등식 $|x-2|\le 10$에서

$-10\le x-2\le 10$, $-8\le x\le 12$

이때 a는 $0\le a\le 2$인 정수이므로 a의 값에 따라 순서쌍 (a, b)의 개수는 다음과 같다.

(i) $a=0$일 때

부등식 $|2x-b|\le 0$에서 $2x-b=0$, $x=\frac{b}{2}$

주어진 두 부등식을 모두 만족시키는 x의 값이 존재하려면

$-8\le\frac{b}{2}\le 12$, $-16\le b\le 24$

따라서 $a=0$일 때 모든 순서쌍 (a, b)는 $(0, -16)$, $(0, -15)$, $(0, -14)$, $\cdots$, $(0, 24)$이고 그 개수는 41이다.

(ii) $a=1$일 때

부등식 $|2x-b|\le 1$에서 $-1\le 2x-b\le 1$

$\frac{b-1}{2}\le x\le\frac{b+1}{2}$

주어진 두 부등식을 모두 만족시키는 x의 값이 존재하려면

$\frac{b-1}{2}\le 12$ 또는 $\frac{b+1}{2}\ge -8$이어야 한다.

$\frac{b-1}{2}\le 12$에서 $b\le 25$

$\frac{b+1}{2} \geq -8$에서 $b \geq -17$

따라서 $a=1$일 때 $-17 \leq b \leq 25$이므로 모든 순서쌍 (a, b)는 $(1, -17)$, $(1, -16)$, $(1, -15)$, $\cdots$, $(1, 25)$이고 그 개수는 43이다.

(iii) $a=2$일 때

부등식 $|2x-b| \leq 2$에서

$-2 \leq 2x-b \leq 2$, $\frac{b-2}{2} \leq x \leq \frac{b+2}{2}$

주어진 두 부등식을 모두 만족시키는 x의 값이 존재하려면

$\frac{b-2}{2} \leq 12$ 또는 $\frac{b+2}{2} \geq -8$이어야 한다.

$\frac{b-2}{2} \leq 12$에서 $b \leq 26$

$\frac{b+2}{2} \geq -8$에서 $b \geq -18$

따라서 $a=2$일 때 $-18 \leq b \leq 26$이므로 모든 순서쌍 (a, b)는 $(2, -18)$, $(2, -17)$, $(2, -16)$, $\cdots$, $(2, 26)$이고 그 개수는 45이다.

(i), (ii), (iii)에서 구하는 모든 순서쌍 (a, b)의 개수는

$41+43+45=129$ 답 ⑤

40 일차함수 $f(x)$와 최고차항의 계수가 양수인 이차함수 $g(x)$에 대하여 방정식 $f(x)=g(x)$의 해가 -2, 7이므로 두 함수 $y=f(x)$, $y=g(x)$의 그래프의 개형은 다음과 같다.

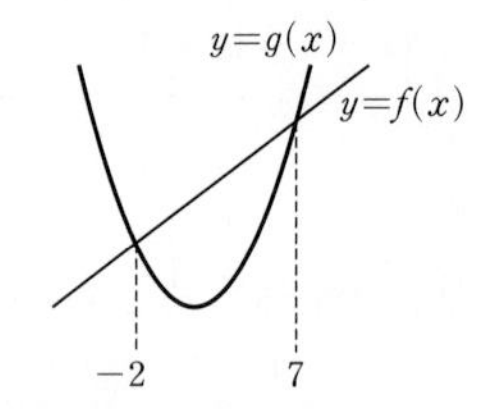

따라서 이차부등식 $f(x) \geq g(x)$의 해는 $-2 \leq x \leq 7$이므로 이차부등식 $f(nx) \geq g(nx)$의 해는

$-2 \leq nx \leq 7$

$-\frac{2}{n} \leq x \leq \frac{7}{n}$ …… ㉠

이때 모든 자연수 n에 대하여 $-\frac{2}{n} < 0 < \frac{7}{n}$이므로 $x=0$은 부등식 ㉠을 만족시킨다.

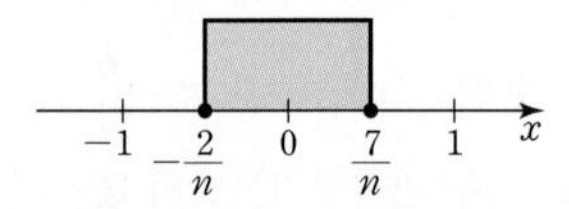

따라서 부등식 ㉠을 만족시키는 정수 x의 개수가 1이려면 부등식 ㉠의 해의 범위에 0이 아닌 다른 정수가 존재하지 않아야 하므로

$-1 < -\frac{2}{n}$, $\frac{7}{n} < 1$

즉, $n > 7$이어야 한다.

따라서 구하는 자연수 n의 최솟값은 8이다. 답 ④

41 $x^2-3x+2=0$에서 $(x-1)(x-2)=0$

$x=1$ 또는 $x=2$

$x-3=0$에서 $x=3$

따라서 부등식 $|x^2-3x+2|-|x-3| \geq \frac{1}{2}x^2-1$에서 x의 값의 범위에 따라 부등식의 해를 구하면 다음과 같다.

(i) $x<1$ 또는 $2 \leq x < 3$일 때

$|x^2-3x+2|=x^2-3x+2$, $|x-3|=-(x-3)$이므로 주어진 부등식은

$(x^2-3x+2)+(x-3) \geq \frac{1}{2}x^2-1$

$x^2-4x \geq 0$, $x(x-4) \geq 0$

$x \leq 0$ 또는 $x \geq 4$

이때 $x<1$ 또는 $2 \leq x < 3$이므로 부등식의 해는 $x \leq 0$이다.

(ii) $1 \leq x < 2$일 때

$|x^2-3x+2|=-(x^2-3x+2)$, $|x-3|=-(x-3)$이므로 주어진 부등식은

$-(x^2-3x+2)+(x-3) \geq \frac{1}{2}x^2-1$

$3x^2-8x+8 \leq 0$

이차방정식 $3x^2-8x+8=0$의 판별식을 D라고 하면

$\frac{D}{4}=16-24=-8<0$

이므로 이차부등식 $3x^2-8x+8 \leq 0$의 해는 존재하지 않는다.

(iii) $x \geq 3$일 때

$|x^2-3x+2|=x^2-3x+2$, $|x-3|=x-3$이므로 주어진 부등식은

$(x^2-3x+2)-(x-3) \geq \frac{1}{2}x^2-1$

$x^2-8x+12 \geq 0$, $(x-2)(x-6) \geq 0$

$x \leq 2$ 또는 $x \geq 6$

이때 $x \geq 3$이므로 부등식의 해는 $x \geq 6$이다.

(i), (ii), (iii)에서 주어진 부등식의 해는 $x \leq 0$ 또는 $x \geq 6$이다.

이때 최고차항의 계수가 1이고 $x \leq 0$ 또는 $x \geq 6$을 해로 갖는 이차부등식은 $x(x-6) \geq 0$, $x^2-6x \geq 0$

따라서 $a=-6$, $b=0$이므로

$a+b=-6+0=-6$ 답 ②

42 김밥 한 줄의 가격을 $100x$원만큼 내리면 김밥 한 줄의 가격은 $3000-100x$원이고, 김밥의 하루 판매량은 $400+40x$줄이다.

하루의 김밥 판매액이 1,584,000원 이상이 되려면

$(3000-100x)(400+40x) \geq 1584000$에서

$4000x^2-80000x+384000 \leq 0$

$x^2-20x+96 \leq 0$, $(x-8)(x-12) \leq 0$

$8 \leq x \leq 12$

이므로

$-1200 \leq -100x \leq -800$

$1800 \leq 3000-100x \leq 2200$

따라서 구하는 김밥 한 줄의 가격의 최댓값은 2,200원이다. 답 ③

43 연립이차부등식 $\begin{cases} x^2-2x-3 \geq 0 & \cdots\cdots ㉠ \\ x^2+(2-a)x-2a<0 & \cdots\cdots ㉡ \end{cases}$

부등식 ㉠에서 $(x+1)(x-3) \geq 0$

$x \leq -1$ 또는 $x \geq 3$ …… ㉢

부등식 ㉡에서 $(x+2)(x-a)<0$

a의 값에 따라 다음과 같다.

(i) $a<-2$일 때

부등식 ㉡의 해는 $a<x<-2$ …… ㉣

이므로 ㉢과의 공통 범위에 정수 3개가 포함되도록 하는 a의 값의 범위는 $-6\le a<-5$

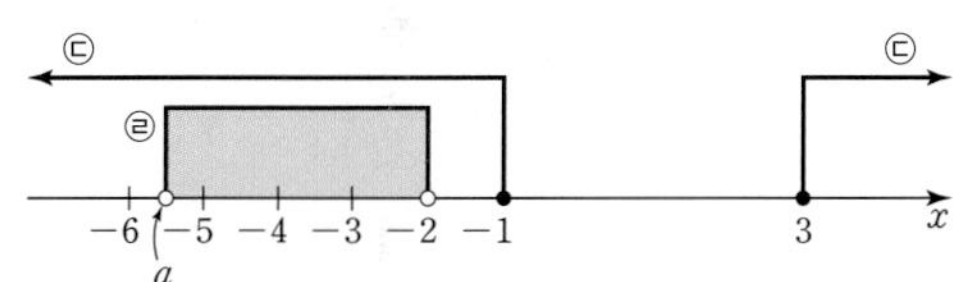

(ii) $a=-2$일 때

부등식 ㉡은 $(x+2)^2<0$이므로 해가 존재하지 않는다. 그러므로 주어진 연립이차부등식을 만족시키는 정수 x의 개수가 3이 될 수 없다.

(iii) $a>-2$일 때

부등식 ㉡의 해는 $-2<x<a$ …… ㉤

이므로 ㉢과의 공통 범위에 정수 3개가 포함되도록 하는 a의 값의 범위는 $4<a\le 5$

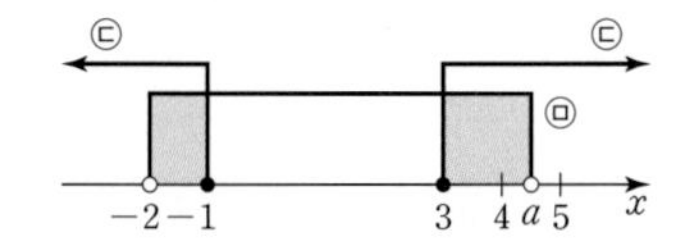

(i), (ii), (iii)에서 $-6\le a<-5$ 또는 $4<a\le 5$

따라서 실수 a의 최댓값 $M=5$, 최솟값 $m=-6$이므로

$M-m=5-(-6)=11$

답 ④

44 연립이차부등식 $\begin{cases} x^2-(a+b)x+ab>0 & \cdots\cdots ㉠ \\ x^2-3cx+2c^2>0 & \cdots\cdots ㉡ \end{cases}$

부등식 ㉠에서

$(x-a)(x-b)>0$

$a<b$이므로 $x<a$ 또는 $x>b$ …… ㉢

부등식 ㉡에서

$(x-c)(x-2c)>0$

$0<c<2c$이므로 $x<c$ 또는 $x>2c$ …… ㉣

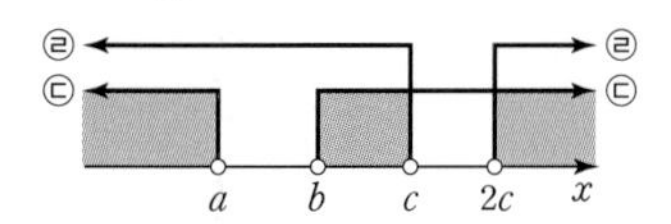

이때 그림과 같이 연립이차부등식의 해는

$x<a$ 또는 $b<x<c$ 또는 $x>2c$

이고 이 해가 $x<1$ 또는 $3<x<4$ 또는 $x>8$과 일치하므로

$a=1$, $b=3$, $c=4$이다.

따라서 부등식 $ax^2-cx+b\le 0$, 즉 $x^2-4x+3\le 0$에서

$(x-1)(x-3)\le 0$

$1\le x\le 3$

이므로 모든 정수 x의 값의 합은 $1+2+3=6$

답 ②

45 연립부등식 $\begin{cases} |2x+a|\ge 4-b & \cdots\cdots ㉠ \\ -x^2+\frac{8}{3}x\le a & \cdots\cdots ㉡ \end{cases}$의 해가 모든 실수이므로

두 부등식 ㉠, ㉡의 각각의 해도 모든 실수이어야 한다.

부등식 ㉠에서 모든 실수 x에 대하여 $|2x+a|\ge 0$이므로 $4-b\le 0$일 때 부등식 ㉠의 해가 모든 실수이다. 즉, $b\ge 4$이다.

부등식 ㉡에서 모든 실수 x에 대하여 이차부등식 $-x^2+\frac{8}{3}x\le a$, 즉

$x^2-\frac{8}{3}x+a\ge 0$이 성립하려면 이차방정식 $x^2-\frac{8}{3}x+a=0$이 중근 또는 허근을 가져야 한다.

즉, 이 이차방정식의 판별식을 D라 하면 $D\le 0$이어야 하므로

$\frac{D}{4}=\left(-\frac{4}{3}\right)^2-a\le 0$

$a\ge \frac{16}{9}$

따라서 $a\ge \frac{16}{9}$, $b\ge 4$이면 주어진 연립부등식의 해가 모든 실수이다.

이때 정수 a의 최솟값은 2, 정수 b의 최솟값은 4이므로

$a+b$의 최솟값은 $2+4=6$

답 ③

46 사다리꼴 ABCD의 꼭짓점 C에서 변 AD에 내린 수선의 발을 E라 하면 사각형 ABCE는 정사각형이다.

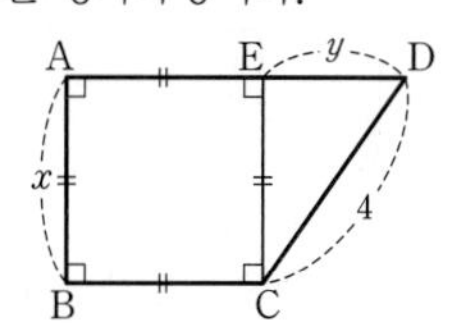

$\overline{AB}=x$, $\overline{DE}=y\,(x>0,\ y>0)$이라 하면 사다리꼴 ABCD의 둘레의 길이가 $13+\sqrt{7}$이므로

$3x+4+y=13+\sqrt{7}$

$3x+y=9+\sqrt{7}$ …… ㉠

또한 사다리꼴 ABCD의 넓이가 $9+\frac{3\sqrt{7}}{2}$이므로

$x^2+\frac{1}{2}xy=9+\frac{3\sqrt{7}}{2}$ …… ㉡

…… (가)

㉠에서 $y=-3x+9+\sqrt{7}$ …… ㉢

㉢을 ㉡에 대입하면

$x^2+\frac{1}{2}x(-3x+9+\sqrt{7})=9+\frac{3\sqrt{7}}{2}$

$2x^2-3x^2+(9+\sqrt{7})x=18+3\sqrt{7}$

$-x^2+(9+\sqrt{7})x=18+3\sqrt{7}$

$x^2-(9+\sqrt{7})x+3(6+\sqrt{7})=0$

$(x-3)(x-6-\sqrt{7})=0$

$x=3$ 또는 $x=6+\sqrt{7}$

한편, $y>0$이므로 ㉢에서

$-3x+9+\sqrt{7}>0$

$x<3+\frac{\sqrt{7}}{3}$

이때 $(6+\sqrt{7})-\left(3+\frac{\sqrt{7}}{3}\right)=3+\frac{2\sqrt{7}}{3}>0$, 즉

$6+\sqrt{7}>3+\frac{\sqrt{7}}{3}$이므로 $x=3$

…… (나)

따라서 선분 AC의 길이는

$\overline{AC}=\sqrt{x^2+x^2}=x\sqrt{2}=3\sqrt{2}$

…… (다)

답 $3\sqrt{2}$

단계	채점 기준	비율
(가)	연립이차방정식을 세운 경우	40 %
(나)	변 AB의 길이를 구한 경우	40 %
(다)	선분 AC의 길이를 구한 경우	20 %

47 연립일차부등식 $\begin{cases} x+5>9 & \cdots\cdots ㉠ \\ ax+1<61 & \cdots\cdots ㉡ \end{cases}$

부등식 ㉠에서 $x>4$ …… ㉢

…… (가)

부등식 ㉡에서 $ax<60$

a의 값에 따라 다음과 같다.

(i) $a<0$일 때

$a<0$이면 부등식 ㉡의 해는 $x>\frac{60}{a}$ …… ㉣

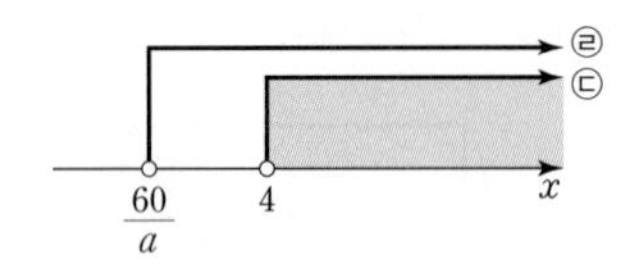

㉢, ㉣에서 주어진 연립일차부등식의 해는 $x>4$이므로 정수 x의 값은 무수히 많아 주어진 조건을 만족시키지 않는다.

(ii) $a=0$일 때

$a=0$이면 부등식 ㉡의 해는 모든 실수이므로 주어진 연립일차부등식의 해는 $x>4$로 정수 x의 값은 무수히 많아 주어진 조건을 만족시키지 않는다.

(iii) $a>0$일 때

$a>0$이면 부등식 ㉡의 해는 $x<\frac{60}{a}$ …… ㉤

㉢, ㉤에서 주어진 연립일차부등식의 해는 $4<x<\frac{60}{a}$이고, 이를 만족시키는 정수 x의 값의 합이 11이려면 이 범위에 $x=5$, $x=6$은 포함되고 $x=7$은 포함되지 않아야 한다.

따라서 $6<\frac{60}{a}\le 7$이므로 $\frac{60}{7}\le a<10$

…… (나)

(i), (ii), (iii)에서 $\frac{60}{7}\le a<10$이므로 정수 a의 값은 9이다.

…… (다)

답 9

단계	채점 기준	비율
(가)	부등식 $x+5>9$의 해를 구한 경우	10 %
(나)	a의 값에 따라 주어진 조건을 만족시키는 a의 값의 범위를 구한 경우	80 %
(다)	정수 a의 값을 구한 경우	10 %

48 연립이차부등식 $\begin{cases} x^2+ax-4\le 0 & \cdots\cdots ㉠ \\ x^2+bx+c\ge 0 & \cdots\cdots ㉡ \end{cases}$

의 해가 $p\le x\le p+3$ 또는 $x=p+4$이려면 부등식 ㉠의 해가 $p\le x\le p+4$이고, 부등식 ㉡의 해가 $x\le p+3$ 또는 $x\ge p+4$이어야 한다.

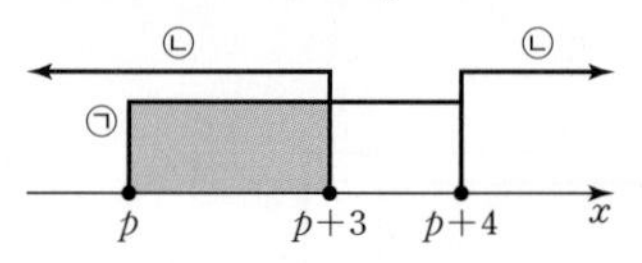

…… (가)

해가 $p\le x\le p+4$이고 이차항의 계수가 1인 이차부등식은

$(x-p)(x-p-4)\le 0$

$x^2-2(p+2)+p(p+4)\le 0$

이므로 부등식 ㉠에서

$a=-2(p+2)$, $-4=p(p+4)$

$-4=p(p+4)$에서

$(p+2)^2=0$, $p=-2$

이므로 $a=0$

…… (나)

따라서 이차부등식 ㉡의 해가 $x\le 1$ 또는 $x\ge 2$이어야 하므로

$(x-1)(x-2)\ge 0$, $x^2-3x+2\ge 0$

에서 $b=-3$, $c=2$

…… (다)

따라서

$p(a+b+c)=-2\{0+(-3)+2\}=2$

…… (라)

답 2

단계	채점 기준	비율
(가)	조건을 만족시키는 두 부등식의 해의 꼴을 구한 경우	30 %
(나)	a, p의 값을 구한 경우	30 %
(다)	b, c의 값을 구한 경우	30 %
(라)	$p(a+b+c)$의 값을 구한 경우	10 %

변별력을 만드는 1등급 문제

본문 74~76쪽

49 14	**50** ③	**51** ①	**52** 175	**53** 10
54 ②	**55** ③	**56** 30	**57** 9	**58** ②
59 27	**60** 21	**61** ②	**62** 16	**63** $\frac{3}{2}$
64 ③	**65** ③	**66** 9		

49

삼차방정식 $x^3-x+2=0$의 서로 다른 세 근을 α, β, γ라 할 때, $\alpha^6+\beta^6+\gamma^6$의 값을 구하시오. 14

step 1 α, β, γ가 삼차방정식의 근임을 이용하여 α, β, γ 사이의 식 구하기

삼차방정식 $x^3-x+2=0$의 서로 다른 세 근이 α, β, γ이므로

$$x^3-x+2=(x-\alpha)(x-\beta)(x-\gamma)$$
$$=x^3-(\alpha+\beta+\gamma)x^2+(\alpha\beta+\beta\gamma+\gamma\alpha)x-\alpha\beta\gamma$$

에서

$\alpha+\beta+\gamma=0$

$\alpha\beta+\beta\gamma+\gamma\alpha=-1$

$\alpha\beta\gamma=-2$

또한

$\alpha^3=\alpha-2$

$\beta^3=\beta-2$

$\gamma^3=\gamma-2$

step 2 $\alpha^6+\beta^6+\gamma^6$의 값 구하기

따라서

$\alpha^6+\beta^6+\gamma^6$

$=(\alpha^3)^2+(\beta^3)^2+(\gamma^3)^2$

$=(\alpha-2)^2+(\beta-2)^2+(\gamma-2)^2$

$=(\alpha^2+\beta^2+\gamma^2)-4(\alpha+\beta+\gamma)+12$

$=\{(\alpha+\beta+\gamma)^2-2(\alpha\beta+\beta\gamma+\gamma\alpha)\}-4(\alpha+\beta+\gamma)+12$

$=(0+2)-0+12=14$ 답 14

→ $(\alpha+\beta+\gamma)^2$
$=\alpha^2+\beta^2+\gamma^2+2(\alpha\beta+\beta\gamma+\gamma\alpha)$

50

정수 a에 대하여 두 삼차식 $f(x)=(x-a)(x-2a)(x-a+3)$, $g(x)$가 다음 조건을 만족시킨다.

(가) 삼차식 $g(x)$는 최고차항의 계수가 1이다.
(나) 방정식 $g(x)=0$의 서로 다른 실근의 개수는 2이다.
(다) 방정식 $f(x)g(x)=0$이 서로 다른 세 실근을 갖고, 이 세 실근의 합은 -5이다.

가능한 서로 다른 삼차식 $g(x)$의 개수는?

① 4 ② 6 ✓③ 8 ④ 10 ⑤ 12

step 1 방정식 $f(x)=0$의 근을 구하기

삼차식 $f(x)=(x-a)(x-2a)(x-a+3)$에서 방정식 $f(x)=0$의 근은 $x=a$ 또는 $x=2a$ 또는 $x=a-3$

step 2 a의 값에 따라 가능한 삼차식 $g(x)$ 구하기

방정식 $f(x)g(x)=0$에서 $f(x)=0$ 또는 $g(x)=0$이므로 세 수 a, $2a$, $a-3$은 모두 방정식 $f(x)g(x)=0$의 근이다.

$a\neq a-3$이므로 a의 값에 따라 삼차식 $g(x)$는 다음과 같다.

(i) $a=2a$, 즉 $a=0$일 때

$f(x)=x^2(x+3)$에서 방정식 $f(x)=0$의 근은 $x=0$(중근), $x=-3$

이때 방정식 $f(x)g(x)=0$이 서로 다른 세 실근을 가지므로 이 세 실근을 0, -3, α라 하면 방정식 $g(x)=0$은 $x=\alpha$를 근으로 가져야 하며 $x=0$ 또는 $x=-3$ 또는 $x=\alpha$ 중 하나를 중근으로 가져야 한다.

세 실근의 합이 -5이므로 $0+(-3)+\alpha=-5$, $\alpha=-2$

따라서 $g(-2)=0$

이때 방정식 $g(x)=0$이 중근을 가져야 하므로 가능한 $g(x)$는

$g(x)=x^2(x+2)$ 또는 $g(x)=(x+3)^2(x+2)$ 또는

$g(x)=x(x+2)^2$ 또는 $g(x)=(x+3)(x+2)^2$

(ii) $2a=a-3$, 즉 $a=-3$일 때

$f(x)=(x+3)(x+6)^2$에서 방정식 $f(x)=0$의 근은

$x=-3$, $x=-6$(중근)

이때 방정식 $f(x)g(x)=0$이 서로 다른 세 실근을 가지므로 이 세 실근을 -3, -6, β라 하면 방정식 $g(x)=0$은 $x=\beta$를 근으로 가져야 하며 $x=-3$ 또는 $x=-6$ 또는 $x=\beta$ 중 하나를 중근으로 가져야 한다.

→ 삼차방정식 $g(x)=0$의 서로 다른 실근의 개수가 2이므로 근은 $x=p$(중근) 또는 $x=q$의 꼴이어야 한다.

세 실근의 합이 -5이므로

$-3+(-6)+\beta=-5$, $\beta=4$

따라서 $g(4)=0$

이때 방정식 $g(x)=0$이 중근을 가져야 하므로 가능한 $g(x)$는

$g(x)=(x+3)^2(x-4)$ 또는 $g(x)=(x+6)^2(x-4)$ 또는

$g(x)=(x+3)(x-4)^2$ 또는 $g(x)=(x+6)(x-4)^2$

(iii) $a\neq 2a$, $2a\neq a-3$, 즉 $a\neq 0$, $a\neq -3$일 때

방정식 $f(x)=0$은 서로 다른 세 실근 $x=a$ 또는 $x=2a$ 또는 $x=a-3$을 가지므로 방정식 $f(x)g(x)=0$의 세 실근이 $x=a$ 또는 $x=2a$ 또는 $x=a-3$이다.

세 실근의 합이 -5이므로 $a+2a+(a-3)=-5$, $a=-\frac{1}{2}$

$a=-\frac{1}{2}$은 정수가 아니므로 주어진 조건을 만족시키지 않는다.

step 3 가능한 서로 다른 삼차식 $g(x)$의 개수 구하기

(i), (ii), (iii)에서 가능한 서로 다른 삼차식 $g(x)$의 개수는 8이다. 답 ③

51

두 이차식 $f(x)=x^2-ax-b^2$, $g(x)=x^2-bx-a^2$에 대하여 사차방정식 $f(x)g(x)=0$의 근에 대한 설명 중 〈보기〉에서 옳은 것만을 있는 대로 고른 것은? (단, a, b는 실수이다.)

보기
ㄱ. $a=b=0$일 때 서로 다른 실근의 개수는 1이다.
ㄴ. $ab\neq 0$일 때 서로 다른 실근의 개수는 4이다.
ㄷ. $a\neq b$일 때 서로 다른 실근의 개수는 4이다.

✓① ㄱ ② ㄴ ③ ㄱ, ㄷ ④ ㄴ, ㄷ ⑤ ㄱ, ㄴ, ㄷ

step 1 ㄱ이 항상 옳은지 판단하기

ㄱ. $a=b=0$이면 $f(x)=x^2$, $g(x)=x^2$이므로 사차방정식 $f(x)g(x)=0$은 $x^4=0$이고 근은 $x=0$이다.

따라서 사차방정식 $f(x)g(x)=0$의 서로 다른 실근의 개수는 1이다. (참)

step 2 ㄴ이 항상 옳은지 판단하기

ㄴ. $ab\neq 0$일 때, $a=b$이면 두 이차식 $f(x)$, $g(x)$가

$f(x)=x^2-ax-b^2=x^2-ax-a^2$

$g(x)=x^2-bx-a^2=x^2-ax-a^2$

즉, $f(x)=g(x)$이므로 사차방정식 $f(x)g(x)=0$은

$(x^2-ax-a^2)^2=0$이다.

이때 $x^2-ax-a^2=0$의 판별식을 D라 하면

$D=a^2+4a^2=5a^2>0$ → $ab\neq0$에서 $a\neq0$이므로 $5a^2>0$이다.

이므로 이 이차방정식은 서로 다른 두 실근을 갖는다. 따라서 사차방정식 $(x^2-ax-a^2)^2=0$의 서로 다른 실근의 개수는 2이다. (거짓)

step 3 ㄷ이 항상 옳은지 판단하기

ㄷ. $a=0$, $b=1$이면 두 이차식 $f(x)$, $g(x)$가

$f(x)=x^2-1=(x+1)(x-1)$

$g(x)=x^2-x=x(x-1)$

이므로 사차방정식 $f(x)g(x)=0$은

$x(x+1)(x-1)^2=0$

$x=0$ 또는 $x=-1$ 또는 $x=1$(중근)

따라서 사차방정식 $f(x)g(x)=0$의 서로 다른 실근의 개수는 3이다. (거짓)

이상에서 옳은 것은 ㄱ이다. 답 ①

52

삼차방정식 $7x^3+ax^2+bx+c=0$의 세 근을 α, β, γ라 하면 $\alpha+1$, $\beta+1$, $\gamma+1$을 세 근으로 하고 최고차항의 계수가 1인 삼차방정식은 $x^3+2x^2+3x+4=0$이다. 세 상수 a, b, c에 대하여 $a+b+c$의 값을 구하시오. 175

→ $(x-\alpha-1)(x-\beta-1)(x-\gamma-1)=0$

step 1 α, β, γ를 세 근으로 하고 최고차항의 계수가 1인 삼차방정식 구하기

$\alpha+1$이 삼차방정식 $x^3+2x^2+3x+4=0$의 한 근이므로

$(\alpha+1)^3+2(\alpha+1)^2+3(\alpha+1)+4=0$

$(\alpha^3+3\alpha^2+3\alpha+1)+2(\alpha^2+2\alpha+1)+3(\alpha+1)+4=0$

$\alpha^3+5\alpha^2+10\alpha+10=0$

마찬가지로 두 수 $\beta+1$, $\gamma+1$도 삼차방정식 $x^3+2x^2+3x+4=0$의 근이므로

$\beta^3+5\beta^2+10\beta+10=0$

$\gamma^3+5\gamma^2+10\gamma+10=0$

즉, 삼차방정식 $x^3+5x^2+10x+10=0$의 세 근은 α, β, γ이다.

step 2 $a+b+c$의 값 구하기

따라서 최고차항의 계수가 7이고 세 수 α, β, γ를 근으로 하는 삼차방정식은

$7x^3+35x^2+70x+70=0$

따라서 $a=35$, $b=70$, $c=70$이므로

$a+b+c=175$ 답 175

53

사차방정식 $x^4-4x+2=0$의 서로 다른 네 근 α, β, γ, δ에 대하여 $(\alpha^8+\beta^8+\gamma^8+\delta^8)-16(\alpha^2+\beta^2+\gamma^2+\delta^2)=k+(\alpha+\beta+\gamma+\delta)$를 만족시키는 자연수 k의 모든 양의 약수의 곱은 2^n이다. 자연수 n의 값을 구하시오. 10

step 1 $\alpha^4-16\alpha^2=4$임을 구하기

$x=\alpha$가 사차방정식 $x^4-4x+2=0$의 근이므로

$\alpha^4=4\alpha-2$

$\alpha^8=(\alpha^4)^2=(4\alpha-2)^2=16\alpha^2-16\alpha+4$

$\alpha^8-16\alpha^2=-16\alpha+4$

또한 $x=\beta$, $x=\gamma$, $x=\delta$가 사차방정식 $x^4-4x+2=0$의 근이므로 마찬가지 방법으로

$\beta^8-16\beta^2=-16\beta+4$

$\gamma^8-16\gamma^2=-16\gamma+4$

$\delta^8-16\delta^2=-16\delta+4$

step 2 $\alpha+\beta+\gamma+\delta=0$임을 구하기

한편, 사차방정식 $x^4-4x+2=0$의 네 근이 α, β, γ, δ이므로

사차식 x^4-4x+2는 $x-\alpha$, $x-\beta$, $x-\gamma$, $x-\delta$를 인수로 갖는다.

따라서 $x^4-4x+2=(x-\alpha)(x-\beta)(x-\gamma)(x-\delta)$

이때 $(x-\alpha)(x-\beta)(x-\gamma)(x-\delta)$의 전개식에서 x^3의 계수가 $-(\alpha+\beta+\gamma+\delta)$이므로

$-(\alpha+\beta+\gamma+\delta)=0$, $\alpha+\beta+\gamma+\delta=0$

step 3 k의 모든 양의 약수의 곱과 n의 값 구하기

$(\alpha^8+\beta^8+\gamma^8+\delta^8)-16(\alpha^2+\beta^2+\gamma^2+\delta^2)=k+(\alpha+\beta+\gamma+\delta)$에서

$k=(\alpha^8+\beta^8+\gamma^8+\delta^8)-16(\alpha^2+\beta^2+\gamma^2+\delta^2)-(\alpha+\beta+\gamma+\delta)$

$=(\alpha^8-16\alpha^2)+(\beta^8-16\beta^2)+(\gamma^8-16\gamma^2)+(\delta^8-16\delta^2)-(\alpha+\beta+\gamma+\delta)$

$=(-16\alpha+4)+(-16\beta+4)+(-16\gamma+4)+(-16\delta+4)-(\alpha+\beta+\gamma+\delta)$

$=-17(\alpha+\beta+\gamma+\delta)+16$

$=-17\times0+16=16$

따라서 $k=2^4$이므로 2^4의 양의 약수는 1, 2^1, 2^2, 2^3, 2^4이고 모든 양의 약수의 곱은

$1\times2^1\times2^2\times2^3\times2^4=2^{10}=2^n$

이므로 $n=10$ 답 10

54

삼차식 $f(x)=ax^3-7x^2+bx+4$가 다음 조건을 만족시킨다.

(가) 삼차식 $f(x)$를 $x-1$로 나누었을 때의 나머지는 1이다.
(나) 삼차식 $f(x)$를 $x-2$로 나누었을 때의 나머지는 2이다.

삼차방정식 $f(x)=0$의 세 근을 α, β, γ라 할 때, $\dfrac{(\alpha^2-2)(\beta^2-2)(\gamma^2-2)}{(\alpha^2-1)(\beta^2-1)(\gamma^2-1)}$의 값은? (단, a, b는 상수이다.)

① $-\dfrac{1}{7}$ ✓② $-\dfrac{2}{7}$ ③ $-\dfrac{3}{7}$ ④ $-\dfrac{4}{7}$ ⑤ $-\dfrac{5}{7}$

step 1 a, b의 값 구하기

삼차식 $f(x)$를 $x-1$로 나누었을 때의 나머지가 1이므로 $f(1)=1$, 즉

$f(1)=a-7+b+4=1$, $a+b=4$ …… ㉠

삼차식 $f(x)$를 $x-2$로 나누었을 때의 나머지가 2이므로 $f(2)=2$, 즉

$f(2)=8a-28+2b+4=2$, $4a+b=13$ …… ㉡

㉠, ㉡을 연립하여 풀면 $a=3$, $b=1$이므로

$f(x)=3x^3-7x^2+x+4$

step 2 $(\alpha^2-1)(\beta^2-1)(\gamma^2-1)$의 값 구하기

삼차방정식 $f(x)=0$의 세 근이 α, β, γ이므로 다항식 $f(x)$는 $x-\alpha$, $x-\beta$, $x-\gamma$를 인수로 갖는다.

$3x^3-7x^2+x+4=3(x-\alpha)(x-\beta)(x-\gamma)$ …… ㉢

→ 이 식은 x에 대한 항등식이다.

㉢에 $x=1$을 대입하면

$3(1-\alpha)(1-\beta)(1-\gamma)=3-7+1+4$

$(1-\alpha)(1-\beta)(1-\gamma)=\frac{1}{3}$

$(\alpha-1)(\beta-1)(\gamma-1)=-\frac{1}{3}$

㉢에 $x=-1$을 대입하면

$3(-1-\alpha)(-1-\beta)(-1-\gamma)=-3-7-1+4$

$(\alpha+1)(\beta+1)(\gamma+1)=\frac{7}{3}$

따라서

$(\alpha^2-1)(\beta^2-1)(\gamma^2-1)$

$=(\alpha-1)(\beta-1)(\gamma-1)\times(\alpha+1)(\beta+1)(\gamma+1)$

$=-\frac{1}{3}\times\frac{7}{3}=-\frac{7}{9}$

step 3 $(\alpha^2-2)(\beta^2-2)(\gamma^2-2)$의 값 구하기

㉢에 $x=\sqrt{2}$를 대입하면

$3(\sqrt{2}-\alpha)(\sqrt{2}-\beta)(\sqrt{2}-\gamma)=6\sqrt{2}-14+\sqrt{2}+4$

$(\alpha-\sqrt{2})(\beta-\sqrt{2})(\gamma-\sqrt{2})=-\frac{7\sqrt{2}-10}{3}$

㉢에 $x=-\sqrt{2}$를 대입하면

$3(-\sqrt{2}-\alpha)(-\sqrt{2}-\beta)(-\sqrt{2}-\gamma)=-6\sqrt{2}-14-\sqrt{2}+4$

$(\alpha+\sqrt{2})(\beta+\sqrt{2})(\gamma+\sqrt{2})=\frac{7\sqrt{2}+10}{3}$

따라서

$(\alpha^2-2)(\beta^2-2)(\gamma^2-2)$

$=(\alpha-\sqrt{2})(\beta-\sqrt{2})(\gamma-\sqrt{2})\times(\alpha+\sqrt{2})(\beta+\sqrt{2})(\gamma+\sqrt{2})$

$=-\frac{7\sqrt{2}-10}{3}\times\frac{7\sqrt{2}+10}{3}=\frac{2}{9}$

step 4 $\frac{(\alpha^2-2)(\beta^2-2)(\gamma^2-2)}{(\alpha^2-1)(\beta^2-1)(\gamma^2-1)}$의 값 구하기

따라서 $\frac{(\alpha^2-2)(\beta^2-2)(\gamma^2-2)}{(\alpha^2-1)(\beta^2-1)(\gamma^2-1)}=\frac{\frac{2}{9}}{-\frac{7}{9}}=-\frac{2}{7}$

답 ②

55

직육면체 ABCD−EFGH가 다음 조건을 만족시킨다.

(가) 모든 모서리의 길이의 합은 20이다.
(나) 겉넓이는 16이다.
(다) 부피는 4이다.

직육면체 ABCD−EFGH의 서로 다른 두 꼭짓점 사이의 거리의 최댓값과 최솟값을 각각 M, m이라 할 때, Mm의 값은?

① 2 ② $2\sqrt{2}$ ✓③ 3
④ 4 ⑤ $3\sqrt{2}$

step 1 직육면체의 가로, 세로의 길이와 높이 구하기

직육면체 ABCD−EFGH의 가로, 세로의 길이와 높이를 각각 a, b, c라 하자. 모든 모서리의 길이의 합이 20이므로

$4(a+b+c)=20$, $a+b+c=5$

겉넓이가 16이므로

$2(ab+bc+ca)=16$, $ab+bc+ca=8$

부피가 4이므로 $abc=4$

이때 세 수 a, b, c를 근으로 하고 최고차항의 계수가 1인 삼차방정식은

$(x-a)(x-b)(x-c)=0$

$x^3-(a+b+c)x^2+(ab+bc+ca)x-abc=0$

$x^3-5x^2+8x-4=0$

$f(x)=x^3-5x^2+8x-4$라 하면

$f(1)=1-5+8-4=0$이므로 $x-1$은 $f(x)$의 인수이다.

조립제법을 이용하여 $f(x)$를 인수분해하면 다음과 같다.

1	1	−5	8	−4
		1	−4	4
	1	−4	4	0

$f(x)=(x-1)(x^2-4x+4)=(x-1)(x-2)^2$

따라서

$(x-a)(x-b)(x-c)=(x-1)(x-2)^2$

이므로

$a=1$, $b=2$, $c=2$ 또는 $a=2$, $b=1$, $c=2$ 또는 $a=2$, $b=2$, $c=1$이다.

step 2 두 꼭짓점 사이의 거리 구하기

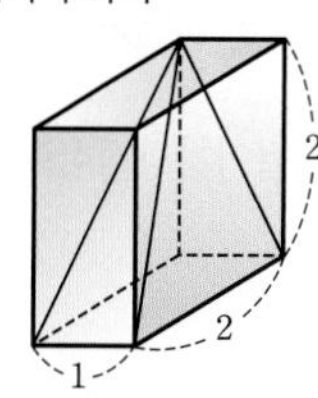

직육면체 ABCD−EFGH의 모서리로 연결된 두 꼭짓점 사이의 거리는 1 또는 2이고 모서리로 연결되지 않은 두 꼭짓점 사이의 거리는

$\sqrt{1^2+2^2}=\sqrt{5}$ 또는 $\sqrt{2^2+2^2}=2\sqrt{2}$ 또는 $\sqrt{1^2+2^2+2^2}=3$

step 3 Mm의 값 구하기

따라서 직육면체 ABCD−EFGH의 서로 다른 두 꼭짓점 사이의 거리의 최댓값과 최솟값은 각각 $M=3$, $m=1$이므로

$Mm=3\times1=3$

답 ③

56

자연수 n에 대하여 다항식 $x^n+x^{n+2}+x^{n+4}+x^{n+6}$을 x^2+x+1로 나누었을 때의 나머지를 $R_n(x)$라 하자. $R_n(x)=1$을 만족시키는 두 자리 자연수 n의 개수를 구하시오. 30

step 1 주어진 다항식을 x^2+x+1로 나누었을 때의 식 세우기

다항식 $x^n+x^{n+2}+x^{n+4}+x^{n+6}$을 x^2+x+1로 나누었을 때의 나머지가 $R_n(x)$이므로 몫을 $Q_n(x)$라 하면

$x^n+x^{n+2}+x^{n+4}+x^{n+6}=(x^2+x+1)Q_n(x)+R_n(x)$ …… ㉠

step 2 자연수 n의 값에 따라 $R_n(x)$ 구하기

이차방정식 $x^2+x+1=0$의 한 근을 ω라 하면

$\omega^2+\omega+1=0$, $(\omega-1)(\omega^2+\omega+1)=0$

$\omega^3-1=0$, $\omega^3=1$

이므로 자연수 k에 대하여 $\omega^{3k-2}=\omega$, $\omega^{3k-1}=\omega^2$, $\omega^{3k}=1$이다.

㉠의 양변에 $x=\omega$를 대입하면

$\omega^n+\omega^{n+2}+\omega^{n+4}+\omega^{n+6}=(\omega^2+\omega+1)Q_n(\omega)+R_n(\omega)=R_n(\omega)$

$$\begin{aligned}R_n(\omega)&=\omega^n(1+\omega^2+\omega^4+\omega^6)\\&=\omega^n\{(1+\omega^2+\omega)+1\}\\&=\omega^n\end{aligned}$$

step 3 $R_n(x)=1$을 만족시키는 두 자리 자연수 n의 개수 구하기

따라서 $R_n(x)=1$, 즉 $\omega^n=1$을 만족시키는 자연수 n은 3의 배수이므로 두 자리 자연수 n의 값은 12, 15, 18, …, 99이고 그 개수는 30이다.

답 30

57

두 실수 x, y에 대하여 $x\triangle y$를 $x\triangle y=\begin{cases}x & (x\ge y)\\ y & (x<y)\end{cases}$라 하자. 연립

이차방정식 $\begin{cases}xy-2x-2y+6=x\triangle y\\ x+2y=2x\triangle 4\end{cases}$의 해가 $x=\alpha$, $y=\beta$일 때,

$\alpha+\beta$의 최댓값을 구하시오. 9

step 1 $x\ge y$일 때 연립이차방정식의 해 구하기

x, y의 대소 관계에 따라 다음과 같다.

(i) $x\ge y$일 때

$x\triangle y=x$이므로 주어진 연립이차방정식에서

$\begin{cases}xy-2x-2y+6=x & \cdots\cdots ㉠\\ x+2y=2x\triangle 4 & \cdots\cdots ㉡\end{cases}$

방정식 ㉠에서

$xy-3x-2y+6=0$, $(x-2)(y-3)=0$

$x=2$ 또는 $y=3$

$x=2$이면 $2x\triangle 4=4\triangle 4=4$

방정식 ㉡에서 $2+2y=4$, $y=1$

$y=3$이면 $x\ge y=3$, $2x\ge 6$이므로 $2x\triangle 4=2x$

방정식 ㉡에서 $x+6=2x$, $x=6$

따라서 $x\ge y$일 때 $\alpha=2$, $\beta=1$ 또는 $\alpha=6$, $\beta=3$이므로

$\alpha+\beta=3$ 또는 $\alpha+\beta=9$

step 2 $x<y$일 때 연립이차방정식의 해 구하기

(ii) $x<y$일 때

$x\triangle y=y$이므로 주어진 연립이차방정식에서

$\begin{cases}xy-2x-2y+6=y & \cdots\cdots ㉢\\ x+2y=2x\triangle 4 & \cdots\cdots ㉣\end{cases}$

방정식 ㉢에서

$xy-2x-3y+6=0$, $(x-3)(y-2)=0$

$x=3$ 또는 $y=2$

$x=3$이면 $2x\triangle 4=6\triangle 4=6$

방정식 ㉣에서 $3+2y=6$, $y=\frac{3}{2}$

이때 $x=3$, $y=\frac{3}{2}$은 $x>y$이므로 주어진 연립이차방정식의 근이 아닙니다.

$y=2$이면 $x<y=2$, $2x<4$이므로 $2x\triangle 4=4$

방정식 ㉣에서 $x+4=4$, $x=0$

따라서 $x<y$일 때 $\alpha=0$, $\beta=2$이므로 $\alpha+\beta=2$이다.

step 3 $\alpha+\beta$의 최댓값 구하기

(i), (ii)에서 $\alpha+\beta$의 최댓값은 9이다.

답 9

58

그림과 같이 대각선의 길이가 $\sqrt{23}$인 직사각형이 있다. 가로의 길이를 $\sqrt{2}$만큼 줄이고, 세로의 길이를 $\sqrt{5}$만큼 늘이면 대각선의 길이가 $\sqrt{28}$인 직사각형이 될 때, 처음 직사각형의 넓이는?

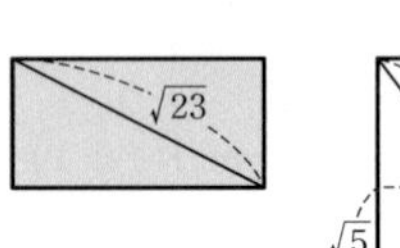

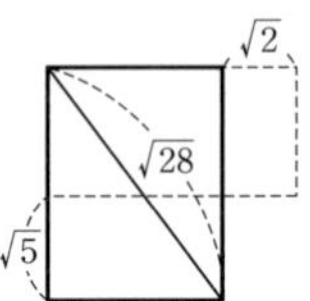

① $2\sqrt{10}$ ✓② $3\sqrt{10}$ ③ $4\sqrt{10}$
④ $5\sqrt{10}$ ⑤ $6\sqrt{10}$

step 1 연립이차방정식 세우기

처음 직사각형의 가로, 세로의 길이를 각각 x, y $(x>0, y>0)$이라 하면

$x^2+y^2=23$ ⋯⋯ ㉠

이때 가로의 길이를 $\sqrt{2}$만큼 줄이고, 세로의 길이를 $\sqrt{5}$만큼 늘인 직사각형의 가로, 세로의 길이는 $x-\sqrt{2}$, $y+\sqrt{5}$이고 이 직사각형의 대각선의 길이가 $\sqrt{28}$이므로

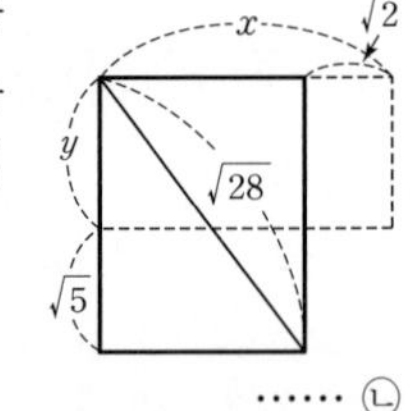

$(x-\sqrt{2})^2+(y+\sqrt{5})^2=28$

$x^2+y^2-2\sqrt{2}x+2\sqrt{5}y=21$ ⋯⋯ ㉡

step 2 연립이차방정식의 해 구하기

㉠을 ㉡에 대입하면

$-\sqrt{2}x+\sqrt{5}y=-1$

$y=\frac{\sqrt{10}}{5}x-\frac{\sqrt{5}}{5}$ ⋯⋯ ㉢

㉢을 ㉠에 대입하면

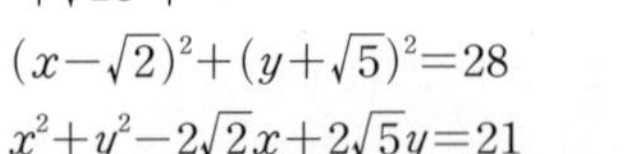

$x^2+\left(\frac{\sqrt{10}}{5}x-\frac{\sqrt{5}}{5}\right)^2=23$, $7x^2-2\sqrt{2}x-114=0$

근의 공식에 의해

$x=\frac{\sqrt{2}\pm 20\sqrt{2}}{7}$

$x=3\sqrt{2}$ 또는 $x=-\frac{19\sqrt{2}}{7}$

이때 가로의 길이 x는 양수이므로 $x=3\sqrt{2}$이다.

이 값을 ㉠에 대입하면

$18+y^2=23$

$y=\sqrt{5}$ 또는 $y=-\sqrt{5}$

마찬가지로 $y>0$이므로 $y=\sqrt{5}$이다.

step 3 처음 직사각형의 넓이 구하기

따라서 처음 직사각형의 넓이는

$xy=3\sqrt{2}\times\sqrt{5}=3\sqrt{10}$

답 ②

59

음이 아닌 정수 a에 대하여 연립이차방정식 $\begin{cases} 3x+4y=a \\ x^2+y^2=a \end{cases}$의 실수인 해가 존재하지 않도록 하는 a의 최솟값을 p, 오직 한 쌍의 해만 갖도록 하는 a의 최솟값을 q, 서로 다른 두 쌍의 실수인 해를 갖도록 하는 a의 최솟값을 r라 할 때, $p+q+r$의 값을 구하시오. 27

step 1 두 방정식을 연립하여 이차방정식의 판별식 구하기

연립이차방정식 $\begin{cases} 3x+4y=a & \cdots\cdots ㉠ \\ x^2+y^2=a & \cdots\cdots ㉡ \end{cases}$

㉠에서 $y=-\frac{3}{4}x+\frac{a}{4}$이므로 이를 ㉡에 대입하면

$x^2+\left(-\frac{3}{4}x+\frac{a}{4}\right)^2=a$

$25x^2-6ax+a^2-16a=0$ ...... ㉢

이차방정식 ㉢의 판별식을 D라 하면

$\frac{D}{4}=(-3a)^2-25\times(a^2-16a)=-16a(a-25)$

step 2 p, q, r의 값 구하기

(i) 주어진 연립이차방정식이 실수인 해가 존재하지 않으려면 ㉢이 허근을 가져야 하므로

$-16a(a-25)<0$

$a(a-25)>0$ → $\alpha<\beta$일 때 이차부등식 $(x-\alpha)(x-\beta)>0$의 해는 $x<\alpha$ 또는 $x>\beta$이다.

$a<0$ 또는 $a>25$

따라서 음이 아닌 정수 a의 최솟값은 26이므로 $p=26$이다.

(ii) 주어진 연립이차방정식이 오직 한 쌍의 해만 가지려면 ㉢이 중근을 가져야 하므로

$-16a(a-25)=0$

$a=0$ 또는 $a=25$

따라서 음이 아닌 정수 a의 최솟값은 0이므로 $q=0$이다.

(iii) 주어진 연립이차방정식이 서로 다른 두 쌍의 실수인 해를 가지려면 ㉢이 서로 다른 두 실근을 가져야 하므로

$-16a(a-25)>0$

$a(a-25)<0$ → $\alpha<\beta$일 때 이차부등식 $(x-\alpha)(x-\beta)<0$의 해는 $\alpha<x<\beta$이다.

$0<a<25$

따라서 음이 아닌 정수 a의 최솟값은 1이므로 $r=1$이다.

step 3 $p+q+r$의 값 구하기

(i), (ii), (iii)에서

$p+q+r=26+0+1=27$

답 27

60

양수 x에 대하여 x를 소수점 아래 둘째 자리에서 반올림한 값을 $f(x)$라 하자. 예를 들어 $f(2.21)=2.2$, $f(3.09)=3.1$이다.

연립부등식 $\begin{cases} f\left(\frac{2x}{5}-1\right)\ge 2 \\ f(|2x+1|)<20 \end{cases}$의 해가 $\alpha\le x<\beta$일 때, $10(\beta-\alpha)$의 값을 구하시오. 21

step 1 부등식 $f\left(\frac{2x}{5}-1\right)\ge 2$의 해 구하기

소수점 아래 둘째 자리에서 반올림하여 2 이상인 수는 1.95 이상이어야 한다.

따라서 부등식 $f\left(\frac{2x}{5}-1\right)\ge 2$에서

$\frac{2x}{5}-1\ge 1.95$, $\frac{2}{5}x\ge 2.95$

$x\ge 7.375$

step 2 부등식 $f(|2x+1|)<20$의 해 구하기

또한 소수점 아래 둘째 자리에서 반올림하여 20보다 작은 수는 19.95보다 작아야 한다.

따라서 부등식 $f(|2x+1|)<20$에서

$|2x+1|<19.95$

$-19.95<2x+1<19.95$

$-20.95<2x<18.95$

$-10.475<x<9.475$

이때 $x>0$이므로 $0<x<9.475$

step 3 $10(\beta-\alpha)$의 값 구하기

따라서 주어진 연립부등식의 해가 $7.375\le x<9.475$이므로

$\alpha=7.375$, $\beta=9.475$

$10(\beta-\alpha)=10\times(9.475-7.375)=21$

답 21

61

x에 대한 부등식 $(n-5)(x-n)(x-n^2)\le 0$을 만족시키는 정수 x의 개수가 111 이하가 되도록 하는 모든 자연수 n의 값의 합은?

① 50 ✓② 51 ③ 52
④ 53 ⑤ 54

step 1 $n\le 5$일 때 부등식의 해 구하기

부등식 $(n-5)(x-n)(x-n^2)\le 0$의 해는 자연수 n의 값에 따라 다음과 같다.

(i) $n<5$일 때

$n-5<0$이므로 주어진 부등식은

$(x-n)(x-n^2)\ge 0$ ...... ㉠

이때 $n=1$이면 부등식 ㉠은 $(x-1)^2\ge 0$이므로 해는 모든 실수이다.

$n=2, 3, 4$이면 부등식 ㉠의 해는

$x<n$ 또는 $x>n^2$

이므로 해는 무수히 많다.

(ii) $n=5$일 때

부등식 ㉠은 $0\times(x-5)(x-5^2)\le 0$이므로 해는 모든 실수이다.

step 2 $n>5$일 때 부등식의 해 구하기

(iii) $n>5$일 때

$n-5>0$이므로 주어진 부등식은

$(x-n)(x-n^2)\le 0$

$n\le x\le n^2$

이므로 정수 x의 값은 $n, n+1, n+2, \cdots, n^2$으로 그 개수는

$n^2-(n-1)=n^2-n+1$이다.

step 3 모든 n의 값의 합 구하기

(i), (ii), (iii)에서 주어진 부등식을 만족시키는 정수 x의 개수가 111 이하려면 $n>5$이어야 한다. 이때의 정수 x의 개수는 n^2-n+1이므로

$n^2-n+1\le111$

$n^2-n-110\le0$

$(n+10)(n-11)\le0$

이때 $n>5$에서 $n+10>0$이므로

$n-11\le0$, $n\le11$

따라서 $5<n\le11$이므로 자연수 n의 값은 6, 7, 8, 9, 10, 11이고 그 합은 $6+7+8+9+10+11=51$ 답 ②

62

한 자리 자연수 n에 대하여 세 변의 길이가 n, $2n+3$, $3n$인 삼각형의 개수는 a이다. 이 a개의 삼각형 중에서 이등변삼각형의 개수는 b, 둔각삼각형의 개수는 c일 때, $a+b+c$의 값을 구하시오. 16

step 1 n의 값에 따라 가장 긴 변의 길이 구하기

모든 자연수 n에 대하여 $n<2n+3$, $n<3n$이므로 세 변의 길이 n, $2n+3$, $3n$ 중 가장 긴 변의 길이는 $2n+3$ 또는 $3n$이다.

$(2n+3)-3n\ge0$에서 $n\le3$이므로

$n=1$, 2일 때 $2n+3>3n$

$n=3$일 때 $2n+3=3n$

$n=4, 5, 6, \cdots, 9$일 때 $2n+3<3n$

step 2 $n=1, 2, 3$일 때 알아보기

$n=1$일 때 세 변의 길이는 1, 5, 3이고 $5>1+3$이므로 세 변의 길이가 1, 5, 3인 삼각형은 존재하지 않는다.

삼각형의 결정 조건: 세 변 중 두 변의 길이의 합은 나머지 한 변의 길이보다 크다.

$n=2$일 때 세 변의 길이는 2, 7, 6이고 $7<2+6$, $7^2>2^2+6^2$이므로 세 변의 길이가 2, 7, 6인 삼각형은 둔각삼각형이다.

$n=3$일 때 세 변의 길이는 3, 9, 9이고 $9<9+3$, $9^2<9^2+3^2$이므로 세 변의 길이가 3, 9, 9인 삼각형은 예각삼각형이자 이등변삼각형이다.

step 3 $n=4, 5, 6, \cdots, 9$일 때 알아보기

$n=4, 5, 6, \cdots, 9$일 때 가장 긴 변의 길이가 $3n$이고

$3n<n+(2n+3)=3n+3$

이므로 세 변의 길이가 n, $2n+3$, $3n$인 삼각형이 존재한다.

한편 $f(n)=(3n)^2-\{n^2+(2n+3)^2\}$이라 하면

$f(n)=4n^2-12n-9=4\left(n-\frac{3}{2}\right)^2-18$

이므로 함수 $y=f(n)$의 그래프는 직선 $n=\frac{3}{2}$에 대하여 대칭이고

$\frac{3}{2}\le n_1<n_2$인 모든 자연수 n_1, n_2에 대하여 $f(n_1)<f(n_2)$이다.

이때 $f(4)=7>0$이므로 $n=4, 5, 6, \cdots, 9$일 때 $f(n)>0$이다.

따라서 $n=4, 5, 6, \cdots, 9$일 때 세 변의 길이가 n, $2n+3$, $3n$인 삼각형은 둔각삼각형이다.

step 4 $a+b+c$의 값 구하기

따라서 한 자리 자연수 n에 대하여 세 변의 길이가 n, $2n+3$, $3n$인 삼각형의 개수는 8, 이등변삼각형의 개수는 1, 둔각삼각형의 개수는 7이므로 $a=8$, $b=1$, $c=7$

$a+b+c=16$ 답 16

63

연립부등식 $\begin{cases}|x-1|\le|x-2|\\|x-2|<-x+3\end{cases}$

부등식 $|x-1|\le|x-2|<-x+3$을 만족시키는 실수 x의 최댓값을 구하시오. $\frac{3}{2}$

step 1 부등식 $|x-1|\le|x-2|$의 해 구하기

부등식 $|x-1|\le|x-2|<-x+3$의 해는 두 부등식

$|x-1|\le|x-2|$ …… ㉠

$|x-2|<-x+3$ …… ㉡

의 해의 공통부분이다.

부등식 ㉠에서 x의 값의 범위에 따라 부등식의 해를 구하면 다음과 같다.

(i) $x<1$일 때

$|x-1|=-(x-1)$, $|x-2|=-(x-2)$이므로 부등식 ㉠은

$-(x-1)\le-(x-2)$, $1\le2$

따라서 $x<1$이다.

(ii) $1\le x<2$일 때

$|x-1|=x-1$, $|x-2|=-(x-2)$이므로 부등식 ㉠은

$x-1\le-(x-2)$

$x\le\frac{3}{2}$

이때 $1\le x<2$이므로 부등식 ㉠의 해는 $1\le x\le\frac{3}{2}$이다.

(iii) $x\ge2$일 때

$|x-1|=x-1$, $|x-2|=x-2$이므로 주어진 부등식은

$x-1\le x-2$

$-1\le-2$이므로 부등식 ㉠의 해는 존재하지 않는다.

(i), (ii), (iii)에서 부등식 ㉠의 해는 $x\le\frac{3}{2}$이다.

step 2 $|x-2|<-x+3$의 해 구하기

부등식 ㉡에서 x의 값에 따라 부등식의 해를 구하면 다음과 같다.

(iv) $x<2$일 때

$|x-2|=-(x-2)$이므로 부등식 ㉡은

$-(x-2)<-x+3$, $2<3$

따라서 $x<2$이다.

(v) $x\ge2$일 때

$|x-2|=x-2$이므로 부등식 ㉡은

$x-2<-x+3$

$x<\frac{5}{2}$

이때 $x\ge2$이므로 부등식 ㉡의 해는 $2\le x<\frac{5}{2}$이다.

(iv), (v)에서 부등식 ㉡의 해는 $x<\frac{5}{2}$이다.

step 3 x의 최댓값 구하기

따라서 주어진 부등식 $|x-1|\le|x-2|<-x+3$의 해는 $x\le\frac{3}{2}$이므로 실수 x의 최댓값은 $\frac{3}{2}$이다. 답 $\frac{3}{2}$

64

→ $f(-3)=f(5)=0$이고 $f(x)$의 이차항의 계수는 양수이다.

이차함수 $y=f(x)$의 그래프가 그림과 같이 두 점 $(-3, 0)$, $(5, 0)$을 지난다. 상수 k에 대하여 부등식 $f\left(\frac{k-x}{2}\right)\le 0$의 해가 $k^2-4k-6\le x\le k^2+6$일 때, 부등식 $f(kx-3)>0$의 해는 $x<\alpha$ 또는 $x>\beta$이다. $\alpha+\beta$의 값은?

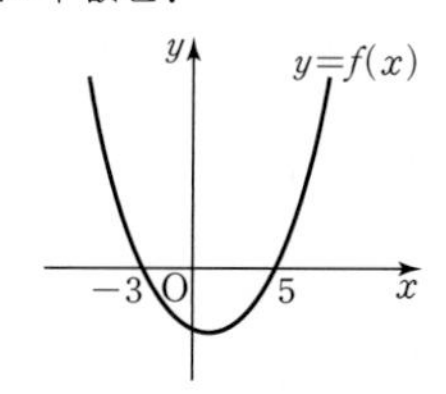

① 6　② 7　✓③ 8　④ 9　⑤ 10

step 1 부등식 $f(x)\le 0$, $f(x)>0$의 해 구하기

주어진 그림으로부터 부등식 $f(x)\le 0$의 해는 $-3\le x\le 5$이고, 부등식 $f(x)>0$의 해는 $x<-3$ 또는 $x>5$이다.

step 2 부등식 $f\left(\frac{k-x}{2}\right)\le 0$의 해를 구한 후 k의 값 구하기

부등식 $f\left(\frac{k-x}{2}\right)\le 0$의 해는

$-3\le \frac{k-x}{2}\le 5$, $-6\le k-x\le 10$

$-6-k\le -x\le 10-k$

$k-10\le x\le k+6$ …… ㉠

이때 부등식의 해 ㉠이 $k^2-4k-6\le x\le k^2+6$과 일치하므로

$$\begin{cases} k-10=k^2-4k-6 & \cdots\cdots ㉡ \\ k+6=k^2+6 & \cdots\cdots ㉢ \end{cases}$$

이어야 한다.

㉡에서 $k^2-5k+4=0$, $(k-1)(k-4)=0$

$k=1$ 또는 $k=4$

㉢에서 $k^2-k=0$, $k(k-1)=0$

$k=0$ 또는 $k=1$

그러므로 $k=1$

step 3 $\alpha+\beta$의 값 구하기

따라서 부등식 $f(kx-3)>0$, 즉 $f(x-3)>0$의 해는

$x-3<-3$ 또는 $x-3>5$

$x<0$ 또는 $x>8$이므로 $\alpha=0$, $\beta=8$이다.

즉, $\alpha+\beta=8$ 　답 ③

65

두 이차함수 $f(x)=2x^2-4x+1$, $g(x)=-2x^2+12x-15$와 일차함수 $h(x)$에 대하여 두 방정식 $f(x)=h(x)$, $g(x)=h(x)$의 근이 일치할 때, 직선 $y=h(x)$와 x축 및 y축으로 둘러싸인 부분의 넓이는?

① $\frac{47}{8}$　② 6　✓③ $\frac{49}{8}$　④ $\frac{25}{4}$　⑤ $\frac{51}{8}$

step 1 두 함수 $y=f(x)$, $y=g(x)$의 그래프의 교점 구하기

$f(x)=2x^2-4x+1=2(x-1)^2-1$

$g(x)=-2x^2+12x-15=-2(x-3)^2+3$

방정식 $f(x)=g(x)$에서

$2x^2-4x+1=-2x^2+12x-15$

$x^2-4x+4=0$

$(x-2)^2=0$

$x=2$

두 곡선 $y=f(x)$, $y=g(x)$가 점 $(2, 1)$에서 접하므로 두 방정식 $f(x)=h(x)$, $g(x)=h(x)$의 근이 일치하려면 그 근이 $x=2$만 존재하여야 한다.

따라서 두 함수 $y=f(x)$, $y=g(x)$의 그래프는 그림과 같이 한 점 $(2, f(2))$, 즉 $(2, 1)$에서 접한다.

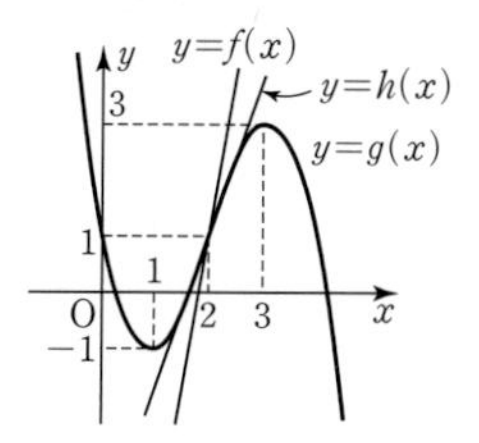

step 2 주어진 조건을 만족시키는 함수 $h(x)$ 구하기

두 방정식 $f(x)=h(x)$, $g(x)=h(x)$의 근이 일치하므로 두 방정식 $f(x)=h(x)$, $g(x)=h(x)$는 모두 중근을 가져야 한다. 즉 직선 $y=h(x)$가 두 함수 $y=f(x)$, $y=g(x)$의 그래프와 점 $(2, 1)$에서 동시에 접해야 한다.

일차함수 $h(x)$를 $h(x)=mx+n$이라 하면 $h(2)=1$이므로

$2m+n=1$, $n=1-2m$

방정식 $f(x)=h(x)$에서

$2x^2-4x+1=mx+1-2m$

$2x^2-(m+4)x+2m=0$

이 이차방정식의 판별식을 D라 하면 $D=0$이어야 하므로

$D=(m+4)^2-4\times 2\times 2m=m^2-8m+16=(m-4)^2=0$

$m=4$이고 $n=1-2\times 4=-7$

step 3 직선 $y=h(x)$와 x축 및 y축으로 둘러싸인 부분의 넓이 구하기

따라서 $h(x)=4x-7$이고 직선 $y=h(x)$의 x절편은 $\frac{7}{4}$, y절편은 -7이므로 직선 $y=h(x)$와 x축 및 y축으로 둘러싸인 부분의 넓이는

$\frac{1}{2}\times\frac{7}{4}\times|-7|=\frac{49}{8}$ 　답 ③

66

두 이차함수 $f(x)=2x^2+ax+b$, $g(x)=3x^2-3bx-5a+3$에 대하여 연립부등식 $\begin{cases} f(x)\le 0 \\ g(x)<0 \end{cases}$의 해가 $3<x\le 5$이다. 부등식 $g(x)-f(x)<-3$을 만족시키는 모든 정수 x의 개수를 구하시오. 9

(단, a, b는 상수이다.)

→ $g(x)-f(x)<-3$에서 $x^2-(a+3b)x-5a-b+3<-3$은 이차부등식이다.

step 1 $f(5)=0$, $g(3)=0$임을 확인하기

연립부등식 $\begin{cases} f(x)\le 0 & \cdots\cdots ㉠ \\ g(x)<0 & \cdots\cdots ㉡ \end{cases}$

의 해가 $3<x\le 5$이려면 부등식 ㉠의 해가 $\alpha\le x\le 5$의 꼴이고,
부등식 ㉡의 해가 $3<x<\beta$의 꼴이어야 한다. $(\alpha\le 3,\ \beta>5)$
부등식 ㉠의 해가 $\alpha\le x\le 5$의 꼴이면 이차방정식 $f(x)=0$의 해가 $x=\alpha$ 또는 $x=5$이므로 $f(5)=0$이다.
또한 부등식 ㉡의 해가 $3<x<\beta$의 꼴이면 이차방정식 $g(x)=0$의 해가 $x=3$ 또는 $x=\beta$이므로 $g(3)=0$이다.

step 2 $f(x)$, $g(x)$의 식 구하기

$f(5)=0$에서 $50+5a+b=0$

$5a+b=-50$ …… ㉢

$g(3)=0$에서 $27-9b-5a+3=0$

$5a+9b=30$ …… ㉣

㉢, ㉣을 연립하여 풀면

$a=-12$, $b=10$

이므로 두 함수 $f(x)$, $g(x)$는

$f(x)=2x^2-12x+10$

$g(x)=3x^2-30x+63$

step 3 정수 x의 개수 구하기

부등식 $g(x)-f(x)<-3$에서

$x^2-18x+56<0$, $(x-4)(x-14)<0$

$4<x<14$

따라서 정수 x의 값은 5, 6, 7, …, 13으로 그 개수는 9이다. 답 9

1등급을 넘어서는 **상위 1%**

본문 77쪽

67

→ $f(x)=x^3+3kpx^2-4k^3$이라 하면 $f(x)=(x-\alpha)^2(x-\beta)$이다.

x에 대한 삼차방정식 $x^3+3kpx^2-4k^3=0$은 중근 α와 나머지 다른 한 근 $\beta(\alpha>\beta)$를 갖는다. $\alpha^2+\beta^2=20$일 때, 연립부등식

$$\begin{cases} kp(x-\alpha)(x-\beta)\ge 0 \\ x^2-2(n+2)x+n^2+4n+3\ge 0 \end{cases}$$

을 만족시키는 정수해의 개수가 6이 되도록 하는 모든 자연수 n의 값의 합을 구하시오. (단, k, p는 실수이다.) 3

문항 파헤치기

삼차방정식 $x^3+3kpx^2-4k^3=0$의 중근이 α, 나머지 다른 한 근이 β이므로 삼차식 $x^3+3kpx^2-4k^3$을 인수분해하면 $(x-\alpha)^2(x-\beta)$임을 알고 $\alpha^2+\beta^2=20$을 이용하여 α, β, k, p의 값을 구한 후, 주어진 연립부등식을 만족시키는 정수해의 개수가 6이 되도록 하는 자연수 n의 값 구하기

실수 point 찾기

모든 계수가 실수인 삼차방정식의 한 근이 허수 z이면 z의 켤레복소수 $\bar{z}$도 이 삼차방정식의 한 근이므로 주어진 삼차방정식의 근 α, β는 모두 실수이다.
또한 연립부등식을 만족시키는 정수해의 개수는 두 부등식의 해를 수직선에 나타내어 확인한다.

문제풀이

step 1 α, β, k, p의 값 구하기

삼차방정식 $x^3+3kpx^2-4k^3=0$이 중근 α와 나머지 다른 한 근 β를 가지므로 $f(x)=x^3+3kpx^2-4k^3$이라 하면

$f(x)=(x-\alpha)^2(x-\beta)=(x^2-2\alpha x+\alpha^2)(x-\beta)$

$=x^3-(2\alpha+\beta)x^2+(\alpha^2+2\alpha\beta)x-\alpha^2\beta=x^3+3kpx^2-4k^3$

에서

$-(2\alpha+\beta)=3kp$ …… ㉠

$\alpha^2+2\alpha\beta=0$ …… ㉡

$\alpha^2\beta=4k^3$ …… ㉢

㉡에서 $\alpha(\alpha+2\beta)=0$

$\alpha=0$이면 ㉢에서 $k=0$이고, $f(x)=x^3$이므로 주어진 삼차방정식의 근은 $x=0$뿐이다.

즉, $\alpha\ne 0$이므로 $\alpha+2\beta=0$, $\alpha=-2\beta$이다.

이때 $\alpha^2+\beta^2=20$이므로

$(-2\beta)^2+\beta^2=20$, $5\beta^2=20$

$\beta^2=4$

따라서 $\beta=-2$ 또는 $\beta=2$이므로

$\beta=-2$이면 $\alpha=4$이고

$\beta=2$이면 $\alpha=-4$이다.

이때 $\alpha>\beta$이므로 $\alpha=4$, $\beta=-2$

㉢에서 $4^2\times(-2)=4k^3$, $k^3=-8$, $k=-2$

㉠에서 $-(8-2)=3\times(-2)\times p$, $p=1$

step 2 주어진 연립부등식의 정수해의 개수가 6이 되도록 하는 모든 자연수 n의 값의 합 구하기

따라서 주어진 연립부등식은

$$\begin{cases} -2(x-4)(x+2)\ge 0 \\ x^2-2(n+2)x+n^2+4n+3\ge 0 \end{cases}$$

즉, $\begin{cases} (x-4)(x+2)\le 0 & \cdots\cdots ㉣ \\ \{x-(n+1)\}\{x-(n+3)\}\ge 0 & \cdots\cdots ㉤ \end{cases}$

부등식 ㉣의 해는 $-2\le x\le 4$

또한 $n+1<n+3$이므로 부등식 ㉤의 해는

$x\le n+1$ 또는 $x\ge n+3$

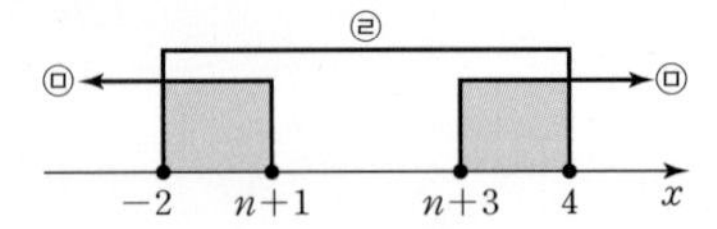

㉣을 만족시키는 정수는 -2, -1, 0, 1, 2, 3, 4로 7개이다. 이때 자연수 n에 대하여 주어진 연립부등식을 만족시키는 정수해의 개수가 6이려면 $n+1=2$ 또는 $n+1=3$

즉, $n=1$ 또는 $n=2$

따라서 모든 자연수 n의 값의 합은

$1+2=3$ 답 3

평면좌표와 직선의 방정식

기출에서 찾은 내신 필수 문제 본문 80~83쪽

01 ④	02 ②	03 ⑤	04 ③	05 ④
06 ①	07 ⑤	08 ③	09 ①	10 ②
11 ③	12 ④	13 ③	14 ⑤	15 ③
16 ③	17 ③	18 ④	19 ②	20 ①
21 ②	22 풀이참조	23 제1, 2, 4사분면	24 2	

01 수직선 위의 세 점 $A(-4)$, $B(5)$, $C(a)$에서

$\overline{AC}=|a-(-4)|=|a+4|$

$\overline{BC}=|a-5|$

이므로 $\overline{AC}=2\overline{BC}$에서

$|a+4|=2|a-5|$

$a+4=2(a-5)$ 또는 $a+4=-2(a-5)$

$a+4=2(a-5)$에서 $a=14$

$a+4=-2(a-5)$에서 $a=2$

따라서 구하는 모든 a의 값의 합은

$14+2=16$ 답 ④

02 세 점 $A(-3, 2)$, $B(2, 2)$, $C(a, 5)$에 대하여 $\overline{AB}=\overline{BC}$이므로 $\overline{AB}^2=\overline{BC}^2$이다.

$\overline{AB}^2=\{2-(-3)\}^2+(2-2)^2=25$

$\overline{BC}^2=(a-2)^2+(5-2)^2=a^2-4a+13$

이므로

$a^2-4a+13=25$, $(a+2)(a-6)=0$

$a=-2$ 또는 $a=6$

$a=-2$일 때 $C(-2, 5)$이므로 $\overline{OC}=\sqrt{(-2)^2+5^2}=\sqrt{29}$

$a=6$일 때 $C(6, 5)$이므로 $\overline{OC}=\sqrt{6^2+5^2}=\sqrt{61}$

따라서 선분 OC의 길이의 최댓값은 $\sqrt{61}$이다. 답 ②

03 점 $P(a, b)$가 직선 $y=x+1$ 위의 점이므로 $b=a+1$

세 점 $A(2, 4)$, $B(3, 5)$, $P(a, a+1)$에서

$\overline{AB}^2=(3-2)^2+(5-4)^2=2$

$\overline{PA}^2=(a-2)^2+\{(a+1)-4\}^2=2a^2-10a+13$

$\overline{PB}^2=(a-3)^2+\{(a+1)-5\}^2=2a^2-14a+25$

이때 삼각형 ABP가 이등변삼각형이려면 $\overline{AB}=\overline{PA}$ 또는 $\overline{AB}=\overline{PB}$ 또는 $\overline{PA}=\overline{PB}$이어야 한다.

(i) $\overline{AB}=\overline{PA}$일 때

$\overline{AB}^2=\overline{PA}^2$이므로

$2=2a^2-10a+13$

$2a^2-10a+11=0$ …… ㉠

이차방정식 ㉠의 판별식을 D_1이라 하면

$\frac{D_1}{4}=(-5)^2-2\times11=3>0$이므로

이차방정식 ㉠은 서로 다른 두 실근을 갖는다.

두 실근을 α_1, α_2라 하면 근과 계수의 관계에 의하여

$\alpha_1+\alpha_2=-\frac{-10}{2}=5$

(ii) $\overline{AB}=\overline{PB}$일 때

$\overline{AB}^2=\overline{PB}^2$이므로

$2=2a^2-14a+25$

$2a^2-14a+23=0$ …… ㉡

이차방정식 ㉡의 판별식을 D_2라 하면

$\frac{D_2}{4}=(-7)^2-2\times23=3>0$이므로

이차방정식 ㉡은 서로 다른 두 실근을 갖는다.

두 실근을 α_3, α_4라 하면 근과 계수의 관계에 의하여

$\alpha_3+\alpha_4=-\frac{-14}{2}=7$

(iii) $\overline{PA}=\overline{PB}$일 때

$\overline{PA}^2=\overline{PB}^2$이므로

$2a^2-10a+13=2a^2-14a+25$

$a=3$

(i), (ii), (iii)에서 a의 값은 α_1, α_2, α_3, α_4, 3이고 이 다섯 개의 값은 모두 서로 다르므로 모든 a의 값의 합은

$(\alpha_1+\alpha_2)+(\alpha_3+\alpha_4)+3=5+7+3=15$ 답 ⑤

04

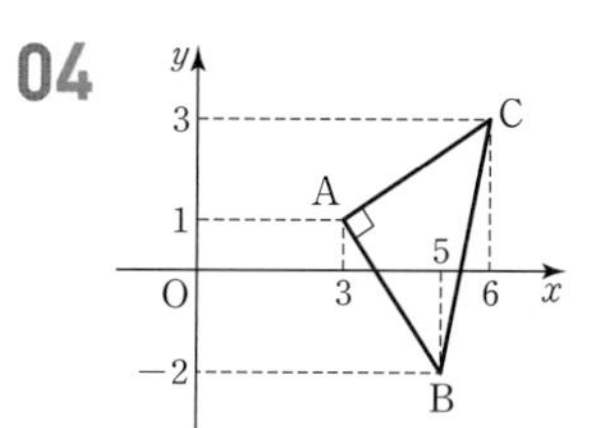

삼각형 ABC의 세 변 AB, BC, CA의 길이를 구하면

$\overline{AB}=\sqrt{(5-3)^2+(-2-1)^2}=\sqrt{13}$

$\overline{BC}=\sqrt{(6-5)^2+\{3-(-2)\}^2}=\sqrt{26}$

$\overline{CA}=\sqrt{(6-3)^2+(3-1)^2}=\sqrt{13}$

이때 $\overline{AB}^2+\overline{CA}^2=\overline{BC}^2$이고, $\overline{AB}=\overline{AC}$이므로

삼각형 ABC는 $\overline{AB}=\overline{AC}$인 직각이등변삼각형이다. 답 ③

05 점 P가 x축 위의 점이므로 점 P의 좌표를 $P(a, 0)$이라 하면

$\overline{AP}^2+\overline{BP}^2=\{(a-1)^2+(0-4)^2\}+\{(a-6)^2+(0-6)^2\}$

$=2a^2-14a+89$

$=2\left(a-\frac{7}{2}\right)^2+\frac{129}{2}$

따라서 $\overline{AP}^2+\overline{BP}^2$의 값은 $a=\frac{7}{2}$일 때 최소가 된다.

이때 점 $P\left(\frac{7}{2}, 0\right)$이 직선 $y=-2x+k$ 위의 점이므로

$0=-2\times\frac{7}{2}+k$

즉, $k=7$ 답 ④

06 두 점 A, B의 좌표를 각각 $A(a)$, $B(b)$라 하면

선분 AB를 $2:1$로 내분하는 점이 $P(4)$이므로

$\frac{2b+a}{2+1}=4$, $a+2b=12$ …… ㉠

선분 AB를 $2:1$로 외분하는 점이 $Q(16)$이므로

$\dfrac{2b-a}{2-1}=16$, $a-2b=-16$ …… ㉡

㉠, ㉡을 연립하여 풀면 $a=-2$, $b=7$이므로

A(-2), B(7)이고 선분 AB의 길이는

$\overline{AB}=|7-(-2)|=9$ 답 ①

07 네 점 A$(3, -1)$, B(a, b), C(c, d), G$(1, 1)$에 대하여 삼각형 ABG의 무게중심이 점 $(2, 1)$이므로

$\dfrac{3+a+1}{3}=2$, $\dfrac{-1+b+1}{3}=1$

$a=2$, $b=3$

또한 삼각형 ABC의 무게중심이 점 G이므로

$\dfrac{3+a+c}{3}=\dfrac{3+2+c}{3}=1$, $\dfrac{-1+b+d}{3}=\dfrac{-1+3+d}{3}=1$

$c=-2$, $d=1$

따라서 B$(2, 3)$, C$(-2, 1)$이므로

$\overline{BC}=\sqrt{(-2-2)^2+(1-3)^2}=2\sqrt{5}$ 답 ⑤

08 선분 AB를 $t:(1-t)$로 내분하는 점 P의 좌표는

$P\left(\dfrac{3t+(-4)\times(1-t)}{t+(1-t)}, \dfrac{4t+(-1)\times(1-t)}{t+(1-t)}\right)$

즉, P$(7t-4, 5t-1)$이므로 점 P가 제2사분면에 존재하도록 하는 실수 t의 값의 범위는

$7t-4<0$이고 $5t-1>0$, $t<\dfrac{4}{7}$이고 $t>\dfrac{1}{5}$

$\dfrac{1}{5}<t<\dfrac{4}{7}$

즉, $\alpha=\dfrac{1}{5}$, $\beta=\dfrac{4}{7}$

따라서 $\alpha+\beta=\dfrac{1}{5}+\dfrac{4}{7}=\dfrac{27}{35}$ 답 ③

09 삼각형 ABC에서 ∠BAC를 이등분하는 직선이 변 BC와 만나는 점이 D이므로 $\overline{AB}:\overline{AC}=\overline{BD}:\overline{CD}$이다.

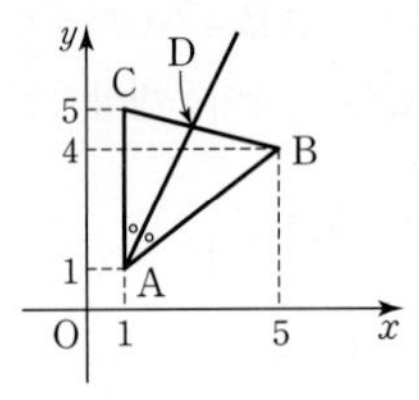

$\overline{AB}=\sqrt{(5-1)^2+(4-1)^2}=5$

$\overline{AC}=\sqrt{(1-1)^2+(5-1)^2}=4$

이므로 $\overline{BD}:\overline{CD}=5:4$이다.

즉, 점 D는 선분 BC를 $5:4$로 내분하는 점이므로

$D\left(\dfrac{5\times1+4\times5}{5+4}, \dfrac{5\times5+4\times4}{5+4}\right)$, 즉 $D\left(\dfrac{25}{9}, \dfrac{41}{9}\right)$

따라서 점 D의 x좌표와 y좌표의 합은

$\dfrac{25}{9}+\dfrac{41}{9}=\dfrac{22}{3}$ 답 ①

10 직사각형의 넓이를 이등분하는 직선은 직사각형의 두 대각선의 교점을 지나야 한다.

네 점 $(2, 0)$, $(4, 0)$, $(4, 6)$, $(2, 6)$을 꼭짓점으로 하는 직사각형의 두 대각선의 교점의 좌표는

$\left(\dfrac{2+4}{2}, \dfrac{0+6}{2}\right)$, 즉 $(3, 3)$

네 점 $(-1, 0)$, $(-7, 0)$, $(-7, -3)$, $(-1, -3)$을 꼭짓점으로 하는 직사각형의 두 대각선의 교점의 좌표는

$\left(\dfrac{-1+(-7)}{2}, \dfrac{0+(-3)}{2}\right)$, 즉 $\left(-4, -\dfrac{3}{2}\right)$

따라서 구하는 직선은 두 점 $(3, 3)$, $\left(-4, -\dfrac{3}{2}\right)$을 지나므로

직선의 방정식은

$y-3=\dfrac{-\frac{3}{2}-3}{-4-3}\times(x-3)$, $y=\dfrac{9}{14}x+\dfrac{15}{14}$

이고 x절편은 $-\dfrac{15}{9}=-\dfrac{5}{3}$, y절편은 $\dfrac{15}{14}$이다.

따라서 x절편과 y절편의 곱은

$-\dfrac{5}{3}\times\dfrac{15}{14}=-\dfrac{25}{14}$ 답 ②

11 두 점 A$(-4, 1)$, B$(-2, 3)$에 대하여 선분 AB를 $4:1$로 외분하는 점이 C이므로

$C\left(\dfrac{4\times(-2)-1\times(-4)}{4-1}, \dfrac{4\times3-1\times1}{4-1}\right)$, 즉 $C\left(-\dfrac{4}{3}, \dfrac{11}{3}\right)$

이때 점 C를 지나고 기울기가 1인 직선 l의 방정식은

$y=1\times\left(x+\dfrac{4}{3}\right)+\dfrac{11}{3}$, $y=x+5$

직선 l이 x축, y축과 만나는 점을 각각 D, E, 원점을 O라 하면

D$(-5, 0)$, E$(0, 5)$

$\overline{OD}=\overline{OE}=5$

$\overline{DE}=\sqrt{\{0-(-5)\}^2+(5-0)^2}=5\sqrt{2}$

따라서 직선 l과 x축 및 y축으로 둘러싸인 도형의 둘레의 길이는

$\overline{OD}+\overline{OE}+\overline{DE}=5+5+5\sqrt{2}=5(2+\sqrt{2})$ 답 ③

12 두 점 O$(0, 0)$, B$(3, 1)$을 지나는 직선의 기울기가 $\dfrac{1-0}{3-0}=\dfrac{1}{3}$이므로 두 점 O, B를 지나는 직선의 방정식은 $y=\dfrac{1}{3}x$이다.

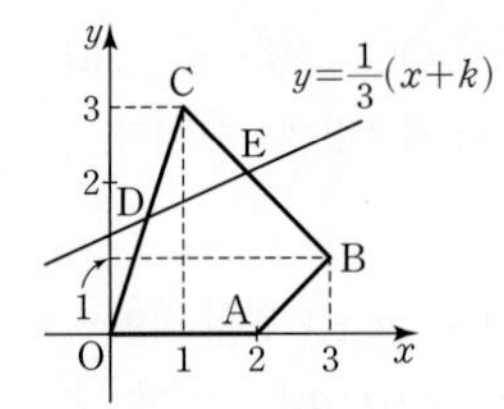

사각형 OABC와 직선 $y=\dfrac{1}{3}(x+k)$가 만나는 두 점 D, E의 x좌표의 합 $f(k)$는 k의 값에 따라 다음과 같다.

(i) $-2<k<0$일 때

직선 $y=\dfrac{1}{3}(x+k)$와 선분 OA가 만나는 점은 $(-k, 0)$이므로 x좌표는 $-k$이다.

두 점 A$(2, 0)$, B$(3, 1)$을 지나는 직선의 방정식은

$y=\dfrac{1-0}{3-2}(x-2)$, $y=x-2$

이므로 직선 $y=\dfrac{1}{3}(x+k)$와 선분 AB가 만나는 점의 x좌표는

$\dfrac{1}{3}(x+k)=x-2$, $x=\dfrac{k}{2}+3$

따라서 두 점 D, E의 x좌표는 각각 $-k$, $\frac{k}{2}+3$이므로

$f(k)=-k+\left(\frac{k}{2}+3\right)=-\frac{k}{2}+3$

(ii) $0\le k<8$일 때

두 점 O$(0, 0)$, C$(1, 3)$을 지나는 직선의 방정식은

$y=\frac{3-0}{1-0}\times x$, $y=3x$

이므로 직선 $y=\frac{1}{3}(x+k)$와 선분 OC가 만나는 점의 x좌표는

$\frac{1}{3}(x+k)=3x$, $x=\frac{k}{8}$

두 점 B$(3, 1)$, C$(1, 3)$을 지나는 직선의 방정식은

$y=\frac{3-1}{1-3}(x-3)+1$, $y=-x+4$

이므로 직선 $y=\frac{1}{3}(x+k)$와 선분 BC가 만나는 점의 x좌표는

$\frac{1}{3}(x+k)=-x+4$, $x=-\frac{k}{4}+3$

따라서 두 점 D, E의 x좌표는 각각 $\frac{k}{8}$, $-\frac{k}{4}+3$이므로

$f(k)=\frac{k}{8}+\left(-\frac{k}{4}+3\right)=-\frac{k}{8}+3$

(i), (ii)에서 함수 $f(k)=\begin{cases}-\frac{k}{2}+3 & (-2<k<0)\\ -\frac{k}{8}+3 & (0\le k<8)\end{cases}$ 이므로

함수 $y=f(k)$의 그래프는 그림과 같다.

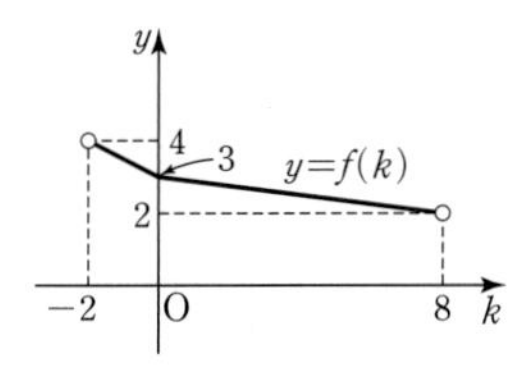

한편, 방정식 $\{2f(k)-5\}\{2f(k)-7\}=0$에서 $f(k)=\frac{5}{2}$ 또는 $f(k)=\frac{7}{2}$

$f(k)=\frac{5}{2}$에서 $-\frac{k}{8}+3=\frac{5}{2}$, $k=4$

$f(k)=\frac{7}{2}$에서 $-\frac{k}{2}+3=\frac{7}{2}$, $k=-1$

따라서 구하는 모든 실수 k의 값의 합은

$4+(-1)=3$ 답 ④

13 점 A는 직선 $\frac{x}{n}+\frac{y}{n+1}=1$이 x축과 만나는 점이므로 A$(n, 0)$이고, 점 B는 직선 $\frac{x}{n+2}+\frac{y}{n+3}=1$이 y축과 만나는 점이므로 B$(0, n+3)$이다.

이때 $\overline{AB}=3\sqrt{5}$에서 $\overline{AB}^2=45$이므로

$\overline{AB}^2=(0-n)^2+\{(n+3)-0\}^2=2n^2+6n+9=45$

$n^2+3n-18=0$, $(n+6)(n-3)=0$

n은 자연수이므로 $n=3$ 답 ③

14 ㄱ. A$(a, 1)$, B$(3, a)$에서

$\overline{OA}=\sqrt{a^2+1}$

$\overline{OB}=\sqrt{3^2+a^2}=\sqrt{a^2+9}$

$\sqrt{a^2+1}<\sqrt{a^2+9}$

이므로 a의 값에 관계없이 $\overline{OA}<\overline{OB}$이다. (참)

ㄴ.

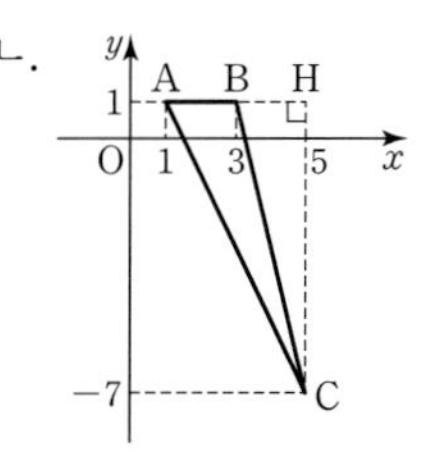

$a=1$이면 A$(1, 1)$, B$(3, 1)$이므로

$\overline{AB}=\sqrt{(3-1)^2+(1-1)^2}=2$

점 C$(5, -7)$에서 직선 AB에 내린 수선의 발을 H라 하면 H$(5, 1)$이므로

$\overline{CH}=\sqrt{(5-5)^2+\{1-(-7)\}^2}=8$

따라서 삼각형 ABC의 넓이는

$\frac{1}{2}\times\overline{AB}\times\overline{CH}=\frac{1}{2}\times2\times8=8$ (참)

ㄷ. $a=3$, 즉 A$(3, 1)$, B$(3, 3)$, C$(5, -7)$이면 두 점 A, B를 지나는 직선은 $x=3$이고 점 C$(5, -7)$은 직선 $x=3$ 위의 점이 아니다.

$a=5$, 즉 A$(5, 1)$, B$(3, 5)$, C$(5, -7)$이면 두 점 A, C를 지나는 직선은 $x=5$이고 점 B$(3, 5)$는 직선 $x=5$ 위의 점이 아니다.

따라서 세 점 A$(a, 1)$, B$(3, a)$, C$(5, -7)$이 한 직선 위에 있으려면 $a\ne3$, $a\ne5$이다.

세 점 A, B, C가 한 직선 위에 있으려면 두 직선 AB, AC의 기울기가 같아야 하므로

$\frac{a-1}{3-a}=\frac{-7-1}{5-a}$

$(a-1)(5-a)=-8(3-a)$

$a^2+2a-19=0$ …… ㉠

이차방정식 ㉠의 판별식을 D라 하면 $\frac{D}{4}=1^2-1\times(-19)=20>0$

이므로 이차방정식 ㉠은 서로 다른 두 실근을 갖는다. 따라서 근과 계수의 관계에 의하여 모든 a의 값의 합은 -2이다. (참)

이상에서 옳은 것은 ㄱ, ㄴ, ㄷ이다. 답 ⑤

15 선분 AC의 길이가 $6\sqrt{2}$이므로

$\sqrt{(a-2)^2+(0-6)^2}=6\sqrt{2}$

$a^2-4a+40=72$, $a^2-4a-32=0$

$(a-8)(a+4)=0$

$a=8$ 또는 $a=-4$

이때 $a<0$이므로 $a=-4$이다.

마름모 ABCD에서 직선 BD는 직선 AC의 수직이등분선이다.

두 점 A$(2, 6)$, C$(-4, 0)$의 중점의 좌표는 $\left(\frac{2+(-4)}{2}, \frac{6+0}{2}\right)$, 즉 $(-1, 3)$이고 직선 AC의 기울기는 $\frac{0-6}{-4-2}=1$이므로

직선 AC와 수직인 직선 BD는 기울기가 -1이고 점 $(-1, 3)$을 지나는 직선이다.

따라서 직선 BD의 방정식은

$y-3=(-1)\times(x+1)$, $y=-x+2$

이므로 y절편은 2이다. 답 ③

16 $a=0$이면 $l: x=-1$, $m: y=-4$이고 두 직선 l, m은 점 $(-1, -4)$에서만 만난다.

$a=-2$이면 $l: y=\frac{2}{3}x$, $m: y=-2x+4$이고 두 직선 l, m의 기울기가 서로 다르므로 두 직선 l, m은 한 점에서만 만난다.
따라서 두 직선 l, m이 만나는 점의 개수가 무수히 많거나 존재하지 않으려면 $a\neq 0$, $a\neq -2$이어야 한다.
두 직선 l, m이 만나는 점의 개수가 무수히 많으려면 두 직선 l, m이 일치해야 하고, 두 직선 l, m이 만나는 점의 개수가 존재하지 않으려면 두 직선 l, m이 평행해야 한다.
이때 두 직선 l, m이 일치하려면 $\frac{a}{4}=\frac{a+1}{3a}=\frac{4}{2a+4}$이어야 하고, 두 직선 l, m이 평행하려면 $\frac{a}{4}=\frac{a+1}{3a}\neq\frac{4}{2a+4}$이어야 한다.
$\frac{a}{4}=\frac{a+1}{3a}$에서 $3a^2-4a-4=0$, $(3a+2)(a-2)=0$
$a=-\frac{2}{3}$ 또는 $a=2$
$\frac{a+1}{3a}=\frac{4}{2a+4}$에서
$a^2-3a+2=0$, $(a-1)(a-2)=0$
$a=1$ 또는 $a=2$
따라서 $a=2$이면 두 직선 l, m이 일치하고, $a=-\frac{2}{3}$이면 두 직선 l, m이 평행하므로
$a_1=2$, $a_2=-\frac{2}{3}$
$a_1-a_2=\frac{8}{3}$ 답 ③

17 두 직선 $x+y-1=0$, $x-2y+2=0$의 교점을 구하면
$x=-y+1$, $x=2y-2$에서
$-y+1=2y-2$
$y=1$이고 $x=0$이다.
즉, 교점의 좌표는 $(0, 1)$이다.
이때 직선 $4x-2y+3=0$, 즉 $y=2x+\frac{3}{2}$의 기울기가 2이므로 구하는 직선은 점 $(0, 1)$을 지나고 기울기가 2인 직선이다. 따라서
$y-1=2(x-0)$
즉, $2x-y+1=0$
따라서 $a=2$, $b=-1$이므로 $a-b=2-(-1)=3$ 답 ③

18 점 $A(1, 1)$에서 직선 $y=2x+1$에 내린 수선의 발을 H라 하면 직선 AH의 기울기는 $-\frac{1}{2}$이므로 직선 AH의 방정식은
$y-1=-\frac{1}{2}(x-1)$
즉, $y=-\frac{1}{2}x+\frac{3}{2}$
점 H는 두 직선 $y=2x+1$, $y=-\frac{1}{2}x+\frac{3}{2}$의 교점이므로
$2x+1=-\frac{1}{2}x+\frac{3}{2}$
즉, $x=\frac{1}{5}$이고 $y=\frac{7}{5}$이다.
따라서 $H\left(\frac{1}{5}, \frac{7}{5}\right)$이므로 $a+b=\frac{8}{5}$ 답 ④

19 두 점 $A(-1, 3)$, $B(5, -5)$를 지나는 직선의 방정식은
$y=\frac{-5-3}{5-(-1)}(x+1)+3$, $y=-\frac{4}{3}x+\frac{5}{3}$
$4x+3y-5=0$
점 $C(4, a)$와 직선 $4x+3y-5=0$ 사이의 거리는
$\frac{|4\times4+3\times a-5|}{\sqrt{4^2+3^2}}=\frac{|3a+11|}{5}$
이고
$\overline{AB}=\sqrt{\{5-(-1)\}^2+(-5-3)^2}=10$
이때 삼각형 ABC의 넓이가 20이므로
$\frac{1}{2}\times10\times\frac{|3a+11|}{5}=20$, $|3a+11|=20$
$3a+11=-20$ 또는 $3a+11=20$
$a=-\frac{31}{3}$ 또는 $a=3$
따라서 모든 a의 값의 곱은 $-\frac{31}{3}\times3=-31$ 답 ②

20 원 C의 중심 $(1, 1)$과 직선 l 사이의 거리는
$\frac{|1+3\times1+1|}{\sqrt{1^2+3^2}}=\frac{5}{\sqrt{10}}=\frac{\sqrt{10}}{2}$
원 C의 중심 $(1, 1)$과 직선 m 사이의 거리는
$\frac{|1+3\times1+16|}{\sqrt{1^2+3^2}}=\frac{20}{\sqrt{10}}=2\sqrt{10}$
이때 반지름의 길이가 r인 원 C가 직선 l과 만나고 직선 m과는 만나지 않으려면 $\frac{\sqrt{10}}{2}\leq r<2\sqrt{10}$이어야 한다.
이때 $1=\frac{2}{2}<\frac{\sqrt{10}}{2}<\frac{4}{2}=2$, $6<2\sqrt{10}<7$이므로
주어진 조건을 만족시키는 자연수 r의 값은 2, 3, 4, 5, 6이고 그 합은
$2+3+4+5+6=20$ 답 ①

21 점 $(1, -1)$과 직선 $x-y+1+k(x+y)=0$, 즉 $(k+1)x+(k-1)y+1=0$ 사이의 거리는
$\frac{|(k+1)-(k-1)+1|}{\sqrt{(k+1)^2+(k-1)^2}}=\frac{3}{\sqrt{2k^2+2}}$ …… ㉠
이때 ㉠이 최대이려면 $2k^2+2$의 값이 최소이어야 하며, $2k^2+2$는 $k=0$일 때 최솟값 2를 가지므로 구하는 거리의 최댓값은
$\frac{3}{\sqrt{2}}=\frac{3\sqrt{2}}{2}$ 답 ②

22

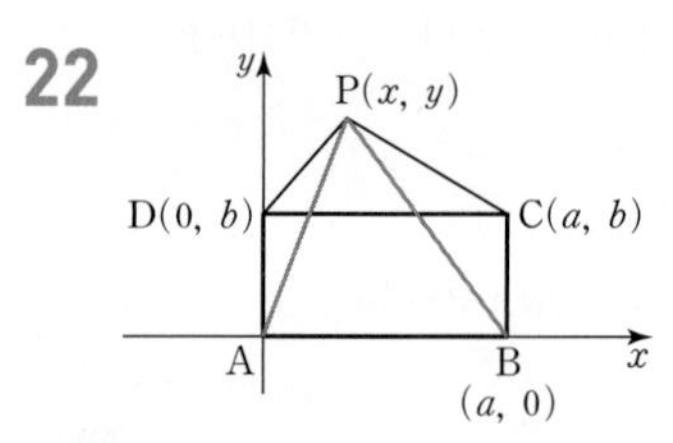

그림과 같이 점 A를 원점, 직선 AB를 x축, 직선 AD를 y축으로 하여 직사각형 ABCD를 좌표평면 위에 나타내고 네 꼭짓점의 좌표를 $A(0, 0)$, $B(a, 0)$, $C(a, b)$, $D(0, b)$라 하자.
…… (가)
점 P의 좌표를 $P(x, y)$라 하면
$\overline{PA}^2+\overline{PC}^2=(x^2+y^2)+\{(x-a)^2+(y-b)^2\}$

$=x^2+y^2+(x-a)^2+(y-b)^2$ …… ㉠

$\overline{PB}^2+\overline{PD}^2=\{(x-a)^2+y^2\}+\{x^2+(y-b)^2\}$

$=x^2+y^2+(x-a)^2+(y-b)^2$ …… ㉡

…… (나)

㉠, ㉡에서 $\overline{PA}^2+\overline{PC}^2=\overline{PB}^2+\overline{PD}^2$이다.

…… (다)

답 풀이 참조

단계	채점 기준	비율
(가)	네 꼭짓점 A, B, C, D를 좌표평면 위의 점으로 정한 경우	30 %
(나)	$\overline{PA}^2+\overline{PC}^2$, $\overline{PB}^2+\overline{PD}^2$을 각각 식으로 나타낸 경우	50 %
(다)	주어진 등식이 성립함을 보인 경우	20 %

23 주어진 그림에서 $a\neq0$, $b\neq0$, $c\neq0$이고, 직선 $ax+by+c=0$의 기울기는 양수, x절편은 음수, y절편은 양수임을 알 수 있다.

$y=-\frac{a}{b}x-\frac{c}{b}$에서

기울기가 양수이므로 $-\frac{a}{b}>0$, 즉 $ab<0$

x절편이 음수이므로 $-\frac{c}{a}<0$, 즉 $ac>0$

y절편이 양수이므로 $-\frac{c}{b}>0$, 즉 $bc<0$

…… (가)

직선 $cx+ay+b=0$, 즉 $y=-\frac{c}{a}x-\frac{b}{a}$의 기울기, x절편, y절편의 부호는 다음과 같다.

$ac>0$이므로 기울기 $-\frac{c}{a}$는 음수

$bc<0$이므로 x절편 $-\frac{b}{c}$는 양수

$ab<0$이므로 y절편 $-\frac{b}{a}$는 양수

…… (나)

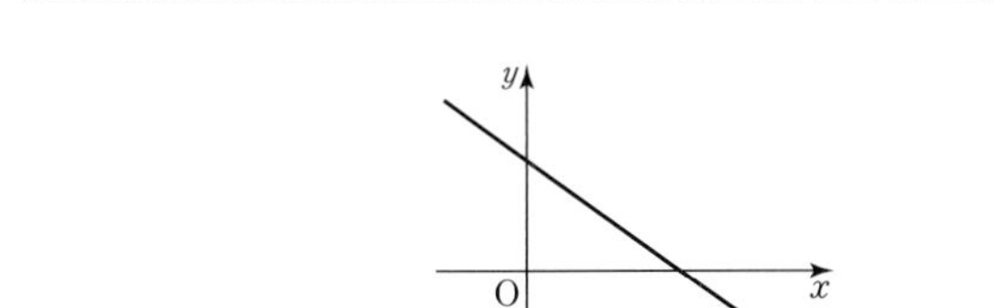

따라서 직선 $cx+ay+b=0$은 그림과 같이 제1, 2, 4사분면을 지난다.

…… (다)

답 제1, 2, 4사분면

단계	채점 기준	비율
(가)	ab, ac, bc의 부호를 구한 경우	40 %
(나)	직선 $cx+ay+b=0$의 기울기, x절편, y절편의 부호를 구한 경우	40 %
(다)	직선 $cx+ay+b=0$이 지나는 사분면을 구한 경우	20 %

24 점 A$(-1, 0)$, B$(3, -2)$에서

$\overline{AB}=\sqrt{\{3-(-1)\}^2+(-2-0)^2}=2\sqrt{5}$

이고 직선 AB의 방정식은

$y=\frac{-2-0}{3-(-1)}(x+1)$, $y=-\frac{1}{2}x-\frac{1}{2}$

$x+2y+1=0$ …… ㉠

점 C(a, b)와 직선 ㉠ 사이의 거리는

$\frac{|a+2b+1|}{\sqrt{1^2+2^2}}=\frac{|a+2b+1|}{\sqrt{5}}$

…… (가)

삼각형 ABC의 넓이가 5이므로

$\frac{1}{2}\times2\sqrt{5}\times\frac{|a+2b+1|}{\sqrt{5}}=5$, $|a+2b+1|=5$

$a+2b+1=-5$ 또는 $a+2b+1=5$

$a+2b=-6$ 또는 $a+2b=4$

…… (나)

따라서 $|a+2b|$의 값은 6 또는 4이므로

$M=6$, $m=4$

$M-m=2$

…… (다)

답 2

단계	채점 기준	비율
(가)	선분 AB의 길이와 점 C와 직선 AB 사이의 거리를 구한 경우	40 %
(나)	삼각형의 넓이를 이용하여 $a+2b$의 값을 구한 경우	40 %
(다)	$M-m$의 값을 구한 경우	20 %

내신 고득점 도전 문제

본문 84~87쪽

25 ⑤	**26** ④	**27** ①	**28** ④	**29** ⑤
30 ①	**31** ②	**32** ③	**33** ③	**34** ⑤
35 ⑤	**36** ②	**37** ③	**38** ④	**39** ③
40 ②	**41** ③	**42** ⑤	**43** 25	**44** 풀이참조

25 두 점 P$(3, -4)$, Q$(3, 14)$를 지나는 직선의 방정식은 $x=3$이고, 점 A가 선분 PQ 위의 점이므로 점 A의 좌표를 A$(3, a)$ $(-4\leq a\leq14)$라 하자. 또한 두 점 B, C가 모두 직선 $y=5$ 위의 서로 다른 두 점이므로 두 점 B, C의 좌표를 B$(b, 5)$, C$(c, 5)$ $(b\neq c)$라 하면 $\overline{AB}=\overline{AC}=10$에서 $\overline{AB}^2=\overline{AC}^2=100$이므로

$\overline{AB}^2=(b-3)^2+(5-a)^2=100$ …… ㉠

$\overline{AC}^2=(c-3)^2+(5-a)^2=100$ …… ㉡

㉠−㉡을 하면 $(b-3)^2=(c-3)^2$이므로

$b-3=c-3$ 또는 $b-3=-(c-3)$

$b=c$ 또는 $b+c=6$

이때 $b \neq c$이므로 $b+c=6$

따라서 두 점 B, C의 x좌표의 합은 6이다 답 ⑤

26

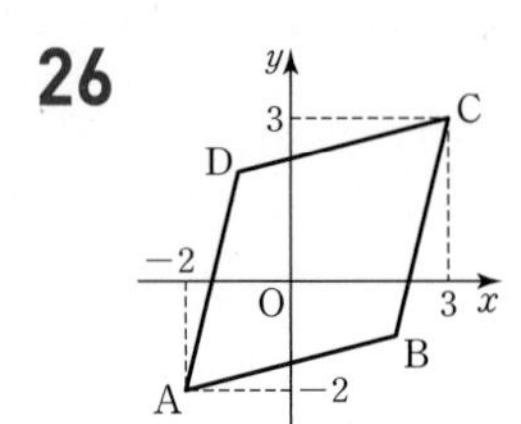

네 점 A, B, C, D를 꼭짓점으로 하는 사각형이 $\overline{AB}<\overline{BD}<\overline{AC}$인 마름모이므로 이 사각형은 $\overline{AB}=\overline{BC}=\overline{CD}=\overline{DA}$,

즉 $\overline{AB}^2=\overline{BC}^2=\overline{CD}^2=\overline{DA}^2$인 마름모이다.

$\overline{CD}^2=(a-3)^2+(2-3)^2=a^2-6a+10$

$\overline{DA}^2=\{a-(-2)\}^2+\{2-(-2)\}^2=a^2+4a+20$

이므로 $\overline{CD}^2=\overline{DA}^2$에서

$a^2-6a+10=a^2+4a+20$

$a=-1$

따라서

$\overline{CD}^2=(-1)^2-6\times(-1)+10=17$

$\overline{CD}=\sqrt{17}$

이므로 마름모의 둘레의 길이는 $4\sqrt{17}$이다. 답 ④

27 삼각형 ABC가 정삼각형이므로 $\overline{AB}=\overline{BC}=\overline{CA}$,

즉 $\overline{AB}^2=\overline{BC}^2=\overline{CA}^2$이다.

$\overline{AB}^2=(3-1)^2+(4-2)^2=8$ …… ㉠

$\overline{BC}^2=(a-3)^2+(b-4)^2=a^2+b^2-6a-8b+25$ …… ㉡

$\overline{CA}^2=(a-1)^2+(b-2)^2=a^2+b^2-2a-4b+5$ …… ㉢

㉡, ㉢에서

$a^2+b^2-6a-8b+25=a^2+b^2-2a-4b+5$

$b=-a+5$

이므로 ㉠, ㉡에서

$a^2+b^2-6a-8b+25$

$=a^2+(-a+5)^2-6a-8(-a+5)+25$

$=2(a^2-4a+5)=8$

$a^2-4a+1=0$

$a=2\pm\sqrt{3}$

$a=2+\sqrt{3}$이면 $b=-(2+\sqrt{3})+5=3-\sqrt{3}$

$a=2-\sqrt{3}$이면 $b=-(2-\sqrt{3})+5=3+\sqrt{3}$

그러므로 점 C의 좌표는 $(2+\sqrt{3},\ 3-\sqrt{3})$ 또는 $(2-\sqrt{3},\ 3+\sqrt{3})$이다.

점 C의 좌표가 $(2+\sqrt{3},\ 3-\sqrt{3})$이면

$\overline{OC}^2=(2+\sqrt{3})^2+(3-\sqrt{3})^2=19-2\sqrt{3}$

점 C의 좌표가 $(2-\sqrt{3},\ 3+\sqrt{3})$이면

$\overline{OC}^2=(2-\sqrt{3})^2+(3+\sqrt{3})^2=19+2\sqrt{3}$

따라서 $M=19+2\sqrt{3}$, $m=19-2\sqrt{3}$이므로

$M-m=4\sqrt{3}$ 답 ①

28 두 점 $A(-10,\ 10)$, $B(30,\ 0)$에 대하여

점 P_1은 선분 AB를 $1:9$로 내분하는 점이므로

$\left(\frac{30+(-90)}{1+9},\ \frac{0+90}{1+9}\right)$에서 $P_1(-6,\ 9)$

점 P_2는 선분 AB를 $2:8$로 내분하는 점이므로

$\left(\frac{60+(-80)}{2+8},\ \frac{0+80}{2+8}\right)$에서 $P_2(-2,\ 8)$

점 P_3은 선분 AB를 $3:7$로 내분하는 점이므로

$\left(\frac{90+(-70)}{3+7},\ \frac{0+70}{3+7}\right)$에서 $P_3(2,\ 7)$

점 P_4는 선분 AB를 $4:6$으로 내분하는 점이므로

$\left(\frac{120+(-60)}{4+6},\ \frac{0+60}{4+6}\right)$에서 $P_4(6,\ 6)$

⋮

점 P_9는 선분 AB를 $9:1$로 내분하는 점이므로

$\left(\frac{270+(-10)}{9+1},\ \frac{0+10}{9+1}\right)$에서 $P_9(26,\ 1)$

이때

$\overline{OP_1}=\sqrt{(-6)^2+9^2}=\sqrt{117}$

$\overline{OP_2}=\sqrt{(-2)^2+8^2}=\sqrt{68}$

$\overline{OP_3}=\sqrt{2^2+7^2}=\sqrt{53}$

$\overline{OP_4}=\sqrt{6^2+6^2}=\sqrt{72}$

⋮

$\overline{OP_9}=\sqrt{26^2+1^2}=\sqrt{677}$이므로

$\overline{OP_1}>\overline{OP_2}>\overline{OP_3}<\overline{OP_4}<\cdots<\overline{OP_9}$이고 $\overline{OP_1}<\overline{OP_9}$

따라서 가장 짧은 선분의 길이는 $a=\overline{OP_3}=\sqrt{53}$,

가장 긴 선분의 길이는 $b=\overline{OP_9}=\sqrt{677}$이므로

$a^2+b^2=53+677=730$ 답 ④

29 그림과 같이 동서 방향을 x축, 남북 방향을 y축이라 하면 출발하여 k시간 지난 후 A, B의 위치는 각각

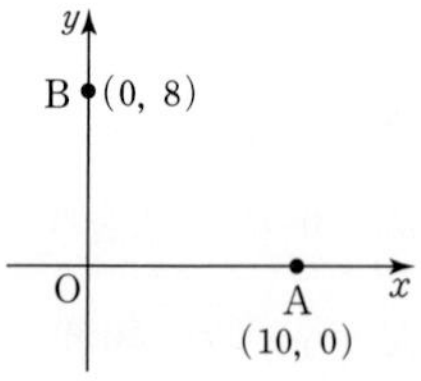

y
B (0, 8)
O
A (10, 0) x

$A(10-4k,\ 0)$, $B(0,\ 8-2k)$

이다. 이때 두 점 A, B 사이의 거리는

$\overline{AB}=\sqrt{(10-4k)^2+(2k-8)^2}$

$=\sqrt{20k^2-112k+164}$

$=\sqrt{20\left(k-\frac{14}{5}\right)^2+\frac{36}{5}}$

이므로 $k=\frac{14}{5}$(시간)일 때 두 점 A, B 사이의 거리가 최소가 된다.

따라서 $\frac{14}{5}\times60=168$(분)이므로 $t=168$ 답 ⑤

30 점 C는 선분 AB 위의 점이므로 $\overline{AB}=\overline{AC}+\overline{BC}$

$3|\overline{AC}-\overline{BC}|=\overline{AB}$에서

$3|\overline{AC}-\overline{BC}|=\overline{AC}+\overline{BC}$

$3(\overline{AC}-\overline{BC})=\overline{AC}+\overline{BC}$ 또는 $3(\overline{AC}-\overline{BC})=-(\overline{AC}+\overline{BC})$

$3(\overline{AC}-\overline{BC})=\overline{AC}+\overline{BC}$에서 $\overline{AC}=2\overline{BC}$

$3(\overline{AC}-\overline{BC})=-(\overline{AC}+\overline{BC})$에서 $2\overline{AC}=\overline{BC}$

따라서 점 $C(a,\ b)$는 선분 AB를 $2:1$로 내분하는 점이거나 $1:2$로 내분하는 점이다.

두 점 $A(-3,\ 1)$, $B(3,\ 4)$에서 선분 AB를 $2:1$로 내분하는 점의 좌표는

$\left(\frac{2\times3+1\times(-3)}{2+1},\ \frac{2\times4+1\times1}{2+1}\right)$, 즉 $(1,\ 3)$

선분 AB를 $1:2$로 내분하는 점의 좌표는

$\left(\frac{1\times3+2\times(-3)}{1+2}, \frac{1\times4+2\times1}{1+2}\right)$, 즉 $(-1, 2)$

따라서 $a=1$, $b=3$ 또는 $a=-1$, $b=2$이므로

ab의 값은 3 또는 -2이고

$M=3$, $m=-2$

$M+m=1$ 답 ①

31 정삼각형 ABC의 한 변의 길이를 $2a(a>0)$이라 하고 변 BC의 중점을 원점 O, 변 BC를 x축, 점 A가 y축 위에 오도록 하여 정삼각형 ABC를 좌표평면 위에 나타내면 그림과 같다.

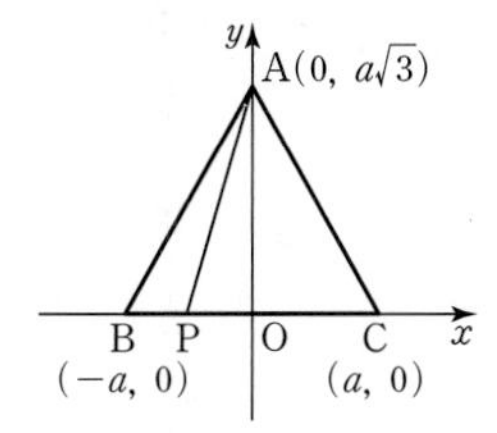

세 점 A, B, C의 좌표는 $A(0, a\sqrt{3})$, $B(-a, 0)$, $C(a, 0)$이다.

점 P는 x축 위의 점이므로 $P(t, 0)$ $(-a\le t\le a)$라 하자.

$\overline{PA}^2+\overline{PB}^2=\{(0-t)^2+(a\sqrt{3}-0)^2\}+\{(-a-t)^2+(0-0)^2\}$

$=2t^2+2at+4a^2=2\left(t+\frac{a}{2}\right)^2+\frac{7}{2}a^2$

이므로 $t=-\frac{a}{2}$, 즉 $P\left(-\frac{a}{2}, 0\right)$일 때 최소가 된다.

따라서 $\overline{PB}:\overline{PC}=\left(-\frac{a}{2}+a\right):\left(a+\frac{a}{2}\right)=1:3$이므로

$m=1$, $n=3$이고

$mn=3$ 답 ②

32 $O(0, 0)$, $A(4, 2)$에서 정삼각형 ABC의 무게중심이 원점 O이므로 선분 BC의 중점을 M이라 하면

$\overline{OA}:\overline{OM}=2:1$

$\overline{OA}=2\overline{OM}$

이므로 점 M은 선분 OA를 $1:3$으로 외분하는 점이다.

$M\left(\frac{1\times4-3\times0}{1-3}, \frac{1\times2-3\times0}{1-3}\right)$, $M(-2, -1)$

이때 $\overline{AM}=\sqrt{(-2-4)^2+(-1-2)^2}=3\sqrt{5}$이고 두 직선 AM, BC는 수직이므로 $\angle ABM=60°$인 직각삼각형 ABM에서

$\overline{AB}=\frac{2}{\sqrt{3}}\overline{AM}=\frac{2}{\sqrt{3}}\times3\sqrt{5}=2\sqrt{15}$

$\overline{BM}=\frac{1}{\sqrt{3}}\overline{AM}=\frac{1}{\sqrt{3}}\times3\sqrt{5}=\sqrt{15}$

따라서 삼각형 ABC는 한 변의 길이가 $2\sqrt{15}$인 정삼각형이므로 두 점 B, C는 점 A와의 거리가 $2\sqrt{15}$이고, 점 M과의 거리가 $\sqrt{15}$인 점이다. 점 A와의 거리가 $2\sqrt{15}$이고 점 M과의 거리가 $\sqrt{15}$인 점의 좌표를 (x, y)라 하면

$(x-4)^2+(y-2)^2=(2\sqrt{15})^2$

$x^2+y^2-8x-4y-40=0$ …… ㉠

$(x+2)^2+(y+1)^2=(\sqrt{15})^2$

$x^2+y^2+4x+2y-10=0$ …… ㉡

㉠−㉡을 하면

$-12x-6y-30=0$

$y=-2x-5$ …… ㉢

㉢을 ㉡에 대입하면

$x^2+(-2x-5)^2+4x+2(-2x-5)-10=0$

$x^2+4x+1=0$

$x=-2\pm\sqrt{3}$

$x=-2+\sqrt{3}$이면 $y=-2x-5=-2(-2+\sqrt{3})-5=-1-2\sqrt{3}$

$x=-2-\sqrt{3}$이면 $y=-2x-5=-2(-2-\sqrt{3})-5=-1+2\sqrt{3}$

이때 $a<c$이므로

$a=-2-\sqrt{3}$, $b=-1+2\sqrt{3}$

$c=-2+\sqrt{3}$, $d=-1-2\sqrt{3}$

따라서

$ac-bd=(-2-\sqrt{3})(-2+\sqrt{3})-(-1+2\sqrt{3})(-1-2\sqrt{3})$

$=1-(-11)=12$ 답 ③

33

두 선분 AC, BD가 만나는 점을 P′이라 하면 점 P′은 두 선분 AC, BD 위의 점이므로

$\overline{PA}+\overline{PC}\ge\overline{P'A}+\overline{P'C}=\overline{AC}$

$\overline{PB}+\overline{PD}\ge\overline{P'B}+\overline{P'D}=\overline{BD}$

따라서

$\overline{PA}+\overline{PB}+\overline{PC}+\overline{PD}$

$=(\overline{PA}+\overline{PC})+(\overline{PB}+\overline{PD})$

$\ge(\overline{P'A}+\overline{P'C})+(\overline{P'B}+\overline{P'D})=\overline{AC}+\overline{BD}$

이므로 점 P가 두 직선 AC, BD가 만나는 점 P′일 때 $\overline{PA}+\overline{PB}+\overline{PC}+\overline{PD}$의 값은 최솟값 $\overline{AC}+\overline{BD}$를 갖는다.

$\overline{AC}=\sqrt{(-2-4)^2+(0-3)^2}=3\sqrt{5}$

$\overline{BD}=\sqrt{(8-0)^2+(-1-3)^2}=4\sqrt{5}$

따라서 구하는 최솟값은

$\overline{AC}+\overline{BD}=3\sqrt{5}+4\sqrt{5}=7\sqrt{5}$ 답 ③

34 $S_2=3S_1$에서 $S_1:S_2=1:3$이고 두 삼각형 OAB, OAC의 밑변을 각각 선분 OB, OC라 하면 두 삼각형의 높이가 같으므로

$\overline{OB}:\overline{OC}=1:3$이다.

따라서 점 C는 선분 OB를 $3:2$로 외분하는 점이므로 점 C의 좌표는

$\left(\frac{-3-0}{3-2}, \frac{9-0}{3-2}\right)$, 즉 $C(-3, 9)$이다.

이때 직선 $x+y-6=0$, 즉 $y=-x+6$은 점 $C(-3, 9)$를 지난다.

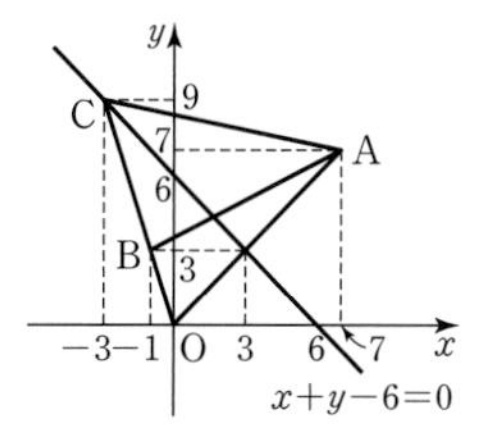

두 점 O, A를 지나는 직선 $y=x$와 직선 $y=-x+6$의 교점을 구하면

$x=-x+6$에서 $x=3$이고 $y=3$이므로 교점의 좌표는 $(3, 3)$이고,

이 점은 선분 OA를 $3:4$로 내분하는 점이다.

따라서 직선 $x+y-6=0$에 의해 삼각형 OAC의 넓이는

3 : 4 또는 4 : 3으로 나누어지므로

$m+n=3+4=7$ 답 ⑤

35 직선 $x-2y-6=0$ 위의 점 P를 (x, y)라 하자.

점 $A(-2, -1)$에 대하여 선분 AP를 $2:1$로 외분하는 점은

$\left(\frac{2\times x-1\times(-2)}{2-1}, \frac{2\times y-1\times(-1)}{2-1}\right)$

즉, $(2x+2, 2y+1)$

이때 $X=2x+2$, $Y=2y+1$, 즉 $x=\frac{X}{2}-1$, $y=\frac{Y}{2}-\frac{1}{2}$이라 하면

$x-2y-6=0$이므로

$\left(\frac{X}{2}-1\right)-2\left(\frac{Y}{2}-\frac{1}{2}\right)-6=0$

$X-2Y-12=0$

즉, 선분 AP를 $2:1$로 외분하는 점은 직선 $x-2y-12=0$ 위의 점이다.

따라서 점 $Q(a, b)$가 직선 $x-2y-12=0$ 위의 점이므로

$a-2b-12=0$ …… ㉠

이때 $a+b=3$, $b=-a+3$이므로 이를 ㉠에 대입하면

$a-2(-a+3)-12=0$, $a=6$

$b=-6+3=-3$

따라서 $a-b=6-(-3)=9$ 답 ⑤

36 그림과 같이 원점을 O, 선분 BC가 x축과 만나는 점을 D, 선분 CA가 y축과 만나는 점을 E라 하면 $O(0, 0)$, $D(2, 0)$, $E(0, 1)$이다.

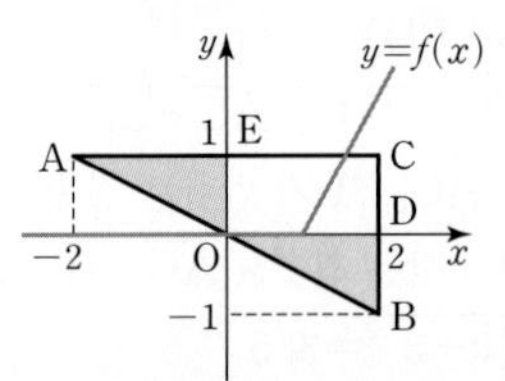

삼각형 AOE와 삼각형 OBD의 넓이는 1로 서로 같으므로 삼각형 ABC의 넓이가 함수 $y=f(x)$의 그래프에 의해 이등분되려면 함수 $y=f(x)$의 그래프에 의해 사각형 ODCE의 넓이가 이등분되어야 한다.

이때 사각형 ODCE의 두 대각선의 교점의 좌표가 $\left(1, \frac{1}{2}\right)$이므로 함수 $y=f(x)$의 그래프는 점 $\left(1, \frac{1}{2}\right)$을 반드시 지나야 한다.

$k<1$이므로 $f(1)=m(1-k)=m-mk=\frac{1}{2}$

이때 $m+mk=\frac{3}{2}$이므로 두 식을 연립하여 풀면 $m=1$, $k=\frac{1}{2}$

따라서 $m+k=\frac{3}{2}$ 답 ②

37 두 점 $B(-1, 1)$, $C(3, -5)$를 지나는 직선의 기울기는

$\frac{-5-1}{3-(-1)}=-\frac{3}{2}$

이고 선분 BC의 중점을 M이라 하면 $M\left(\frac{-1+3}{2}, \frac{1+(-5)}{2}\right)$,

즉 $M(1, -2)$이므로 선분 BC의 수직이등분선은 점 $M(1, -2)$를 지나고 기울기가 $\frac{2}{3}$인 직선이다.

$y=\frac{2}{3}(x-1)-2$, $y=\frac{2}{3}x-\frac{8}{3}$ …… ㉠

한편 세 점 $A(a, b)$, $B(-1, 1)$, $C(3, -5)$의 무게중심을 G라 하면

$G\left(\frac{a+(-1)+3}{3}, \frac{b+1+(-5)}{3}\right)$, 즉 $G\left(\frac{a+2}{3}, \frac{b-4}{3}\right)$

직선 ㉠이 점 G를 지나므로

$\frac{b-4}{3}=\frac{2}{3}\times\frac{a+2}{3}-\frac{8}{3}$

$2a-3b=8$ …… ㉡

이때 $2a+2b=3$ …… ㉢

이므로 두 식 ㉡, ㉢을 연립하여 풀면

$a=\frac{5}{2}$, $b=-1$

따라서 $a-b=\frac{5}{2}-(-1)=\frac{7}{2}$ 답 ③

38

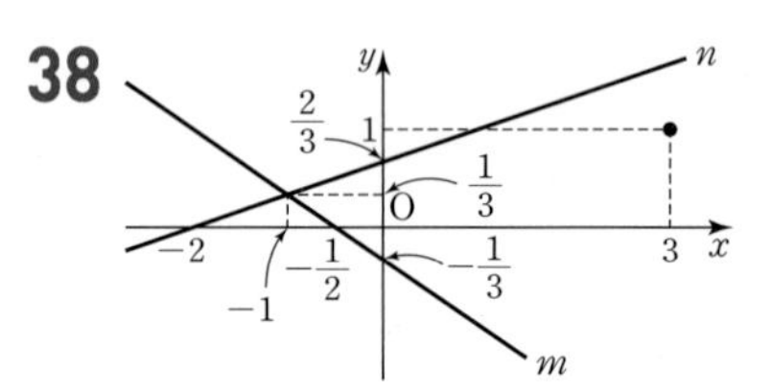

세 직선

$l : ax+y-3a-1=0$

$m : 2x+3y+1=0$ …… ㉡

$n : x-3y+2=0$ …… ㉢

에서 두 직선 l, m이 서로 평행하거나 일치하려면

$\frac{a}{2}=\frac{1}{3}$, $a=\frac{2}{3}$

이어야 한다. $a=\frac{2}{3}$일 때 직선 l의 방정식은

$\frac{2}{3}x+y-3=0$, $2x+3y-9=0$

이므로 두 직선 l, m에서 $\frac{2}{2}=\frac{3}{3}\neq\frac{-9}{1}$

따라서 $a=\frac{2}{3}$이면 두 직선 l, m은 서로 평행하므로 만나지 않고, $a\neq\frac{2}{3}$이면 기울기가 서로 다르므로 한 점에서만 만난다.

또한 두 직선 l, n이 서로 평행하거나 일치하려면

$\frac{a}{1}=\frac{1}{-3}$, $a=-\frac{1}{3}$

이어야 한다. $a=-\frac{1}{3}$일 때 직선 l의 방정식은

$-\frac{1}{3}x+y=0$, $x-3y=0$

이므로 두 직선 l, n에서 $\frac{1}{1}=\frac{-3}{-3}\neq\frac{0}{2}$

따라서 $a=-\frac{1}{3}$이면 두 직선 l, n은 서로 평행하므로 만나지 않고, $a\neq-\frac{1}{3}$이면 기울기가 서로 다르므로 한 점에서만 만난다.

한편 ㉡, ㉢을 연립하여 풀면 $x=-1$, $y=\frac{1}{3}$이므로 두 직선 m, n은 점 $\left(-1, \frac{1}{3}\right)$에서 만난다.

직선 l이 점 $\left(-1, \frac{1}{3}\right)$을 지나도록 하는 a의 값을 구하면

$-a+\frac{1}{3}-3a-1=0$, $a=-\frac{1}{6}$

따라서 $a=-\frac{1}{6}$이면 세 직선 l, m, n은 모두 점 $\left(-1, \frac{1}{3}\right)$에서 만난다.

따라서 직선 l이 직선 m 또는 직선 n과 만나는 서로 다른 점의 개수 $f(a)$는

$$f(a)=\begin{cases}1 & \left(a=-\frac{1}{3},\ -\frac{1}{6},\ \frac{2}{3}\right)\\ 2 & \left(a\neq-\frac{1}{3},\ -\frac{1}{6},\ \frac{2}{3}\right)\end{cases}$$

이므로 방정식 $f(a)=1$을 만족시키는 실수 a의 값은

$-\frac{1}{3},\ -\frac{1}{6},\ \frac{2}{3}$이고 그 합은 $-\frac{1}{3}+\left(-\frac{1}{6}\right)+\frac{2}{3}=\frac{1}{6}$ 답 ④

참고 직선 l의 방정식은 $a(x-3)+(y-1)=0$

따라서 직선 l은 a의 값에 관계없이 항상 점 $(3,\ 1)$을 지나고 두 직선 m, n은 점 $(3,\ 1)$을 지나지 않으므로 직선 l이 직선 m 또는 직선 n과 일치하도록 하는 a의 값은 존재하지 않는다.

39 ㄱ. $k=1$이면 주어진 직선의 방정식은

$0\times x-2y-2=0$, 즉 $y=-1$

이므로 기울기가 0인 직선이다. (참)

ㄴ. $k=5$이면 주어진 직선의 방정식은

$-4x-6y-14=0$, 즉 $y=-\frac{2}{3}x-\frac{7}{3}$

이므로 기울기가 $-\frac{2}{3}$인 직선이다.

한편 직선 $3x-2y+8=0$의 기울기는 $\frac{3}{2}$이고 두 직선의 기울기의 곱이

$-\frac{2}{3}\times\frac{3}{2}=-1$

이므로 두 직선은 수직이다. (참)

ㄷ. $k=\frac{1}{3}$이면 주어진 직선의 방정식은

$\frac{2}{3}x-\frac{4}{3}y=0$, $y=\frac{1}{2}x$

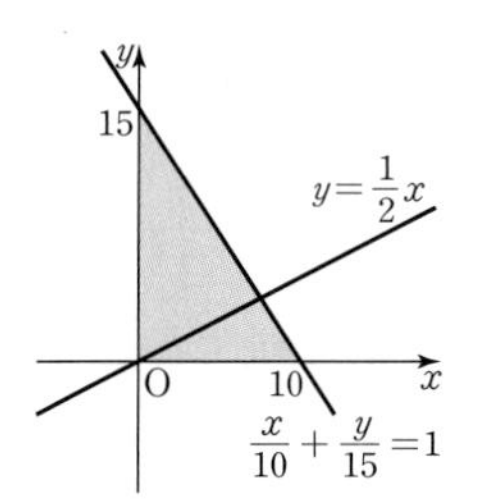

두 직선 $y=\frac{1}{2}x$, $\frac{x}{10}+\frac{y}{15}=1$의 교점의 좌표를 구하면

$\frac{x}{10}+\frac{\frac{x}{2}}{15}=1$

$x=\frac{15}{2}$이고 $y=\frac{15}{4}$

이므로 교점의 좌표는 $\left(\frac{15}{2},\ \frac{15}{4}\right)$이다.

이때 점 $\left(\frac{15}{2},\ \frac{15}{4}\right)$는 두 점 $(10,\ 0)$, $(0,\ 15)$를 이은 선분을 $1:3$으로 내분하는 점이므로 직선 $y=\frac{1}{2}x$는 삼각형의 넓이를 $1:3$으로 나눈다. (거짓)

이상에서 옳은 것은 ㄱ, ㄴ이다. 답 ③

40

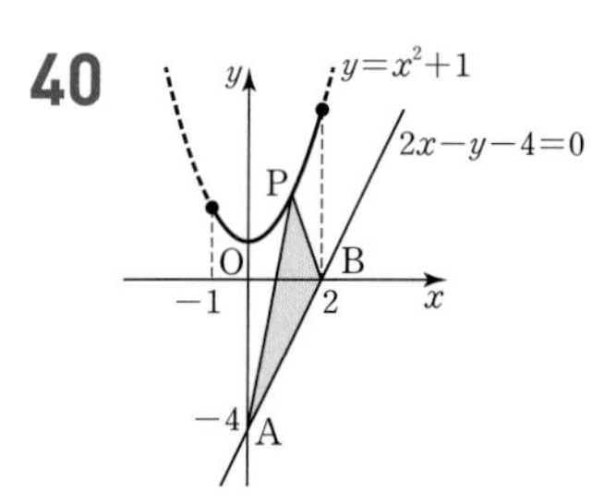

두 점 $A(0,\ -4)$, $B(2,\ 0)$을 지나는 직선의 방정식은

$\frac{x}{2}+\frac{y}{-4}=1$

$2x-y-4=0$ …… ㉠

이고 $\overline{AB}=\sqrt{(2-0)^2+\{0-(-4)\}^2}=2\sqrt{5}$

곡선 $y=x^2+1\ (-1\le x\le 2)$ 위의 점 P의 좌표를 $(a,\ a^2+1)\ (-1\le a\le 2)$라 하자.

점 P와 직선 ㉠ 사이의 거리를 $h(a)$라 하면

$$h(a)=\frac{|2a-(a^2+1)-4|}{\sqrt{2^2+(-1)^2}}=\frac{|a^2-2a+5|}{\sqrt{5}}=\frac{|(a-1)^2+4|}{\sqrt{5}}$$

이때 $h(-1)=\frac{8}{\sqrt{5}}$, $h(1)=\frac{4}{\sqrt{5}}$, $h(2)=\frac{5}{\sqrt{5}}$이므로

$h(a)$는 $a=1$일 때 최솟값 $h(1)=\frac{4}{\sqrt{5}}$, $a=-1$일 때 최댓값 $\frac{8}{\sqrt{5}}$을 갖는다.

삼각형 PAB의 넓이를 $S(a)$라 하면

$S(a)=\frac{1}{2}\times\overline{AB}\times h(a)=\frac{1}{2}\times2\sqrt{5}\times h(a)=\sqrt{5}h(a)$

따라서 삼각형 PAB의 넓이는

$a=1$일 때 최솟값 $\sqrt{5}h(1)=\sqrt{5}\times\frac{4}{\sqrt{5}}=4$,

$a=-1$일 때 최댓값 $\sqrt{5}h(-1)=\sqrt{5}\times\frac{8}{\sqrt{5}}=8$

을 가지므로 $M=8$, $m=4$

$M+m=12$ 답 ②

41 두 직선 $x-y+1=0$, $x-2y+3=0$의 교점을 지나는 직선의 방정식은 실수 k에 대하여

$x-y+1+k(x-2y+3)=0$

$(k+1)x-(2k+1)y+3k+1=0$ …… ㉠

이때 원점과 직선 ㉠ 사이의 거리가 1이므로

$$\frac{|0-0+3k+1|}{\sqrt{(k+1)^2+(2k+1)^2}}=1$$

$|3k+1|=\sqrt{5k^2+6k+2}$

양변을 제곱하여 정리하면

$9k^2+6k+1=5k^2+6k+2$, $k^2=\frac{1}{4}$

$k=-\frac{1}{2}$ 또는 $k=\frac{1}{2}$

$k=-\frac{1}{2}$을 ㉠에 대입하면

$\frac{1}{2}x-\frac{1}{2}=0$, 즉 $x=1$

$k=\frac{1}{2}$을 ㉠에 대입하면

$\frac{3}{2}x-2y+\frac{5}{2}=0$, 즉 $3x-4y+5=0$

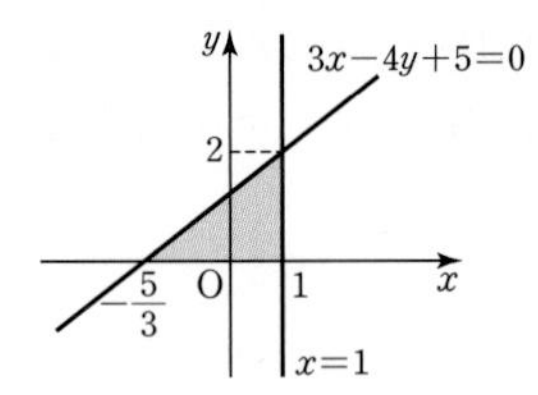

이때 두 직선 $x=1$, $3x-4y+5=0$의 교점의 좌표는 $(1,\ 2)$이고 직선 $3x-4y+5=0$의 x절편이 $-\frac{5}{3}$이므로 두 직선과 x축으로 둘러싸인 삼각형의 넓이는 $\frac{1}{2}\times\left(1+\frac{5}{3}\right)\times2=\frac{8}{3}$

답 ③

42 직선 $y=x$에서 $x-y=0$ ······ ㉠

직선 $y=\frac{1}{7}x$에서 $x-7y=0$ ······ ㉡

두 직선 ㉠, ㉡이 이루는 각을 이등분하는 직선 위의 점을 $P(x,\ y)$라 하면 점 P와 두 직선 ㉠, ㉡ 사이의 거리가 같아야 하므로

$$\frac{|x-y|}{\sqrt{1^2+(-1)^2}}=\frac{|x-7y|}{\sqrt{1^2+(-7)^2}}$$

$$\frac{|x-y|}{\sqrt{2}}=\frac{|x-7y|}{5\sqrt{2}}$$

$5|x-y|=|x-7y|$

$5(x-y)=x-7y$ 또는 $5(x-y)=-(x-7y)$

$y=-2x$ 또는 $y=\frac{1}{2}x$

이때 직선 l의 기울기가 양수이므로 두 직선 l, m은 각각 $y=\frac{1}{2}x$, $y=-2x$이고 서로 수직이다.

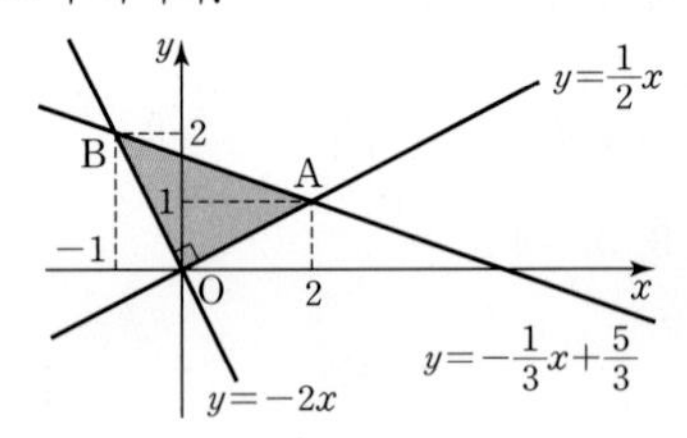

두 직선 $y=\frac{1}{2}x$, $y=-\frac{1}{3}x+\frac{5}{3}$가 만나는 점을 A라 하면 점 A의 x좌표는 $\frac{1}{2}x=-\frac{1}{3}x+\frac{5}{3}$, $x=2$

이므로 $y=\frac{1}{2}\times2=1$

즉, 점 $A(2,\ 1)$이고 $\overline{OA}=\sqrt{2^2+1^2}=\sqrt{5}$

두 직선 $y=-2x$, $y=-\frac{1}{3}x+\frac{5}{3}$가 만나는 점을 B라 하면 점 B의 x좌표는 $-2x=-\frac{1}{3}x+\frac{5}{3}$, $x=-1$

이므로 $y=-2\times(-1)=2$

즉, $B(-1,\ 2)$이고 $\overline{OB}=\sqrt{(-1)^2+2^2}=\sqrt{5}$

따라서 구하는 넓이를 S라 하면

$S=\frac{1}{2}\times\overline{OA}\times\overline{OB}=\frac{1}{2}\times\sqrt{5}\times\sqrt{5}=\frac{5}{2}$

답 ⑤

43 $\sqrt{x^2+y^2-6x-4y+13}+\sqrt{x^2+y^2+2x+1}$

$=\sqrt{(x^2-6x+9)+(y^2-4y+4)}+\sqrt{(x^2+2x+1)+y^2}$

$=\sqrt{(x-3)^2+(y-2)^2}+\sqrt{(x+1)^2+y^2}$ ······ ㉠

······························ (가)

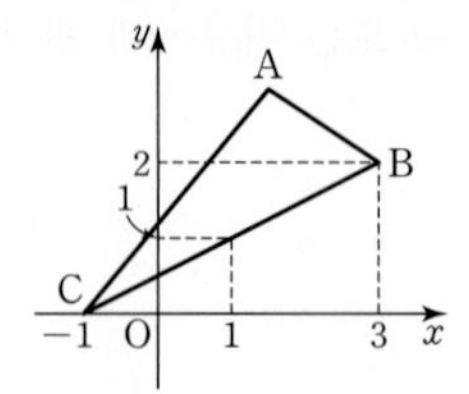

세 점 A, B, C를 $A(x,\ y)$, $B(3,\ 2)$, $C(-1,\ 0)$이라 하면 ㉠은 두 선분 AB, AC의 길이의 합이다.

$\overline{AB}+\overline{AC}\geq\overline{BC}$

이므로 ㉠의 값은 점 A가 선분 BC 위의 점일 때 최솟값 $\overline{BC}$를 가진다.

즉, $m=\overline{BC}$이다.

직선 BC의 방정식은

$y=\frac{0-2}{-1-3}(x+1)$, $y=\frac{1}{2}x+\frac{1}{2}$

이므로 선분 BC 위의 점 중 x좌표와 y좌표가 다르고 모두 자연수인 점은 $(3,\ 2)$ 뿐이다.

따라서 $a=3$, $b=2$

······························ (나)

이때 $\overline{BC}=\sqrt{(-1-3)^2+(0-2)^2}=2\sqrt{5}$

이므로 $m=2\sqrt{5}$

따라서 $a+b+m^2=3+2+(2\sqrt{5})^2=25$

······························ (다)

답 25

단계	채점 기준	비율
(가)	주어진 식을 두 점 사이의 거리의 합으로 표현한 경우	30 %
(나)	주어진 식의 값이 최소가 될 조건과 a, b의 값을 구한 경우	50 %
(다)	$a+b+m^2$의 값을 구한 경우	20 %

44 삼각형 ABC에서 세 꼭짓점의 좌표를 $A(a,\ a')$, $B(b,\ b')$, $C(c,\ c')$이라 하면 삼각형 ABC의 무게중심 G의 좌표는 $G\left(\frac{a+b+c}{3},\ \frac{a'+b'+c'}{3}\right)$이다.

······························ (가)

세 점 P, Q, R는 세 선분 AB, BC, CA를 각각 $m:n$으로 내분하는 점이므로

$P\left(\frac{mb+na}{m+n},\ \frac{mb'+na'}{m+n}\right)$, $Q\left(\frac{mc+nb}{m+n},\ \frac{mc'+nb'}{m+n}\right)$,

$R\left(\frac{ma+nc}{m+n},\ \frac{ma'+nc'}{m+n}\right)$

이고 삼각형 PQR의 무게중심의 x좌표와 y좌표는 각각

$$\frac{\frac{mb+na}{m+n}+\frac{mc+nb}{m+n}+\frac{ma+nc}{m+n}}{3}$$

$$=\frac{(m+n)a+(m+n)b+(m+n)c}{3(m+n)}=\frac{a+b+c}{3}$$

$$\frac{\frac{mb'+na'}{m+n}+\frac{mc'+nb'}{m+n}+\frac{ma'+nc'}{m+n}}{3}$$

$$=\frac{(m+n)a'+(m+n)b'+(m+n)c'}{3(m+n)}=\frac{a'+b'+c'}{3}$$

이므로 삼각형 PQR의 무게중심은 삼각형 ABC의 무게중심 G와 같다.

.... (나)

또한 세 점 L, M, N은 세 선분 AB, BC, CA를 각각 $m:n$으로 외분하는 점이므로

$L\left(\frac{mb-na}{m-n}, \frac{mb'-na'}{m-n}\right)$, $M\left(\frac{mc-nb}{m-n}, \frac{mc'-nb'}{m-n}\right)$,

$N\left(\frac{ma-nc}{m-n}, \frac{ma'-nc'}{m-n}\right)$

이고 삼각형 LMN의 무게중심의 x좌표와 y좌표는 각각

$$\frac{\frac{mb-na}{m-n}+\frac{mc-nb}{m-n}+\frac{ma-nc}{m-n}}{3}$$
$$=\frac{(m-n)a+(m-n)b+(m-n)c}{3(m-n)}=\frac{a+b+c}{3}$$

$$\frac{\frac{mb'-na'}{m-n}+\frac{mc'-nb'}{m-n}+\frac{ma'-nc'}{m-n}}{3}$$
$$=\frac{(m-n)a'+(m-n)b'+(m-n)c'}{3(m-n)}=\frac{a'+b'+c'}{3}$$

이므로 삼각형 LMN의 무게중심은 삼각형 ABC의 무게중심 G와 같다.

.... (다)

답 풀이 참조

단계	채점 기준	비율
(가)	삼각형 ABC의 무게중심을 구한 경우	20 %
(나)	삼각형 PQR의 무게중심을 구한 경우	40 %
(다)	삼각형 LMN의 무게중심을 구한 경우	40 %

변별력을 만드는 1등급 문제 본문 88~90쪽

45 ② **46** 13 **47** ⑤ **48** 20 **49** ③
50 ⑤ **51** 20 **52** $\frac{108}{49}$ **53** $\frac{8}{3}$ **54** ⑤
55 $\frac{54}{7}$ **56** ⑤ **57** ③

45

x축 위의 점은 y좌표가 0이고 y축 위의 점은 x좌표가 0이다.

점 A(2, 4)와 x축 위의 서로 다른 두 점 B, C와 y축 위의 서로 다른 두 점 D, E에 대하여 $\overline{AB}=\overline{AC}=\overline{AD}=\overline{AE}=5$일 때, 네 점 B, C, D, E를 꼭짓점으로 하는 사각형의 넓이는?

① $12\sqrt{5}$ ✓② $6\sqrt{21}$ ③ $6\sqrt{22}$
④ $6\sqrt{23}$ ⑤ $12\sqrt{6}$

step 1 두 점 B, C 구하기

점 A(2, 4)로부터의 거리가 5인 x축 위의 점을 $(a, 0)$이라 하면

$\sqrt{(a-2)^2+(0-4)^2}=5$

$(a-2)^2+(0-4)^2=25$

$a^2-4a-5=0$

$(a+1)(a-5)=0$

$a=-1$ 또는 $a=5$

따라서 두 점 B, C의 좌표는 B$(-1, 0)$, C$(5, 0)$ 또는 B$(5, 0)$, C$(-1, 0)$이다.

step 2 두 점 D, E 구하기

점 A(2, 4)로부터의 거리가 5인 y축 위의 점을 $(0, b)$라 하면

$\sqrt{(0-2)^2+(b-4)^2}=5$

$(0-2)^2+(b-4)^2=25$

$b^2-8b-5=0$

$b=4\pm\sqrt{21}$

따라서 두 점 D, E의 좌표는 D$(0, 4+\sqrt{21})$, E$(0, 4-\sqrt{21})$ 또는 D$(0, 4-\sqrt{21})$, E$(0, 4+\sqrt{21})$이다.

step 3 사각형의 넓이 구하기

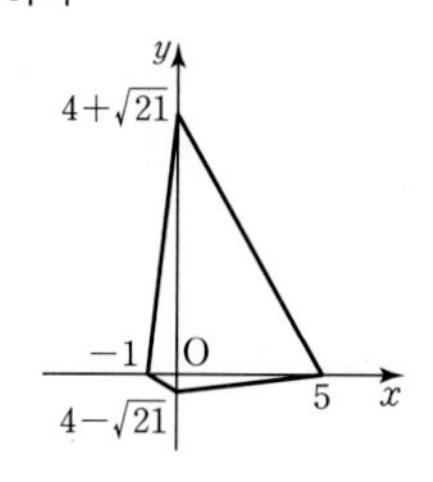

네 점 B, C, D, E를 꼭짓점으로 하는 사각형의 넓이를 S라 하면

$S=\frac{1}{2}\times6\times(4+\sqrt{21})+\frac{1}{2}\times6\times(\sqrt{21}-4)$

$=3\{(4+\sqrt{21})+(\sqrt{21}-4)\}=6\sqrt{21}$

답 ②

46

삼각형의 외접원의 중심 또는 삼각형의 세 변의 수직이등분선의 교점

좌표평면 위의 세 점 A(5, 7), B$(-2, 0)$, C$(-1, -1)$을 꼭짓점으로 하는 삼각형 ABC의 외심을 점 O(a, b)라 하자. 직선 OB가 삼각형 ABC에 외접하는 원과 만나는 점 중 점 B가 아닌 점을 점 P라 하고 삼각형 PAB의 넓이를 S라 할 때, $ab+S$의 값을 구하시오.

13

step 1 삼각형 ABC의 외심 O의 좌표 구하기

A(5, 7), B$(-2, 0)$, C$(-1, -1)$에서

$\overline{AB}=\sqrt{(-2-5)^2+(0-7)^2}=7\sqrt{2}$

$\overline{BC}=\sqrt{\{-1-(-2)\}^2+(-1-0)^2}=\sqrt{2}$

$\overline{CA}=\sqrt{\{5-(-1)\}^2+\{7-(-1)\}^2}=10$

이고

$\overline{AB}^2=98$, $\overline{BC}^2=2$, $\overline{CA}^2=100$

$\overline{CA}^2=\overline{AB}^2+\overline{BC}^2$

이므로 삼각형 ABC는 변 CA가 빗변인 직각삼각형이다.

직각삼각형 ABC의 외심은 빗변의 중점이므로 외심 O의 좌표는

O$\left(\frac{-1+5}{2}, \frac{-1+7}{2}\right)$, 즉 O(2, 3)이다.

따라서 $a=2$, $b=3$

step 2 삼각형 PAB의 넓이 S 구하기

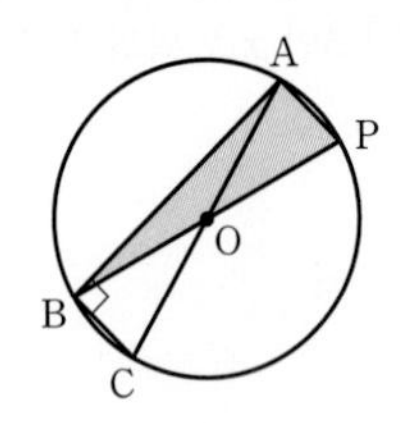

그림과 같이 $\overline{OA}=\overline{OB}=\overline{OC}=\overline{OP}$이고, 두 각 $\angle BOC$와 $\angle POA$는 맞꼭지각으로 서로 같으므로 두 삼각형 BOC, POA는 합동이고 $\overline{BC}=\overline{PA}$이다. 따라서 두 삼각형 CBA와 PAB는 합동이므로 삼각형 PAB의 넓이는 삼각형 CBA의 넓이와 같다. 즉,

$S=\frac{1}{2}\times\overline{AB}\times\overline{BC}=\frac{1}{2}\times 7\sqrt{2}\times\sqrt{2}=7$

step 3 $ab+S$의 값 구하기

따라서 $ab+S=2\times 3+7=13$ 답 13

47

두 점 O(0, 0), A(2, 0)과 제1사분면의 점 B에 대하여 삼각형 OAB는 정삼각형이다. 좌표평면의 점 $P\left(\frac{1}{3},\ a\right)$에 대하여 세 선분 PO, PA, PB의 길이의 합은 $a=k$일 때 최솟값을 갖는다. 상수 k의 값은?

① $\frac{\sqrt{3}}{9}$ ② $\frac{2}{9}\sqrt{3}$ ③ $\frac{\sqrt{3}}{3}$
④ $\frac{4}{9}\sqrt{3}$ √⑤ $\frac{5}{9}\sqrt{3}$

step 1 점 B의 좌표 구하기

제1사분면의 점 B와 두 점 O(0, 0), A(2, 0)에 대하여 삼각형 OAB가 정삼각형이므로 점 B에서 직선 OA, 즉 x축에 내린 수선의 발을 H라 하면 점 H는 선분 OA의 중점이다.

따라서 H(1, 0)이므로 점 B의 x좌표는 1이다.

이때 $\overline{OA}=2$이므로 삼각형 OAB는 한 변의 길이가 2인 정삼각형이고 높이 $\overline{BH}$는

$\overline{BH}=\frac{\sqrt{3}}{2}\times 2=\sqrt{3}$

→ 한 변의 길이가 a인 정삼각형의 높이는 $\frac{\sqrt{3}}{2}a$이다.

따라서 $B(1, \sqrt{3})$이다.

step 2 세 선분 PO, PA, PB의 길이의 합이 최소가 될 조건 구하기

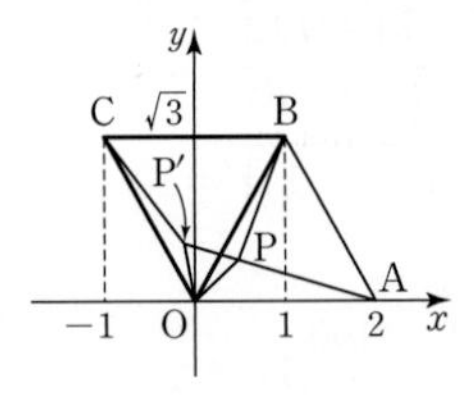

점 B를 지나고 직선 OA(x축)과 평행한 직선 위의 점 중 $\overline{BC}=2$인 제2사분면 위의 점을 C라 하면 $C(-1, \sqrt{3})$이고, 삼각형 OBC는 정삼각형이다.

삼각형 OBC의 내부의 점 중 $\angle BOP=\angle COP'$, $\overline{OP}=\overline{OP'}$인 점을 P′이라 하면 두 삼각형 BOP, COP′은 합동이므로 $\overline{PB}=\overline{P'C}$이다.

또한 $\angle BOP=\angle COP'$에서 $\angle POA=\angle P'OB$이므로

$60^\circ=\angle BOA$
$=\angle BOP+\angle POA$
$=\angle BOP+\angle P'OB=\angle P'OP$

따라서 삼각형 OPP′은 정삼각형이므로 $\overline{PO}=\overline{P'O}=\overline{PP'}$이다.

$\overline{PO}+\overline{PA}+\overline{PB}$
$=\overline{PP'}+\overline{PA}+\overline{P'C}$
$=\overline{AP}+\overline{PP'}+\overline{P'C}\geq\overline{AC}$

→ $\overline{OP}=\overline{OP'}$, $\angle P'OP=60^\circ$이므로 삼각형 OPP′은 정삼각형이다.

즉, 점 P가 선분 AC 위의 점일 때 세 선분 PO, PA, PB의 길이의 합이 최소가 된다.

step 3 k의 값 구하기

두 점 A(2, 0), $C(-1, \sqrt{3})$을 지나는 직선의 방정식은

$y=\frac{\sqrt{3}-0}{-1-2}(x-2)$

$y=-\frac{\sqrt{3}}{3}(x-2)$ …… ㉠

따라서 점 $P\left(\frac{1}{3},\ k\right)$가 직선 ㉠ 위의 점이어야 하므로

$k=-\frac{\sqrt{3}}{3}\left(\frac{1}{3}-2\right)=\frac{5}{9}\sqrt{3}$ 답 ⑤

48

두 점 A(2, 1), B(4, 5)와 직선 $y=-1$ 위의 점 P에 대하여 $|\overline{PA}-\overline{PB}|^2$의 최댓값을 구하시오.

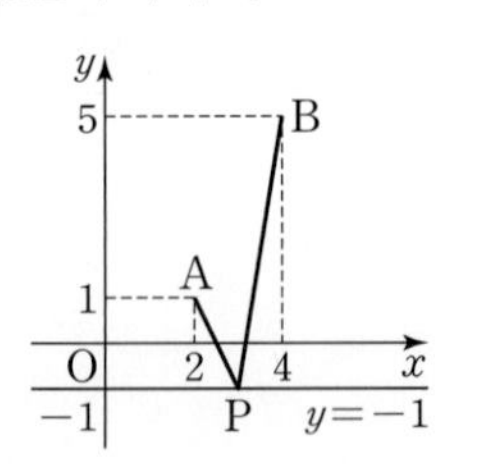

20

step 1 점 P가 직선 AB 위의 점일 때 알아보기

직선 $y=-1$ 위의 점 P의 좌표를 $(a, -1)$이라 하고 점 P가 직선 AB 위의 점일 때와 그렇지 않을 때로 나누어 생각하면 다음과 같다.

(i) 점 P가 직선 AB 위의 점일 때

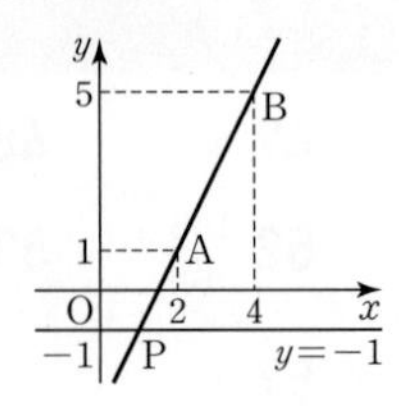

$\overline{PA}-\overline{PB}=-\overline{AB}$이므로
$|\overline{PA}-\overline{PB}|^2=|-\overline{AB}|^2=\overline{AB}^2$

step 2 점 P가 직선 AB 위의 점이 아닐 때 알아보기

(ii) 점 P가 직선 AB 위의 점이 아닐 때

세 점 A, B, P로 이루어진 삼각형 APB에서 삼각형의 결정조건에 의하여

$\overline{PA}<\overline{PB}+\overline{AB}$, $\overline{PB}<\overline{PA}+\overline{PB}$
$\overline{PA}-\overline{PB}<\overline{AB}$, $\overline{PB}-\overline{PA}<\overline{AB}$
이므로

$|\overline{PA}-\overline{PB}|^2<|\overline{AB}|^2=\overline{AB}^2$

(i), (ii)에서 $|\overline{PA}-\overline{PB}|^2\le\overline{AB}^2$이다.

step 3 $|\overline{PA}-\overline{PB}|^2$의 최댓값 구하기

$\overline{AB}^2=(4-2)^2+(5-1)^2=20$

따라서 $|\overline{PA}-\overline{PB}|^2$의 최댓값은 20이다. 답 20

49

→ $P(x_1)$, $Q(x_2)$를 $m:n(m>0,\ n>0)$으로 내분하는 점의 좌표는 $\left(\frac{mx_2+nx_1}{m+n}\right)$

수직선 위의 임의의 두 점 P, Q에 대하여 선분 PQ의 중점을 P☆Q, 선분 PQ를 1 : 2로 내분하는 점을 P□Q, 선분 PQ를 1 : 3으로 외분하는 점을 P◆Q라 하자. 수직선 위의 서로 다른 세 점 A, B, C에 대하여 〈보기〉에서 옳은 것만을 있는 대로 고른 것은?

보기

ㄱ. A□B=(A☆B)□A

ㄴ. (A□B)☆(A◆B)=A☆B

ㄷ. B◆C=B□A이면 C☆(A◆B)=(A☆B)☆(B□A)이다.

① ㄱ ② ㄴ ✓③ ㄱ, ㄷ

④ ㄴ, ㄷ ⑤ ㄱ, ㄴ, ㄷ

step 1 세 점 A☆B, A□B, A◆B의 좌표 구하기

세 점 A, B, C의 좌표를 각각 $A(x_1)$, $B(x_2)$, $C(x_3)$이라 하면

점 A☆B의 좌표는 $\left(\frac{x_1+x_2}{2}\right)$

점 A□B의 좌표는 $\left(\frac{x_2+2x_1}{1+2}\right)=\left(\frac{2x_1+x_2}{3}\right)$

점 A◆B의 좌표는 $\left(\frac{x_2-3x_1}{1-3}\right)=\left(\frac{3x_1-x_2}{2}\right)$

step 2 ㄱ이 옳은지 판단하기

ㄱ. 점 (A☆B)□A의 좌표는

$$\left(\frac{x_1+2\times\frac{x_1+x_2}{2}}{1+2}\right)=\left(\frac{2x_1+x_2}{3}\right)$$

이므로 A□B=(A☆B)□A이다. (참)

step 3 ㄴ이 옳은지 판단하기

ㄴ. 점 (A□B)☆(A◆B)의 좌표는

$$\left(\frac{\frac{2x_1+x_2}{3}+\frac{3x_1-x_2}{2}}{2}\right)=\left(\frac{13x_1-x_2}{12}\right)$$

이므로 (A□B)☆(A◆B)≠A☆B이다. (거짓)

step 4 ㄷ이 옳은지 판단하기

ㄷ. 점 B◆C의 좌표는 $\left(\frac{3x_2-x_3}{2}\right)$이고

점 B□A의 좌표는 $\left(\frac{x_1+2x_2}{3}\right)$이므로

B◆C=B□A이면

$\frac{3x_2-x_3}{2}=\frac{x_1+2x_2}{3}$, $2x_1-5x_2+3x_3=0$

$x_3=\frac{-2x_1+5x_2}{3}$ …… ㉡

한편 점 C☆(A◆B)의 좌표는

$$\left(\frac{x_3+\frac{3x_1-x_2}{2}}{2}\right)=\left(\frac{3x_1-x_2+2x_3}{4}\right)$$

이때 ㉡에 의해서

$$\left(\frac{3x_1-x_2+2x_3}{4}\right)=\left(\frac{3x_1-x_2+2\times\frac{-2x_1+5x_2}{3}}{4}\right)=\left(\frac{5x_1+7x_2}{12}\right)$$

점 (A☆B)☆(B□A)의 좌표는

$$\left(\frac{\frac{x_1+x_2}{2}+\frac{x_1+2x_2}{3}}{2}\right)=\left(\frac{5x_1+7x_2}{12}\right)$$

이므로 B◆C=B□A이면 C☆(A◆B)=(A☆B)☆(B□A)이다. (참)

이상에서 옳은 것은 ㄱ, ㄷ이다. 답 ③

50

두 점 O(0, 0), A(4, 2)와 제1사분면의 점 $B(a,\ b)$에 대하여 삼각형 OAB의 외심과 내심이 일치할 때, $(a-2b)^2$의 값은?

① 55 ② 60 ③ 65

④ 70 ✓⑤ 75

step 1 직선을 구하여 a, b의 식 세우기

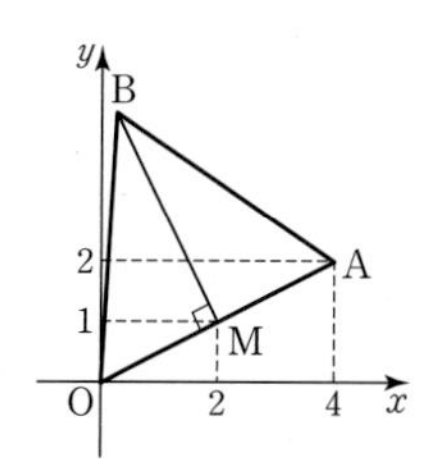

삼각형 OAB의 외심과 내심이 일치하므로 삼각형 OAB는 정삼각형이다. 선분 OA의 중점을 M이라 하면

$M\left(\frac{0+4}{2},\ \frac{0+2}{2}\right)$, 즉 M(2, 1)

두 점 O, A를 지나는 직선의 방정식은 $y=\frac{2-0}{4-0}x$, $y=\frac{1}{2}x$

이때 삼각형 OAB가 정삼각형이므로 두 직선 OA, BM은 서로 수직이다. 따라서 직선 BM의 기울기는 -2이므로 직선 BM의 방정식은

$y=-2(x-2)+1$, $y=-2x+5$

점 $B(a,\ b)$는 직선 $y=-2x+5$ 위의 점이므로

$b=-2a+5$ …… ㉠

step 2 a, b의 값 구하기

한편 $\overline{OB}^2=\overline{OA}^2=4^2+2^2=20$에서

$a^2+b^2=20$ …… ㉡

㉡에 ㉠을 대입하면

$a^2+(-2a+5)^2=20$, $a^2-4a+1=0$

$a=2\pm\sqrt{3}$

$a=2+\sqrt{3}$이면 $b=-2(2+\sqrt{3})+5=1-2\sqrt{3}<0$

$a=2-\sqrt{3}$이면 $b=-2(2-\sqrt{3})+5=1+2\sqrt{3}>0$

이때 점 B는 제1사분면의 점이므로

$a=2-\sqrt{3}$, $b=1+2\sqrt{3}$ → 점 $B(a,\ b)$에서 $a>0$, $b>0$

step 3 $(a-2b)^2$의 값 구하기

따라서

$$(a-2b)^2=\{(2-\sqrt{3})-2(1+2\sqrt{3})\}^2$$
$$=(-5\sqrt{3})^2=75$$

답 ⑤

51

그림과 같이 점 A(3, -4)를 지나는 직선이 이차함수 $y=2x^2$의 그래프와 서로 다른 두 점 P, Q에서 만난다. 원점 O에 대하여 $\angle POQ=90°$일 때, 삼각형 POQ의 넓이를 S라 하자. $64S$의 값을 구하시오. 20

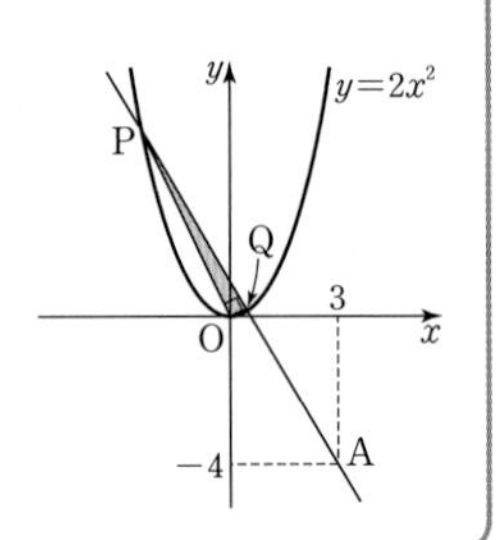

→ 점 (x_1, y_1)을 지나고, 기울기가 m인 직선의 방정식은 $y=m(x-x_1)+y_1$

step 1 두 점 P, Q의 x좌표에 대한 관계식 세우기

점 A(3, -4)를 지나는 직선의 기울기를 m이라 하면 직선의 방정식은

$y-(-4)=m(x-3)$

$y=mx-3m-4$ …… ㉠

직선 ㉠과 이차함수 $y=2x^2$의 그래프가 만나는 서로 다른 두 점 P, Q의 x좌표를 각각 α, $\beta(\alpha<\beta)$라 하면 P$(\alpha, 2\alpha^2)$, Q$(\beta, 2\beta^2)$이고 두 직선 OP, OQ의 기울기는 각각

$$\frac{2\alpha^2-0}{\alpha-0}=2\alpha,\ \frac{2\beta^2-0}{\beta-0}=2\beta$$

이다. 이때 두 직선 OP, OQ가 수직이므로

$2\alpha\times2\beta=-1$, $\alpha\beta=-\frac{1}{4}$ …… ㉡

또한 α, β는 이차방정식 $mx-3m-4=2x^2$, 즉 $2x^2-mx+3m+4=0$의 두 근이므로 근과 계수의 관계에 의하여

$\alpha\beta=\frac{3m+4}{2}$ …… ㉢

step 2 두 점 P, Q의 좌표 구하기

㉡, ㉢에서 $-\frac{1}{4}=\frac{3m+4}{2}$, $m=-\frac{3}{2}$

이므로 이차방정식 $2x^2+\frac{3}{2}x-\frac{1}{2}=0$에서

$4x^2+3x-1=0$, $(4x-1)(x+1)=0$

$x=\frac{1}{4}$ 또는 $x=-1$

따라서 $\alpha=-1$, $\beta=\frac{1}{4}$이므로

P$(-1, 2)$, Q$\left(\frac{1}{4}, \frac{1}{8}\right)$

step 3 $64S$의 값 구하기

이때 $\overline{OP}=\sqrt{(-1)^2+2^2}=\sqrt{5}$, $\overline{OQ}=\sqrt{\left(\frac{1}{4}\right)^2+\left(\frac{1}{8}\right)^2}=\frac{\sqrt{5}}{8}$

이므로 직각삼각형 POQ의 넓이 S는

$$S=\frac{1}{2}\times\overline{OP}\times\overline{OQ}=\frac{1}{2}\times\sqrt{5}\times\frac{\sqrt{5}}{8}=\frac{5}{16}$$

따라서 $64S=64\times\frac{5}{16}=20$

답 20

52

그림과 같이 한 변의 길이가 4인 정삼각형 ABC에 대하여 세 점 D, E, F는 세 변 BC, CA, AB의 중점이고 세 점 G, H, I는 세 선분 BD, DE, CE의 중점일 때, 다음은 세 직선 AH, EG, FI가 한 점 O(a, b)에서 만나는 것을 보이는 과정이다.

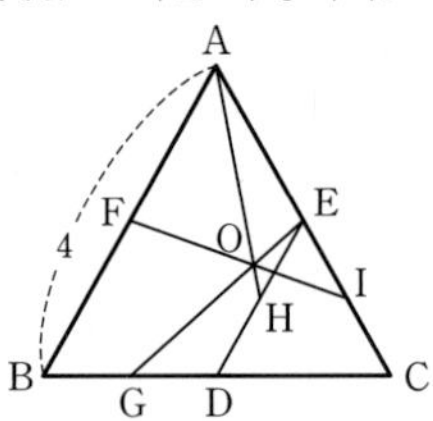

그림과 같이 점 D를 원점, 직선 BC를 x축, 직선 AD를 y축으로 하여 삼각형 ABC를 좌표평면 위에 나타내면 세 꼭짓점 A, B, C의 좌표는

A$(0, 2\sqrt{3})$, B$(-2, 0)$, C$(2, 0)$

이다.

이때 직선 AH를 나타내는 방정식은

$y=$ (가) …… ㉠

직선 EG를 나타내는 방정식은

$y=$ (나) …… ㉡

직선 FI를 나타내는 방정식은

$y=$ (다) …… ㉢

두 직선 ㉠, ㉡의 교점 O(a, b)는 직선 ㉢도 지난다.

따라서 세 직선 AH, EG, FI는 한 점 O(a, b)에서 만난다.

위의 (가), (나), (다)에 알맞은 식을 각각 $f(x)$, $g(x)$, $h(x)$라 할 때, $abf(0)g(0)h(0)$의 값을 구하시오. $\frac{108}{49}$

step 1 각 점의 좌표 구하기

그림과 같이 점 D를 원점, 직선 BC를 x축, 직선 AD를 y축으로 하여 삼각형 ABC를 좌표평면 위에 나타내면 세 꼭짓점 A, B, C는 A$(0, 2\sqrt{3})$, B$(-2, 0)$, C$(2, 0)$이다.

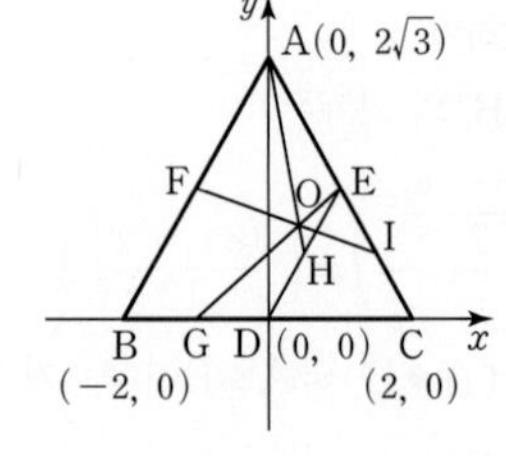

두 점 P(x_1, y_1), Q(x_2, y_2)를 잇는 선분 PQ의 중점의 좌표는 $\left(\frac{x_1+x_2}{2}, \frac{y_1+y_2}{2}\right)$

두 점 E, F는 각각 두 변 CA, AB의 중점이므로

E$(1, \sqrt{3})$, F$(-1, \sqrt{3})$

세 점 G, H, I는 각각 세 선분 BD, DE, CE의 중점이므로

G$(-1, 0)$, H$\left(\frac{1}{2}, \frac{\sqrt{3}}{2}\right)$, I$\left(\frac{3}{2}, \frac{\sqrt{3}}{2}\right)$

이다.

두 점 (x_1, y_1), (x_2, y_2)를 지나는 직선의 방정식은 $y=\frac{y_2-y_1}{x_2-x_1}(x-x_1)+y_1$

step 2 세 직선 AH, EG, FI의 방정식과 점 O의 좌표 구하기

이때 직선 AH를 나타내는 방정식은

$$y=\frac{\frac{\sqrt{3}}{2}-2\sqrt{3}}{\frac{1}{2}-0}(x-0)+2\sqrt{3},\ y=-3\sqrt{3}x+2\sqrt{3} \quad \cdots\cdots ㉠$$

직선 EG를 나타내는 방정식은

$$y=\frac{0-\sqrt{3}}{-1-1}(x-1)+\sqrt{3},\ y=\frac{\sqrt{3}}{2}x+\frac{\sqrt{3}}{2} \quad \cdots\cdots ㉡$$

직선 FI를 나타내는 방정식은

$$y=\frac{\frac{\sqrt{3}}{2}-\sqrt{3}}{\frac{3}{2}-(-1)}(x+1)+\sqrt{3},\ y=-\frac{\sqrt{3}}{5}x+\frac{4\sqrt{3}}{5} \quad \cdots\cdots ㉢$$

두 직선 ㉠, ㉡의 교점을 구하면

$$-3\sqrt{3}x+2\sqrt{3}=\frac{\sqrt{3}}{2}x+\frac{\sqrt{3}}{2},\ \frac{7\sqrt{3}}{2}x=\frac{3\sqrt{3}}{2}$$

$$x=\frac{3}{7}$$

이고 $x=\frac{3}{7}$을 ㉠에 대입하면 $y=\frac{5\sqrt{3}}{7}$이므로

두 직선 ㉠, ㉡의 교점의 좌표는 $O\left(\frac{3}{7}, \frac{5\sqrt{3}}{7}\right)$이고 이 점은 직선 ㉢도 지난다.

따라서 세 직선 AH, EG, FI는 한 점 $O\left(\frac{3}{7}, \frac{5\sqrt{3}}{7}\right)$에서 만난다.

step 3 $abf(0)g(0)h(0)$의 값 구하기

따라서

$$f(x)=-3\sqrt{3}x+2\sqrt{3},\ g(x)=\frac{\sqrt{3}}{2}x+\frac{\sqrt{3}}{2},\ h(x)=-\frac{\sqrt{3}}{5}x+\frac{4\sqrt{3}}{5}$$

이고 $a=\frac{3}{7}$, $b=\frac{5\sqrt{3}}{7}$이므로

$$abf(0)g(0)h(0)=\frac{3}{7}\times\frac{5\sqrt{3}}{7}\times2\sqrt{3}\times\frac{\sqrt{3}}{2}\times\frac{4\sqrt{3}}{5}=\frac{108}{49}$$

답 $\frac{108}{49}$

53

그림과 같이 제1사분면 위의 점 P에서 만나고 기울기가 음수인 서로 다른 두 직선 l, m이 있다. 직선 l이 x축, y축과 만나는 점을 각각 A, B라 하고, 직선 m이 x축, y축과 만나는 점을 각각 C, D라고 하자. 다음 조건을 만족시키는 점 P의 x좌표와 y좌표의 곱을 구하시오. (단, O는 원점이다.) $\frac{8}{3}$

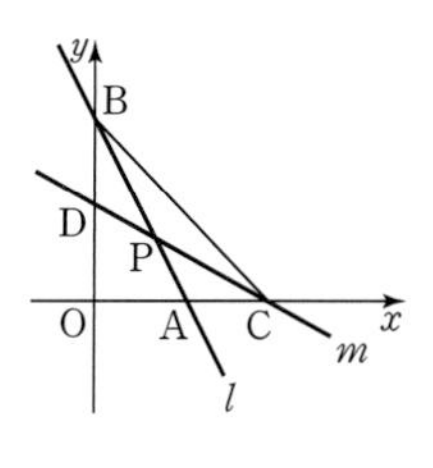

(가) 사각형 PDOA의 넓이와 삼각형 PCB의 넓이가 모두 4이다.
(나) 직선 l의 기울기는 -2이다.
(다) $\overline{OC}=2\overline{OA}$

step 1 세 점 A, C, D의 좌표 나타내기

조건 (다)의 $\overline{OC}=2\overline{OA}$에서 $\overline{OA}=\overline{AC}$이므로

$\overline{OA}=\overline{AC}=k\ (k>0)$이라 하면 $A(k, 0)$, $C(2k, 0)$이다.

조건 (나)에서 직선 l의 기울기가 -2이므로

$$\frac{\overline{OB}}{\overline{OA}}=2,\ \overline{OB}=2\overline{OA}=2k$$

조건 (가)에서 사각형 PDOA의 넓이와 삼각형 PCB의 넓이가 같으므로 두 삼각형 DOC, BAC의 넓이가 서로 같다.

점 D의 좌표를 $(0, a)\ (a>0)$이라 하면

$$\frac{1}{2}\times2k\times a=\frac{1}{2}\times k\times2k$$

$a=k$이므로 점 D의 좌표는 $D(0, k)$이다.

step 2 점 P의 좌표 구하기

이때 직선 l의 방정식은 $y=-2x+2k$이고, 직선 m의 방정식은 $y=-\frac{1}{2}x+k$이므로 두 직선 l, m의 교점 P의 좌표를 구하면

$$-2x+2k=-\frac{1}{2}x+k$$

$x=\frac{2}{3}k$이고, y좌표는 $\frac{2}{3}k$이다. 즉, $P\left(\frac{2}{3}k, \frac{2}{3}k\right)$이다.

조건 (가)에서 사각형 PDOA의 넓이가 4이고 사각형 PDOA의 넓이는 삼각형 DOC의 넓이에서 삼각형 PAC의 넓이를 뺀 것과 같으므로

$$\frac{1}{2}\times2k\times k-\frac{1}{2}\times k\times\frac{2}{3}k=4$$

$$k^2=6$$

이때 $k>0$이므로 $k=\sqrt{6}$이고 점 P의 좌표는 $P\left(\frac{2\sqrt{6}}{3}, \frac{2\sqrt{6}}{3}\right)$이다.

step 3 점 P의 x좌표와 y좌표의 곱 구하기

따라서 점 P의 x좌표와 y좌표의 곱은

$$\frac{2\sqrt{6}}{3}\times\frac{2\sqrt{6}}{3}=\frac{8}{3}$$

답 $\frac{8}{3}$

54

그림과 같이 $\overline{OA}=2$, $\overline{OB}=1$이고 $\angle BOA=90°$인 직각삼각형 OAB에 대하여 세 변 OA, AB, BO를 $t:(1-t)$로 내분하는 점을 각각 P, Q, R라 하자. 삼각형 PQR의 넓이가 최소일 때 $\overline{PQ}^2+\overline{QR}^2+\overline{RP}^2$의 값은? (단, $0<t<1$)

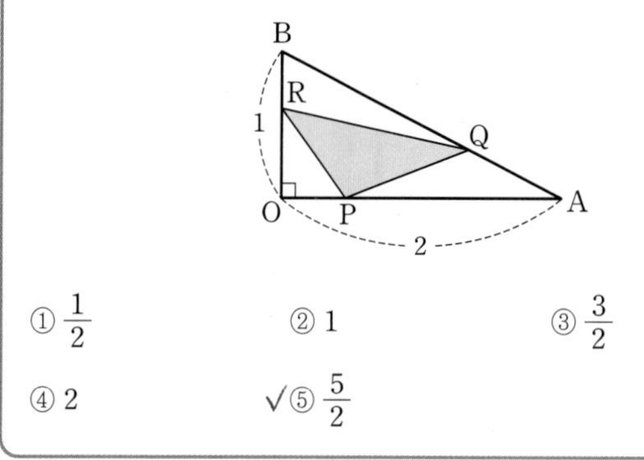

① $\frac{1}{2}$ ② 1 ③ $\frac{3}{2}$
④ 2 ✓⑤ $\frac{5}{2}$

step 1 주어진 도형을 좌표평면에 나타내어 세 점 O, A, B의 좌표 구하기

그림과 같이 점 O를 원점, 직선 OA를 x축, 직선 OB를 y축으로 하여 삼각형 OAB를 좌표평면 위에 나타내면 $O(0, 0)$, $A(2, 0)$, $B(0, 1)$이다.

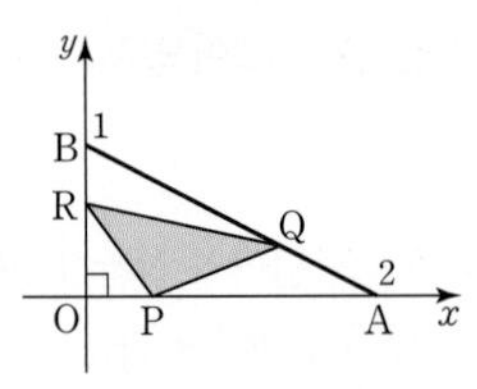

step 2 세 점 P, Q, R의 좌표 구하기

선분 OA를 $t:(1-t)$로 내분하는 점 P의 좌표는

$P\left(\frac{t\times2+(1-t)\times0}{t+(1-t)}, \frac{t\times0+(1-t)\times0}{t+(1-t)}\right)$, 즉 $P(2t, 0)$

선분 AB를 $t:(1-t)$로 내분하는 점 Q의 좌표는

$Q\left(\frac{t\times0+(1-t)\times2}{t+(1-t)}, \frac{t\times1+(1-t)\times0}{t+(1-t)}\right)$, 즉 $Q(2(1-t), t)$

선분 BO를 $t:(1-t)$로 내분하는 점 R의 좌표는

$R\left(\frac{t\times0+(1-t)\times0}{t+(1-t)}, \frac{t\times0+(1-t)\times1}{t+(1-t)}\right)$, 즉 $R(0, 1-t)$

step 3 삼각형 PQR의 넓이가 최소일 때의 세 점 P, Q, R의 좌표 구하기

삼각형 PQR의 넓이는 삼각형 OAB의 넓이에서 세 삼각형 OPR, AQP, BRQ의 넓이의 합을 뺀 것과 같으므로 삼각형 PQR의 넓이를 $S(t)$라 하면

$S(t)$

$=\frac{1}{2}\times2\times1-\left\{\frac{1}{2}\times2t\times(1-t)+\frac{1}{2}\times(2-2t)\times t+\frac{1}{2}\times t\times2(1-t)\right\}$

$=3t^2-3t+1$

$=3\left(t-\frac{1}{2}\right)^2+\frac{1}{4}$

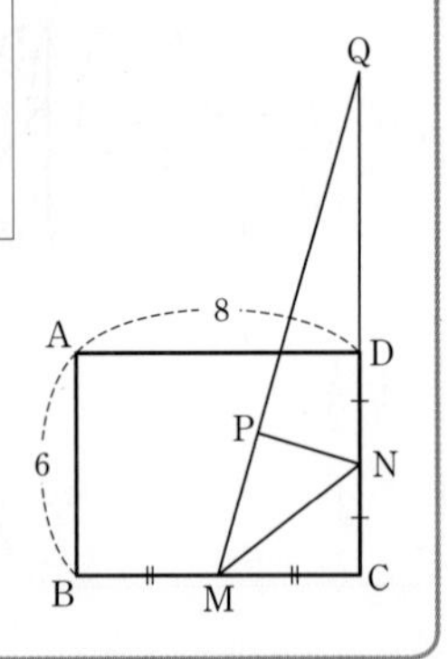

$0<t<1$에서 $S(t)$는 $t=\frac{1}{2}$일 때 최솟값 $\frac{1}{4}$을 가지므로 이때의 세 점 P, Q, R의 좌표는 $P(1, 0)$, $Q\left(1, \frac{1}{2}\right)$, $R\left(0, \frac{1}{2}\right)$이다.

step 4 $\overline{PQ}^2+\overline{QR}^2+\overline{RP}^2$의 값 구하기

따라서

$\overline{PQ}^2+\overline{QR}^2+\overline{RP}^2$

$=\left\{(1-1)^2+\left(\frac{1}{2}-0\right)^2\right\}+\left\{(0-1)^2+\left(\frac{1}{2}-\frac{1}{2}\right)^2\right\}+\left\{(1-0)^2+\left(0-\frac{1}{2}\right)^2\right\}$

$=\frac{5}{2}$

답 ⑤

55 두 직선 MN, CP는 수직이다.

그림과 같이 $\overline{AB}=6$, $\overline{AD}=8$인 직사각형 ABCD가 있다. 두 변 BC, CD의 중점을 각각 M, N이라 하고 직선 MN을 접는 선으로 하여 삼각형 MCN을 접었을 때, 점 C가 접히는 점을 P라 하자. 두 직선 MP, CD의 교점을 Q라 할 때, 선분 DQ의 길이를 구하시오. $\frac{54}{7}$

Q, A, 8, D, P, N, 6, B, M, C

step 1 직선 MN의 방정식 구하기

그림과 같이 점 C를 원점, 직선 BC를 x축, 직선 CD를 y축으로 하여 직사각형 ABCD를 좌표평면 위에 나타내면

$M(-4, 0)$, $C(0, 0)$, $N(0, 3)$, $D(0, 6)$이다.

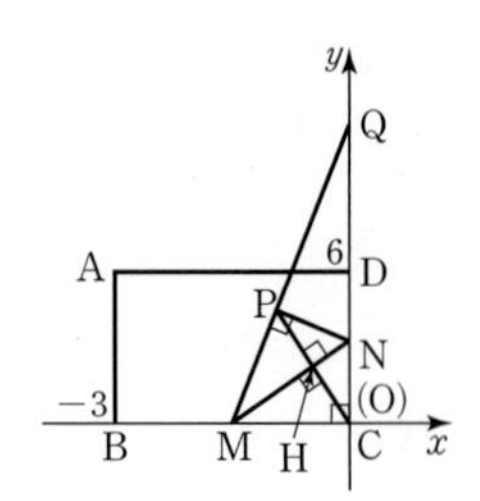

직각삼각형 MCN의 꼭짓점 C에서 변 MN에 내린 수선의 발을 H라 하면 직선 CH는 점 P를 지난다.

이때 직선 MN의 방정식은

$y-0=\frac{3-0}{0+4}(x+4)$, $y=\frac{3}{4}x+3$

$3x-4y+12=0$

step 2 점 Q의 좌표 구하기

두 직선 MN, CP는 수직이므로 직선 CP의 방정식은 $y=-\frac{4}{3}x$이다.

점 P의 좌표를 $\left(a, -\frac{4}{3}a\right)(a<0)$이라 하면 점 P와 직선 MN 사이의 거리가 원점 C(0, 0)과 직선 MN 사이의 거리와 같으므로

$\frac{\left|3a+\frac{16a}{3}+12\right|}{\sqrt{3^2+(-4)^2}}=\frac{|0-0+12|}{\sqrt{3^2+(-4)^2}}$

점 (x_1, y_1)과 직선 $ax+by+c=0$ 사이의 거리는 $\frac{|ax_1+by_1+c|}{\sqrt{a^2+b^2}}$

$\frac{25}{3}a+12=-12$ 또는 $\frac{25}{3}a+12=12$

$a=-\frac{72}{25}$ 또는 $a=0$

$a<0$에서 점 P의 좌표는 $P\left(-\frac{72}{25}, \frac{96}{25}\right)$이므로 직선 MP의 방정식은

$y-0=\frac{\frac{96}{25}-0}{-\frac{72}{25}+4}(x+4)$, $y=\frac{24}{7}x+\frac{96}{7}$

이고 점 Q의 좌표는 $Q\left(0, \frac{96}{7}\right)$이다.

step 3 선분 DQ의 길이 구하기

따라서 선분 DQ의 길이는 $\overline{DQ}=\frac{96}{7}-6=\frac{54}{7}$

답 $\frac{54}{7}$

56

그림과 같이 한 변의 길이가 10인 정사각형 ABCD의 내부의 한 점 E에서 네 변 AB, BC, CD, DA에 내린 수선의 발을 각각 P, Q, R, S라 하자. 두 선분 EP, EQ의 길이의 합이 5로 일정할 때, 세 선분 ER, ES, ED의 길이의 합의 최솟값은?

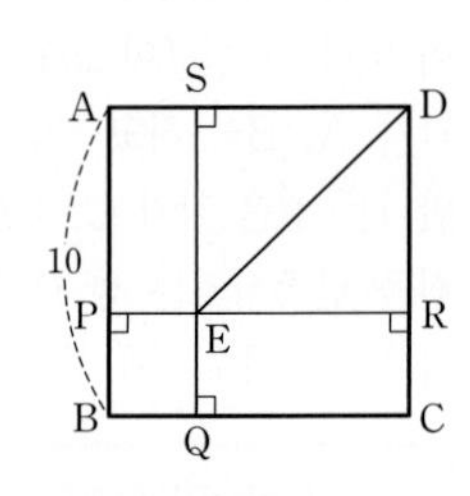

① $11+\frac{11\sqrt{2}}{2}$ ② $12+6\sqrt{2}$ ③ $13+\frac{13\sqrt{2}}{2}$

④ $14+7\sqrt{2}$ √⑤ $15+\frac{15\sqrt{2}}{2}$

step 1 주어진 정사각형을 좌표평면 위에 나타낸 후 각 점의 좌표 구하기

그림과 같이 점 B를 원점, 직선 BC를 x축, 직선 AB를 y축으로 하여 정

사각형 ABCD를 좌표평면 위에 나타내면 네 점 A, B, C, D의 좌표는 A(0, 10), B(0, 0), C(10, 0), D(10, 10)이다.

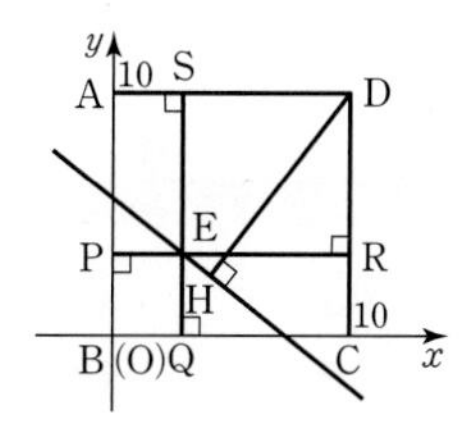

step 2 두 선분 ER, ES의 길이의 합 구하기

점 E의 좌표를 $(x, y)(0<x<10,\ 0<y<10)$이라 하면

$\overline{EP}=x,\ \overline{EQ}=y$

이고 두 선분 EP, EQ의 길이의 합이 5로 일정하므로

$x+y=5$

즉, 점 E는 함수 $x+y-5=0(0<x<5)$의 그래프 위의 점이다.

이때 $\overline{ER}=10-x,\ \overline{ES}=10-y$이므로

$\overline{ER}+\overline{ES}=(10-x)+(10-y)=20-(x+y)=20-5=15$

step 3 세 선분 ER, ES, ED의 길이의 합의 최솟값 구하기

따라서 세 선분 ER, ES, ED의 길이의 합은 선분 ED의 길이가 최소일 때 최솟값을 갖는다. 이때 점 D(10, 10)에서 함수 $x+y-5=0(0<x<5)$의 그래프에 내린 수선의 발을 H라 하면

$\overline{DH}=\frac{|10+10-5|}{\sqrt{1+1}}=\frac{15\sqrt{2}}{2}$

이고 $\overline{ED}\geq\overline{DH}$이므로 세 선분 ER, ES, ED의 길이의 합의 최솟값은

$15+\frac{15\sqrt{2}}{2}$

(점 E가 점 H와 같을 때, 세 선분 ER, ES, ED의 길이의 합이 최소이다.)

답 ⑤

57

1보다 큰 자연수 m에 대하여 기울기가 m인 두 직선 l_1, l_2가 다음 조건을 만족시킨다.

(가) 세 직선 l_1, $y=x$, $y=0$으로 둘러싸인 도형의 넓이는 2이다.

(나) 세 직선 l_2, $y=x$, $y=0$으로 둘러싸인 도형의 넓이는 2이다.

(다) 두 직선 l_1, l_2 사이의 거리는 $\frac{4}{5}\sqrt{10}$이다.

(직선 l_1 위의 한 점과 직선 l_2 사이의 거리를 의미한다.)

세 직선 l_1, $x=0$, $y=0$으로 둘러싸인 도형의 둘레의 길이는?

(단, 직선 l_1의 y절편은 양수, 직선 l_2의 y절편은 음수이다.)

① $\sqrt{2}(1+\sqrt{5})$ ② $\sqrt{2}(2+\sqrt{5})$ ✓③ $\sqrt{2}(3+\sqrt{5})$
④ $\sqrt{2}(4+\sqrt{5})$ ⑤ $\sqrt{2}(5+\sqrt{5})$

step 1 두 직선 l_1, l_2의 식 세우기

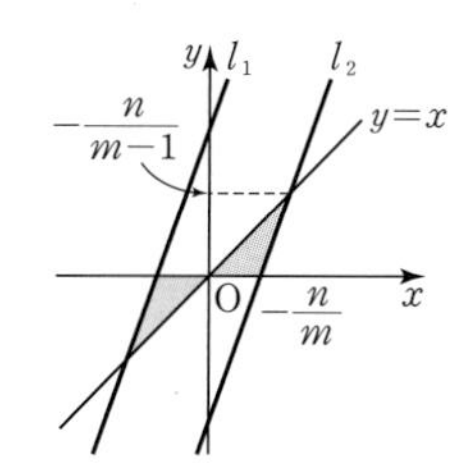

기울기가 $m\ (m>1)$인 직선을 $y=mx+n\ (n\neq0)$이라 하자.

직선 $y=mx+n$의 x절편은 $-\frac{n}{m}$

두 직선 $y=mx+n$, $y=x$가 만나는 점의 y좌표는

$y=my+n,\ y=-\frac{n}{m-1}$

이때 세 직선 $y=mx+n$, $y=x$, $y=0$으로 둘러싸인 도형(삼각형)의 넓이가 2이려면

$\frac{1}{2}\times\left|-\frac{n}{m}\right|\times\left|-\frac{n}{m-1}\right|=2,\ \left|\frac{n^2}{m(m-1)}\right|=4$

$m>1$이므로

$n^2=4m(m-1)$

$n=\pm2\sqrt{m(m-1)}$

직선 l_1의 y절편은 양수, 직선 l_2의 y절편은 음수이므로

$l_1 : y=mx+2\sqrt{m(m-1)}$

$l_2 : y=mx-2\sqrt{m(m-1)}$

step 2 점과 직선 사이의 거리를 이용하여 m의 값 구하기

두 직선 l_1, l_2 사이의 거리는 직선 l_1 위의 점 $(0,\ 2\sqrt{m(m-1)})$과 직선 $l_2 : mx-y-2\sqrt{m(m-1)}=0$ 사이의 거리이므로 조건 (다)에 의하여

$\frac{|0-2\sqrt{m(m-1)}-2\sqrt{m(m-1)}|}{\sqrt{m^2+(-1)^2}}=\frac{4\sqrt{m(m-1)}}{\sqrt{m^2+1}}=\frac{4\sqrt{10}}{5}$

$5\sqrt{m(m-1)}=\sqrt{10m^2+10}$

양변을 제곱하여 정리하면 $25m(m-1)=10m^2+10$

$3m^2-5m-2=0,\ (3m+1)(m-2)=0$

$m>1$이므로 $m=2$

step 3 도형의 둘레의 길이 구하기

따라서

$l_1 : y=2x+2\sqrt{2}$

$l_2 : y=2x-2\sqrt{2}$

이때 직선 l_1이 x축, y축과 만나는 점을 각각 A, B라 하고 원점을 O라 하면 $A(-\sqrt{2}, 0)$, $B(0, 2\sqrt{2})$ ($\overline{OA}=\sqrt{2},\ \overline{OB}=2\sqrt{2}$)

$\overline{AB}=\sqrt{\{0-(-\sqrt{2})\}^2+(2\sqrt{2}-0)^2}=\sqrt{10}$

이므로 구하는 도형의 둘레의 길이는

$\overline{OA}+\overline{OB}+\overline{AB}=\sqrt{2}+2\sqrt{2}+\sqrt{10}=\sqrt{2}(3+\sqrt{5})$

답 ③

1등급을 넘어서는 상위 1%

본문 91쪽

58

그림과 같이 삼각형 ABC의 세 변 AB, BC, CA의 중점을 각각 N, L, M이라 하고 세 선분 AL, BM, CN의 교점을 점 G라 할 때, $\frac{\overline{AB}^2+\overline{BC}^2+\overline{CA}^2}{\overline{GL}^2+\overline{GM}^2+\overline{GN}^2}=12$임을 보이시오.

(교점 G는 삼각형 ABC의 무게중심이다.)

풀이 참조

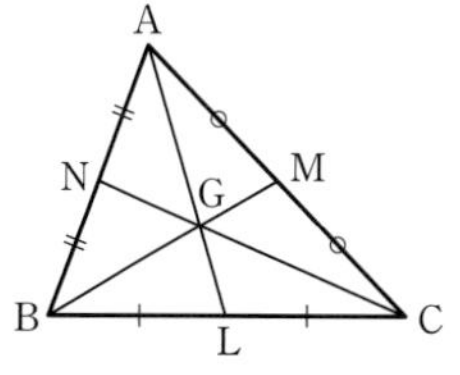

문항 파헤치기

두 점 사이의 거리와 내분점을 구하는 방법 및 삼각형의 무게중심의 성질 이용하기

실수 point 찾기

삼각형 ABC의 세 꼭짓점 A, B, C에서 각각의 대변의 중점을 이은 세 선분의 교점을 무게중심이라 하고, 무게중심은 이 세 선분의 길이를 꼭짓점으로부터 각각 2 : 1로 나눈다.

문제풀이

step 1 주어진 삼각형을 좌표평면 위에 나타낸 후 $\overline{AB}^2+\overline{BC}^2+\overline{CA}^2$ 구하기

점 L을 원점, 직선 BC를 x축으로 하여 삼각형 ABC를 좌표평면 위에 나타내고 세 점 A, B, C의 좌표를 각각 $A(x_1, y_1)$, $B(-x_2, 0)$, $C(x_2, 0)$이라 하면

$$\overline{AB}^2+\overline{BC}^2+\overline{CA}^2$$
$$=\{(-x_2-x_1)^2+(0-y_1)^2\}+\{(x_2+x_2)^2+0^2\}+\{(x_1-x_2)^2+(y_1-0)^2\}$$
$$=2(x_1^2+3x_2^2+y_1^2)$$

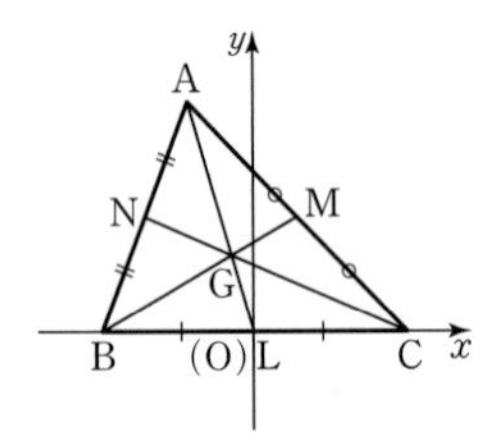

step 2 $\overline{GL}^2+\overline{GM}^2+\overline{GN}^2$과 $\overline{AG}^2+\overline{BG}^2+\overline{CG}^2$ 사이의 관계 구하기

세 선분 AL, BM, CN의 교점 G는 삼각형 ABC의 무게중심이므로 점 G의 좌표는

$G\left(\frac{x_1+(-x_2)+x_2}{3}, \frac{y_1+0+0}{3}\right)$, 즉 $G\left(\frac{x_1}{3}, \frac{y_1}{3}\right)$이고

$\overline{AG}:\overline{GL}=\overline{BG}:\overline{GM}=\overline{CG}:\overline{GN}=2:1$이므로

$\overline{GL}^2+\overline{GM}^2+\overline{GN}^2=\frac{1}{4}(\overline{AG}^2+\overline{BG}^2+\overline{CG}^2)$

$\overline{GL}=\frac{1}{2}\overline{AG}$
$\overline{GM}=\frac{1}{2}\overline{BG}$
$\overline{GN}=\frac{1}{2}\overline{CG}$

step 3 $\overline{AG}^2+\overline{BG}^2+\overline{CG}^2$과 $\overline{AB}^2+\overline{BC}^2+\overline{CA}^2$ 사이의 관계 구하기

$$\overline{AG}^2+\overline{BG}^2+\overline{CG}^2$$
$$=\left\{\left(\frac{x_1}{3}-x_1\right)^2+\left(\frac{y_1}{3}-y_1\right)^2\right\}+\left\{\left(\frac{x_1}{3}+x_2\right)^2+\left(\frac{y_1}{3}-0\right)^2\right\}+\left\{\left(\frac{x_1}{3}-x_2\right)^2+\left(\frac{y_1}{3}-0\right)^2\right\}$$

에서

$$\left(\frac{x_1}{3}-x_1\right)^2+\left(\frac{x_1}{3}+x_2\right)^2+\left(\frac{x_1}{3}-x_2\right)^2=\frac{2}{3}(x_1^2+3x_2^2)$$
$$\left(\frac{y_1}{3}-y_1\right)^2+\left(\frac{y_1}{3}-0\right)^2+\left(\frac{y_1}{3}-0\right)^2=\frac{2}{3}y_1^2$$

이므로

$$\overline{AG}^2+\overline{BG}^2+\overline{CG}^2=\frac{2}{3}(x_1^2+3x_2^2+y_1^2)=\frac{1}{3}(\overline{AB}^2+\overline{BC}^2+\overline{CA}^2)$$

step 4 $\dfrac{\overline{AB}^2+\overline{BC}^2+\overline{CA}^2}{\overline{GL}^2+\overline{GM}^2+\overline{GN}^2}$의 값 구하기

따라서

$$\frac{\overline{AB}^2+\overline{BC}^2+\overline{CA}^2}{\overline{GL}^2+\overline{GM}^2+\overline{GN}^2}=\frac{\overline{AB}^2+\overline{BC}^2+\overline{CA}^2}{\frac{1}{4}(\overline{AG}^2+\overline{BG}^2+\overline{CG}^2)}$$
$$=\frac{\overline{AB}^2+\overline{BC}^2+\overline{CA}^2}{\frac{1}{4}\times\frac{1}{3}(\overline{AB}^2+\overline{BC}^2+\overline{CA}^2)}$$
$$=12$$

답 풀이 참조

08 원의 방정식

기출에서 찾은 내신 필수 문제

본문 94~95쪽

01 54	02 ③	03 ②	04 ④	05 ④
06 ③	07 ⑤	08 ③	09 ②	10 6
11 10	12 4			

01 선분 AB의 중점이 원의 중심이므로 원의 중심의 좌표는

$\left(\frac{-2+4}{2}, \frac{0+6}{2}\right)$, 즉 $(1, 3)$

따라서 $a=1$, $b=3$

선분 AB가 원의 지름이므로 원의 반지름의 길이는

$\frac{1}{2}\overline{AB}=\frac{1}{2}\sqrt{(4+2)^2+(6-0)^2}=3\sqrt{2}$

따라서 $r^2=(3\sqrt{2})^2=18$이므로

$abr^2=1\times3\times18=54$

답 54

02 원 $C_1:(x-1)^2+(y+2)^2=3^2$은 중심이 $A(1, -2)$, 반지름의 길이가 3인 원이다.

원 C_2의 중심 B의 좌표를 (p, q)라 하면 선분 AB를 1 : 2로 내분하는 점이 원점이므로

$\frac{1\times p+2\times1}{1+2}=0$, $\frac{1\times q+2\times(-2)}{1+2}=0$

$p=-2$, $q=4$

즉, $B(-2, 4)$

또한 반지름의 길이가 3인 원 C_1과 원 C_2의 반지름의 길이가 같으므로 원 C_2의 반지름의 길이도 3이다.

그러므로 원 C_2는 중심이 $B(-2, 4)$, 반지름의 길이가 3인 원이므로

$(x+2)^2+(y-4)^2=3^2$

$x^2+y^2+4x-8y+11=0$

에서

$a=4$, $b=-8$, $c=11$

따라서

$|a|+|b|+|c|=|4|+|-8|+|11|=23$

답 ③

03 주어진 원이 원점을 지나므로 원의 방정식을

$x^2+y^2+ax+by=0$ (a, b는 상수)

로 놓을 수 있다.

이 원이 두 점 $A(4, 2)$, $B(1, 3)$을 지나므로

$4a+2b+20=0$

$a+3b+10=0$

두 식을 연립하여 풀면

$a=-4$, $b=-2$

따라서 $x^2+y^2-4x-2y=0$에서

$(x-2)^2+(y-1)^2=5$

이므로 구하는 원의 반지름의 길이는 $\sqrt{5}$이다.

답 ②

04
중심이 $(5, 1)$이고 넓이가 $8\pi=(2\sqrt{2})^2\pi$, 즉 반지름의 길이가 $2\sqrt{2}$인 원의 방정식은

$(x-5)^2+(y-1)^2=(2\sqrt{2})^2$ …… ㉠

조건 (다)에서 원 C가 x축과 y축에 동시에 접하고 조건 (가)에서 점 A가 제1사분면 위의 점이므로 원 C의 중심인 A를 $A(a, a)$ $(a>0)$이라 하자.

조건 (나)에서 점 A가 원 ㉠ 위의 점이므로

$(a-5)^2+(a-1)^2=(2\sqrt{2})^2$

$a^2-6a+9=0$

$(a-3)^2=0$, $a=3$

따라서 원 C는 중심이 $A(3, 3)$이고 반지름의 길이가 3인 원이므로 원 C의 넓이는 $\pi\times3^2=9\pi$

답 ④

05
두 원 $x^2+y^2=r^2$, $(x+2)^2+(y+2)^2=8$이 두 점 A, B에서 만나므로 두 점 A, B를 지나는 직선의 방정식은

$(x^2+y^2-r^2)-\{(x+2)^2+(y+2)^2-8\}=0$

$(x^2+y^2-r^2)-(x^2+y^2+4x+4y)=0$

$4x+4y+r^2=0$ …… ㉠

직선 ㉠이 점 $(2, -3)$을 지나므로

$8-12+r^2=0$

$r^2=4$

$r>0$이므로 $r=2$

따라서 직선 ㉠은

$4x+4y+4=0$

$x+y+1=0$

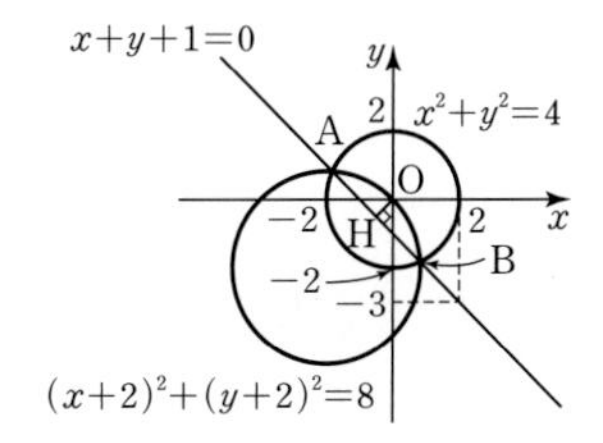

원 $x^2+y^2=4$의 중심인 원점 O에서 직선 $x+y+1=0$에 내린 수선의 발을 H라 하면

$\overline{OH}=\dfrac{|0+0+1|}{\sqrt{1^2+1^2}}=\dfrac{\sqrt{2}}{2}$

이때 $\overline{OA}=\overline{OB}=2$이고

$\overline{AH}=\overline{BH}=\sqrt{\overline{OA}^2-\overline{OH}^2}=\sqrt{4-\dfrac{1}{2}}=\dfrac{\sqrt{14}}{2}$

따라서 $\overline{AB}=2\overline{AH}=2\times\dfrac{\sqrt{14}}{2}=\sqrt{14}$

답 ④

06
두 원의 교점을 지나는 직선의 방정식은

$x^2+y^2+2ay+a^2-4-(x^2+y^2+2x-8)=0$

$2x-2ay-a^2-4=0$

이 직선이 직선 $y=3x$와 평행하므로

$\dfrac{2}{2a}=3$, $a=\dfrac{1}{3}$

답 ③

07
원 $(x-3)^2+(y+2)^2=2$는 중심이 $(3, -2)$이고 반지름의 길이가 $\sqrt{2}$인 원이다.

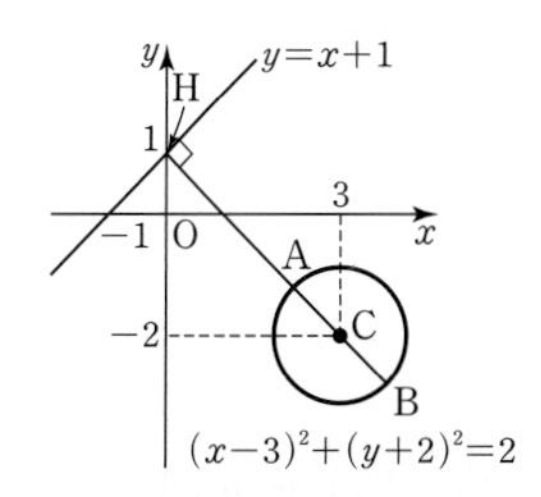

그림과 같이 점 $(3, -2)$를 C라 하고 점 C에서 직선 $y=x+1$에 내린 수선의 발을 H, 두 점 C, H를 지나는 직선이 원 $(x-3)^2+(y+2)^2=2$와 만나는 서로 다른 두 점을 A, B라 하면 원 $(x-3)^2+(y+2)^2=2$ 위의 점 P와 직선 $y=x+1$ 사이의 거리의 최댓값 M과 최솟값 m은 각각

$M=\overline{BH}$, $m=\overline{AH}$

이때 점 $C(3, -2)$와 직선 $y=x+1$, 즉 $x-y+1=0$ 사이의 거리는

$\overline{CH}=\dfrac{|3-(-2)+1|}{\sqrt{1^2+(-1)^2}}=3\sqrt{2}$

따라서

$M=\overline{BH}=\overline{BC}+\overline{CH}=\sqrt{2}+3\sqrt{2}=4\sqrt{2}$

$m=\overline{AH}=\overline{CH}-\overline{CA}=3\sqrt{2}-\sqrt{2}=2\sqrt{2}$

이므로 $Mm=4\sqrt{2}\times2\sqrt{2}=16$

답 ⑤

08
원 $x^2+y^2+2x-4y+3=0$에서

$(x+1)^2+(y-2)^2=2$ …… ㉠

이므로 원 ㉠은 중심이 $(-1, 2)$이고 반지름의 길이가 $\sqrt{2}$인 원이다.

점 $(-1, 0)$을 지나고 원 ㉠에 접하는 직선의 기울기를 m이라 하면 이 직선의 방정식은

$y=m(x+1)$, $mx-y+m=0$ …… ㉡

원의 중심 $(-1, 2)$와 직선 ㉡ 사이의 거리가 $\sqrt{2}$이므로

$\dfrac{|-m-2+m|}{\sqrt{m^2+(-1)^2}}=\sqrt{2}$

$2=\sqrt{2m^2+2}$

$4=2m^2+2$

$m^2=1$

$m=\pm1$

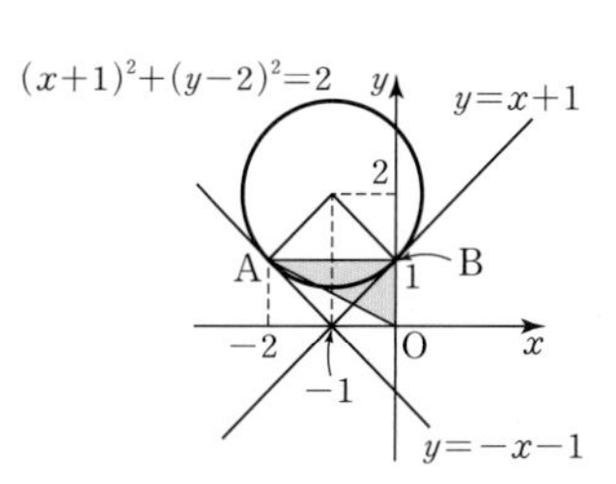

따라서 점 $(-1, 0)$을 지나고 원 ㉠에 접하는 두 직선의 방정식은

$y=x+1$, $y=-x-1$이다.

원 ㉠과 직선 $y=x+1$이 만나는 점의 x좌표는

$(x+1)^2+\{(x+1)-2\}^2=2$

$x^2=0$, $x=0$

이고 y좌표는 1이므로 접점의 좌표는 $(0, 1)$이다.

이때 원 ㉠은 직선 $x=-1$에 대하여 대칭이고 두 직선 $y=x+1$, $y=-x-1$도 직선 $x=-1$에 대하여 대칭이므로 두 점 A, B도 직선 $x=-1$에 대하여 대칭이다.

따라서 두 점 A, B의 좌표는 각각 $(-2, 1)$, $(0, 1)$이므로

$\overline{AB}=0-(-2)=2$

이고 삼각형 OAB의 넓이는

$\frac{1}{2}\times2\times1=1$ 답 ③

09 원 $x^2+y^2=25$ 위의 점 A$(3, -4)$에서의 접선의 방정식은

$3x-4y=25$

직선 $3x-4y=25$가 원 $(x-2a)^2+(y+1)^2=4a^2$과 접하므로

$\frac{|6a+4-25|}{\sqrt{3^2+(-4)^2}}=2a$

$|6a-21|=10a$

$6a-21=10a$ 또는 $6a-21=-10a$

$a=-\frac{21}{4}$ 또는 $a=\frac{21}{16}$

이때 $a>0$이므로 $a=\frac{21}{16}$

답 ②

10 $x^2+y^2-2(k+2)x+2(k-5)y+k^2-4k+29=0$에서

$\{x^2-2(k+2)x+(k+2)^2\}+\{y^2+2(k-5)y+(k-5)^2\}$

$=(k+2)^2+(k-5)^2-(k^2-4k+29)$

$(x-k-2)^2+(y+k-5)^2=k^2-2k$ …… ㉠

…… (가)

방정식 ㉠이 나타내는 도형이 원이려면 $k^2-2k>0$이어야 하므로

$k(k-2)>0$

$k<0$ 또는 $k>2$ …… ㉡

…… (나)

원 ㉠의 중심은 $(k+2, -k+5)$이므로 이 점이 제1사분면 위의 점이려면

$k+2>0$에서 $k>-2$

$-k+5>0$에서 $k<5$

즉, $-2<k<5$ …… ㉢

…… (다)

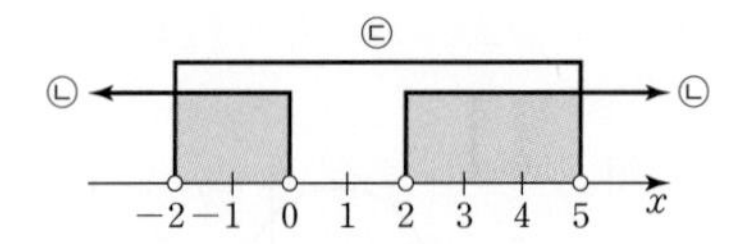

따라서 k의 값의 범위는 $-2<k<0$ 또는 $2<k<5$이므로

정수 k의 값은 -1, 3, 4이고 그 합은 $-1+3+4=6$

…… (라)

답 6

단계	채점 기준	비율
(가)	주어진 식을 원의 방정식으로 변형한 경우	20 %
(나)	원이 되도록 하는 k의 값의 범위를 구한 경우	30 %
(다)	중심이 제1사분면 위의 점임을 이용하여 k의 값의 범위를 구한 경우	30 %
(라)	모든 정수 k의 값의 합을 구한 경우	20 %

11 두 원의 교점을 지나는 원의 방정식을

$x^2+y^2+2y-4+n(x^2+y^2+4x-2y+4)=0$ $(n\neq-1)$

…… (가)

이라 하면 이 원이 점 $(1, 0)$을 지나므로

$1+0+0-4+n(1+0+4-0+4)=0$

따라서 $n=\frac{1}{3}$이므로 두 원의 교점을 지나는 원의 방정식은

$x^2+y^2+2y-4+\frac{1}{3}(x^2+y^2+4x-2y+4)=0$

…… (나)

$x^2+y^2+x+y-2=0$

$\left(x+\frac{1}{2}\right)^2+\left(y+\frac{1}{2}\right)^2=\frac{5}{2}$

따라서 구하는 원의 지름의 길이 k는

$k=2\times\frac{\sqrt{10}}{2}=\sqrt{10}$

따라서 $k^2=10$

…… (다)

답 10

단계	채점 기준	비율
(가)	두 원의 교점을 지나는 원의 방정식을 표현한 경우	30 %
(나)	두 원의 교점을 지나는 원의 방정식을 구한 경우	40 %
(다)	k^2의 값을 구한 경우	30 %

12 원 $x^2+(y+2)^2=9$의 중심을 C라 하면 점 C의 좌표는 C$(0, -2)$이고 반지름의 길이는 3이다.

…… (가)

$\overline{AC}=\sqrt{(0-3)^2+(-2-2)^2}=5$

$\overline{BC}=3$

…… (나)

따라서 삼각형 ABC는 직각삼각형이므로

$\overline{AB}=\sqrt{5^2-3^2}=4$

…… (다)

답 4

단계	채점 기준	비율
(가)	주어진 원의 중심의 좌표와 반지름의 길이를 구한 경우	40 %
(나)	두 선분 AC, BC의 길이를 구한 경우	30 %
(다)	선분 AB의 길이를 구한 경우	30 %

내신 고득점 도전 문제

본문 96~97쪽

13 ④ **14** ③ **15** ③ **16** ③ **17** ⑤
18 ⑤ **19** ① **20** ⑤ **21** ③ **22** 15
23 120 **24** 72

13 $x^2+y^2-6x-4y+7=0$에서
$(x-3)^2+(y-2)^2=6$
원 $(x-3)^2+(y-2)^2=6$의 중심의 좌표는 $C(3, 2)$이고
반지름의 길이는 $\sqrt{6}$이다.
$\overline{OC}=\sqrt{3^2+2^2}=\sqrt{13}$이므로
$M=\sqrt{13}+\sqrt{6}$, $m=\sqrt{13}-\sqrt{6}$
따라서
$Mm=(\sqrt{13}+\sqrt{6})(\sqrt{13}-\sqrt{6})$
$=13-6=7$

답 ④

14 원 $C_1 : x^2+y^2+2x-10y=0$에서
$C_1 : (x+1)^2+(y-5)^2=26$
이므로 원 C_1은 중심이 $(-1, 5)$인 원이다.
원 $C_2 : x^2+y^2-10x+ay=0$에서
$C_2 : (x-5)^2+\left(y+\frac{a}{2}\right)^2=25+\frac{a^2}{4}$
이므로 원 C_2는 중심이 $\left(5, -\frac{a}{2}\right)$인 원이다.
직선 $bx+y-3=0$에 의하여 두 원 C_1, C_2가 모두 이등분되므로 직선 $bx+y-3=0$은 두 원 C_1, C_2의 중심을 모두 지난다.
즉, 직선 $bx+y-3=0$이 점 $(-1, 5)$를 지나므로
$-b+5-3=0$, $b=2$
또한, 직선 $2x+y-3=0$이 점 $\left(5, -\frac{a}{2}\right)$를 지나므로
$10+\left(-\frac{a}{2}\right)-3=0$, $a=14$
따라서 $a+b=14+2=16$

답 ③

15 두 점 $A(1, 1)$, $B(5, -3)$을 지름의 양 끝 점으로 하는 원의 중심의 좌표는
$\left(\frac{1+5}{2}, \frac{1+(-3)}{2}\right)$, 즉 $(3, -1)$
이고, 반지름의 길이는
$\frac{1}{2}\sqrt{(5-1)^2+(-3-1)^2}=2\sqrt{2}$이다.
ㄱ. 반지름의 길이는 $2\sqrt{2}$이다. (참)
ㄴ. 주어진 원의 방정식은 $(x-3)^2+(y+1)^2=8$이므로
$x^2+y^2-6x+2y+2=0$이다. (거짓)
ㄷ. 점 $(3, -1)$과 직선 $x+y-4=0$ 사이의 거리는
$\frac{|3-1-4|}{\sqrt{1+1}}=\sqrt{2}$이다.
$\sqrt{2}<2\sqrt{2}$이므로 직선 $x+y-4=0$과 서로 다른 두 점에서 만난다. (참)
이상에서 옳은 것은 ㄱ, ㄷ이다.

답 ③

16 $P(a, 0)$, $Q(0, b)$라 하면 $\overline{PQ}=6$이므로 $\sqrt{a^2+b^2}=6$
따라서 $a^2+b^2=36$ …… ㉠
선분 PQ의 중점의 좌표를 (x, y)라 하면
$x=\frac{a}{2}$, $y=\frac{b}{2}$
이므로 $a=2x$, $b=2y$
㉠에서 $(2x)^2+(2y)^2=36$
$x^2+y^2=9$
따라서 구하는 도형의 둘레의 길이는 $2\pi\times3=6\pi$

답 ③

17 x축과 y축에 동시에 접하는 원의 중심은 직선 $y=x$ 또는 직선 $y=-x$ 위에 있다. 이때 원 $x^2+y^2=8$과 한 점에서만 만나고 x축과 y축에 동시에 접하는 원은 그림과 같이 8개가 있다.

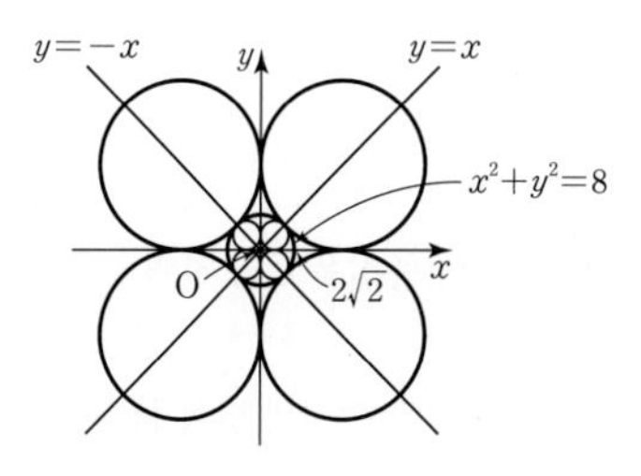

원 $x^2+y^2=8$과 직선 $y=x$가 만나는 점의 x좌표는
$x^2+x^2=8$, $x^2=4$, $x=\pm2$
즉, $x=y=-2$ 또는 $x=y=2$이므로 원 $x^2+y^2=8$과 직선 $y=x$는 두 점 $(-2, -2)$, $(2, 2)$에서 만난다.
이때 제1사분면에 있고, 원 $x^2+y^2=8$ 위의 점인 $(2, 2)$를 지나고 x축과 y축에 동시에 접하는 원의 방정식을 $(x-a)^2+(y-a)^2=a^2$이라 하면
$(2-a)^2+(2-a)^2=a^2$
$a^2-8a+8=0$
$a=4\pm2\sqrt{2}$
따라서 8개의 원 C_1, C_2, C_3, $\cdots$, C_8 중에 중심이 제1사분면에 있는 두 원의 반지름의 길이는 각각 $4-2\sqrt{2}$, $4+2\sqrt{2}$이다.
한편 원 $x^2+y^2=8$은 x축과 y축에 대하여 모두 대칭이고 8개의 원 C_1, C_2, C_3, $\cdots$, C_8의 반지름이 각각 r_1, r_2, r_3, $\cdots$, $r_n(r_1\le r_2\le r_3\le\cdots\le r_n)$이므로
$r_1=r_2=r_3=r_4=4-2\sqrt{2}$
$r_5=r_6=r_7=r_8=4+2\sqrt{2}$
ㄱ. $n=8$ (참)
ㄴ. $r_2+r_6=(4-2\sqrt{2})+(4+2\sqrt{2})=8$ (참)
ㄷ. $r_m<r_{m+1}$에서 $m=4$이고
$r_m=r_4=4-2\sqrt{2}$, $r_{m+1}=r_5=4+2\sqrt{2}$이므로
$\frac{r_{m+1}-r_m}{m}=\frac{(4+2\sqrt{2})-(4-2\sqrt{2})}{4}=\sqrt{2}$ (참)
이상에서 옳은 것은 ㄱ, ㄴ, ㄷ이다.

답 ⑤

18 원 $(x-3)^2+(y-2)^2=1$에서
$x^2+y^2-6x-4y+12=0$ …… ㉠
원 $(x-4)^2+(y-3)^2=3$에서
$x^2+y^2-8x-6y+22=0$ …… ㉡
두 원 ㉠, ㉡이 만나는 두 점 A, B를 지나는 도형의 방정식은
$(x^2+y^2-6x-4y+12)+k(x^2+y^2-8x-6y+22)=0$ …… ㉢
도형 ㉢이 점 $C(5, 1)$을 지나는 원이므로
$(25+1-30-4+12)+k(25+1-40-6+22)=0$
$2k+4=0$
$k=-2$
따라서 세 점 A, B, C를 지나는 원의 방정식은
$(x^2+y^2-6x-4y+12)-2(x^2+y^2-8x-6y+22)=0$
$x^2+y^2-10x-8y+32=0$
$(x-5)^2+(y-4)^2=3^2$
이므로 이 원의 반지름의 길이는 3이다.

답 ⑤

19

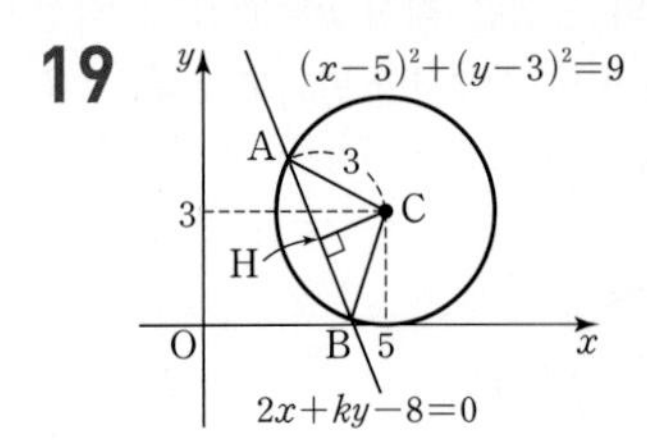

원 $(x-5)^2+(y-3)^2=3^2$의 중심을 C라 하면 C(5, 3)이고

$\overline{CA}=\overline{CB}=3$

원의 중심 C에서 현 AB에 내린 수선의 발을 H라 하면 $\overline{AB}=4$이므로

$\overline{AH}=\overline{BH}=\frac{1}{2}\overline{AB}=\frac{1}{2}\times 4=2$

직각삼각형 CAH에서

$\overline{CH}=\sqrt{\overline{CA}^2-\overline{AH}^2}=\sqrt{3^2-2^2}=\sqrt{5}$

즉, 점 C(5, 3)과 직선 $2x+ky-8=0$ 사이의 거리가 $\sqrt{5}$이므로

$\frac{|10+3k-8|}{\sqrt{2^2+k^2}}=\sqrt{5}$

$|3k+2|=\sqrt{20+5k^2}$

양변을 제곱하면

$(3k+2)^2=20+5k^2$

$k^2+3k-4=0$

$(k+4)(k-1)=0$

$k>0$이므로 $k=1$

이때 원 $(x-5)^2+(y-3)^2=3^2$과 직선 $2x+y-8=0$, $y=-2x+8$이 만나는 점의 x좌표는 $(x-5)^2+\{(-2x+8)-3\}^2=3^2$

$5x^2-30x+41=0$

이 이차방정식의 두 실근을 α, β라 하면 두 점 A, B의 x좌표는 각각 α, β 또는 β, α이고, 근과 계수의 관계에 의하여

$\alpha+\beta=-\frac{-30}{5}=6$

따라서 세 점 O, A, B를 꼭짓점으로 하는 삼각형의 무게중심의 x좌표는

$\frac{0+\alpha+\beta}{3}=\frac{6}{3}=2$ 답 ①

20

직선 $mx-y-3m=0$과 원 $x^2+y^2=1$이 만나지 않으려면 원의 중심과 직선 사이의 거리가 원의 반지름의 길이보다 커야 하므로

$\frac{|-3m|}{\sqrt{m^2+1}}>1$

$9m^2>m^2+1$, $m^2>\frac{1}{8}$

$m>0$이므로 $m>\frac{1}{2\sqrt{2}}$ …… ㉠

또 직선 $mx-y-3m=0$과 원 $x^2+y^2=8$이 만나려면 원의 중심과 직선 사이의 거리가 원의 반지름의 길이보다 작거나 같아야 하므로

$\frac{|-3m|}{\sqrt{m^2+1}}\le 2\sqrt{2}$

$9m^2\le 8m^2+8$, $m^2\le 8$

$m>0$이므로 $0<m\le 2\sqrt{2}$ …… ㉡

㉠, ㉡에서 $\frac{1}{2\sqrt{2}}<m\le 2\sqrt{2}$

따라서 $\alpha=\frac{1}{2\sqrt{2}}$, $\beta=2\sqrt{2}$이므로

$\alpha+\beta=\frac{\sqrt{2}}{4}+2\sqrt{2}=\frac{9\sqrt{2}}{4}$ 답 ⑤

21

원 $x^2+y^2=25$ 위의 제1사분면의 점 $P(a, b)$ $(a>0, b>0)$에서의 접선의 방정식은

$ax+by=25$ …… ㉠

직선 ㉠이 x축과 만나는 점은 $A\left(\frac{25}{a}, 0\right)$, y축과 만나는 점은 $B\left(0, \frac{25}{b}\right)$이고 $a^2+b^2=25$이므로

$\overline{AB}=\sqrt{\left(0-\frac{25}{a}\right)^2+\left(\frac{25}{b}-0\right)^2}=25\sqrt{\frac{1}{a^2}+\frac{1}{b^2}}$

$=25\sqrt{\frac{a^2+b^2}{a^2b^2}}=25\sqrt{\frac{25}{(ab)^2}}=\frac{125}{ab}$

이때 삼각형 OAB의 둘레의 길이가 25이므로

$\overline{OA}+\overline{OB}+\overline{AB}=\frac{25}{a}+\frac{25}{b}+\frac{125}{ab}=25$

$b+a+5=ab$

$ab-a-b=5$

따라서

$(a-1)(b-1)=(ab-a-b)+1$

$=5+1=6$ 답 ③

22

$\overline{AP}:\overline{BP}=3:2$이므로 $2\overline{AP}=3\overline{BP}$에서

$4\overline{AP}^2=9\overline{BP}^2$

점 P의 좌표를 (x, y)라 하면

$4\{(x+3)^2+y^2\}=9\{(x-2)^2+y^2\}$, $x^2+y^2-12x=0$

$(x-6)^2+y^2=36$

…… (가)

즉, 점 P는 중심의 좌표가 (6, 0)이고, 반지름의 길이가 6인 원 위의 점이다.

…… (나)

따라서 삼각형 PAB의 넓이의 최댓값은

$\frac{1}{2}\times 5\times 6=15$

…… (다)

답 15

단계	채점 기준	비율
(가)	원의 방정식을 구한 경우	40 %
(나)	원의 반지름의 길이를 구한 경우	30 %
(다)	삼각형 PAB의 넓이의 최댓값을 구한 경우	30 %

23

원 C는 중심이 직선 $y=2x-6$ 위에 있으므로 원 C의 중심을 (p, q)라 하면

$q=2p-6$

이때 원 C의 반지름의 길이가 2이고 x축 또는 y축과 접하므로

$|p|=2$ 또는 $|2p-6|=2$

$|p|=2$에서 $p=-2$ 또는 $p=2$

$|2p-6|=2$에서

$2p-6=-2$ 또는 $2p-6=2$

$p=2$ 또는 $p=4$

따라서 원 C의 중심은 $(-2, -10)$ 또는 $(2, -2)$ 또는 $(4, 2)$이다.

…… (가)

중심이 $(-2, -10)$이고 반지름의 길이가 2인 원의 방정식은
$(x+2)^2+(y+10)^2=2^2$
$x^2+y^2+4x+20y+100=0$
이므로 $a=4$, $b=20$, $c=100$이고
$a+b+c=124$
또한 중심이 $(2, -2)$이고 반지름의 길이가 2인 원의 방정식은
$(x-2)^2+(y+2)^2=2^2$
$x^2+y^2-4x+4y+4=0$
이므로 $a=-4$, $b=4$, $c=4$이고
$a+b+c=4$
또한 중심이 $(4, 2)$이고 반지름의 길이가 2인 원의 방정식은
$(x-4)^2+(y-2)^2=2^2$
$x^2+y^2-8x-4y+16=0$
이므로 $a=-8$, $b=-4$, $c=16$이고
$a+b+c=4$

······························ (나)

따라서 $a+b+c$의 값은 4 또는 124이므로
$M=124$, $m=4$
$M-m=120$

······························ (다)

답 120

단계	채점 기준	비율
(가)	원의 중심을 구한 경우	30 %
(나)	원의 중심에 따라 각각의 $a+b+c$의 값을 구한 경우	60 %
(다)	$a+b+c$의 최댓값과 최솟값의 차를 구한 경우	10 %

24 원의 중심을 D(5, 4)라 하고 두 직선 AD, BC의 교점을 E라 하자.

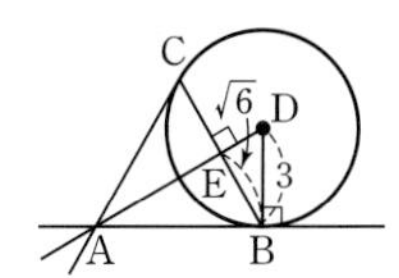

$\overline{BD}=3$, $\overline{BE}=\frac{1}{2}\overline{BC}=\sqrt{6}$이므로 피타고라스 정리에 의하여 $\overline{DE}=\sqrt{3}$

······························ (가)

삼각형 DBE와 삼각형 DAB가 닮음이므로
$\sqrt{3}:3=\sqrt{6}:\overline{AB}$, $\overline{AB}=3\sqrt{2}$
삼각형 ABD에서
$\overline{AB}\times\overline{BD}=\overline{AD}\times\overline{BE}$
$3\sqrt{2}\times3=(\overline{AE}+\sqrt{3})\sqrt{6}$
$\overline{AE}=2\sqrt{3}$

······························ (나)

따라서 삼각형 ABC의 넓이 S는
$S=\frac{1}{2}\times2\sqrt{6}\times2\sqrt{3}=6\sqrt{2}$이므로 $S^2=72$

······························ (다)

답 72

단계	채점 기준	비율
(가)	선분 DE의 길이를 구한 경우	30 %
(나)	선분 AE의 길이를 구한 경우	40 %
(다)	S^2의 값을 구한 경우	30 %

변별력을 만드는 1등급 문제

본문 98~100쪽

25 ② **26** ② **27** 6 **28** 8 **29** ④
30 ④ **31** ① **32** ③ **33** 80 **34** ③
35 ④ **36** ②

25
자연수 n에 대하여 두 원
C_1: $(x-4)^2+(y-3)^2=9$
C_2: $x^2+y^2=n$
이 있다. 두 원 C_1, C_2가 만나는 서로 다른 점의 개수를 $f(n)$이라 할 때, 방정식 $f(n)=1$을 만족시키는 n의 개수를 a, 방정식 $f(n)=2$를 만족시키는 n의 개수를 b라 하자. ab의 값은?

① 116 ✓② 118 ③ 120
④ 122 ⑤ 124

step 1 두 원 C_1, C_2가 접하는 경우를 그림으로 나타내기
두 원 C_1, C_2의 중심은 각각 점 (4, 3), 원점 O이고, 반지름의 길이는 각각 3, $\sqrt{n}$이다.
두 원 C_1, C_2가 접하는 경우는 그림과 같이 두 가지 경우가 있다.

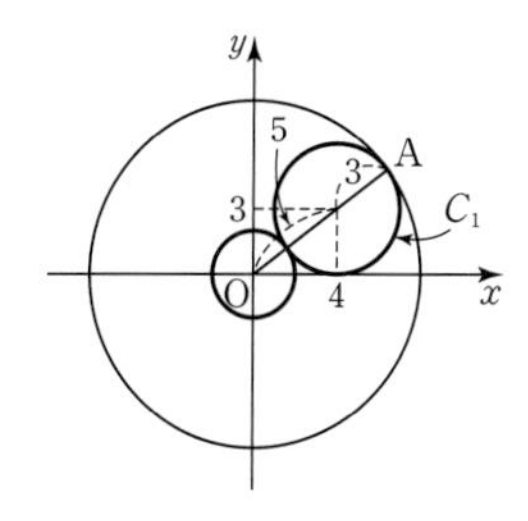

step 2 두 원 C_1, C_2가 외접 또는 내접하도록 하는 n의 값 구하기
(i) 두 원 C_1, C_2가 외접하는 경우
두 점 O, (4, 3) 사이의 거리는
$\sqrt{4^2+3^2}=5$
이때 두 원 C_1, C_2가 외접하려면 두 원 C_1, C_2의 반지름의 길이의 합이 5이어야 하므로
$3+\sqrt{n}=5$, $\sqrt{n}=2$
$n=4$

(ii) 두 원 C_1, C_2가 내접하는 경우
두 원 C_1, C_2가 내접할 때 접점을 A라 하면
$\overline{OA}=\sqrt{n}=5+3=8$
$n=64$
(i), (ii)에서 n의 값이 4 또는 64이면 두 원이 접하므로 $f(n)=1$

step 3 a, b, ab의 값 구하기
함수 $f(n)$은 $1\le n<4$ 또는 $n>64$이면 두 원 C_1, C_2는 만나지 않으므로 $f(n)=0$
$n=4$ 또는 $n=64$이면 두 원 C_1, C_2는 접하므로 $f(n)=1$
$4<n<64$이면 두 원 C_1, C_2는 두 점에서 만나므로 $f(n)=2$
따라서 방정식 $f(n)=1$을 만족시키는 n의 개수는 $a=2$,
방정식 $f(n)=2$를 만족시키는 n의 개수는 $b=64-4-1=59$
이므로 $ab=2\times59=118$ 답 ②

26

원 $x^2+(y-2)^2=\frac{7}{16}$ 위의 점 P와 이차함수 $y=x^2$의 그래프 위의 점 Q에 대하여 선분 PQ의 길이의 최솟값은?

① $\frac{\sqrt{7}}{8}$ ✓② $\frac{\sqrt{7}}{4}$ ③ $\frac{3\sqrt{7}}{8}$
④ $\frac{\sqrt{7}}{2}$ ⑤ $\frac{5\sqrt{7}}{8}$

step 1 원의 중심과 곡선 $y=x^2$ 위의 점 사이의 거리의 최솟값 구하기
원 $x^2+(y-2)^2=\frac{7}{16}$의 중심의 좌표는 $(0, 2)$이고 반지름의 길이는 $\frac{\sqrt{7}}{4}$이다.
점 $(0, 2)$와 점 $Q(t, t^2)$ 사이의 거리를 d라 하면
$d^2=(t-0)^2+(t^2-2)^2$
$=t^4-3t^2+4$
$=\left(t^2-\frac{3}{2}\right)^2+\frac{7}{4}\ge\frac{7}{4}$

step 2 선분 PQ의 길이의 최솟값 구하기
따라서 d의 최솟값은 $\frac{\sqrt{7}}{2}$이므로 선분 PQ의 길이의 최솟값은
$\frac{\sqrt{7}}{2}-\frac{\sqrt{7}}{4}=\frac{\sqrt{7}}{4}$ 답 ②

27

→ 점 A는 정점이다.
그림과 같이 원 $C: (x-4)^2+y^2=16$ 위에 점 A(4, 4)가 있다. 원 C 위의 제4사분면에 있는 점 P에 대하여 삼각형 PAO의 넓이가 최대가 되도록 하는 점 P의 x좌표가 $a+b\sqrt{2}$일 때, $a+b$의 값을 구하시오. 6
(단, O는 원점이고 a, b는 유리수이다.)
→ 점 P와 직선 OA 사이의 거리가 최대이다.

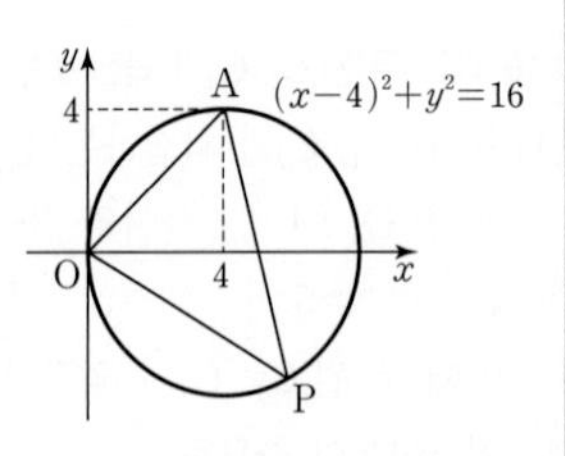

step 1 직선 OA에 수직이고 원의 중심을 지나는 직선의 방정식 구하기
선분 OA의 길이가 $4\sqrt{2}$로 일정하므로 삼각형 PAO의 넓이가 최대이려면 점 P와 직선 OA 사이의 거리가 최대이어야 한다.
즉, 직선 OA와 수직이고 원의 중심 $(4, 0)$을 지나는 직선과 원 $(x-4)^2+y^2=16$의 교점이 점 P이어야 한다.
직선 OA의 기울기는 $\frac{4-0}{4-0}=1$이므로 수직인 직선의 기울기는 -1이다. 따라서 직선 OA와 수직이고 원의 중심 $(4, 0)$을 지나는 직선의 방정식은
$y=-(x-4)+0$, 즉 $y=-x+4$

step 2 구한 직선과 원이 만나는 점의 x좌표 구하기
$(x-4)^2+y^2=16$에서
$(x-4)^2+(-x+4)^2=16$, $(x-4)^2=8$
$x-4=2\sqrt{2}$ 또는 $x-4=-2\sqrt{2}$
점 P의 x좌표가 4 이상이어야 하므로 $x=4+2\sqrt{2}$
따라서 $a=4$, $b=2$이므로 $a+b=6$ 답 6

28

$r>1$인 상수 r에 대하여 두 원
$C_1: (x-1)^2+(y-1)^2=1$
$C_2: (x-r)^2+(y-r)^2=r^2$
이 오직 한 점에서만 만날 때, 두 원 C_1, C_2와 x축으로 둘러싸인 부분의 넓이를 S_1, 두 원 C_1, C_2와 y축으로 둘러싸인 부분의 넓이를 S_2라 하자. $6r-(S_1+S_2)=2+\pi(a+b\sqrt{2})$일 때, $a+b$의 값을 구하시오. (단 a, b는 유리수이다.) 8
→ 두 원 C_1, C_2가 모두 직선 $y=x$에 대하여 대칭이므로 $S_1=S_2$

step 1 주어진 조건을 만족시키는 두 원 C_1, C_2를 그림으로 나타내기
원 C_1은 중심이 $(1, 1)$, 반지름의 길이가 1인 원이고, 원 C_2는 중심이 (r, r), 반지름의 길이가 r인 원이므로 두 원 C_1, C_2는 모두 x축과 y축에 동시에 접한다. 이때 $r>1$이고 두 원 C_1, C_2가 오직 한 점에서만 만나므로 두 원 C_1, C_2는 그림과 같다.

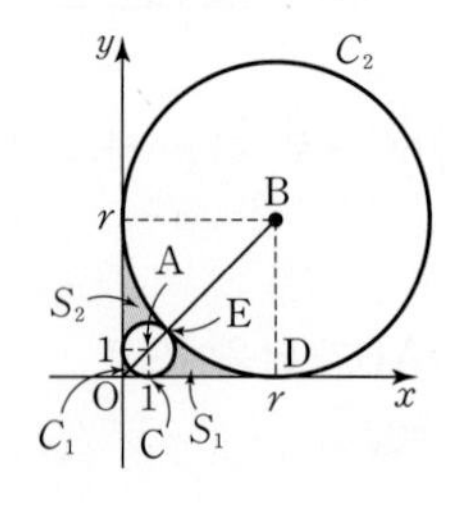

step 2 r의 값 구하기
두 원 C_1, C_2의 중심을 각각 A, B라 하고, 두 점 A, B에서 x축에 내린 수선의 발을 각각 C, D라 하면 A(1, 1), B(r, r), C(1, 0), D$(r, 0)$
이때 $\overline{AB}=r+1$이므로
$\overline{AB}=\sqrt{(r-1)^2+(r-1)^2}=\sqrt{2}|r-1|=\sqrt{2}(r-1)=r+1$
$(\sqrt{2}-1)r=\sqrt{2}+1$
$r=\frac{\sqrt{2}+1}{\sqrt{2}-1}=\frac{(\sqrt{2}+1)^2}{(\sqrt{2}-1)(\sqrt{2}+1)}=3+2\sqrt{2}$

step 3 a, b, $a+b$의 값 구하기
한편 두 원 C_1, C_2가 만나는 점을 E라 하자.

두 원 C_1, C_2와 x축으로 둘러싸인 부분의 넓이 S_1은 사각형 ACDB의 넓이에서 두 부채꼴 ACE, BED의 넓이의 합을 뺀 것과 같으므로

$$S_1=\frac{1}{2}\times(\overline{AC}+\overline{BD})\times\overline{CD}-\left(\pi\times1^2\times\frac{135^\circ}{360^\circ}+\pi\times r^2\times\frac{45^\circ}{360^\circ}\right)$$
$$=\frac{1}{2}\times(1+r)\times(r-1)-\left(\frac{3}{8}\pi+\frac{r^2}{8}\pi\right)$$
$$=\frac{r^2-1}{2}-\frac{\pi}{8}(r^2+3)$$
$$=\frac{(3+2\sqrt{2})^2-1}{2}-\frac{\pi}{8}\{(3+2\sqrt{2})^2+3\}$$
$$=(8+6\sqrt{2})-\frac{\pi}{2}(5+3\sqrt{2})$$

두 원 C_1, C_2는 직선 $y=x$에 대하여 대칭이므로 $S_1=S_2$이다.

따라서

$$6r-(S_1+S_2)=6r-2S_1$$
$$=6(3+2\sqrt{2})-2\left\{(8+6\sqrt{2})-\frac{\pi}{2}(5+3\sqrt{2})\right\}$$
$$=2+\pi(5+3\sqrt{2})=2+\pi(a+b\sqrt{2})$$

이므로 $a=5$, $b=3$

$a+b=8$ 답 8

29

두 원

C_1: $x^2+y^2=31$, C_2: $x^2+y^2+2ax+2by=1$

이 다음 조건을 만족시킨다.

→ 두 원 C_1, C_2의 공통현은 원 C_2의 지름이다.

(가) 원 C_1은 원 C_2의 둘레를 이등분한다.
(나) 두 원 C_1, C_2의 공통현의 길이는 8이다.

→ 원 C_2의 지름의 길이는 8이다.

원 C_2의 중심을 C라 할 때, 선분 OC의 길이는?

(단, O는 원점이고 a, b는 상수이다.)

① $2\sqrt{3}$ ② $\sqrt{13}$ ③ $\sqrt{14}$
✓④ $\sqrt{15}$ ⑤ 4

step 1 원 C_2의 중심의 좌표와 반지름의 길이 구하기

원 C_1은 중심의 좌표가 $(0, 0)$이고 반지름의 길이가 $\sqrt{31}$인 원이다.

$x^2+y^2+2ax+2by=1$에서

$(x^2+2ax+a^2)+(y^2+2by+b^2)=1+a^2+b^2$

$(x+a)^2+(y+b)^2=1+a^2+b^2$

이므로 원 C_2는 중심의 좌표가 $(-a, -b)$이고 반지름의 길이가 $\sqrt{1+a^2+b^2}$인 원이다.

step 2 조건의 의미를 이용하여 a^2+b^2의 값 구하기

원 C_1은 원 C_2의 둘레를 이등분하므로 두 원 C_1, C_2의 교점은 원 C_2의 지름의 양 끝 점이고 두 원 C_1, C_2의 공통현은 원 C_2의 지름이다.

$2\sqrt{1+a^2+b^2}=8$, $\sqrt{1+a^2+b^2}=4$

$a^2+b^2=15$

step 3 선분 OC의 길이 구하기

따라서 선분 OC의 길이는 $\sqrt{a^2+b^2}=\sqrt{15}$ 답 ④

30

그림과 같이 중심이 곡선 $y=x^2-x-2$ 위에 있고 x축과 y축에 동시에 접하는 원은 4개 있다. 이 네 원의 중심을 각각 A, B, C, D라 할 때, 사각형 ABCD의 넓이는?

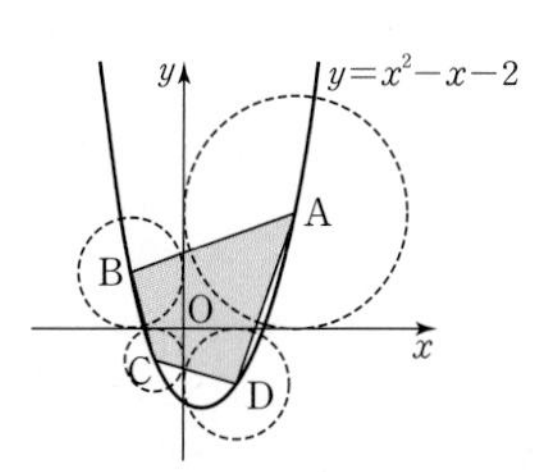

① $\sqrt{6}$ ② $2\sqrt{6}$ ③ $3\sqrt{6}$
✓④ $4\sqrt{6}$ ⑤ $5\sqrt{6}$

step 1 네 점 A, B, C, D의 좌표 구하기

x축과 y축에 동시에 접하는 원의 중심은 직선 $y=x$ 또는 $y=-x$ 위에 있다.

(i) 곡선 $y=x^2-x-2$와 직선 $y=x$의 교점이 중심일 때

$x^2-x-2=x$

$x^2-2x-2=0$

$x=1-\sqrt{3}$ 또는 $x=1+\sqrt{3}$

$A(1+\sqrt{3}, 1+\sqrt{3})$, $C(1-\sqrt{3}, 1-\sqrt{3})$

(ii) 곡선 $y=x^2-x-2$와 직선 $y=-x$의 교점이 중심일 때

$x^2-x-2=-x$

$x^2-2=0$

$x=-\sqrt{2}$ 또는 $x=\sqrt{2}$

$B(-\sqrt{2}, \sqrt{2})$, $D(\sqrt{2}, -\sqrt{2})$

step 2 사각형 ABCD의 넓이 구하기

→ 직선 AC는 직선 $y=x$이고 직선 OB는 직선 $y=-x$이므로 두 직선 AC, OB는 서로 수직이다.

$\overline{AC}\perp\overline{OB}$이고, (i), (ii)에 의하여

$\overline{AC}=\sqrt{(-2\sqrt{3})^2+(-2\sqrt{3})^2}=2\sqrt{6}$

$\overline{OB}=\sqrt{(-\sqrt{2})^2+(\sqrt{2})^2}=2$

따라서 사각형 ABCD의 넓이를 S라 하면

$S=\left(\frac{1}{2}\times\overline{AC}\times\overline{OB}\right)\times2=\left(\frac{1}{2}\times2\sqrt{6}\times2\right)\times2=4\sqrt{6}$ 답 ④

31

→ 중심이 $(4, k)$이고 반지름의 길이가 $2\sqrt{2}$인 원이다.

점 $(4, k)$에서 거리가 $2\sqrt{2}$인 점들이 나타내는 도형을 C라 하자. 도형 C가 다음 조건을 만족시키도록 하는 정수 k의 값은?

→ 원 C의 중심과 직선 $x+y-2=0$ 사이의 거리는 $2\sqrt{2}$보다 작거나 같다.

(가) 도형 C는 직선 $x+y-2=0$과 만난다.
(나) 도형 C는 직선 $x-y-5=0$과 만나지 않는다.

✓① -6 ② -5 ③ -4
④ -3 ⑤ -2

step 1 점과 직선 사이의 거리 공식을 이용하여 k의 값의 범위 구하기

점 $(4, k)$와 거리가 $2\sqrt{2}$인 점들이 나타내는 도형은 중심이 $(4, k)$이고

반지름의 길이가 $2\sqrt{2}$인 원이다.

(i) 도형 C가 직선 $x+y-2=0$과 만나려면 원의 중심과 직선 사이의 거리가 반지름의 길이보다 작거나 같아야 한다. 즉,

$$\frac{|4+k-2|}{\sqrt{1+1}} \le 2\sqrt{2}$$

$|k+2| \le 4$

$-4 \le k+2 \le 4$

따라서 $-6 \le k \le 2$

(ii) 도형 C가 직선 $x-y-5=0$과 만나지 않으려면 원의 중심과 직선 사이의 거리가 반지름의 길이보다 커야 한다. 즉,

$$\frac{|4-k-5|}{\sqrt{1+1}} > 2\sqrt{2}$$

$|k+1| > 4$

$k+1 < -4$ 또는 $k+1 > 4$

따라서 $k < -5$ 또는 $k > 3$

step 2 정수 k의 값 구하기

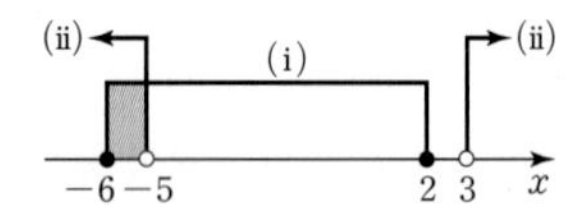

(i), (ii)에 의하여 $-6 \le k < -5$

따라서 정수 k의 값은 -6이다. 답 ①

32

두 원

C_1: $(x+3)^2+y^2=4$

C_2: $(x-7)^2+y^2=9$

에 동시에 접하는 네 직선을 l_1, l_2, l_3, l_4라 하자. 네 직선 l_1, l_2, l_3, l_4의 기울기가 각각 m_1, m_2, m_3, m_4 $(m_1<m_2<m_3<m_4)$일 때, 두 직선 l_1, l_4와 y축으로 둘러싸인 부분의 넓이는?

① 1 ② $\frac{\sqrt{2}}{2}$ √③ $\frac{\sqrt{3}}{3}$ ④ $\frac{1}{2}$ ⑤ $\frac{\sqrt{5}}{5}$

step 1 주어진 조건을 만족시키는 네 직선 l_1, l_2, l_3, l_4를 그림으로 나타내기

원 C_1은 중심이 $(-3, 0)$, 반지름의 길이가 2인 원이고, 원 C_2는 중심이 $(7, 0)$이고 반지름의 길이가 3인 원이다. 이때 두 원 C_1, C_2에 동시에 접하는 직선은 그림과 같이 4개가 있다.

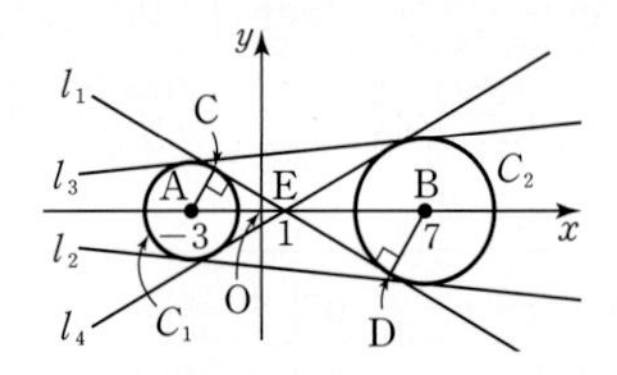

네 직선 l_1, l_2, l_3, l_4의 기울기가 각각 m_1, m_2, m_3, m_4 $(m_1<m_2<m_3<m_4)$이므로 기울기가 가장 작은 접선이 l_1, 기울기가 가장 큰 접선이 l_4이다. 이때 두 원 C_1, C_2는 x축에 대하여 대칭이므로 두 직선 l_1, l_4도 x축에 대하여 대칭이다.

step 2 두 직선 l_1, l_4의 방정식 구하기

두 원 C_1, C_2의 중심을 각각 A, B라 하고 두 점 A, B에서 직선 l_1에 내린 수선의 발을 각각 C, D라 하면 $\overline{AC}=2$, $\overline{BD}=3$

이때 직선 l_1이 x축과 만나는 점을 E라 하면 두 삼각형 ECA, EDB는 닮음비가 $\overline{AC}:\overline{BD}=2:3$인 닮은 도형이므로 점E는 선분 AB를 $2:3$으로 내분하는 점이다.

($\angle ECA=\angle EDB=90°$, $\angle AEC=\angle BED$ (맞꼭지각))

따라서 $E\left(\frac{2\times7+3\times(-3)}{2+3}, \frac{2\times0+3\times0}{2+3}\right)$, 즉 E(1, 0)이다.

점 E(1, 0)을 지나고 두 원 C_1, C_2에 모두 접하는 직선의 기울기를 m이라 하면 이 직선의 방정식은 $y=m(x-1)$, $mx-y-m=0$ …… ㉠

점 A(−3, 0)과 직선 ㉠ 사이의 거리는 2이므로

$$\frac{|-3m-0-m|}{\sqrt{m^2+(-1)^2}}=2,\ |4m|=2\sqrt{m^2+1}$$

양변을 제곱하면 $16m^2=4m^2+4$, $m^2=\frac{1}{3}$, $m=\pm\frac{\sqrt{3}}{3}$

즉, 두 직선 l_1, l_4의 방정식은 각각 $y=-\frac{\sqrt{3}}{3}(x-1)$, $y=\frac{\sqrt{3}}{3}(x-1)$이다.

step 3 두 직선 l_1, l_4와 y축으로 둘러싸인 부분의 넓이 구하기

따라서 두 직선 l_1, l_4의 x절편은 모두 1이고, y절편은 각각 $\frac{\sqrt{3}}{3}$, $-\frac{\sqrt{3}}{3}$이므로 두 직선 l_1, l_4와 y축으로 둘러싸인 부분의 넓이를 S라 하면

$$S=\frac{1}{2}\times\left\{\frac{\sqrt{3}}{3}-\left(-\frac{\sqrt{3}}{3}\right)\right\}\times1=\frac{\sqrt{3}}{3}$$

답 ③

33

그림과 같이 원 C: $(x-a)^2+(y-4)^2=r^2$ $(r>4)$와 x축이 만나서 생기는 현의 길이를 l_1이라 하고 원 C와 직선 $y=\frac{4}{3}x$가 만나서 생기는 현의 길이를 l_2라 하자. $l_1=l_2$일 때, 원 C의 중심 A에 대하여 $\overline{OA}^2$의 값을 구하시오. (단, O는 원점이고 a는 양수이다.) 80

원 C의 중심과 x축 사이의 거리와 직선 $y=\frac{4}{3}x$ 사이의 거리는 같다.

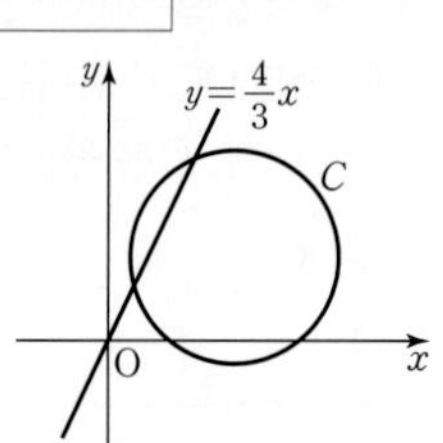

step 1 현의 길이가 같음을 이용하여 a의 값 구하기

점 $(a, 4)$와 x축 사이의 거리는 4이고

점 $(a, 4)$와 직선 $y=\frac{4}{3}x$, 즉 $4x-3y=0$ 사이의 거리는

$$\frac{|4a-12|}{\sqrt{4^2+(-3)^2}}$$

$l_1=l_2$이므로

$$\frac{|4a-12|}{5}=4$$

$|a-3|=5$

이때 $a>0$이므로

$a=8$

step 2 원의 중심과 원점 사이의 거리 구하기

원 C의 중심의 좌표는 A(8, 4)이므로

$\overline{OA}=\sqrt{64+16}=4\sqrt{5}$

따라서 $\overline{OA}^2=80$ 답 80

34

정수 n에 대하여 두 원

C_1: $x^2+(y-n)^2=16$

C_2: $x^2+y^2=81$

과 직선 $l : y=\frac{3}{4}x$가 있다. 원 C_1이 원 C_2 또는 직선 l과 만나는 서로 다른 점의 개수가 2가 되도록 하는 모든 n의 개수는?

① 21 ② 23 ✓③ 25
④ 27 ⑤ 29

step 1 원 C_1과 직선 l이 접하도록 하는 n의 값 구하기

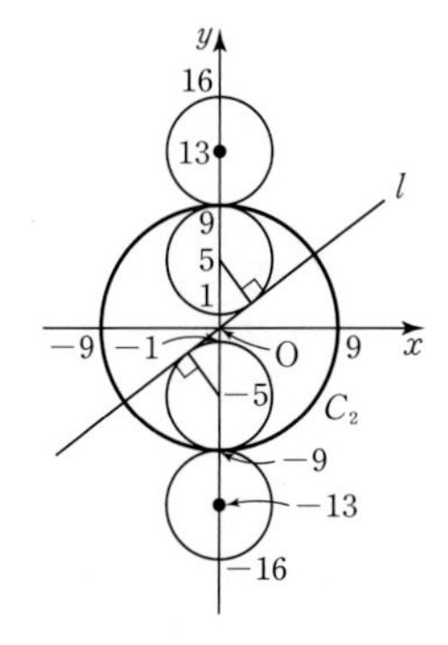

원 C_1이 직선 l과 접하려면 원 C_1의 중심 $(0, n)$과 직선 $l : 3x-4y=0$ 사이의 거리가 원 C_1의 반지름의 길이인 4이어야 하므로

$\frac{|0-4n|}{\sqrt{3^2+(-4)^2}}=4$

$|4n|=20$

$|n|=5$

$n=-5$ 또는 $n=5$

$n=-5$일 때 원 C_1: $x^2+(y+5)^2=16$은 점 $(0, -9)$를 지나므로 두 원 C_1, C_2는 내접한다.

마찬가지로 $n=5$일 때 원 $C_1 : x^2+(y-5)^2=16$은 점 $(0, 9)$를 지나므로 두 원 C_1, C_2는 내접한다.

step 2 n의 값에 따라 원 C_1이 원 C_2 또는 직선 l과 만나는 서로 다른 점의 개수 구하기

한편 $n=-13$ 또는 $n=13$이면 두 원 C_1, C_2는 외접하고 원 C_1은 직선 l과 만나지 않는다.

따라서 원 C_1이 원 C_2 또는 직선 l과 만나는 서로 다른 점의 개수를 $f(n)$이라 하면

$n<-13$ 또는 $n>13$이면 $f(n)=0$

$n=-13$ 또는 $n=13$이면 $f(n)=1$

$-13<n<13$이면 $f(n)=2$

step 3 $f(n)$의 값이 2가 되도록 하는 정수 n의 개수 구하기

따라서 $f(n)$의 값이 2가 되도록 하는 n의 값의 범위는 $-13<n<13$이므로 정수 n의 값은

$-12, -11, -10, \cdots, 12$이고 그 개수는 25이다. 답 ③

35

두 원

C_1: $x^2+y^2=r^2$, C_2: $x^2+y^2=4r^2$

이 다음 조건을 만족시킨다.

> 원 C_1 위의 점 P에서의 접선이 원 C_2와 만나는 두 점을 각각 A, B라 할 때, 삼각형 OAB의 넓이가 $4\sqrt{3}$이다.

점 $(6, 0)$에서 원 C_2에 그은 기울기가 음수인 접선의 y절편은?
(단, O는 원점이고 $r>0$이다.)

① $\frac{6\sqrt{5}}{5}$ ② $\frac{8\sqrt{5}}{5}$ ③ $2\sqrt{5}$
✓④ $\frac{12\sqrt{5}}{5}$ ⑤ $\frac{14\sqrt{5}}{5}$

step 1 삼각형 OAB의 넓이를 이용하여 r^2의 값 구하기

두 원 C_1, C_2는 원점을 중심으로 하고 반지름의 길이가 각각 r, $2r$이다.

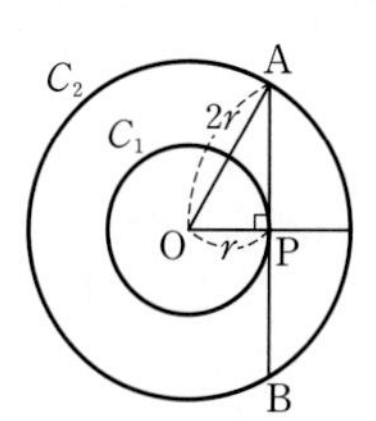

점 P는 선분 AB의 중점이고 삼각형 OPA에서

$\overline{OP}=r$, $\overline{OA}=2r$이므로 $\overline{AP}=\sqrt{3}r$

삼각형 OAB의 넓이가 $4\sqrt{3}$이므로 삼각형 OPA의 넓이는 $2\sqrt{3}$이다.

$\frac{1}{2}\times\sqrt{3}r\times r=\frac{\sqrt{3}}{2}r^2=2\sqrt{3}$

$r^2=4$

$\triangle OPA=\frac{1}{2}\times\overline{OP}\times\overline{AP}$
$=\frac{1}{2}\times\overline{OP}\times\left(\frac{1}{2}\times\overline{AB}\right)$
$=\frac{1}{2}\times\left(\frac{1}{2}\times\overline{OP}\times\overline{AB}\right)$
$=\frac{1}{2}\times(\triangle OAB)$
$=\frac{1}{2}\times4\sqrt{3}=2\sqrt{3}$

step 2 점과 직선 사이의 거리 공식을 이용하여 y절편 구하기

기울기가 m이고 점 $(6, 0)$을 지나는 직선의 방정식은

$y=m(x-6)+0$

즉, $mx-y-6m=0$ …… ㉠

직선 ㉠이 원 C_2에 접하면 원 C_2는 중심의 좌표가 $(0, 0)$이고 반지름의 길이가 4이므로

$\frac{|-6m|}{\sqrt{m^2+1}}=4$

$36m^2=16(m^2+1)$

$m^2=\frac{4}{5}$

따라서 $m=\frac{-2\sqrt{5}}{5}$이므로 구하는 직선의 y절편은

$-6m=\frac{12\sqrt{5}}{5}$ 답 ④

36

두 직선 l, m과 중심이 각각 O_1, O_2, O_3, O_4이고 반지름의 길이가 모두 r인 서로 다른 네 원 C_1, C_2, C_3, C_4가 다음 조건을 만족시킨다.

> (가) 네 원 C_1, C_2, C_3, C_4가 모두 두 직선 l, m에 동시에 접한다.
> (나) 두 직선 l, m이 이루는 예각의 크기는 $60°$이다.

네 점 O_1, O_2, O_3, O_4를 꼭짓점으로 하는 사각형의 넓이가 $72\sqrt{3}$일 때, r의 값은?

① $2\sqrt{6}$ ✓② $3\sqrt{3}$ ③ $\sqrt{30}$
④ $\sqrt{33}$ ⑤ 6

step 1 좌표평면에 두 직선 l, m과 네 원 C_1, C_2, C_3, C_4를 나타내기

$\tan 60°=\sqrt{3}$이고 조건 (나)에서 두 직선 l, m이 이루는 예각의 크기가 $60°$이므로 직선 l을 x축, 직선 m을 $y=\sqrt{3}x$라 하자. 이때 두 직선 l, m, 즉 x축과 직선 $y=\sqrt{3}x$에 접하는 네 원은 그림과 같고, 이 네 원을 제1사분면의 원부터 시계 반대 방향으로 각각 C_1, C_2, C_3, C_4라 하자.

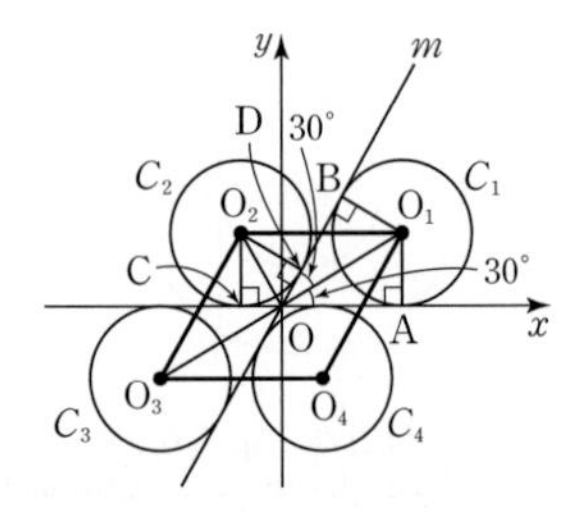

step 2 두 원 C_1, C_3의 중심 구하기

원 C_1의 중심 O_1에서 직선 l(x축)에 내린 수선의 발을 A, 직선 m에 내린 수선의 발을 B, 원점을 O라 하면 두 삼각형 O_1OA, O_1OB는 합동이므로

$\angle O_1OA=\angle O_1OB=30°$

이때 $\overline{O_1A}=\overline{O_1B}=r$이므로

$\tan 30°=\dfrac{\overline{O_1A}}{\overline{OA}}$, $\overline{OA}=\dfrac{\overline{O_1A}}{\tan 30°}=\sqrt{3}r$

즉, $O_1(\sqrt{3}r,\ r)$

→ 원 C_1의 반지름의 길이가 r이고 원 C_1이 직선 l(x축)에 접하므로 원 C_1의 중심 O_1의 y좌표는 r이다.

마찬가지 방법으로 $O_3(-\sqrt{3}r,\ -r)$

step 3 두 원 C_2, C_4의 중심 구하기

원 C_2의 중심 O_2에서 직선 l(x축)에 내린 수선의 발을 C, 직선 m에 내린 수선의 발을 D라 하면 두 삼각형 O_2OC, O_2OD는 합동이므로

$\angle O_2OC=\angle O_2OD=60°$

이때 $\overline{O_2C}=\overline{O_2D}=r$이므로

$\tan 60°=\dfrac{\overline{O_2C}}{\overline{OC}}$, $\overline{OC}=\dfrac{\overline{O_2C}}{\tan 60°}=\dfrac{r}{\sqrt{3}}$

즉, $O_2\left(-\dfrac{r}{\sqrt{3}},\ r\right)$

마찬가지 방법으로 $O_4\left(\dfrac{r}{\sqrt{3}},\ -r\right)$

step 4 r의 값 구하기

따라서 네 점 O_1, O_2, O_3, O_4를 꼭짓점으로 하는 사각형은 평행사변형이고 이 넓이가 $72\sqrt{3}$이므로

$$\left\{\sqrt{3}r-\left(-\frac{r}{\sqrt{3}}\right)\right\}\times 2r=\frac{8\sqrt{3}}{3}r^2=72\sqrt{3}$$

$$r^2=72\sqrt{3}\times\frac{3}{8\sqrt{3}}=27$$

$r>0$이므로 $r=3\sqrt{3}$

답 ②

1등급을 넘어서는 **상위 1%** 본문 101쪽

37

원 $C: x^2+y^2-4x-4y+4=0$ 위의 점 P에 대하여 좌표평면 위의 점 Q가 다음 조건을 만족시킨다.

> (가) $\overline{OQ}=\dfrac{6}{\overline{OP}}$ → $\overline{OQ}\times\overline{OP}=6$
> (나) 직선 OQ의 기울기는 직선 OP의 기울기와 같다. → 세 점 O, P, Q는 한 직선 위에 있다.

점 $C(2,\ 2)$에 대하여 선분 CQ의 길이의 최댓값을 M, 최솟값을 m이라 할 때, $M+m$의 값은? (단, O는 원점이다.)

① $6+\sqrt{2}$ ② $6+2\sqrt{2}$ ③ $6+3\sqrt{2}$
✓④ $6+4\sqrt{2}$ ⑤ $6+5\sqrt{2}$

문항 파헤치기

점 Q가 나타내는 도형의 방정식을 구한 후 선분 CQ의 길이의 최댓값과 최솟값 구하기

실수 point 찾기

선분의 길이와 기울기를 이용하여 점 Q가 나타내는 도형의 방정식을 구한다.
한 점과 원 위의 점 사이의 거리의 최댓값과 최솟값을 구한다.

문제풀이

step 1 점 Q가 나타내는 도형의 방정식 구하기

$P(a,\ b)$, $Q(X,\ Y)$라 하면

→ 점 P는 원 C 위의 점이므로 $a^2+b^2-4a-4b+4=0$이다.

조건 (가)에서 $\overline{OQ}=\dfrac{6}{\overline{OP}}$이므로

$$\sqrt{X^2+Y^2}=\frac{6}{\sqrt{a^2+b^2}}$$

$(a^2+b^2)(X^2+Y^2)=36$

조건 (나)에서 $\dfrac{a}{X}=\dfrac{b}{Y}=k$ (k는 상수)라 하면

$a=kX$, $b=kY$

$(k^2X^2+k^2Y^2)(X^2+Y^2)=36$

$k^2(X^2+Y^2)^2=36$

$k(X^2+Y^2)=6$ 또는 $k(X^2+Y^2)=-6$

(i) $k=\frac{6}{X^2+Y^2}$일 때

$a=\frac{6X}{X^2+Y^2}$, $b=\frac{6Y}{X^2+Y^2}$

점 P가 원 $x^2+y^2-4x-4y+4=0$ 위의 점이므로

$\left(\frac{6X}{X^2+Y^2}\right)^2+\left(\frac{6Y}{X^2+Y^2}\right)^2-\frac{4\times6X}{X^2+Y^2}-\frac{4\times6Y}{X^2+Y^2}+4=0$

$\frac{36(X^2+Y^2)}{(X^2+Y^2)^2}-\frac{24X}{X^2+Y^2}-\frac{24Y}{X^2+Y^2}+4=0$

$\frac{9}{X^2+Y^2}-\frac{6X}{X^2+Y^2}-\frac{6Y}{X^2+Y^2}+1=0$

$9-6X-6Y+X^2+Y^2=0$

$(X-3)^2+(Y-3)^2=9$

즉, 점 Q가 나타내는 도형은 중심이 $(3, 3)$이고, 반지름의 길이가 3인 원이고 이 원의 중심을 D_1이라 하면

$\overline{CD_1}=\sqrt{(3-2)^2+(3-2)^2}=\sqrt{2}$

$3-\sqrt{2}\le\overline{CQ}\le3+\sqrt{2}$ → 반지름의 길이가 3이므로

(ii) $k=-\frac{6X}{X^2+Y^2}$일 때

$a=-\frac{6X}{X^2+Y^2}$, $b=-\frac{6Y}{X^2+Y^2}$

점 P가 원 $x^2+y^2-4x-4y+4=0$ 위의 점이므로

$\left(\frac{-6X}{X^2+Y^2}\right)^2+\left(\frac{-6Y}{X^2+Y^2}\right)^2-4\times\frac{-6X}{X^2+Y^2}-4\times\frac{-6Y}{X^2+Y^2}+4=0$

$\frac{36(X^2+Y^2)}{(X^2+Y^2)^2}+\frac{24X}{X^2+Y^2}+\frac{24Y}{X^2+Y^2}+4=0$

$\frac{9}{X^2+Y^2}+\frac{6X}{X^2+Y^2}+\frac{6Y}{X^2+Y^2}+1=0$

$9+6X+6Y+X^2+Y^2=0$

$(X+3)^2+(Y+3)^2=9$

즉, 점 Q가 나타내는 도형은 중심이 $(-3, -3)$, 반지름의 길이가 3인 원이고 이 원의 중심을 D_2라 하면

$\overline{CD_2}=\sqrt{(-3-2)^2+(-3-2)^2}=5\sqrt{2}$

$5\sqrt{2}-3\le\overline{CQ}\le5\sqrt{2}+3$ → 반지름의 길이가 3이므로

step 2 선분 CQ의 길이의 최댓값과 최솟값 구하기

(i), (ii)에 의하여 $M=5\sqrt{2}+3$, $m=3-\sqrt{2}$이므로

$M+m=6+4\sqrt{2}$ 답 ④

09 도형의 이동

기출에서 찾은 내신 필수 문제

본문 104~105쪽

01 ②	02 ②	03 ①	04 ⑤	05 ⑤
06 ⑤	07 ④	08 ③	09 ④	10 5
11 7	12 6			

01 점 A′은 점 $A(1, a)$를 x축의 방향으로 4만큼, y축의 방향으로 -3만큼 평행이동한 점이므로

$A'(1+4, a-3)$, 즉 $A'(5, a-3)$

이때 선분 OA′의 길이가 13이므로

$\overline{OA'}=\sqrt{5^2+(a-3)^2}=\sqrt{a^2-6a+34}=13$

양변을 제곱하면

$a^2-6a+34=169$

$a^2-6a-135=0$

$(a+9)(a-15)=0$

$a=-9$ 또는 $a=15$

따라서 모든 a의 값의 합은

$-9+15=6$ 답 ②

02 점 (a, b)를 x축의 방향으로 2만큼, y축의 방향으로 -1만큼 평행이동한 점의 좌표는 $(a+2, b-1)$이다.

$x^2+y^2-4x+4y+1=0$에서

$(x-2)^2+(y+2)^2=7$

이므로 원의 중심의 좌표는 $(2, -2)$이다.

즉, $a+2=2$, $b-1=-2$

따라서 $a=0$, $b=-1$이므로 $a+b=-1$ 답 ②

03 직선 $4x-y+3=0$을 평행이동 $f: (x, y) \longrightarrow (x-m, y+3m)$에 의하여 평행이동하면

$4(x+m)-(y-3m)+3=0$

$y=4x+7m+3$

따라서

$7m+3=-11$

$m=-2$ 답 ①

04 점 $(-3, k)$를 점 $(2, 1)$에 대하여 대칭이동한 점의 좌표를 (m, n)이라 하면 두 점 $(-3, k)$, (m, n)을 이은 선분의 중점이 점 $(2, 1)$이므로

$\frac{-3+m}{2}=2$에서 $m=7$

$\frac{k+n}{2}=1$에서 $n=2-k$

점 $(7, 2-k)$가 곡선 $y=3(x-5)^2$ 위의 점이므로

$2-k=3(7-5)^2$

따라서 $k=-10$ 답 ⑤

05 두 직선 l, m의 교점은 두 직선 $2x-y+6=0$, $y=x$의 교점과 같으므로 $2x-x+6=0$에서 $x=-6$이고 $y=-6$이고 $A(-6, -6)$

두 직선 l, n의 교점은 두 직선 $2x-y+6=0$과 $y=0$의 교점과 같으므로 $2x-0+6=0$에서 $x=-3$이고 $B(-3, 0)$

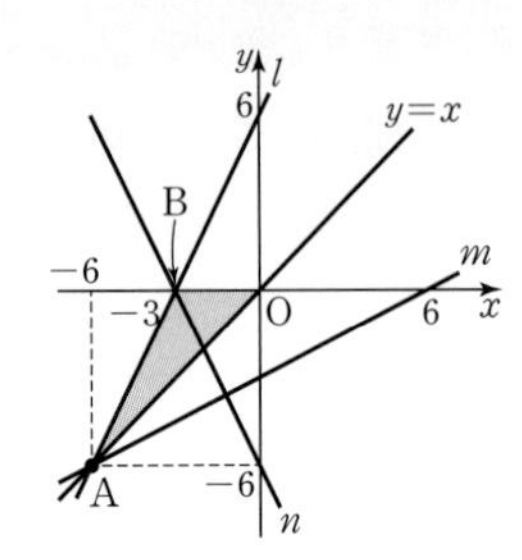

따라서 삼각형 OAB의 넓이는 $\frac{1}{2}\times3\times6=9$ 답 ⑤

06 이차함수 $y=ax^2+bx+c$의 그래프를 x축의 방향으로 -1만큼, y축의 방향으로 3만큼 평행이동한 그래프를 나타내는 식은

$y-3=a(x+1)^2+b(x+1)+c$ …… ㉠

함수 ㉠을 y축에 대하여 대칭이동한 함수의 그래프를 나타내는 식은

$y-3=a(-x+1)^2+b(-x+1)+c$

$y=ax^2-(2a+b)x+a+b+c+3$ …… ㉡

함수 ㉡이 함수 $y=2x^2-6x+10$과 일치하므로

$a=2$, $2a+b=6$, $a+b+c+3=10$

$b=6-2a=6-2\times2=2$

$c=7-(a+b)=7-(2+2)=3$

따라서 $y=2x^2+2x+3=2\left(x+\frac{1}{2}\right)^2+\frac{5}{2}$

이므로 이차함수 $y=2x^2+2x+3$은 $x=-\frac{1}{2}$일 때 최솟값 $\frac{5}{2}$를 갖는다.

답 ⑤

07 원 $(x+a)^2+(y+b)^2=16$을 y축에 대하여 대칭이동하면

$(-x+a)^2+(y+b)^2=16$

다시 이 원을 y축의 방향으로 3만큼 평행이동하면

$(-x+a)^2+(y-3+b)^2=16$

이 원의 중심의 좌표가 $(a, 3-b)$이고 반지름의 길이가 4이므로 x축과 y축에 동시에 접하려면

$|a|=4$, $|3-b|=4$

이때 $a>0$, $b>0$이므로 $a=4$, $b=7$

따라서 $a+b=11$ 답 ④

08 방정식 $f(x, y)=0$이 나타내는 도형을 직선 $y=-x$에 대하여 대칭이동시킨 도형의 방정식은 $f(-y, -x)=0$이므로

원 $ax^2+(a^2+2a)y^2+bx-8y+c=0$ …… ㉠

을 직선 $y=-x$에 대하여 대칭이동시킨 원의 방정식은

$a(-y)^2+(a^2+2a)\times(-x)^2+b\times(-y)-8\times(-x)+c=0$

$(a^2+2a)x^2+ay^2+8x-by+c=0$ …… ㉡

㉠, ㉡이 같아야 하므로

$a=a^2+2a$, $b=8$

$a=a^2+2a$에서 $a(a+1)=0$

$a=0$ 또는 $a=-1$

이때 ㉠이 원이므로 $a\neq0$

따라서 $a=-1$이고 원 ㉠에서

$-x^2-y^2+8x-8y+c=0$

$x^2+y^2-8x+8y-c=0$

$(x-4)^2+(y+4)^2=c+32$

이때 이 원의 반지름의 길이가 1이므로

$c+32=1$, $c=-31$

따라서 $a+b+c=-1+8+(-31)=-24$ 답 ③

09 점 A를 y축에 대하여 대칭이동한 점을 $A'(-3, 5)$라 하고, 점 B를 x축에 대하여 대칭이동한 점을 $B'(5, -1)$이라 하면

$\overline{AQ}+\overline{QP}+\overline{PB}=\overline{A'Q}+\overline{QP}+\overline{PB'}\geq\overline{A'B'}$

이므로 $\overline{AQ}+\overline{QP}+\overline{PB}$의 최솟값은

$\overline{A'B'}=\sqrt{\{5-(-3)\}^2+(-1-5)^2}=10$ 답 ④

10 직선 $y=-2x+4$를 x축의 방향으로 a만큼 평행이동하면

$y=-2(x-a)+4$, 즉 $2x+y-2a-4=0$

…… (가)

직선 $2x+y-2a-4=0$이 원 $x^2+y^2=4$와 서로 다른 두 점에서 만나려면 원의 중심 $(0, 0)$과 직선 $2x+y-2a-4=0$ 사이의 거리가 반지름의 길이 2보다 작아야 한다.

$\frac{|-2a-4|}{\sqrt{2^2+1^2}}<2$

…… (나)

$|2a+4|<2\sqrt{5}$, $-2\sqrt{5}<2a+4<2\sqrt{5}$

$-2-\sqrt{5}<a<-2+\sqrt{5}$

따라서 정수 a의 값은 -4, -3, -2, -1, 0이고 그 개수는 5이다.

…… (다)

답 5

단계	채점 기준	비율
(가)	주어진 직선의 방정식을 평행이동한 직선의 방정식을 구한 경우	30 %
(나)	점과 직선 사이의 거리를 이용한 식을 구한 경우	40 %
(다)	정수 a의 개수를 구한 경우	30 %

11 기울기가 같은 두 직선 l_1, l_3 사이의 거리는 직선 l_1 위의 점 $(2, 0)$과 직선 l_3 사이의 거리이므로

$\frac{|2-0+k|}{\sqrt{1^2+(-3)^2}}=\frac{|k+2|}{\sqrt{10}}$ …… ㉠

기울기가 같은 두 직선 l_2, l_3 사이의 거리는 직선 l_2 위의 점 $(-10, 0)$과 직선 l_3 사이의 거리이므로

$\frac{|-10-0+k|}{\sqrt{1^2+(-3)^2}}=\frac{|k-10|}{\sqrt{10}}$ …… ㉡

조건 (가)에 의하여 ㉠, ㉡이 같으므로 $|k+2|=|k-10|$

$k+2=k-10$ 또는 $k+2=-(k-10)$

$k+2=k-10$을 만족시키는 k의 값은 존재하지 않는다.

$k+2=-(k-10)$에서 $k=4$

…… (가)

직선 l_1을 x축의 방향으로 m만큼, y축의 방향으로 m만큼 평행이동한 직선을 나타내는 식은

$(x-m)-3(y-m)-2=0$, $x-3y+2m-2=0$

이 직선이 직선 $l_3 : x-3y+4=0$과 일치하므로

$2m-2=4$, $m=3$

.... (나)

따라서 $m+k=3+4=7$

.... (다)

답 7

단계	채점 기준	비율
(가)	k의 값을 구한 경우	50 %
(나)	m의 값을 구한 경우	40 %
(다)	$m+k$의 값을 구한 경우	10 %

12 $x^2+y^2+6x-4y+9=0$에서 $(x+3)^2+(y-2)^2=4$
이므로 두 원의 중심 $(-3, 2)$, $(1, 0)$이 직선 $y=ax+b$에 대하여 대칭이다.

.... (가)

두 원의 중심을 지나는 직선의 기울기가 $-\frac{1}{2}$이므로 $a=2$이고,

.... (나)

두 원의 중심을 잇는 선분의 중점의 좌표가 $(-1, 1)$이므로

$1=-a+b$에서 $b=a+1=2+1=3$

.... (다)

따라서 $ab=6$

.... (라)

답 6

단계	채점 기준	비율
(가)	주어진 두 원의 중심의 좌표를 구한 경우	30 %
(나)	a의 값을 구한 경우	30 %
(다)	b의 값을 구한 경우	30 %
(라)	ab의 값을 구한 경우	10 %

내신 고득점 도전 문제

본문 106~107쪽

13 ② **14** ③ **15** ③ **16** ④ **17** 5
18 ① **19** ④ **20** ② **21** 49 **22** 7
23 1

13 점 $(1, -2)$를 x축의 방향으로 m만큼, y축의 방향으로 n만큼 평행이동하면 점 $(2, -5)$로 옮겨진다고 할 때

$1+m=2$, $-2+n=-5$

$m=1$, $n=-3$

점 (a, b)를 x축의 방향으로 1만큼, y축의 방향으로 -3만큼 평행이동하면 점 $(b, 2a)$로 옮겨지므로

$a+1=b$, $b-3=2a$

$a-b=-1$ ...... ㉠

$2a-b=-3$ ...... ㉡

㉠, ㉡을 연립하여 풀면 $a=-2$, $b=-1$

따라서 $ab=2$

답 ②

14 원 $(x-2)^2+(y-3)^2=\left(\frac{4}{5}\right)^2$은 중심이 $(2, 3)$이고 반지름의 길이가 $\frac{4}{5}$인 원이므로 이 원을 x축의 방향으로 m만큼, y축의 방향으로 n만큼 평행이동한 도형은 중심이 $(m+2, n+3)$이고 반지름의 길이가 $\frac{4}{5}$인 원이다.

이때 평행이동한 원이 직선 $y=\frac{4}{3}x-1$에 접하므로 점 $(m+2, n+3)$과 직선 $4x-3y-3=0$ 사이의 거리가 $\frac{4}{5}$이어야 한다.

$$\frac{|4(m+2)-3(n+3)-3|}{\sqrt{4^2+(-3)^2}}=\frac{|4m-3n-4|}{5}=\frac{4}{5}$$

$|4m-3n-4|=4$

$4m-3n-4=-4$ 또는 $4m-3n-4=4$

$4m-3n=0$ 또는 $4m-3n=8$

$4m-3n=0$을 만족시키는 모든 자연수 m, n에 대하여 mn의 값은 $m=3$, $n=4$일 때 최솟값 $mn=12$를 갖는다.

$4m-3n=8$을 만족시키는 모든 자연수 m, n에 대하여 mn의 값은 $m=5$, $n=4$일 때 최솟값 $mn=20$을 갖는다.

따라서 mn의 최솟값은 12이다.

답 ③

15 반원 $C_1 : (x-n)^2+y^2=n^2\ (y\geq 0)$을 y축의 방향으로 n만큼 평행이동하면 반원 $C_2 : (x-n)^2+(y-n)^2=n^2\ (y\geq n)$과 일치한다.

따라서 반원 C_1과 x축으로 둘러싸인 도형의 넓이와 반원 C_2와 직선 $y=n$으로 둘러싸인 도형의 넓이가 같다.

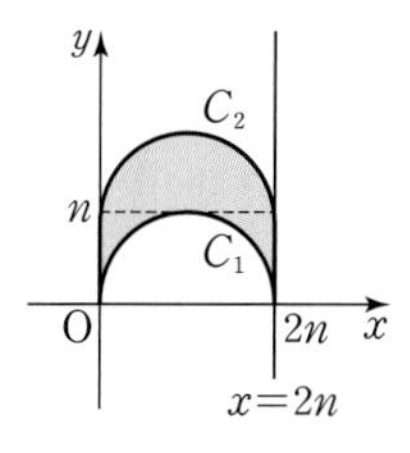

두 반원 C_1, C_2와 직선 $x=2n$ 및 y축으로 둘러싸인 도형의 넓이는 네 점 $(0, 0)$, $(2n, 0)$, $(2n, n)$, $(0, n)$을 꼭짓점으로 하는 직사각형의 넓이와 같으므로

$2n\times n=6$, $n^2=3$

$n>0$이므로 $n=\sqrt{3}$

답 ③

16

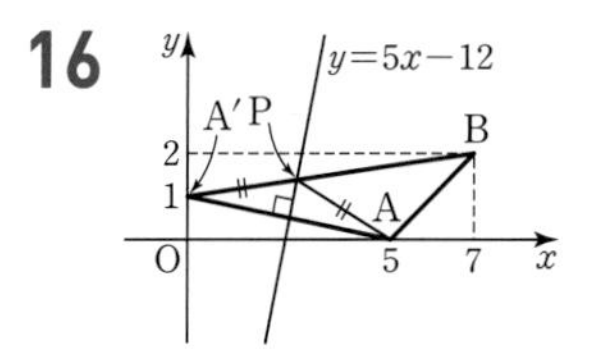

점 A(5, 0)을 직선 $y=5x-12$에 대하여 대칭이동한 점을 $A'(a, b)$라

하면 선분 AA′의 중점은 $\left(\frac{a+5}{2}, \frac{b}{2}\right)$이고 이 점은 직선 $y=5x-12$ 위의 점이므로

$\frac{b}{2}=5\times\frac{a+5}{2}-12$, $5a-b=-1$ ...... ㉠

또한 직선 AA′의 기울기는 $\frac{b}{a-5}$이고 두 직선 AA′, $y=5x-12$가 서로 수직이므로

$\frac{b}{a-5}\times 5=-1$, $a+5b=5$ ...... ㉡

㉠, ㉡을 연립하여 풀면 $a=0$, $b=1$, 즉 $A'(0, 1)$

또한 $\overline{PA}=\overline{PA'}$이므로

$\overline{PA}+\overline{PB}=\overline{PA'}+\overline{PB}\geq\overline{A'B}$이고

$\overline{A'B}=\sqrt{(7-0)^2+(2-1)^2}=5\sqrt{2}$

$\overline{AB}=\sqrt{(7-5)^2+(2-0)^2}=2\sqrt{2}$

따라서

$\overline{PA}+\overline{PB}+\overline{AB}\geq\overline{A'B}+\overline{AB}=5\sqrt{2}+2\sqrt{2}=7\sqrt{2}$

이므로 구하는 최솟값은 $7\sqrt{2}$이다. 답 ④

17 점 $P(a-2, b)$를 x축의 방향으로 2만큼 평행이동한 점 P_1의 좌표는 (a, b)

직선 $y=2x+4$를 x축의 방향으로 2만큼 평행이동한 직선의 방정식은

$y=2(x-2)+4$, 즉 $y=2x$

점 P_1을 직선 $y=2x$에 대하여 대칭이동한 점의 좌표를 $P_2(c, d)$라 하면 선분 P_1P_2의 중점은 $\left(\frac{a+c}{2}, \frac{b+d}{2}\right)$이고, 직선 $y=2x$ 위의 점이므로

$\frac{b+d}{2}=2\times\frac{a+c}{2}$

$b+d=2(a+c)$ ...... ㉠

직선 P_1P_2의 기울기는 $\frac{d-b}{c-a}$이고, 이 기울기가 $-\frac{1}{2}$이므로

$\frac{d-b}{c-a}=-\frac{1}{2}$

$2d-2b=-c+a$ ...... ㉡

㉠, ㉡에서 $c=-\frac{3}{5}a+\frac{4}{5}b$, $d=\frac{4}{5}a+\frac{3}{5}b$

이므로 $P_2\left(-\frac{3}{5}a+\frac{4}{5}b, \frac{4}{5}a+\frac{3}{5}b\right)$

점 P_2를 x축의 방향으로 -2만큼 평행이동하면

$Q\left(-\frac{3}{5}a+\frac{4}{5}b-2, \frac{4}{5}a+\frac{3}{5}b\right)$

이상에서 $f(x)=2x$, $p=2$, $q=\frac{4}{5}$이므로

$f\left(\frac{p}{q}\right)=2\times\frac{2}{\frac{4}{5}}=5$ 답 5

18 두 곡선 $y=f_1(x)$, $y=f_2(x)$가 직선 $y=x$에 대하여 대칭이므로 두 곡선의 교점은 곡선 $y=f_1(x)$와 직선 $y=x$의 교점과 같다.

그런데 곡선 $y=f_1(x)$는 곡선 $y=x^2-3x+2$를 x축의 방향으로 a만큼 평행이동한 것이므로 곡선 $y=f_1(x)$와 직선 $y=x$의 교점의 개수는 곡선 $y=x^2-3x+2$와 직선 $y=x+a$의 교점의 개수와 같다.

$x^2-3x+2=x+a$, $x^2-4x+2-a=0$

두 곡선 $y=f_1(x)$, $y=f_2(x)$가 서로 만나지 않으려면 이차방정식 $x^2-4x+2-a=0$의 판별식을 D라 할 때,

$\frac{D}{4}=(-2)^2-(2-a)<0$

$a<-2$

따라서 구하는 정수 a의 최댓값은 -3이다. 답 ①

19 원 C: $x^2+(y-4)^2=2$를 직선 $y=x$에 대하여 대칭이동한 원을 나타내는 식은

$y^2+(x-4)^2=2$

다시 이 원을 x축의 방향으로 4만큼 평행이동한 원이 C'이므로 원 C'을 나타내는 식은

$y^2+\{(x-4)-4\}^2=2$

$(x-8)^2+y^2=2$

두 원 C, C'의 중심을 각각 A, A′이라 하면 $A(0, 4)$, $A'(8, 0)$이고, 선분 AA′의 중점은 $\left(\frac{0+8}{2}, \frac{4+0}{2}\right)$, 즉 $(4, 2)$이다.

이때 직선 AA′의 기울기는 $\frac{0-4}{8-0}=-\frac{1}{2}$이므로

두 원 C, C'은 점 $(4, 2)$를 지나고 기울기가 2인 직선에 대하여 대칭이다. 이 직선의 방정식은

$y=2(x-4)+2$, $y=2x-6$

따라서 $a=2$, $b=-6$이므로

$a-b=2-(-6)=8$ 답 ④

20 방정식 $f(-y, x)=0$이 나타내는 도형은 방정식 $f(x, y)=0$이 나타내는 도형을 직선 $y=x$에 대하여 대칭이동한 후 x축에 대하여 대칭이동한 것이다. 답 ②

21 원 $(x-1)^2+(y+2)^2=1$의 중심의 좌표가 $(1, -2)$

.... (가)

이므로 이 원을 x축의 방향으로 m만큼, y축의 방향으로 $2m$만큼 평행이동한 원의 중심의 좌표는 $(1+m, -2+2m)$이다.

.... (나)

직선 $y=3x+2$가 원의 넓이를 이등분하려면 원의 중심 $(1+m, -2+2m)$이 이 직선 위의 점이어야 하므로

$-2+2m=3(1+m)+2$

따라서 $m=-7$이므로 $m^2=49$

.... (다)

답 49

단계	채점 기준	비율
(가)	주어진 원의 중심의 좌표를 구한 경우	30 %
(나)	평행이동한 원의 중심의 좌표를 구한 경우	40 %
(다)	m^2의 값을 구한 경우	30 %

22 원 C: $(x+3)^2+(y-1)^2=r^2$은 중심이 $(-3, 1)$, 반지름의 길이가 r인 원이다. 원 C를 x축의 방향으로 1만큼, y축의 방향으로 2만큼 평행이동한 원의 방정식은

$\{(x-1)+3\}^2+\{(y-2)-1\}^2=r^2$

$(x+2)^2+(y-3)^2=r^2$ ...... ㉠

또, 원 ㉠을 직선 $y=x$에 대하여 대칭이동한 원 C_1의 방정식은

$(x-3)^2+(y+2)^2=r^2$

따라서 원 C_1은 중심이 $(3,\ -2)$이고 반지름의 길이가 r인 원이다.

.... (가)

원 C_1이 직선 $y=2x-3$과 만나야 하므로 원의 중심 $(3,\ -2)$와 직선 $2x-y-3=0$ 사이의 거리는 r보다 작거나 같아야 한다.

$$\frac{|6-(-2)-3|}{\sqrt{2^2+(-1)^2}} \le r,\ r \ge \sqrt{5} \qquad \cdots\cdots ㉡$$

또한 원 C_1이 직선 $y=2x+2$와 만나지 않아야 하므로 원의 중심 $(3,\ -2)$와 직선 $2x-y+2=0$ 사이의 거리는 r보다 커야 한다.

$$\frac{|6-(-2)+2|}{\sqrt{2^2+(-1)^2}} > r,\ r < 2\sqrt{5} \qquad \cdots\cdots ㉢$$

㉡, ㉢에서 $\sqrt{5} \le r < 2\sqrt{5}$

.... (나)

$2<\sqrt{5}<3$, $4<2\sqrt{5}<5$이므로 자연수 r의 값은 3, 4이다.

따라서 모든 자연수 r의 값의 합은 $3+4=7$이다.

.... (다)

답 7

단계	채점 기준	비율
(가)	원 C_1의 중심과 반지름의 길이를 구한 경우	30 %
(나)	r의 값의 범위를 구한 경우	50 %
(다)	모든 자연수 r의 값의 합을 구한 경우	20 %

23 점 $A(-1,\ 2)$를 x축에 대하여 대칭이동한 점을 A'이라 하면

$A'(-1,\ -2)$

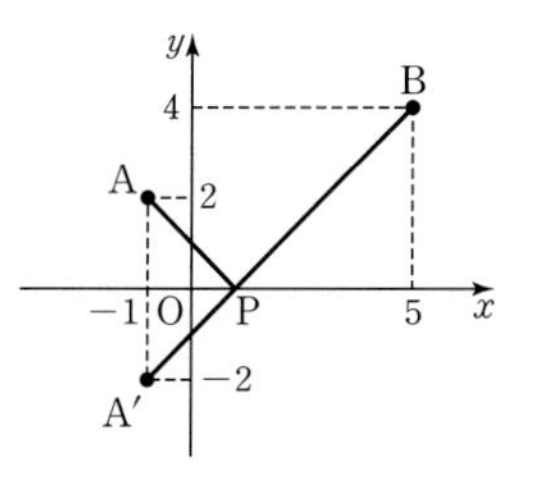

.... (가)

$\overline{AP}+\overline{BP}=\overline{A'P}+\overline{BP}\ge\overline{A'B}$

이므로 $\overline{AP}+\overline{BP}$의 값이 최소가 되는 점 P는 직선 $A'B$와 x축의 교점이다. 두 점 $A'(-1,\ -2)$, $B(5,\ 4)$를 지나는 직선의 방정식은

$$y+2=\frac{4-(-2)}{5-(-1)}(x+1),\ \text{즉}\ y=x-1$$

.... (나)

직선 $y=x-1$의 x절편이 1이므로 점 P의 x좌표는 1이다.

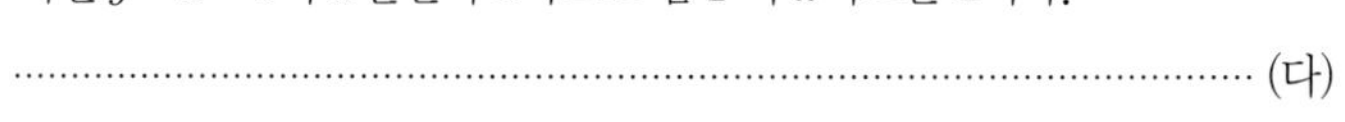

.... (다)

답 1

단계	채점 기준	비율
(가)	점 A를 x축에 대하여 대칭이동한 점의 좌표를 구한 경우	30 %
(나)	(가)에서 구한 점과 점 B를 지나는 직선의 방정식을 구한 경우	40 %
(다)	점 P의 x좌표를 구한 경우	30 %

변별력을 만드는 1등급 문제

본문 108~110쪽

24 ① **25** ④ **26** ④ **27** ③ **28** 16
29 ④ **30** ② **31** ④ **32** ④ **33** ③
34 ③ **35** ④

24

좌표평면에서 x축 위의 점 A와 y축 위의 점 B를 x축의 방향으로 m만큼, y축의 방향으로 3만큼 평행이동한 점을 각각 A′, B′이라 하자. 두 점 A′, B′이 다음 조건을 만족시킬 때, 상수 m의 값은?

(가) 선분 A′B′의 중점의 좌표는 $(2,\ 5)$이다.
(나) 직선 A′B′의 방정식은 $y=-2x+9$이다.

√① 1　② 2　③ 3
④ 4　⑤ 5

step 1 평행이동한 두 점의 좌표 구하기

두 점 A, B의 좌표를 각각 $A(a,\ 0)$, $B(0,\ b)$라 하면

$A'(a+m,\ 3)$, $B'(m,\ b+3)$

step 2 중점의 좌표와 직선의 방정식을 이용하여 관계식 세우기

선분 A′B′의 중점의 좌표는 $\left(\frac{a+m+m}{2},\ \frac{3+b+3}{2}\right)$이고,

조건 (가)에서 중점의 좌표가 $(2,\ 5)$이므로

$\frac{a+m+m}{2}=2,\ \frac{3+b+3}{2}=5$

$a+2m=4,\ b+6=10$

$b=4$

직선 A′B′의 방정식은

$y=-\frac{4}{a}x+\frac{4m}{a}+7\ (a\ne0)$

이 직선의 방정식이 $y=-2x+9$이므로

$-\frac{4}{a}=-2,\ \frac{4m}{a}+7=9$

따라서 $a=2$

step 3 상수 m의 값 구하기

$2+2m=4$이므로

$m=1$

답 ①

25

중심이 $(-2,\ 1)$이고 반지름의 길이가 5인 원을 x축의 방향으로 a만큼, y축의 방향으로 b만큼 평행이동한 원을 C라 하자. 원 C가 x축과 y축에 동시에 접할 때, ab의 최댓값과 최솟값을 각각 M, m이라 하자. $M-m$의 값은? (단, a, b는 실수이다.)

① 55　② 60　③ 65
√④ 70　⑤ 75

step 1 원 C의 중심과 반지름의 길이 구하기

중심이 $(-2, 1)$이고 반지름의 길이가 5인 원을 x축의 방향으로 a만큼, y축의 방향으로 b만큼 평행이동한 원 C는 중심이 $(-2+a, 1+b)$이고 반지름의 길이가 5인 원이다.

step 2 원 C의 위치에 따른 ab의 값 구하기

원 C가 x축과 y축에 동시에 접하려면 원 C의 중심이 $(5, 5)$ 또는 $(5, -5)$ 또는 $(-5, 5)$ 또는 $(-5, -5)$이어야 한다.

→ 반지름의 길이가 a인 원이 x축과 y축에 동시에 접하면 이 원의 중심의 x좌표와 y좌표는 $-a$ 또는 a이다.

(i) 원 C의 중심이 $(5, 5)$일 때
$-2+a=5$, $1+b=5$
$a=7$, $b=4$이므로 $ab=28$

(ii) 원 C의 중심이 $(5, -5)$일 때
$-2+a=5$, $1+b=-5$
$a=7$, $b=-6$이므로 $ab=-42$

(iii) 원 C의 중심이 $(-5, 5)$일 때
$-2+a=-5$, $1+b=5$
$a=-3$, $b=4$이므로 $ab=-12$

(iv) 원 C의 중심이 $(-5, -5)$일 때
$-2+a=-5$, $1+b=-5$
$a=-3$, $b=-6$이므로 $ab=18$

step 3 $M-m$의 값 구하기

(i)~(iv)에서 ab의 최댓값과 최솟값은 각각 $M=28$, $m=-42$이므로
$M-m=28-(-42)=70$

답 ④

26

그림과 같이 $0 \le x \le 3$, $0 \le y \le 3$에 곡선 C가 있다. 곡선 C를 x축에 대하여 대칭이동한 도형을 C_1이라 하고, 곡선 C를 x축의 방향으로 3만큼, y축의 방향으로 -6만큼 평행이동한 도형을 C_2, 곡선 C_1을 x축의 방향으로 3만큼, y축의 방향으로 6만큼 평행이동한 도형을 C_3이라 하자. 네 곡선 C, C_1, C_2, C_3과 두 직선 $x=0$, $x=6$으로 둘러싸인 부분의 넓이는? (단, 곡선 C는 두 점 $(0, 3)$, $(3, 3)$을 지난다.)

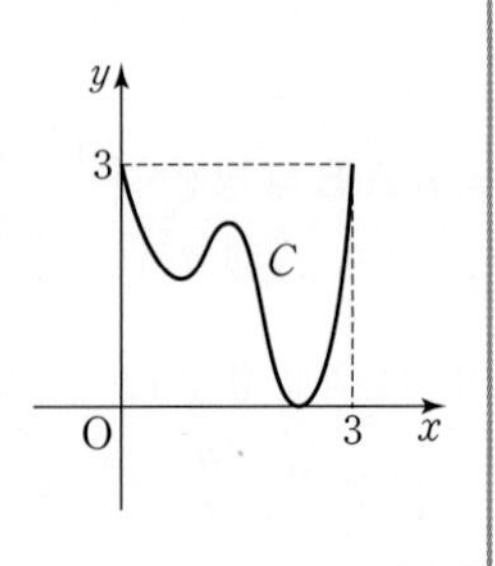

① 24　② 28　③ 32　✓④ 36　⑤ 40

step 1 주어진 도형과 넓이가 같은 직사각형 만들기

곡선 C_2는 곡선 C를 평행이동하여 만든 도형이고, 곡선 C_3은 곡선 C_1을 평행이동하여 만든 도형이므로 네 곡선 C, C_1, C_2, C_3과 두 직선 $x=0$, $x=6$으로 둘러싸인 부분의 넓이는 그림과 같은 직사각형의 넓이와 같다.

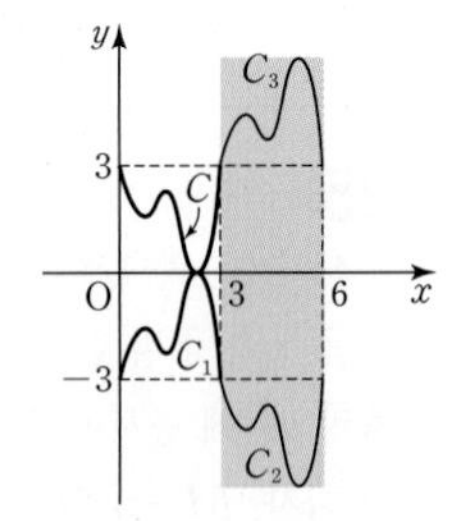

step 2 직사각형의 넓이 구하기

따라서 구하는 넓이는
$2 \times (3 \times 6)=36$

답 ④

27

그림과 같이 세 점 O(0, 0), A(6, 0), B(6, 6)에 대하여 세 선분 OA, AB, BO로 이루어진 삼각형 C가 있다. 삼각형 C를 원점에 대하여 대칭이동한 후, x축의 방향으로 m만큼, y축의 방향으로 n만큼 평행이동한 도형을 C_1이라 하자. 두 도형 C, C_1이 만나는 점의 개수가 6이 되도록 하는 자연수 m, n의 모든 순서쌍 (m, n)의 개수는?

→ 삼각형을 평행이동 또는 대칭이동하면 삼각형이므로 도형 C_1은 삼각형이다.

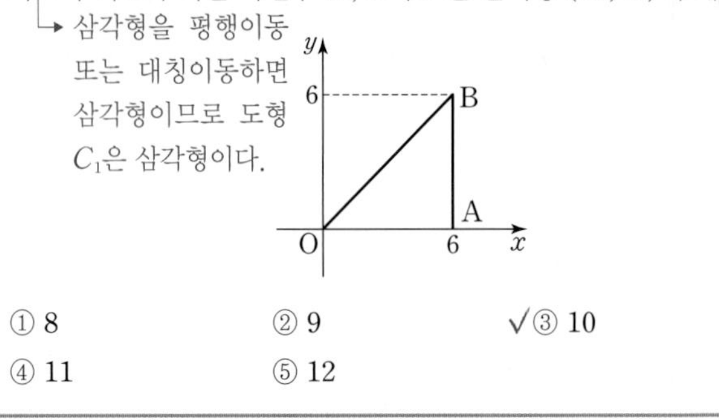

① 8　② 9　✓③ 10　④ 11　⑤ 12

step 1 도형 C_1의 세 꼭짓점 구하기

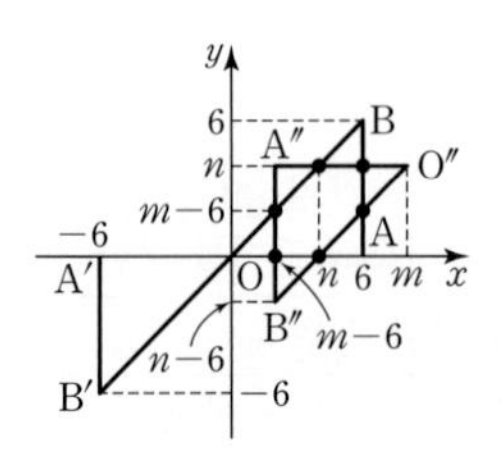

세 점 O(0, 0), A(6, 0), B(6, 6)을 원점에 대하여 대칭이동한 점을 각각 O′, A′, B′이라 하면 O′(0, 0), A′(−6, 0), B′(−6, −6)

세 점 O′, A′, B′을 x축의 방향으로 m만큼, y축의 방향으로 n만큼 평행이동한 점을 각각 O″, A″, B″이라 하면

O″(m, n), A″$(m-6, n)$, B″$(m-6, n-6)$

따라서 도형 C_1은 세 점 O″(m, n), A″$(m-6, n)$, B″$(m-6, n-6)$을 꼭짓점으로 하는 삼각형이다.

step 2 두 도형 C, C_1이 서로 다른 6개의 점에서 만날 조건 구하기

이때 도형 C_1의 한 선분 O″A″이 도형 C의 세 선분 OA, AB, BO와 만나는 점의 개수는 각각 0 또는 1 또는 2 또는 무수히 많다. 도형 C_1의 두 선분 A″B″, B″O″도 각각 도형 C의 세 선분 OA, AB, BO와 만나는 점의 개수는 각각 0 또는 1 또는 2 또는 무수히 많다. 따라서 두 도형 C, C_1이 만나는 점의 개수가 6이려면 세 선분 O″A″, A″B″, B″O″이 각각 도형 C와 만나는 점의 개수는 2이어야 한다.

따라서 점 A″은 세 점 (0, 0), (6, 6), (0, 6)을 꼭짓점으로 하는 삼각형의 내부에 존재해야 하므로

$0<m-6<n<6$　…… ㉠

이어야 한다.

step 3 자연수 m, n의 모든 순서쌍 (m, n)의 개수 구하기

부등식 ㉠을 만족시키는 자연수 m, n의 모든 순서쌍 (m, n)은

(7, 2), (7, 3), (7, 4), (7, 5)
(8, 3), (8, 4), (8, 5)
(9, 4), (9, 5)
(10, 5)

로 그 개수는 10이다.

답 ③

28

좌표평면 위의 점 $P(x, y)$가 다음과 같은 규칙에 따라 이동한다.

→ x좌표와 y좌표를 바꾼다.

(가) $y \geq 2x$이면 직선 $y=x$에 대하여 대칭이동한다.
(나) $y<2x$이면 x축의 방향으로 -1만큼, y축의 방향으로 3만큼 평행이동한다.

점 P가 점 $(1, 1)$에서 출발하여 위의 규칙을 따라 10번 이동한 후의 점의 좌표는 (a, b)이다. $a+b$의 값을 구하시오. 16

→ y와 $2x$의 대소에 따라 점의 이동을 결정한다.

step 1 x좌표의 2배와 y좌표의 대소 관계에 따라 대칭이동 또는 평행이동하기

$(1, 1) \longrightarrow (0, 4)$
$\longrightarrow (4, 0) \longrightarrow (3, 3) \longrightarrow (2, 6)$
$\longrightarrow (6, 2) \longrightarrow (5, 5) \longrightarrow (4, 8)$
$\longrightarrow (8, 4) \longrightarrow (7, 7) \longrightarrow (6, 10)$

step 2 규칙을 따라 10번 이동한 후의 점의 좌표 구하기

따라서 $a=6$, $b=10$이므로 $a+b=16$ 답 16

29

두 점 $A(4, 2)$, $B(0, t)$를 직선 $y=x$에 대하여 대칭이동한 점을 각각 A', B'이라 하자. 두 삼각형 OAB, $OA'B'$이 만나는 점의 개수가 무수히 많을 때, 두 삼각형 OAB, $OA'B'$의 공통부분의 넓이는? (단, $t \neq 0$이고, O는 원점이다.)

① $2\sqrt{6}$ ② $2\sqrt{7}$ ③ $4\sqrt{2}$ ✓④ 6 ⑤ $2\sqrt{10}$

step 1 점 B의 좌표 구하기

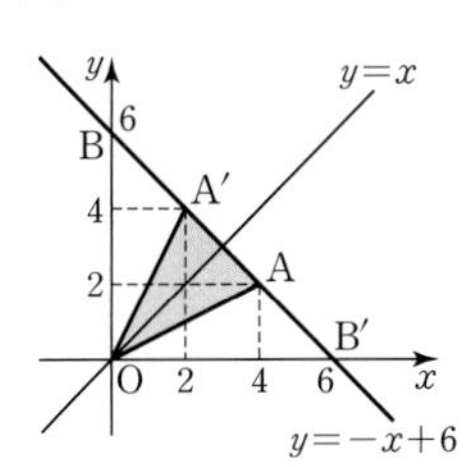

두 점 A', B'은 각각 두 점 $A(4, 2)$, $B(0, t)$를 직선 $y=x$에 대하여 대칭이동한 점이므로 $A'(2, 4)$, $B'(t, 0)$

이때 두 삼각형 OAB, $OA'B'$이 만나는 점의 개수가 무수히 많으려면 점 B가 직선 AA' 위에 있어야 한다.

직선 AA'의 방정식은

$y=\frac{4-2}{2-4}(x-4)+2$, $y=-x+6$

이고 점 $B(0, t)$가 이 직선 위의 점이므로 $t=6$

즉, $B(0, 6)$, $B'(6, 0)$이다.

step 2 두 삼각형 OAB, $OA'B$의 공통부분의 넓이 구하기

두 삼각형 OAB, $OA'B'$의 공통부분은 삼각형 OAA'이므로 삼각형 OAA'의 넓이를 S라 하면 S는 삼각형 $OB'B$에서 두 삼각형 $OB'A$, $OA'B$의 넓이의 합을 뺀 것이다. 따라서

$S=\frac{1}{2}\times6\times6-\left(\frac{1}{2}\times6\times2+\frac{1}{2}\times6\times2\right)=6$ 답 ④

30

그림과 같이 세 점 $O(0, 0)$, $A(0, 3)$, $B(-4, 0)$을 꼭짓점으로 하는 삼각형 OAB가 있다. 삼각형 OAB를 x축의 방향으로 m만큼, y축의 방향으로 n만큼 평행이동한 삼각형을 C라 하고, 삼각형 C의 외심과 내심을 각각 (a, b), (c, d)라 하자. $a+b+c+d=10$일 때, $m+n$의 값은? (단, m, n은 실수이다.)

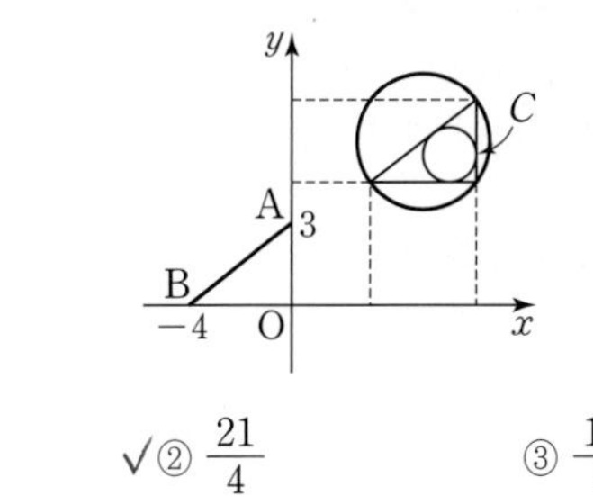

① 5 ✓② $\frac{21}{4}$ ③ $\frac{11}{2}$ ④ $\frac{23}{4}$ ⑤ 6

step 1 삼각형 OAB의 내심과 외심 구하기

세 점 $O(0, 0)$, $A(0, 3)$, $B(-4, 0)$에 대하여 삼각형 OAB는 직각삼각형이므로 삼각형 OAB의 외심은 빗변 AB의 중점이다. 삼각형 OAB의 외심을 D라 하면

$D\left(\frac{0+(-4)}{2}, \frac{3+0}{2}\right)$, 즉 $D\left(-2, \frac{3}{2}\right)$

한편, $\overline{OA}=3$, $\overline{OB}=4$이므로

$\overline{AB}=\sqrt{\overline{OA}^2+\overline{OB}^2}=\sqrt{3^2+4^2}=5$

이때 삼각형 OAB의 내심을 E라 하고 내접원의 반지름의 길이를 r라 하면 삼각형 OAB의 넓이에서

$\frac{1}{2}\times4\times3=\frac{1}{2}\times r\times(3+4+5)$, $r=1$

이므로 $E(-1, 1)$ → 삼각형 OAB의 내접원의 반지름의 길이가 1이고 점 E는 제2사분면 위의 점이므로 $E(-1, 1)$

step 2 삼각형 C의 외심과 내심 구하기

세 점 $O(0, 0)$, $A(0, 3)$, $B(-4, 0)$을 x축의 방향으로 m만큼, y축의 방향으로 n만큼 평행이동한 점을 각각 O', A', B'이라 하면 도형 C는 삼각형 $O'A'B'$이다.

이때 삼각형 $O'A'B'$의 외심과 내심을 각각 D', E'이라 하면 두 점 D', E'은 각각 두 점 D, E를 x축의 방향으로 m만큼, y축의 방향으로 n만큼 평행이동한 것이므로

$D'\left(m-2, n+\frac{3}{2}\right)$, $E'(m-1, n+1)$

step 3 $m+n$의 값 구하기

따라서 $a=m-2$, $b=n+\frac{3}{2}$, $c=m-1$, $d=n+1$이므로

$a+b+c+d=10$에서

$(m-2)+\left(n+\frac{3}{2}\right)+(m-1)+(n+1)=10$

$2(m+n)=\frac{21}{2}$

$m+n=\frac{21}{4}$ 답 ②

31

그림과 같이 좌표평면 위의 점 A$(-3, 4)$와 제1사분면 위의 점 P에 대하여 삼각형 PAO가 다음 조건을 만족시킨다.

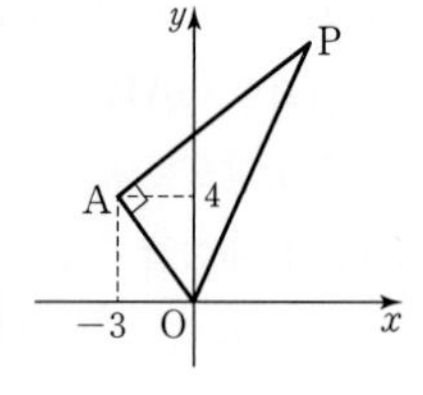

(가) $\angle PAO=90^\circ$
(나) $\overline{PA}=2\overline{OA}$ ↳ $\overline{OP}^2=\overline{OA}^2+\overline{PA}^2$

점 A를 직선 OP에 대하여 대칭이동한 점의 x좌표는? (단, O는 원점이다.)

① 2 ② 3 ③ 4 ✓④ 5 ⑤ 6

step 1 조건을 만족시키는 점 P의 좌표 구하기

점 P의 좌표를 (a, b)라 하면

$\overline{PA}=2\overline{OA}$에서 $\overline{PA}^2=4\overline{OA}^2$이므로

$(a+3)^2+(b-4)^2=4\times(9+16)$

$a^2+b^2+6a-8b=75$ ...... ㉠

또 직각삼각형 PAO에서 $\overline{OP}^2=\overline{OA}^2+\overline{PA}^2$

즉, $\overline{OP}^2=5\overline{OA}^2$이므로

$a^2+b^2=5\times(9+16)$

$a^2+b^2=125$ ...... ㉡

㉠−㉡을 하면 $6a-8b=-50$

$3a-4b=-25$ ...... ㉢

㉡, ㉢을 연립하여 풀면

$a=5,\ b=10\ (a>0,\ b>0)$

따라서 직선 OP의 방정식은 $y=2x$이다.

step 2 점 A를 직선 OP에 대하여 대칭이동한 점의 좌표 구하기

점 A$(-3, 4)$를 직선 $y=2x$에 대하여 대칭이동한 점을 A$'(c, d)$라 하면

선분 AA$'$의 중점 $\left(\frac{-3+c}{2}, \frac{4+d}{2}\right)$가 직선 $y=2x$ 위의 점이므로

$\frac{4+d}{2}=2\times\frac{-3+c}{2}$

$2c-d=10$ ...... ㉣

직선 AA$'$이 직선 $y=2x$와 수직이므로

$\frac{d-4}{c+3}\times2=-1$

$c+2d=5$ ...... ㉤

㉣, ㉤을 연립하여 풀면 $c=5,\ d=0$이므로

A$'(5, 0)$

따라서 점 A를 직선 OP에 대하여 대칭이동한 점의 x좌표는 5이다.

답 ④

32

정수 m, n에 대하여 원 C: $(x-4)^2+(y+1)^2=1$을 x축의 방향으로 m만큼, y축의 방향으로 5만큼 평행이동한 원을 C_1이라 하고, 원 C를 x축의 방향으로 -7만큼, y축의 방향으로 n만큼 평행이동한 원을 C_2라 하자. 두 원 C_1, C_2가 직선 $y=-x+1$에 대하여 대칭일 때 mn의 최댓값은? ↳ 두 원 C_1, C_2의 중심을 각각 A, B라 하면 두 직선 AB, $y=-x+1$은 서로 수직이다.

① -2 ② -1 ③ 0 ✓④ 1 ⑤ 2

step 1 두 원 C_1, C_2의 중심 구하기

원 C: $(x-4)^2+(y+1)^2=1$을 x축의 방향으로 m만큼, y축의 방향으로 5만큼 평행이동한 원 C_1은

$\{(x-m)-4\}^2+\{(y-5)+1\}^2=1$

$(x-m-4)^2+(y-4)^2=1$

이므로 원 C_1은 중심이 $(m+4, 4)$, 반지름의 길이가 1인 원이다.

원 C를 x축의 방향으로 -7만큼, y축의 방향으로 n만큼 평행이동한 원 C_2는

$\{(x+7)-4\}^2+\{(y-n)+1\}^2=1$

$(x+3)^2+(y-n+1)^2=1$

이므로 원 C_2는 중심이 $(-3, n-1)$, 반지름의 길이가 1인 원이다.

step 2 m, n의 관계식 구하기

두 원 C_1, C_2의 중심을 각각 A, B라 하면

A$(m+4, 4)$, B$(-3, n-1)$

이고 선분 AB의 중점을 M이라 하면

M$\left(\frac{(m+4)+(-3)}{2}, \frac{4+(n-1)}{2}\right)$, 즉 M$\left(\frac{m+1}{2}, \frac{n+3}{2}\right)$

이때 두 원 C_1, C_2가 직선 $y=-x+1$에 대하여 대칭이므로 점 M은 직선 $y=-x+1$ 위의 점이다.

$\frac{n+3}{2}=-\frac{m+1}{2}+1$

$m+n=-2$

이때 직선 AB는 직선 $y=-x+1$과 수직이므로 직선 AB의 기울기는 1이다.

$\frac{4-(n-1)}{(m+4)-(-3)}=\frac{5-n}{m+7}=1$

$m+n=-2$

따라서 $n=-m-2$ ...... ㉠

step 3 mn의 최댓값 구하기

m, n이 정수이므로 ㉠에서

$m>0$이면 $n=-m-2<0$이고 $mn<0$

$m=0$이면 $n=0-2=-2$이므로 $mn=0$

$m=-1$이면 $n=-(-1)-2=-1$이므로 $mn=1$

$m=-2$이면 $n=-(-2)-2=0$이므로 $mn=0$

$m<-2$이면 $n=-m-2>0$이므로 $mn<0$

따라서 mn의 최댓값은 1이다.

답 ④

33

자연수 r에 대하여 원 $C: (x-2\sqrt{2})^2+y^2=r$를 직선 $y=x$에 대하여 대칭이동한 원을 C_1, 직선 $y=-x$에 대하여 대칭이동한 원을 C_2라 하자. 원 C가 원 C_1 또는 원 C_2와 만나는 서로 다른 점의 개수를 $f(r)$라 할 때, $f(1)+f(2)+f(3)+\cdots+f(10)$의 값은?

① 21　② 23　✓③ 25　④ 27　⑤ 29

→ 자연수 r의 값에 따라 $f(r)$의 값을 구한다.

step 1 세 원 C, C_1, C_2의 관계와 각각의 중심 구하기

원 C는 중심이 $(2\sqrt{2}, 0)$, 반지름의 길이가 $\sqrt{r}$인 원이므로
원 C를 직선 $y=x$에 대하여 대칭이동한 원 C_1은 중심이 $(0, 2\sqrt{2})$, 반지름의 길이가 $\sqrt{r}$인 원이고, 원 C를 직선 $y=-x$에 대하여 대칭이동한 원 C_2는 중심이 $(0, -2\sqrt{2})$, 반지름의 길이가 $\sqrt{r}$인 원이다.

step 2 r의 값에 따라 $f(r)$를 구하기

원 C의 중심 $(2\sqrt{2}, 0)$과 직선 $y=x$, 즉 직선 $x-y=0$ 사이의 거리는

$$\frac{|2\sqrt{2}-0|}{\sqrt{1^2+(-1)^2}}=2$$

이므로 $\sqrt{r}=2$, 즉 $r=4$이면 원 C는 직선 $y=x$에 접한다. 이때 두 직선 $y=x$, $y=-x$는 x축에 대하여 대칭이고, 원 C도 x축에 대하여 대칭이므로 $r=4$이면 원 C는 두 직선 $y=x$, $y=-x$에 동시에 접한다.
자연수 r의 값에 따라 원 C가 원 C_1 또는 원 C_2와 만나는 서로 다른 점의 개수 $f(r)$는 다음과 같다.

(i) $r=1, 2, 3$일 때

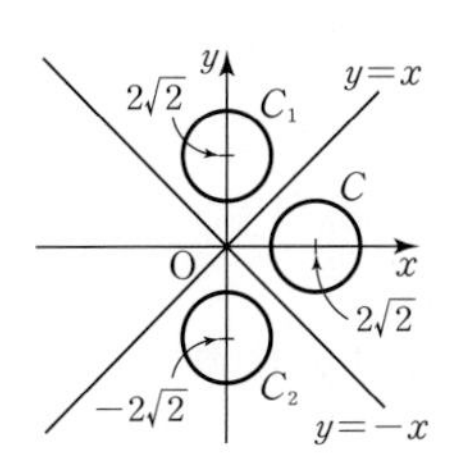

그림과 같이 원 C는 두 원 C_1, C_2와 모두 만나지 않으므로 $f(r)=0$

(ii) $r=4$일 때

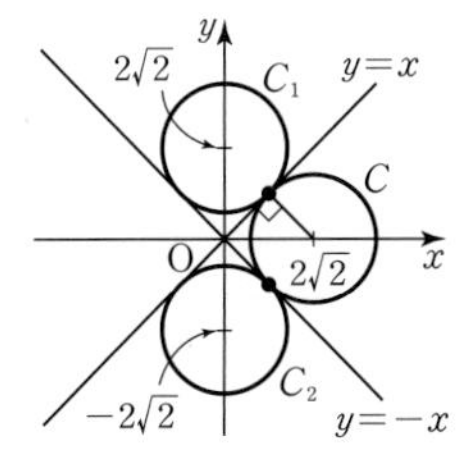

그림과 같이 원 C는 두 원 C_1, C_2와 모두 접하므로 $f(r)=2$

(iii) $r=5, 6, 7$일 때

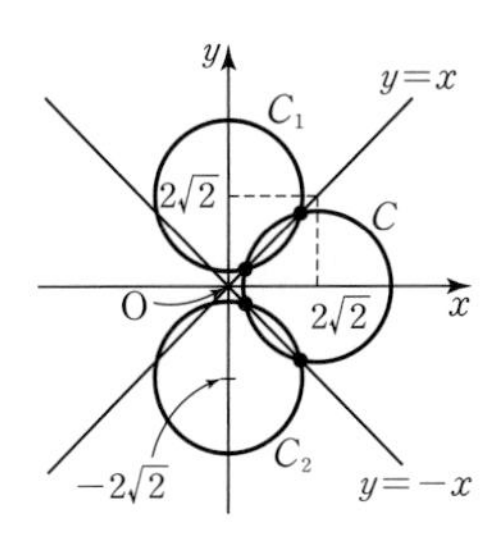

그림과 같이 원 C는 두 원 C_1, C_2와 각각 두 점에서 만나고, 이 네 점이 모두 서로 다른 점이므로 $f(r)=4$

(iv) $r=8$일 때

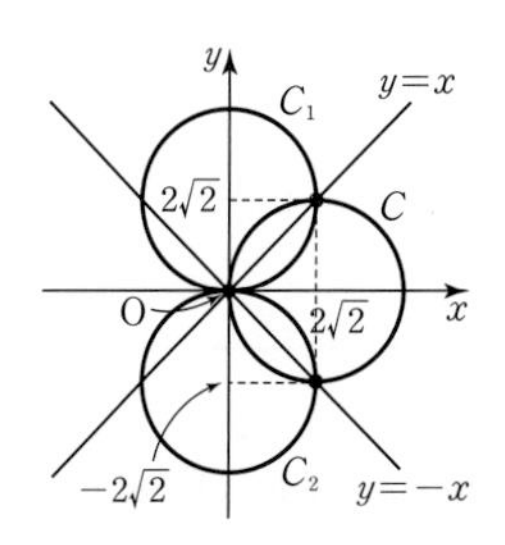

그림과 같이 원 C는 원 C_1과 두 점 $(0, 0)$, $(2\sqrt{2}, 2\sqrt{2})$에서 만나고 원 C_2와 두 점 $(0, 0)$, $(2\sqrt{2}, -2\sqrt{2})$에서 만나므로 $f(r)=3$

(v) $r=9, 10$일 때

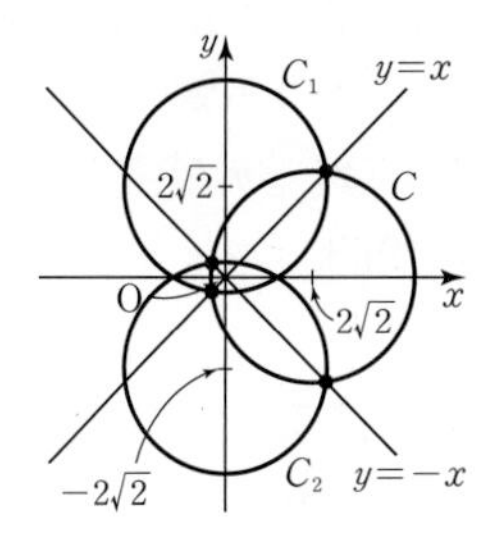

그림과 같이 원 C는 두 원 C_1, C_2와 각각 두 점에서 만나고, 이 네 점이 모두 서로 다른 점이므로 $f(r)=4$

step 3 $f(1)+f(2)+f(3)+\cdots+f(10)$의 값 구하기

(i)~(v)에서
$f(1)+f(2)+f(3)+\cdots+f(10)$
$=3\times0+2+3\times4+3+2\times4=25$

답 ③

34

두 방정식 $f(x, y)=0$, $g(x, y)=0$이 나타내는 도형이 각각 그림과 같은 반원일 때, 〈보기〉에서 옳은 것만을 있는 대로 고른 것은?

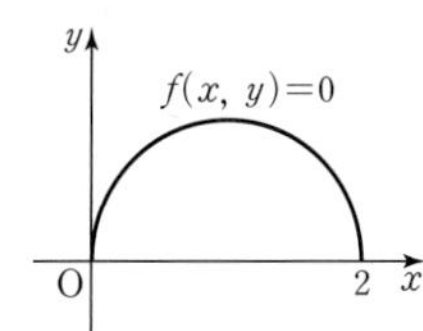

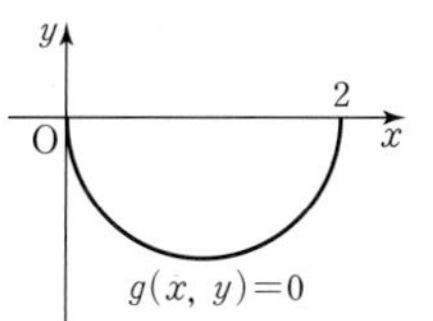

보기

ㄱ. $g(x, y)=f(x, -y)$ → y의 부호가 반대이므로 x축에 대하여 대칭이동한다.
ㄴ. $g(x, y)=f(-x, y-2)$
ㄷ. $g(x, y)=f(2-x, -y)$

① ㄱ　② ㄱ, ㄴ　✓③ ㄱ, ㄷ　④ ㄴ, ㄷ　⑤ ㄱ, ㄴ, ㄷ

step 1 주어진 도형의 방정식의 의미 파악하기

ㄱ. 방정식 $f(x, -y)=0$이 나타내는 도형은 방정식 $f(x, y)=0$이 나타내는 도형을 x축에 대하여 대칭이동한 것이므로 방정식 $g(x, y)=0$이 나타내는 도형과 일치한다.
따라서 $g(x, y)=f(x, -y)$이다. (참)

ㄴ. 방정식 $f(-x, y-2)=0$이 나타내는 도형은 방정식 $f(x, y)=0$이 나타내는 도형을 y축에 대하여 대칭이동한 후 y축의 방향으로 2만큼

평행이동한 것이므로 그림과 같다.

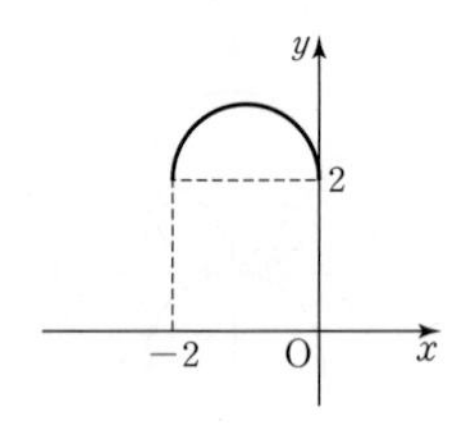

따라서 방정식 $g(x, y)=0$이 나타내는 도형과 일치하지 않으므로 $g(x, y)\neq f(-x, y-2)$이다. (거짓)

ㄷ. 방정식 $f(2-x, -y)=0$이 나타내는 도형은 방정식 $f(x, y)=0$이 나타내는 도형을 원점에 대하여 대칭이동한 후 x축의 방향으로 2만큼 평행이동한 것이므로 방정식 $g(x, y)=0$이 나타내는 도형과 일치한다. → 이 도형의 방정식은 $f(-x, -y)=0$

따라서 $g(x, y)=f(2-x, -y)$이다. (참)

이상에서 옳은 것은 ㄱ, ㄷ이다. 답 ③

35 선분 AB의 길이가 일정하므로 $\overline{AP}+\overline{PQ}+\overline{QB}$의 최솟값을 구한다.

그림과 같이 좌표평면 위에 두 점 A(3, 2), B(3, −1)이 있다. 직선 $y=x$ 위의 점 P와 직선 $y=-x$ 위의 점 Q에 대하여 사각형 APQB의 둘레의 길이의 최솟값은?

(단, 두 점 P, Q의 x좌표는 양수이다.)

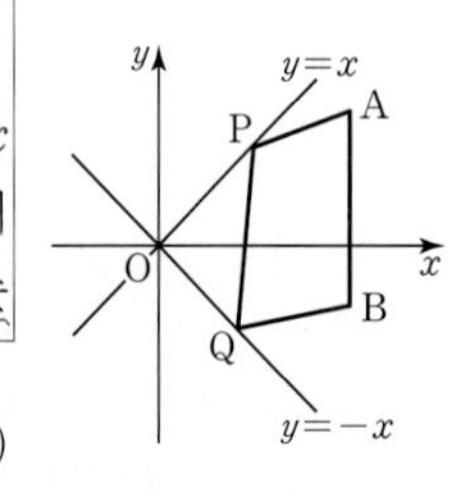

① $3+\sqrt{31}$ ② $3+\sqrt{33}$ ③ $3+\sqrt{35}$ ✓④ $3+\sqrt{37}$ ⑤ $3+\sqrt{39}$

step 1 두 점 A, B를 대칭이동한 점의 좌표 구하기

점 A를 직선 $y=x$에 대하여 대칭이동한 점을 A′이라 하면 A′(2, 3)

점 B를 직선 $y=-x$에 대하여 대칭이동한 점을 B′이라 하면 B′(1, −3)

step 2 사각형의 둘레의 길이의 최솟값 구하기

사각형 APQB의 둘레의 길이는

$$\overline{AP}+\overline{PQ}+\overline{QB}+\overline{BA}=\overline{A'P}+\overline{PQ}+\overline{QB'}+\overline{BA}$$
$$\geq\overline{A'B'}+\overline{BA}$$
$$=\sqrt{(2-1)^2+(3+3)^2}+3$$
$$=\sqrt{37}+3$$

따라서 사각형 APQB의 둘레의 길이의 최솟값은 $3+\sqrt{37}$이다. 답 ④

1등급을 넘어서는 상위 1%
본문 111쪽

36

그림과 같이 가로의 길이가 6, 세로의 길이가 3인 직사각형의 네 변에 각각 한 점을 잡고 A, B, C, D라 하자. 직사각형의 내부의 한 점 P에 대하여 도형 PABCD의 둘레의 길이의 최솟값은?

(단, 네 점 A, B, C, D는 서로 다른 점이다.)

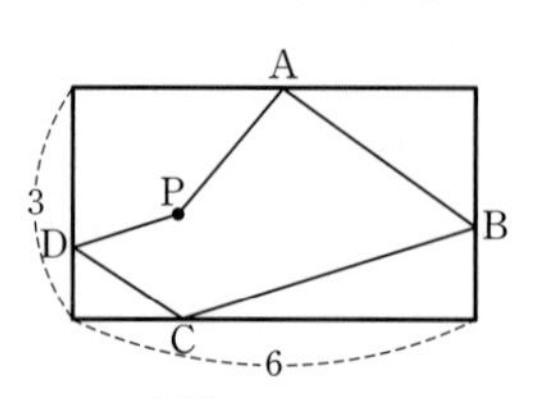

① $2\sqrt{30}$ ② $2\sqrt{35}$ ③ $4\sqrt{10}$ ✓④ $6\sqrt{5}$ ⑤ $10\sqrt{2}$

문항 파헤치기

5개의 선분의 길이의 합의 최솟값 구하기

실수 point 찾기

5개의 선분이 한 직선 위에 놓이도록 대칭이동한다.

선분의 길이의 합의 최솟값을 구한다.

문제풀이

step 1 한 직선 위에 놓이도록 5개의 선분 대칭이동하기

그림에서 점 B를 직선 l_1에 대하여 대칭이동한 점을 B′이라 하면 $\overline{AB}=\overline{AB'}$ → 대칭이동을 하였으므로 두 선분의 길이가 같다.

점 C를 직선 l_1에 대하여 대칭이동한 후 직선 l_2에 대하여 대칭이동한 점을 C′이라 하면 $\overline{BC}=\overline{B'C'}$

점 D를 직선 l_1에 대하여 대칭이동한 후 직선 l_2에 대하여 대칭이동한 다음 직선 l_3에 대하여 대칭이동한 점을 D′이라 하면 $\overline{CD}=\overline{C'D'}$

점 P를 직선 l_1에 대하여 대칭이동한 후 직선 l_2에 대하여 대칭이동한 다음 직선 l_3에 대하여 대칭이동한 후 직선 l_4에 대하여 대칭이동한 점을 P′이라 하면 $\overline{DP}=\overline{D'P'}$

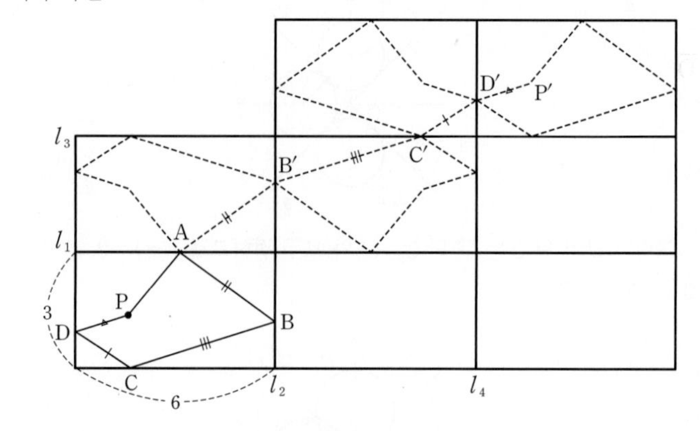

step 2 5개의 선분의 길이의 합의 최솟값 구하기

$$\overline{PA}+\overline{AB}+\overline{BC}+\overline{CD}+\overline{DP}=\overline{PA}+\overline{AB'}+\overline{B'C'}+\overline{C'D'}+\overline{D'P'}$$
$$\geq\overline{PP'}$$ → 직선일 때가 길이가 최소이다.

그런데 점 P′은 점 P를 가로 방향으로 12만큼, 세로 방향으로 6만큼 평행이동한 점이므로 $\overline{PP'}=\sqrt{12^2+6^2}=\sqrt{180}=6\sqrt{5}$

따라서 도형 PABCD의 둘레의 길이의 최솟값은 $6\sqrt{5}$이다. 답 ④

올림포스 고난도

수학(상)

올림포스
고교 수학
커리큘럼

내신기본	올림포스
유형기본	올림포스 유형편
기출	올림포스 전국연합학력평가 기출문제집
심화	올림포스 고난도

정답과 풀이

수능, 모의평가, 학력평가에서 뽑은

800개의 핵심 기출 문장으로

중학 영어에서 **수능 영어로**

업그레이드!

수능

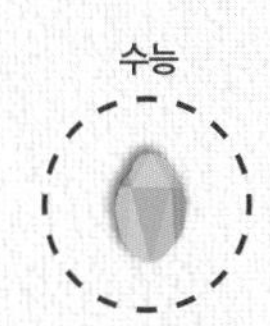

학력평가

모의평가

고1~2 내신 중점 로드맵

과목	고교 입문		기초	기본	특화	+ 단기
국어	고등 예비 과정	내 등급은?	윤혜정의 개념의 나비효과 입문편/워크북 어휘가 독해다!	기본서 올림포스	국어 특화 국어 독해의 원리 / 국어 문법의 원리	단기 특강
영어			정승익의 수능 개념 잡는 대박구문	올림포스 전국연합 학력평가 기출문제집	영어 특화 Grammar POWER / Reading POWER Listening POWER / Voca POWER	
수학			기초 50일 수학 매쓰 디렉터의 고1 수학 개념 끝장내기	유형서 올림포스 유형편	고급 올림포스 고난도	
				수학 특화 수학의 왕도		
한국사 사회		인공지능 수학과 함께하는 고교 AI 입문 수학과 함께하는 AI 기초		기본서 개념완성	고등학생을 위한 多담은 한국사 연표	
과학				개념완성 문항편		

과목	시리즈명	특징	수준	권장 학년
전과목	고등예비과정	예비 고등학생을 위한 과목별 단기 완성	●	예비 고1
국/영/수	내 등급은?	고1 첫 학력평가+반 배치고사 대비 모의고사	●	예비 고1
	올림포스	내신과 수능 대비 EBS 대표 국어·수학·영어 기본서	●	고1~2
	올림포스 전국연합학력평가 기출문제집	전국연합학력평가 문제 + 개념 기본서	●	고1~2
	단기 특강	단기간에 끝내는 유형별 문항 연습	●	고1~2
한/사/과	개념완성 & 개념완성 문항편	개념 한 권+문항 한 권으로 끝내는 한국사·탐구 기본서	●	고1~2
국어	윤혜정의 개념의 나비효과 입문편/워크북	윤혜정 선생님과 함께 시작하는 국어 공부의 첫걸음	●	예비 고1~고2
	어휘가 독해다!	7개년 학평·모평·수능 출제 필수 어휘 학습	●	예비 고1~고2
	국어 독해의 원리	내신과 수능 대비 문학·독서(비문학) 특화서	●	고1~2
	국어 문법의 원리	필수 개념과 필수 문항의 언어(문법) 특화서	●	고1~2
영어	정승익의 수능 개념 잡는 대박구문	정승익 선생님과 CODE로 이해하는 영어 구문	●	예비 고1~고2
	Grammar POWER	구문 분석 트리로 이해하는 영어 문법 특화서	●	고1~2
	Reading POWER	수준과 학습 목적에 따라 선택하는 영어 독해 특화서	●	고1~2
	Listening POWER	수준별 수능형 영어듣기 모의고사	●	고1~2
	Voca POWER	영어 교육과정 필수 어휘와 어원별 어휘 학습	●	고1~2
수학	50일 수학	50일 만에 완성하는 중학~고교 수학의 맥	●	예비 고1~고2
	매쓰 디렉터의 고1 수학 개념 끝장내기	스타강사 강의, 손글씨 풀이와 함께 고1 수학 개념 정복	●	예비 고1~고1
	올림포스 유형편	유형별 반복 학습을 통해 실력 잡는 수학 유형서	●	고1~2
	올림포스 고난도	1등급을 위한 고난도 유형 집중 연습	●	고1~2
	수학의 왕도	직관적 개념 설명과 세분화된 문항 수록 수학 특화서	●	고1~2
한국사	고등학생을 위한 多담은 한국사 연표	연표로 흐름을 잡는 한국사 학습	●	예비 고1~고2
기타	수학과 함께하는 고교 AI 입문/AI 기초	파이선 프로그래밍, AI 알고리즘에 필요한 수학 개념 학습	●	예비 고1~고2